わかりやすい！
甲種危険物
取扱者試験

工藤 政孝　編著

弘文社

✳ ✳ ✳ まえがき ✳ ✳ ✳

本書は，「わかりやすい！乙種第４類危険物取扱者試験（弘文社刊）」の続編として企画，編集されたものです。

前書については，わかりやすく，かつ，覚えやすくをテーマに編集した結果，予想を超える反響をいただき，これらの方針が読者のニーズにマッチしているということを再確認させていただきました。

従って，この「わかりやすい甲種危険物試験」においても，このテーマで編集を，ということを念頭において作成をいたしました。

しかし，何分，乙種に比べて甲種はその要求される知識が段違いに深く，特に危険物の性質においては，その“膨大”とも思える数の危険物の性状から貯蔵，取扱い法および消火方法までをすべて把握するというのは，なかなか“困難なシロモノ”です。この“困難なシロモノ”を何とかできないか，ということで模索した結果，「出題頻度の低いものを割愛する（極端に低いものは省略する）」「共通するものをまとめて覚える」そして，わかりやすい乙４同様，「ゴロ合わせにできるものは出来るだけゴロ合わせにして覚える」という結論に達しました。

これらにより，効率的な学習が可能になり，暗記に要する労力もかなり低減されたのではないかと思っております。

また問題の方も，今回，読者の方から提供のあった情報を中心にして大幅にリニューアルし，最新の本試験の傾向に沿った，より**実戦的な問題**を数多く取り入れました。

従って，本書で試験に必要な知識をインプットし，かつ，問題をすべてこなせば，本試験に十二分に対応できるだけの“ボリューム”が内蔵されているものと確信しております（特に，問題は一般的な市販の問題集よりはるかに多い数の問題を用意してあります）。

以上のような特徴を十分に理解され，少しでも多くの方が甲種危険物取扱者の資格を取得できるよう，本書がそのお手伝いができれば，著者をはじめ，スタッフ一同，これ以上の喜びはありません。

本書を手にされた方が一人でも多く「試験合格」の栄冠を勝ち取られんことを，紙面の上からではありますが，お祈り申しあげております。

まえがき 3

本書の使い方

 1．特急及び急行マークなど

　本文の項目名などの横には，この特急マーク（ 特急★ ）または急行マーク（ 急行★ ）を表示してあります。

　重要度の高いものには急行マークを，それよりさらに重要度の高いものには特急マークを付してあります。一方，問題の方でも重要度の高いものには急行マークを，それより更に重要度の高いものには特急マークを表示してあります。

　従って，問題についていえば，時間的に余裕がない方は，この特急と急行マークの表示がある問題のみを先に解いていき，余裕ができた後にその他の問題を解く，という具合に進めていけば，限られた時間を有効に使うことができます。

　なお，本試験に実際に出題されたものには 出た！ を表示してあります。

 2．項目名のあとの問題ページについて

　たとえば， 危険物と指定数量 ⇒問題 P.73　とあれば，危険物と指定数量に関する問題は73ページにある，という意味です。

　どんな試験でも同様ですが，内容をより深く理解するためには，本文を読むだけではなく，すぐにそれに対応する問題をいくつか解いてみることです。

　つまり，インプットしたらすぐにアウトプットをすることです。

　そうすることによって，表面的な理解であったものを，より深く理解することへと導くことができるのです。

　要するに，"体"で覚えさせるわけです。

　従って，一度に多くの項目をインプットするのではなく，できるだけ項目ごとに対応する問題を解くように学習を進めていってください。

 3．二段組について

　本書は基本的に二段組，つまり，本文とはべつに余白を設けてあります（ただし，問題部分は除く。）。

　この余白部分には，本文の内容を補足するため，所々に「先生」のキ

ャラクターによる付け足し説明を載せてあります。
　また，やや複雑な感のある本文の内容については，その内容を簡潔にまとめたものを記してあります。
　これらを利用して，より理解を深める有効な「道具」として活用して下さい。

 4．博士について

　本文には，3．の「先生」キャラクター　　の他，この博士　　も登場します。
　この博士も，本文の内容を補足する役目を負って登場を願っているのですが，3．の「先生」に比べて，より長い説明が必要な場合や，重要度の高いものについて補足する場合に登場してもらっています。従って，この博士の説明を，内容をより深く理解する手立てとして活用して下さい。

 5．表について

　表のナンバーは，原則として項目ごとに，1, 2……と付してあります（煩雑さを避けるため）。

 6．第3編の危険物の特性値について

　第3編には，第1類から第6類まで，膨大な数の量の物質が掲載されています。本書では，それらのうち，重要な物質のみに，その比重や発火点，引火点などの特性値を表示してあります。
　これは，**本試験に関係がない不要な情報を出来るだけ省略して，関係がある情報に重点を置いてスペースを割く**，という，本書の編集方針に沿ったからです。このあたりの状況についてのご理解をよろしくお願いいたします。

 7．分数の表し方について

　たとえば，$\frac{1}{2}$を本書では1／2と表している場合があります。

注意：本書につきましては，常に新しい問題の情報をお届けするため問題の入れ替えを頻繁に行っております。従いまして，新しい問題に対応した説明が本文中でされていない場合がありますが予めご了承いただきますようお願い申し上げます。
---

contents

まえがき ……………………………………………………………………3
本書の使い方 ………………………………………………………………4
受験案内 …………………………………………………………………15
合格大作戦 ………………………………………………………………19

第1編　危険物に関する法令

学習のポイント ……………………………………………………22
法令の重要ポイント ………………………………………………23

① 危険物と指定数量 ……………………………………………25

⑴　危険物の定義とは？ …………………………………………25
⑵　危険物の分類（消防法別表第1）……………………………25
⑶　危険物の指定数量 ……………………………………………30

② 製造所等の区分 ………………………………………………32

③ 製造所等の各種手続き …………………………………………34

⑴　製造所等の設置と変更 ………………………………………34
⑵　仮貯蔵と仮使用 ………………………………………………34
⑶　製造所等の各種届出 …………………………………………35

④ 義務違反に対する措置 …………………………………………37

⑴　許可の取り消し，または使用停止 …………………………37
⑵　使用停止 ………………………………………………………37

⑤ 危険物取扱者制度 ………………………………………………38

⑴　危険物取扱者 …………………………………………………38
⑵　保安講習 ………………………………………………………39

⑥ 危険物の保安に携わるもの ……………………………………41

⑴　危険物保安監督者 ……………………………………………41

(2) 危険物保安統括管理者·······························42

(3) 危険物施設保安員·································42

⑦ 予防規程 ·····································43

⑧ 定期点検 ·····································45

⑨ 製造所等の位置・構造・設備等の基準 ··········47

(1) 複数の施設に共通の基準·····················47

1．保安距離·······························47

2．保有空地·······························48

3．建物の構造，および設備の共通基準·······49

(2) 各危険物施設に固有の基準···················51

1．製造所·································51

2．屋内貯蔵所·····························51

3．屋外貯蔵所·····························51

4．屋内タンク貯蔵所·······················52

5．屋外タンク貯蔵所·······················52

6．地下タンク貯蔵所·······················53

7．簡易タンク貯蔵所·······················53

8．移動タンク貯蔵所·······················53

9．販売取扱所·····························54

10．給油取扱所·····························55

11．各危険物施設の基準のまとめ···············58

⑩ 貯蔵・取扱いの基準 ························59

⑪ 運搬と移送の基準 ··························64

(1) 運搬の基準·······························64

(2) 移送の基準·······························67

⑫ 製造所等に設ける共通の設備等 ···············68

(1) 消火設備·································68

(2) 標識・掲示板·····························70

(3) 警報設備·································72

contents 7

法令の問題と解説 ··73

第2編　基礎的な物理学及び基礎的な化学

第1章　物理に関する知識 ··147

学習のポイント ··147

① 物質の状態の変化 ··148

(1)　物質の三態について ··148
(2)　密度と比重について ··149
(3)　沸騰と沸点 ··150

② 気体の性質 ··151

(1)　臨界温度と臨界圧力 ··151
(2)　ボイル・シャルルの法則 ··152
(3)　気体の状態方程式 ··153
(4)　ドルトンの法則 ··154

③ 熱について ··155

(1)　熱量の単位と計算 ··155
(2)　熱の移動 ··157
(3)　熱膨張について ··158
(4)　気体の断熱変化 ··158

④ 静電気 ··159

物理の問題と解説 ··161

第2章　化学に関する知識 ··175

学習のポイント ··175

① 物質の変化 ··176

8 contents

⑴ 物理変化と化学変化の違い ································176
⑵ 化学変化の種類 ·····························176

❷ 物質について ····························178

⑴ 物質を構成するもの ·························178
⑵ 原子量と分子量 ·····························179
⑶ 物質の種類 ·······························180

❸ 化学式と化学反応式（化学の基本法則） ···········182

❹ 化学反応と熱 ···························187

⑴ 反応熱 ·································187
⑵ 熱化学方程式 ·····························187

❺ 化学反応の速さと化学平衡 ·················188

⑴ 反応速度の大小 ·····························188
⑵ 反応速度を支配する条件 ·······················188
⑶ 活性化エネルギー ·························188
⑷ 化学平衡 ·······························188
　１．可逆反応と不可逆反応 ·····················188
　２．化学平衡 ·····························189
　３．ル・シャトリエの原理 ·····················190

❻ 溶液（溶解度） ························191

❼ 酸と塩基 ····························195

⑴ 酸と塩基について ·························195
⑵ 酸と塩基の分類 ·····························196
⑶ pH（水素イオン指数） ·······················197
⑷ 中和反応と中和滴定 ·························197

❽ 酸化と還元 ····························200

❾ 金属および電池について ·················204

contents 9

(1)	金属のイオン化傾向	204
(2)	電池	204
(3)	金属の腐食	205
(4)	その他金属一般について	206

⑩ 有機化合物 ……………………………………208

化学の問題と解説 ……………………………………212

第3章　燃焼に関する知識 ……………………247

学習のポイント ……………………………………247

① 燃焼の基礎 ……………………………………248

(1)	燃焼	248
(2)	燃焼の三要素	248
(3)	燃焼の種類	250
(4)	完全燃焼と不完全燃焼	251

② 燃焼範囲と引火点，発火点 ……………252

③ 燃焼の難易と物質の危険性 ……………254

燃焼の問題と解説 ……………………………………255

第4章　消火に関する知識 ……………………267

学習のポイント ……………………………………267

① 消火の方法 ……………………………………268

② 火災の区別 ……………………………………270

③ 消火剤の種類 ……………………………………271

(1)	水	271
(2)	強化液消火剤	271

10　contents

(3) 泡消火剤 ……………………………………………………272
(4) 二酸化炭素消火剤 ………………………………………272
(5) ハロゲン化物消火剤 ……………………………………273
(6) 粉末消火剤 ………………………………………………273

消火の問題と解説 ……………………………………………275

第3編 危険物の性質，並びにその火災予防，及び消火の方法

学習のポイント ………………………………………………282
［各類の危険物の概要］ ………………………………………284

各類の危険物の概要に関する問題と解説 ……………………286

第1章　第1類の危険物 ……………………………………291

学習のポイント ………………………………………………291

❶ 第1類の危険物に共通する特性 ……………………………292

第1類に共通する特性の問題と解説 …………………………293

❷ 第1類に属する各危険物の特性 ……………………………299

(1) 塩素酸塩類 ………………………………………………300
(2) 過塩素酸塩類 ……………………………………………302
(3) 無機過酸化物 ……………………………………………303
(4) 亜塩素酸塩類 ……………………………………………304
(5) 臭素酸塩類 ………………………………………………305
(6) 硝酸塩類 …………………………………………………305
(7) ヨウ素酸塩類 ……………………………………………306
(8) 過マンガン酸塩類 ………………………………………306
(9) 重クロム酸塩類 …………………………………………307
(10) その他のもので政令で定めるもの ……………………307
第1類危険物のまとめ ………………………………………309

contents　11

第１類に属する各危険物の問題と解説 ……………………… 311

第２章　第２類の危険物 ……………………………………… 325

学習のポイント …………………………………………… 325

①　第２類の危険物に共通する特性 ……………………… 326

第２類の危険物に共通する特性の問題と解説 ……………… 327

②　第２類に属する各危険物の特性 ……………………… 329

(1)　硫化リン ………………………………………………… 329
(2)　赤リン（P） …………………………………………… 330
(3)　硫黄（S） ……………………………………………… 330
(4)　鉄粉（Fe） …………………………………………… 331
(5)　金属粉 …………………………………………………… 332
(6)　マグネシウム …………………………………………… 333
(7)　引火性固体 ……………………………………………… 334
　　第２類危険物のまとめ ………………………………… 335

第２類に属する各危険物の問題と解説 ……………………… 337

第３章　第３類の危険物 ……………………………………… 351

学習のポイント …………………………………………… 351

①　第３類の危険物に共通する特性 ……………………… 352

第３類の危険物に共通する特性の問題と解説 ……………… 354

②　第３類に属する各危険物の特性 ……………………… 357

(1)　カリウム（K）とナトリウム（Na） ……………… 358
(2)　アルキルアルミニウム ………………………………… 358
(3)　アルキルリチウム（ノルマルブチルリチウム） …… 359
(4)　アルカリ金属及びアルカリ土類金属 ………………… 360

12　contents

(5) 黄リン ……………………………………………………………… 361

(6) 有機金属化合物 …………………………………………………… 361

(7) 金属の水素化物 …………………………………………………… 362

(8) 金属のリン化物 …………………………………………………… 362

(9) カルシウム及びアルミニウムの炭化物 ……………………… 363

(10) その他のもので政令で定めるもの ……………………………… 364

第3類危険物のまとめ ……………………………………………… 365

第3類に属する各危険物の問題と解説 ……………………… 367

第4章　第4類の危険物 ……………………………………… 379

学習のポイント …………………………………………………… 379

❶ 第4類の危険物に共通する特性 …………………………… 380

第4類の危険物に共通する特性の問題と解説 …………… 382

❷ 第4類に属する各危険物の特性 …………………………… 388

(1) 特殊引火物 ………………………………………………………… 389

(2) 第1石油類 ………………………………………………………… 391

(3) アルコール類 ……………………………………………………… 394

(4) 第2石油類 ………………………………………………………… 396

(5) 第3石油類 ………………………………………………………… 399

(6) 第4石油類と動植物油類 ………………………………………… 401

第4類危険物のまとめ ……………………………………………… 402

第4類に属する各危険物の問題と解説 ……………………… 403

第5章　第5類の危険物 ……………………………………… 421

学習のポイント …………………………………………………… 421

❶ 第5類の危険物に共通する特性 …………………………… 422

第5類の危険物に共通する特性の問題と解説 …………… 423

contents　13

❷ 第5類に属する各危険物の特性 ················428

(1) 有機過酸化物 ················428
(2) 硝酸エステル類 ················430
(3) ニトロ化合物 ················432
(4) ニトロソ化合物 ················433
(5) ジアゾ化合物 ················433
(6) その他 ················434
第5類危険物のまとめ ················436

第5類に属する各危険物の問題と解説 ················437

第6章　第6類の危険物 ················451

学習のポイント ················451

❶ 第6類の危険物に共通する特性 ················453

第6類の危険物に共通する特性の問題と解説 ················454

❷ 第6類に属する各危険物の特性 ················457

(1) 過塩素酸 ················458
(2) 過酸化水素 ················459
(3) 硝酸 ················460
(4) ハロゲン間化合物 ················461
第6類危険物のまとめ ················462

第6類に属する各危険物の問題と解説 ················463

全体のまとめ ················473

第4編　模擬テスト

元素の周期表 ················506
危険物等の索引 ················507

14　contents

受験案内

(1) 試験科目，問題数及び試験時間数等は次のとおりです。

種類	試 験 科 目		問題数	合計	試験時間数
甲種	① 危険物に関する法令		15問	45問	2時間30分
	② 物理学及び化学		10問		
	③ 危険物の性質並びにその火災予防及び消火の方法		20問		
乙種	① 危険物に関する法令		15問	35問	2時間
	② 基礎的な物理学及び基礎的な化学		10問		
	③ 危険物の性質並びにその火災予防及び消火の方法		10問		
丙種	① 危険物に関する法令		10問	25問	1時間15分
	② 燃焼及び消火に関する基礎知識		5問		
	③ 危険物の性質並びにその火災予防及び消火の方法		10問		

(2) 試験の方法

　甲種及び乙種の試験については五肢択一式，丙種の試験については四肢択一式の筆記試験（マークカードを使用）で行います。

(3) 合格基準

　甲種，乙種及び丙種危険物取扱者試験ともに，試験科目ごとの成績が，それぞれ60％以上であること（乙種，丙種で試験科目の免除を受けた者については，その科目を除く）。

　つまり，甲種の場合，「法令」で9問以上，「物理・化学」で6問以上，「危険物の性質」で12問以上を正解する必要があるわけです。この場合，例えば法令で10問正解しても，「物理・化学」が5問以下であったり，あるいは「危険

物の性質」が11問以下の正解しかなければ不合格となるので，3科目ともまんべんなく学習する必要があります。

(4) **受験願書の取得方法**

各消防署で入手するか，または

（一財）消防試験研究センターの中央試験センター

（〒151－0072　東京都渋谷区幡ヶ谷1－13－20　TEL 03－3460－7798）

か各支部へ請求してください。

(5) **受験資格**

乙種，丙種には受験資格は特にありませんが，甲種の場合，次の受験資格が必要となります。

対　象　者	内　　　　容	願書資格欄記入略称	証明書類
〔1〕大学等において化学に関する学科等を卒業した者	大学，短期大学，高等専門学校，専修学校大学，短期大学，高等専門学校，高等学校，中等教育学校の専攻科防衛大学校，職業能力開発総合大学校，職業能力開発大学校，職業能力開発短期大学校，外国に所在する大学等	大学等卒	卒業証書写し又は卒業証明書化学に関する学科又は課程の名称が明記されているもの
〔2〕大学等において化学に関する授業科目を15単位以上修得した者	大学，短期大学，高等専門学校（高等専門学校については専門科目に限る），大学院，専修学校（以上通算可）大学，短期大学，高等専門学校の専攻科防衛大学校，防衛医科大学校，水産大学校，海上保安大学校，気象大学校，職業能力開発総合大学校，職業能力開発大学校，職業能力開発短期大学校，外国に所在する大学等	15単位	単位修得証明書又は成績証明書化学に関する授業科目を証明するもの
〔3〕乙種危険物取扱者免状を有する者	乙種危険物取扱者免状の交付を受けた後，危険物製造所等における危険物取扱の実務経験が2年以上の者	実務2年	乙種危険物取扱者免状写し及び乙種危険物取扱実務経験証明書
	次の4種類以上の乙種危険物取扱者免状の交付を受けている者 ○第1類又は第6類 ○第2類又は第4類 ○第3類 ○第5類	4種類	乙種危険物取扱者免状写し

〔4〕その他の者	修士，博士の学位を授与された者で，化学に関する事項を専攻したもの（外国の同学位も含む。）	学位	学位記等写し化学に関する専攻等の名称が明記されているもの

　なお，過去に甲種危険物取扱者試験の受付を済ませたことのある方については，その時の受験票又は試験結果通知書（資格判定コード欄に番号が印字されているものに限る。）の原本（コピー可）を提出することにより受験資格の証明書に代えることができます。

⑹　受験申請に必要な書類等

　一般的に，試験日の1か月半くらい前に受験申請期間（1週間くらい）があり，その際には，次のものが必要になります。

　①　受験願書
　②　試験手数料（**甲種6,600円**，乙種4,600円，丙種3,700円）
　　　所定の郵便局払込用紙により，ゆうちょ銀行または郵便局の窓口で直接払い込み，その払込用紙のうち，「郵便振替払込受付証明書・受験願書添付用」とあるものを受験願書のB面表の所定の欄に貼り付ける。
　③　既得危険物取扱者免状
　　　危険物取扱者免状を既に有している者は，科目免除の有無にかかわらず，免状の写し（表・裏ともコピーしたもの）を願書B面裏に貼り付ける。インターネットによる電子申請は一般財団法人消防試験研究センターのホームページを参照して下さい。http://www.shoubo-shiken.or.jp/

⑺　その他，注意事項

　①　試験当日は，受験票（3.5×4.5cmのパスポートサイズの写真を貼る必要がある），黒鉛筆（HB又はB）及び消しゴムを持参すること。
　②　試験会場での電卓，計算尺，定規及び携帯電話その他の機器の使用は禁止されています。
　③　自動車（二輪車・自転車を含む）での試験会場への来場は，一般的に禁止されているので，試験場への交通機関を確認しておく必要があります。
　④　次の場合は，受験できないので，注意してください。
　　1．受験票がない場合
　　2．受験票に写真が貼ってない場合

3．受験票に本人と確認できない写真を貼っている場合

（試験会場によって異なりますが，貼ってない場合でも一般的には，写真屋さんを用意するなど，救済措置を取っているようです）

※受験案内の内容は変更することがありますので，必ず早めに各自でご確認ください。

⑻　受験一口メモ

①　受験前日

これは当たり前のことかもしれませんが，当日持っていくものをきちんとチェックして，前日には確実に揃えておきます。特に，受験票を忘れる人がたまに見られるので，筆記用具とともに再確認して準備しておきます。

なお，解答カードには，「必ずHB，又はBの鉛筆を使用して下さい」と指定されているので，HB，又はBの鉛筆を2〜3本か，濃い目のシャーペンを予備として準備しておくと完璧です。

②　試験開始に臨んで

暗記があやふやなものや，直前に暗記したものは，問題用紙にすぐに書き込んでおいた方が安心です。

試験会場にいくと，たいてい直前まで参考書などを開いて暗記事項を確認したりしているのが一般的に見られる光景です。

仮にそうして直前に暗記したものは，試験が始まれば，問題用紙にすぐに書き込んでおくと安心です（問題用紙にはいくら書き込んでもよい）。

③　途中退出

試験開始後35分経過すると，途中退出が認められます。

乙種の場合は，結構な数の人が退出しますが，甲種の場合は問題数が多いこともあって，ごく少数の人しか退出しないのが一般的です。

しかし，少数とはいえ，自分がまだ半分も解答していないときに退出されると，人によっては"アセリ"がでるかもしれませんが，ここはひとつ冷静になって，「試験時間は十分にあるんだ」と言い聞かせながら，マイペースを貫いてください。

実際，2時間半もあれば，1問あたり3分20秒くらいで解答すればよく，すぐに解答できる問題もあることを考えれば，十分すぎるくらいの時間があるので，アセる必要はないはずです。

合格大作戦

　ここでは，できるだけ早く合格ラインに到達するための，いくつかのヒントを紹介しておきます。

 1．虎の巻をつくろう！

　特に，第3編では，多くの危険物の性状等を暗記する必要があります。
　これらを，ただやみくもに丸暗記しようとしても，データの量が多すぎてなかなかインプットできないのが一般的ではないかと思います。
　そこで，本書では何箇所かに「まとめ」を設けてありますが，それらのほかに自分自身の「まとめ」，つまり**トラの巻**を作ると，より学習効果が上ります。
　たとえば，液体の色が同じものをまとめたり，あるいは名前が似ていてまぎらわしいものをメモしたり……などという具合です。
　また，本書には数多くの問題が掲載されていますが，それらの問題を何回も解いていくと，いつも間違える苦手な箇所が最後には残ってくるはずです。
　その部分を面倒臭がらずにノートにまとめておくと，知識が整理されるとともに，受験直前の知識の再確認などに利用できるので，特に暗記が苦手な方にはおすすめです。

 2．問題は最低3回は繰り返そう！

　その問題ですが，問題は何回も解くことによって自分の"身に付きます"。
　従って，最低3回は繰り返したいところですが，その際，問題を3ランクくらいに分けておくと，あとあと都合がよくなります。
　たとえば，問題番号の横に，「まったくわからずに間違った問題」には×印，「半分位解けていたが結果的に間違った問題」には△印，「一応，正解にはなったが，知識がまだあやふやな感がある問題」には○印，というように印を付けておくと，2回目以降に解く際に問題の（自分にとっての）難易度がわかり，時間調整をする際に助かります。
　つまり，時間があまり残っていないというような時には，×印の問題のみをやり，また，それよりは少し時間があるというような時には，×印に加えて△

合格大作戦　19

印の問題もやる，というような具合です。

3．マーカーを効率よく利用しよう

　詳細はＰ.350のコーヒーブレイクで説明してありますが，マーカーはその使い方によっては非常に有効な受験アイテムとなります。
　というのは，人間の脳は情報を映像化したりイメージ化すると，文字だけの場合に比べて比べものにならないくらい，その暗記力が増大するのです。
　その暗記力も，映像に色が付いていると，さらにパワーアップするのです。
　従って，マーカーで単なる文字であったものに色を付ければ，脳は映像として認識し，その暗記力が増大する，というわけです。

4．インターネットを利用しよう！

　本書の第3編には，数多くの危険物が"ところ狭し"と並んでいます。
　本書では一応，ポイント部分を中心にくわしく解説してありますが，もう少し情報が欲しいという方は，インターネットを利用すれば，より詳細な危険物の情報に出会うことができます。
　また，危険物の情報以外にも不明な用語なども検索することができるので，インターネットの有効活用をおすすめします。

5．場所を変えてみよう

　場所を変えるのは，気分転換の効果をねらってのことです。
　これは，短期合格を目指す際には有効となる方法です。
　たとえば，1時間自室で「法令」を学習したあと，自転車で30分移動して公園のベンチで「物理・化学」を1時間やり，そこから再び30分移動して図書館で「危険物の性質」を1時間やる，という具合です。
　こうすると，自転車で移動している間に大脳の疲労が回復し，かつ，場所を変えることによる気分転換も加わるので，学習効率が上がる，というわけです。

　以上，受験学習の上でのヒントになると思われるポイントをいくつか紹介しましたが，このなかで自分に向いている，と思われたヒントがあれば，積極的に活用して効率的に学習をすすめていってください。

危険物に関する法令

> 凡例
> (本文中に出てくる次の略語の意味を、ここで把握しておいて下さい。)
> 法：消防法
> 法令：消防法＋政令＋規則
> 政令：危険物の規制に関する政令
> 規則：危険物の規制に関する規則
> 製造所等：製造所、貯蔵所および取扱所
> 所有者等：所有者、管理者または占有者
> 市町村長等：市町村長、都道府県知事および総務大臣

(注：「製造所等」を単に「危険物施設」や「施設」と表現する場合があります。)。

　法令に関していえば，その出題の約 6 割くらいは乙種の法令と同等なレベルにあるように見受けられますが，あとの 4 割程度は，乙種より詳細な知識を問う問題が出題されています。

　たとえば，「指定数量」に関してはほぼ同程度の感がありますが，甲種の場合は**アセトン**や**トルエン**などといったような，乙種ではあまり出題されていなかったような危険物もよく出題されています。従って，それらの指定数量も暗記しておく必要があります。

　その他，「予防規程」などでは，「指定数量に関係なく定めなければならない製造所等」については，乙種の試験でもたまに出題されていますが，甲種では，その**指定数量の数値**までも問われる問題が出題されています。

　さらには，**予防規程に定める事項**についての知識までも求める問題が出題されているので，本書に掲載された問題等を通じて，どの部分が"乙種並み"でよいか，どの部分がより詳細な知識が必要か，ということをチェックしておくことが非常に重要なポイントとなります。

　また，乙種と同じ内容を出題していても，甲種の場合は，より複雑な内容に見せて出題されることがあります。たとえば，製造所等の構造に共通の基準に「窓や出入口には防火設備を設けること。」というのがありますが，それを「建築物の第 1 種販売取扱所の用に供する部分の窓や出入口には防火設備を設けること。」という具合に，色んな"修飾語"を付けて，できるだけポイントを見えなくする意図でもって出題される場合があります。

　従って，出題者の意図通り，わずらわしい"修飾語"にポイントを見失うことなく，冷静に判断することも必要となります。

　その他では，「アルキルアルミニウムの移送」についてや「水との接触を避ける必要のある危険物」，あるいは「タンク内の空気を不活性の気体と置換しなければならない危険物」など，甲種特有の出題もありますが，先ほども指摘しましたように，おおむね 6 割程度は乙種の出題内容とさほど変わらないレベルの問題なので，乙種の法令をベースにして，より詳細な知識は問題を解いていく過程で本文などを参照するなどして身に付けていけばよいかと思います。

法令の重要ポイント

（注：法令のみですが重要ポイントをまとめてみました）

（1） **指定数量**について（P.25）
- 指定数量以上⇒**消防法**の適用　・指定数量未満⇒**市町村条例**の適用
- 運搬の場合は，指定数量以上，未満にかかわらず消防法が適用される。

（2） **製造所等の各種手続き**（P.34）
変更しようとする日の**10日前**までに届け出るのは「危険物の品名，数量または指定数量の倍数を変更する時」のみ。それ以外は「**遅滞なく届け出る**」

（3） **仮貯蔵・仮取扱い**（P.34）
⇒**消防長または消防署長の承認**を得て**10日以内**

（4） **仮使用**（P.34）
⇒**市町村長等の承認**を得て変更工事以外の部分を仮に使用

（5） **免状の手続き**
① 免状再交付の申請先⇒免状**交付**知事，免状を**書換えた**知事
② 免状書換えの申請先⇒免状**交付**知事，**勤務地，居住地**の知事
③ 忘失した免状を発見した場合⇒**10日以内**に再交付を受けた知事に提出
④ 書換えが必要⇒**氏名**変更，**本籍地**（都道府県）変更，免状写真**10年経過**

（6） **保安講習の受講時期**（P.40）
- 「危険物取扱者の資格のある者」が「危険物の取扱作業に従事している」場合
- 従事し始めた日から**1年以内**，その後は受講日以後における最初の4月1日から**3年以内**ごとに受講する。
- ただし，従事し始めた日から過去**2年以内**に**免状の交付**か**講習**を受けた者は，その交付や受講日以後における最初の4月1日から**3年以内**に受講する。

（7） **定期点検**について（P.45）
① 定期点検を必ず実施する施設（移送取扱所は省略）
⇒　**地下タンクを有する施設と移動タンク貯蔵所**
② 定期点検を実施しなくてもよい施設
⇒　**屋内タンク貯蔵所，簡易タンク貯蔵所，販売取扱所**

（8） **保安距離が必要な施設**（P.47）
製造所，屋内貯蔵所，屋外貯蔵所，屋外タンク貯蔵所，一般取扱所

（9） **保有空地が必要な施設**（P.48）
保安距離が必要な施設＋簡易タンク貯蔵所（屋外設置）＋移送取扱所（地上設置）

（10） **貯蔵，取扱いの基準のポイント**（P.59）
① 許可や届け出をした**数量**（又は指定数量の倍数）を超える危険物，ま

たは許可や届出をした**品名**以外の危険物を貯蔵または取扱わないこと。
② 貯留設備や油分離装置にたまった危険物はあふれないように**随時**くみ上げること。
③ 危険物のくず，かす等は**1日に1回以上**，危険物の性質に応じ安全な場所，および方法で廃棄や適当な処置（焼却など）をすること。
④ 危険物が残存している設備や機械器具，または容器などを修理する場合は，**安全な場所で危険物を完全に除去してから行うこと。**
⑤ 移動貯蔵タンクでは，引火点が**40℃以上**の第4類のみ容器に詰め替えができ，引火点が**40℃未満**の危険物注入時はエンジンを停止する。

(11) **運搬と移送**（P.64）
① 危険物取扱者の同乗は，**運搬**では**不要**，**移送**では**必要**
② 運搬の主な基準
  ・容器の収納口を**上方**に向け，積み重ねる場合は，**3m以下**。
  ・指定数量以上の危険物を運搬する場合は，車両の前後の見やすい位置に，「**危**」の標識を掲げ，危険物に適応した消火設備を設けること。
③ 移送の主な基準
  ・移送する危険物を取り扱える危険物取扱者が乗車し，**免状を携帯する。**

(12) **消火設備**（P.68）
① 消火設備の種類

第1種	屋内消火栓設備，屋外消火栓設備
第2種	スプリンクラー設備
第3種	固定式消火設備（「……消火設備」）
第4種	大型消火器
第5種	小型消火器（水バケツ，水槽，乾燥砂など）

② 主な基準
  ・地下タンク貯蔵所には**第5種**消火設備を**2個以上**，移動タンク貯蔵所には**自動車用消火器**を**2個以上**設置する。
  ・電気設備のある施設には**100㎡**ごとに1個以上設置する。
  ・消火設備からの防護対象物までの距離
    第4種消火設備⇒**30m以下**，第5種消火設備⇒**20m以下**
  ・危険物は指定数量の**10倍**が1所要単位となる。

(13) 指定数量の**10倍以上**の製造所等には警報設備を設けるが，**移動タンク貯蔵所**には不要である。
  ・警報設備の種類：「① 自動火災報知設備 ② 拡声装置 ③ 非常ベル装置 ④ 消防機関に報知できる電話 ⑤ 警鐘 」（ゴロ合わせ⇒警報の字書く秘書K）

24 第1編 危険物に関する法令

危険物と指定数量 (問題P.73)

(1) 危険物の定義とは？

消防法における危険物とは，「消防法別表第1の品名欄に掲げる物品で，同表に定める区分に応じ同表の性質欄に掲げる性状を有するもの。」をいいます。ここで注意すべきは，消防法でいう危険物は「<u>1気圧において温度20℃で固体または液体のもの</u>」をいい，気体のものは含まれない，ということです。

(2) 危険物の分類

その危険物ですが，第1類から第6類まで分類されており，それぞれに属する主な品名は次のようになっています。

表1　消防法別表第1（注：指定数量は主な品名のみで，太字は出題例あり。）

類別	性質		品　名	指定数量
第1類	酸化性固体	①	1. 塩素酸塩類 2. 過塩素酸塩類 3. 無機過酸化物 4. 亜塩素酸塩類 5. 臭素酸塩類　〈覚え方〉 イチローじゃご　ざん　せんか 1類　　　　　50　300　1000	50kg 50kg 50kg 50kg 50kg
		②	6. 硝酸塩類 7. ヨウ素酸塩類 8. 過マンガン酸塩類 9. 重クロム酸塩類	300kg 300kg 300kg 300kg
		③	10. その他のもので政令で定めるもの 11. 前各号に掲げるもののいずれかを含有するもの	1000kg 1000kg
第2類	可燃性固体		1. 硫化リン 2. 赤リン 3. 硫黄 4. 鉄粉 5. 金属粉（アルミニウム粉，亜鉛粉） 6. マグネシウム 7. その他のもので政令で定めるもの 8. 前各号に掲げるもののいずれかを含有するもの 9. 引火性固体　〈覚え方〉 いかん　せん　テツ　子さんは 引火性　1000　　鉄　500kg 100均　に行く 100kg　2類	100kg 100kg 100kg 500kg 100kg 100kg 1000kg

第3類	自然発火性物質及び禁水性物質	1．カリウム	〈覚え方〉 サルと　オ　二 3類→10kg, 黄リン→20kg ごっこ 50kg	10kg
		2．ナトリウム		10kg
		3．アルキルアルミニウム		10kg
		4．アルキルリチウム		10kg
		5．黄リン		20kg
		6．アルカリ金属（カリウム 及びナトリウムを除く）及びアルカリ土類金属		10kg
		7．有機金属化合物（アルキルアルミニウム及びアルキルリチウムを除く）		10kg
		8．金属の水素化物		50kg
		9．金属のリン化物		50kg
		10．カルシウム又はアルミニウムの炭化物		50kg
		11．その他のもので政令で定めるもの		300kg
		12．前各号に掲げるもののいずれかを含有するもの		300kg
第5類	自己反応性物質	1．有機過酸化物	〈覚え方〉 5類は御殿場の 5類 10kg 百貨店にある 100kg	1種…10kg
		2．硝酸エステル類		
		3．ニトロ化合物		
		4．ニトロソ化合物		
		5．アゾ化合物		
		6．ジアゾ化合物		2種…100kg
		7．ヒドラジンの誘導体		
		8．その他のもので政令で定めるもの		
		9．前各号に掲げるもののいずれかを含有するもの		
第6類	酸化性液体	1．過塩素酸	〈覚え方〉 ロク　さん 6類　300kg	300kg
		2．過酸化水素		300kg
		3．硝酸		300kg
		4．その他政令で定めるもの（ハロゲン間化合物など）		300kg
		5．前各号に掲げるもののいずれかを含有するもの		300kg

注）＜第1類について＞表中①は第1種酸化性固体で指定数量は50kg

　　　　　　　　　　②は第2種酸化性固体で指定数量は300kg

　　　　　　　　　　③は第3種酸化性固体で指定数量は1,000kg

　　＜第2類について＞第1種と第2種に分かれ，第1種の指定数量が100kg，第2種の指定数量が500kg

　　＜第3類について＞第1種が10kg，第2種が50kg，第3種が300kg

　　＜第5類について＞第1種と第2種に分かれ，第1種の指定数量が10kg，第2種の指定数量が100kg

　　……となっています（第1種や第2種だけの出題がありますが…）。

表2　第4類の危険物と指定数量 （注：水は水溶性，非水は非水溶性）

品名	引火点	性質	主な物品名	指定数量
特殊引火物	−20℃以下		ジエチルエーテル，二硫化炭素，アセトアルデヒド，酸化プロピレンなど	50ℓ
第1石油類	21℃未満	非水溶性	ガソリン，ベンゼン，トルエン，酢酸エチル，エチルメチルケトンなど	200ℓ
		水溶性	アセトン，ピリジン	400ℓ
アルコール類			メタノール，エタノール	400ℓ
第2石油類	21℃以上 70℃未満	非水溶性	灯油，軽油，キシレン，クロロベンゼンなど	1,000ℓ
		水溶性	酢酸，アクリル酸，プロピオン酸	2,000ℓ
第3石油類	70℃以上 200℃未満	非水溶性	重油，クレオソート油，ニトロベンゼンなど	2,000ℓ
		水溶性	グリセリン，エチレングリコール	4,000ℓ
第4石油類	200℃以上		ギヤー油，シリンダー油など	6,000ℓ
動植物油類			アマニ油，ヤシ油など	10,000ℓ

（**品名**，**性質**が同じなら指定数量も同一です（⇒出題例あり））

● 第4類危険物の指定数量は次のゴロ合わせで覚えよう！

こうして覚えよう！

指定数量（「つ」は，2＝ツウより2を表します。）

　ゴ　　　　ツイ　　　　　よ　　　　　銭湯　　　　　フ
50（特殊）　200（1石油）　400（アルコール）　1,000（2石油）　2,000（3石油）

　ロ　　　　　満員
6,000（4石油）　10,000（動植物油）

なお，石油類はよく出てくる「非水溶性」の数値のみ記してあります。あまり出てきませんが，「水溶性」は"その倍"だと覚えてください。

受験生にとって，これだけ表が並んでいると"頭痛の種"となりかねませんが，これらをすべて覚える必要はまだありません。

表1-1に関して言えば，第3編の性質のところで詳細に学習しますので，それまでは概要を把握する程度でかまいません。ただ，**品名の定義**（第4類危険物が多い！）については，たまに出題されていますので，次の注意書きについては，よく目を通しておいてください。

主な品名の説明

1．第2類に関するもの　（*除く＝それらのものは危険物ではないということ）

① 鉄粉：鉄の粉のことをいいますが，「目開きが53μmの網ふるいを通過するものが50％未満のもの」は除きます*。
（⇒　網ふるいを半分以上通過するような小さな粉でないと鉄粉とは呼ばない，ということ。）

② 金属粉：アルカリ金属，アルカリ土類金属，鉄及びマグネシウム以外の金属の粉のことをいいますが，「(1)**銅粉**，(2)**ニッケル粉**，(3)目開きが150μmの網ふるいを通過するものが50％未満のもの」は除きます（⇒ 出題例あり）。

③ マグネシウム：目開きが2mmの網ふるいを通過しない塊状は除く。

④ 引火性固体：固形アルコールその他1気圧において引火点が40度未満のもの。

2．第3類に関するもの

自然発火性物質及び**禁水性物質**：「固体又は液体であって，空気中での発火の危険性を判断するための政令で定める試験において政令で定める性状を示すもの，又は水と接触して発火し，若しくは可燃性ガスを発生する危険性を判断するための政令で定める試験において政令で定める性状を示すもの」。

3．第4類危険物に関するもの　重要　（引火性液体の定義⇒P.379）

① 特殊引火物：ジエチルエーテル，二硫化炭素その他1気圧において，発火点が100度以下のもの，又は引火点が零下20度以下で沸点が40度以下のもの。

② 第1石油類：アセトン，ガソリンその他1気圧において引火点が21度未満のもの

③ **アルコール類**：1分子を構成する炭素の原子の数が**1個から3個**までの飽和一価アルコール（変性アルコールを含む）
④ **第2石油類**：灯油，軽油その他1気圧において引火点が**21度以上70度未満**のもの
⑤ **第3石油類**：重油，クレオソート油その他1気圧において引火点が**70度以上200度未満**のもの
⑥ **第4石油類**：ギヤー油，シリンダー油その他1気圧において引火点が**200度以上250度未満**のもの
⑦ **動植物油類**：動物の脂肉等又は植物の種子若しくは果肉から抽出したものであって，1気圧において引火点が**250度未満**のもの

[例題] 引火点が39℃，沸点が118℃，発火点が463℃の物質は何類か？

(答下)

第4類危険物については，物品名と引火点（特殊引火物の場合は沸点も）が重要じゃ。引火点については，次のようなゴロ合わせがあるので，これらを利用するなどしてよく覚えておくように。

こうして覚えよう！

第4類危険物の引火点		
イカ　　には　　ついに	特殊引火物	－20℃以下
引火点　20(特殊)　21(1石油，2石油)	第1石油類	21℃未満
なれなかったつわもの	第2石油類	21℃以上70℃未満
70(3石油)　　20(4石油)	第3石油類	70℃以上200℃未満
（「つ」は「ツウ」より2を，「わ」は「輪」より0を表す）	第4石油類	200℃以上

第4類危険物の品名の順序
遠い　ア　ニ　さん　よ　どこ？
特殊　1石　アル　2石　3石　4石　動植

(例題の答)　引火点から判断して，④の第2石油類になります（⇒酢酸）。

(答)　第2石油類

1．危険物と指定数量　29

（3）危険物の指定数量  （問題 p.73）

1．指定数量とは？

指定数量以上
⇒ **消防法**の規制を受ける
指定数量未満
⇒ **市町村条例**の規制を受ける
（指定数量の5分の1未満の危険物については規制されていない）

危険物は，ある一定の数量以上の場合に**消防法**の規制を受けます。この一定数量を**指定数量**といい，危険物の品名ごとにその数量が定められています（⇒この数値が小さいほど危険度は高くなります）。

なお，指定数量未満の場合は**市町村条例**の規制を受けます。

> この危険物の指定数量については，計算問題が必ずといっていいくらい出題されるんじゃが，そのメインは第4類危険物なんじゃ。
> じゃが，たまに他の類の危険物が指定数量を明示されないまま出題されることもあるので，表1（P.25）に示してある太字の指定数量程度は覚えるようにしておいた方がよいじゃろう。
> もちろん，第4類危険物に関しては確実に暗記しておく必要があるので，すでに紹介したゴロ合わせなどを利用して覚えておくように！

危険物と指定数量について
1．危険物の貯蔵，取扱いについて（⇒P.59）
　・指定数量以上：**消防法**の規制を受ける。
　・指定数量未満：**市町村条例**の規制を受ける。
2．危険物の運搬について（⇒P.64）
　・運搬の基準は指定数量未満でも適用される。
　・指定数量以上，指定数量未満にかかわらず，車両で**運搬**する際の基準はすべて**消防法**の規制を受ける。（道路で移動する以上，市町村条例で規制されていると混乱が生じるため）

[例題] 次の危険物の指定数量を答えよ。

①鉄粉 ②固形アルコール ③硫化リン ④マグネシウム
⑤赤リン ⑥硫黄 ⑦カリウム ⑧ナトリウム ⑨硝酸 ⑩過塩素酸

解答 --

(⇒P.25，26の表参照) ①500 kg ②1,000kg ③～⑥100 kg ⑦，⑧ 10 kg
⑨，⑩ 300 kg

2．指定数量の倍数計算

その指定数量の計算ですが，次のように行います。

① 危険物が１種類のみの場合

たとえば，ガソリン（第１石油類）の指定数量は表
２（P.29）より200ℓですが，そのガソリンを1,000ℓ
貯蔵する場合，1,000÷200＝5より，「ガソリンを指
定数量の５倍貯蔵する」というように表します。

このように危険物が１種類のみの場合は，「貯蔵す
る量」を「その危険物の指定数量」で割って倍数を求
めます。

$$危険物の倍数＝\frac{危険物の貯蔵量}{危険物の指定数量}$$

この倍数が**１以上**の場合，すなわち**指定数量以上**の
場合に「１．指定数量とは？」で説明したように，**消
防法の規制**を受けることになります。

② 危険物が２種類以上の場合

それぞれの危険物ごとに倍数を求め，それを合計し
ます。たとえば，灯油を2,000ℓ，重油を10,000ℓ貯
蔵する場合，指定数量は灯油が1,000ℓ，重油が2,000
ℓなので，①の式より

$$灯油の倍数＝\frac{2,000}{1,000}＝2$$

$$重油の倍数＝\frac{10,000}{2,000}＝5$$

倍数の合計＝2＋5＝7倍，ということになります。

危険物が２種類以
上の場合
⇒ 各危険物の倍
数を合計する

第1編

危険物に関する法令

1．危険物と指定数量 31

② 製造所等の区分

(問題 P.79)

・指定数量以上の危険物を貯蔵および取扱う場合は，**製造所**，**貯蔵所**，**取扱所**の3つの施設で行う必要があり，これらを総称して**製造所等**といいます。
・その製造所，貯蔵所，取扱所は，更に次のように区分されています。
（貯蔵所は**7種類**，取扱所は**4種類**に区分されている）

表1

製造所	危険物を製造する施設

表2 （注：タンク容量の倍数は指定数量の倍数）

貯蔵所	①屋内貯蔵所	**屋内の場所**で危険物を貯蔵し，または取扱う貯蔵所
	②屋外貯蔵所 (注：ゴロは P.51下の〈覚え方〉にあります。)	**屋外の場所**において（下線部はゴロに使う部分） ① 第2類の危険物のうち硫黄と引火性固体（引火点が0℃以上のもの）のみ ② 第4類の危険物のうち，特殊引火物を除いたもの（第1石油類は引火点が0℃以上のものに限る→したがって，ガソリンは貯蔵できません） を貯蔵し，または取扱う貯蔵所
	③屋内タンク貯蔵所	**屋内にあるタンク**において危険物を貯蔵し，または取扱う貯蔵所 （タンク容量：**40倍以下**，ただし，第4類（第4石油類と動植物油類除く）は**2万ℓ以下**）
	④屋外タンク貯蔵所	**屋外にあるタンク**において危険物を貯蔵し，または取扱う貯蔵所
	⑤地下タンク貯蔵所	**地盤面下に埋設されているタンク**において危険物を貯蔵し，または取扱う貯蔵所
	⑥簡易タンク貯蔵所	**簡易タンク**において危険物を貯蔵し，または取扱う貯蔵所 （タンク容量：**600ℓ以下**，同一品質は2基以上不可）
	⑦移動タンク貯蔵所 （タンクローリー）	**車両に固定されたタンク**において危険物を貯蔵し，または取扱う貯蔵所（タンクローリー） （タンク容量：**3万ℓ以下**）

表 3

取扱所	①販売取扱所	店舗において**容器入りのままで販売するための危険物**を取扱う取扱所 第1種販売取扱所：指定数量の15倍以下 第2種販売取扱所：指定数量の15倍を超え40倍以下
	②給油取扱所	**固定した給油施設**によって自動車などの燃料タンクに直接給油するための危険物を取扱う取扱所 （タンク容量：専用タンクは制限なし， 　　　　　　　廃油タンクは1万ℓ以下）
	③移送取扱所	**配管およびポンプ**，並びにこれらに附属する設備によって危険物の移送の取扱いをする取扱所
	④一般取扱所	給油取扱所，販売取扱所（塗料店など），移送取扱所以外の危険物の取扱いをする取扱所

（注：③の移送取扱所は，**鉄道や隧道（トンネル）内に設置できないので注意**
☞ **出た!**）

> 注）　危険物を貯蔵および取扱う施設がすべて製造所等というのではなく，あくまでも「**指定数量以上**」の危険物を貯蔵および取扱う施設を**製造所等**というので，注意してください。

> [例題]　製造所等の指定数量について，次のうち貯蔵量が指定数量を超過していないものに〇，超過しているものに×を付けなさい。
> ただし，石油類はすべて非水溶性とする。
> (1)　移動タンク貯蔵所（第1石油類）················· 30,000ℓ
> (2)　屋内タンク貯蔵所（第3石油類）················· 25,000ℓ
> (3)　屋内タンク貯蔵所（第4石油類）················· 300kℓ
> (4)　第1種販売取扱所（アルコール）················· 8000ℓ
> (5)　簡易タンク貯蔵所（第2石油類）················· 900ℓ
>
> （解答は P.36下）

第1編

危険物に関する法令

2．製造所等の区分　33

③ 製造所等の各種手続き

（1）製造所等の設置と変更 (問題P.82)

（注：第4類のような液体の危険物タンク（屋外タンクなど）の場合，図の①の工事開始と完成の間，即ち，完成検査の前に「工事の工程ごとに」**完成検査前検査**を受ける必要があります。（⇒合格すると完成検査前検査済証が交付されます））

・製造所等を設置，または位置や構造および設備を変更するときは**市町村長等**※**の許可**が必要となります。
・製造所等を設置（または変更）して実際に使用を開始するまでの流れは，次のようになります。　左欄(注)参照

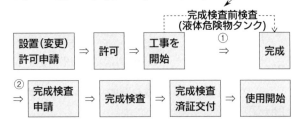

※＜**市町村長等**の内容について（下の（2）も同じ）＞
　　消防本部，消防署が**ある**市町村⇒　**市町村長**に申請
　　消防本部，消防署が**ない**市町村⇒　**都道府県知事**に申請
　＜移送取扱所の場合の許可権者⇒出題例あり＞
　　○　2以上の**市町村**にわたって設置　　⇒その区域を管轄する**都道府県知事**
　　○　2以上の**都道府県**にわたって設置⇒**総務大臣**

（2）仮貯蔵と仮使用 (問題P.85)

1．仮貯蔵・仮取扱い

　原則として，**指定数量以上**の危険物は製造所等以外の場所で貯蔵したり取扱うことはできませんが，「**消防長または消防署長**」の**承認**を受けた場合は，**10日以内**に限り貯蔵し，または取扱うことができます。

2．仮使用

　製造所等の設備等を変更する場合に，**変更工事に係る部分以外**の全部または一部を，市町村長等の**承認**を得て，**完成検査前**（（1）の図の②までの間）に

仮使用することをいいます。

<手続きのまとめ（届出以外）>

手続きの内容	申請の種類	申請先	期間，時期	要点
製造所等の設置	許可	市町村長等		
製造所等の位置，構造，設備の変更				
予防規程（作成，変更）	認可			
仮使用（設備等を変更する際の手続き）	承認		完成検査前に使用	変更工事に係る部分**以外の全部**または**一部**を仮に使用
仮貯蔵，取扱い		消防長又は消防署長	10日**以内**に限る	製造所等**以外**の場所で仮に貯蔵する場合。

（3）製造所等の各種届出

製造所等では，次の場合に届出が必要になります。

提出期限は原則として遅滞なくですが，1の危険物の品名，数量，指定数量の倍数を変更する場合のみ，**10日前**までです。
（前ページの仮貯蔵，仮取扱いは**10日以内**なので，「前」と「以内」に要注意！）

	届出が必要な場合	提出期限	届出先
1	危険物の品名，数量または指定数量の倍数を変更する時	変更しようとする日の**10日前**まで	市町村長等
2	製造所等の譲渡または引き渡し	遅滞なく	
3	製造所等を廃止する時		
4	危険物保安統括管理者を選任，解任する時		
5	危険物保安監督者を選任，解任する時		

承認をする者は，
　仮貯蔵・仮取扱いが，**消防長または消防署長**
　仮使用が，**市町村長等**です。間違わないように！
⇒「こうして覚えよう！」
仮使用のみを覚える。
仮使用には「し（使）」がつく。従って，同じ「し」の付く「し（市）町村長等」が承認を行う，と覚える。
（仮貯蔵・仮取扱いが出てきたら，市町村長等以外の者，すなわち，消防長または消防署長が承認する，と覚える。）

仮貯蔵は消防長（または消防署長），仮使用は市町村長等が承認します

P.33（[例題] の答）
　(1)は30,000ℓ以下なので○。(2)の屋内タンクは，第4類危険物（一部除く）は20,000ℓ以下なので×。(3)の第4類，第4石油類は40倍以下なので，6kℓ×40＝240kℓ以下までであり×。(4)の第1種は15倍以下であり，アルコールの指定数量は400ℓ（＝6000ℓ以下）なので×。(5)は600ℓ以下なので×。

❹ 義務違反に対する措置 (問題P.87)

　市町村長等は，所有者等の次のような行為に対し，施設の設置許可取消し又は一定の期間を定めて施設の使用停止命令を命じることができます。

　（下記（1）の②（2）の①，④にある**措置命令**については，P.90問題25の解説にある表を参照して下さい。⇒この3つ以外の命令違反は許可の取り消し，使用停止命令の対象にならないので注意！）

（1）許可の取り消し，または使用停止 （「施設」関係）

（下線部は「こうして覚えよう！」で使う部分です）

① 位置，構造，設備を<u>許可</u>を受けずに変更したとき。
② 位置，構造，設備に対する<u>修理</u>，改造，移転などの措置**命令**に<u>違反したとき</u>（⇒命令に<u>従わなかったとき</u>）。
③ <u>完成</u>検査済証の交付前に製造所等を使用したとき。
　または仮使用の承認を受けないで製造所等を使用したとき。
④ <u>保安</u>検査を受けないとき（政令で定める屋外タンク貯蔵所と移送取扱所に対してのみ）。
⑤ <u>定期</u>点検の実施，記録の作成および保存がなされていないとき。

（2）使用停止 （「人」関係）

① 危険物の貯蔵，取扱い基準の<u>遵守</u>**命令**に<u>違反</u>したとき。
② 危険物保安<u>統括</u>管理者を選任していないとき，またはその者に「保安に関する業務」を統括管理させていないとき。
③ 危険物保安<u>監督</u>者を選任していないとき，またはその者に「保安の監督」をさせていないとき。
④ 危険物保安統括管理者または危険物保安監督者の<u>解任</u>**命令**に<u>違反</u>したとき。

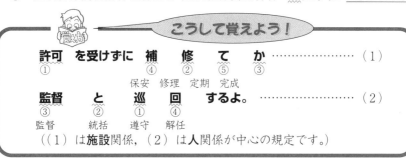

（（1）は**施設**関係，（2）は**人**関係が中心の規定です。）

⑤ 危険物取扱者制度 （問題 P.92）

（1）危険物取扱者

危険物取扱者
⇒都道府県知事が行う危険物取扱者試験に合格し都道府県知事から危険物取扱者の免状の交付を受けた者をいう。

＊無資格者でも危険物取扱者が立会えば，その危険物取扱者が取り扱える危険物を取り扱うことができます。

指定された危険物
・ガソリン
・灯油と軽油
・第3石油類（重油，潤滑油と引火点が130℃以上のもの）
・第4石油類
・動植物油類

 重要

免状の再交付を受けたあとに亡失した免状を発見した場合は，**10日以内**に再交付を受けた知事に提出する必要があります。（⇒義務です！）
＊都道府県に限る（市町村の変更や現住所の変更は含まない）

1．免状の種類と権限など

危険物取扱者には，甲種，乙種，丙種の3種類があり，取り扱える危険物や権限等は次のようになっています。

表1

	取扱える危険物の種類	無資格者に立会える権限＊	危険物保安監督者になれるか？
甲種	全部（1〜6類）	○	○（但し6ヶ月の実務経験必要）
乙種	免状に指定された類のみ	○	○（但し6ヶ月の実務経験必要）
丙種	＊指定された危険物のみ	×	×

2．免状の手続き

免状の交付，再交付，または書替えの手続きの概要は次のようになっています（注：免状は全国どこでも有効です！）（覚え方⇒P.96）。

表2

手続き	内　　　容	申　請　先
交付	危険物取扱者試験の合格者に交付	試験を行った知事
再交付	免状を「亡失，滅失，汚損，破損」した場合（下線⇒免状を添えて申請する。なお，再交付自体は義務ではありません）	免状を交付した知事 免状を書換えた知事
書換え	1　氏名が変更した場合 2　本籍地＊が変更した場合 3　免状の写真が10年経過した場合（⇒撮影日から10年経ったとき）	免状を交付した知事 居住地の知事 勤務地の知事

3．免状の不交付と返納命令

次の者は，たとえ試験に合格しても都道府県知事が免状の交付を行わないことができます。

① 都道府県**知事**から危険物取扱者免状の**返納**を命じられ，その日から起算して**1年**を経過しない者。

② 消防法または消防法に基づく命令の規定に違反して**罰金以上の刑**に処せられた者で，その執行を終わり，または執行を受けることがなくなった日から起算して**2年**を経過しない者。

また，免状を交付した危険物取扱者であっても，消防法令に違反した場合は，免状を交付した都道府県知事*が免状の返納を命じることができます（⇒絶対ではない）。

免状の記載事項は次のとおりです。
・**氏名**
・<u>生年月日</u>
・<u>本籍地</u>
・甲種，乙種，丙種の別
・交付年月日
・交付番号
・交付知事

＊現住所や本籍地の知事ではないので，注意！

（2）保安講習

1．受講義務のある者

製造所等において，「危険物取扱者の資格のある者」が「危険物の取扱作業に従事している」場合。

従って，「危険物取扱者の資格のある者」であっても，危険物取扱作業に**従事していない場合**や，「危険物取扱作業に従事している」者であっても，危険物取扱者の**資格がない者**の場合は，受講義務はありません。

注：消防法令に違反した者が受ける講習ではありません。

また，「製造所等の所有者」だからといって必ずしも受講義務が生じるわけでもないので注意！（有資格者で危険物の取扱い業務に従事していなければ受講義務はない）

> ＜受講義務がない者＞
> ・**指定数量以上**の施設で危険物取扱作業に<u>従事していない</u>危険物取扱者
> ・**指定数量未満**の施設で危険物の取扱作業に従事する者
>   （P.32の表の下 '先生' のアドバイスより，これらの施設は「製造所等」ではないからです。）
> ・消防法令に違反した者
> ・危険物を車両で**運搬する**危険物取扱者
> ・**危険物保安統括管理者，危険物施設保安員**で免状を有しない者（危険物保安監督者の場合は有資格者なので受講義務がある）

5．危険物取扱者制度　39

2．受講期間

受講期間
①従事から1年以内，その後，講習から3年以内
②過去2年以内に免状交付か講習受講
⇒3年以内

行政が把握しやすいように，4月1日を起算日にしただけです。従って，とりあえず「講習後の4/1から3年以内に受講」と原則を覚え，①と②の前半は例外として覚えておこう。

（＊）新たに危険物の取扱作業に従事するのではなく，継続して危険物の取り扱い作業に従事している無資格者が免状を交付された場合は，その交付された日以後における最初の4月1日から3年以内に受講すればよいことになっているので，注意しよう。

「講習は，免状の交付，書換えを行った都道府県で受講する」も誤りです。
（どこの都道府県でもよい）

① 従事し始めた日から**1年以内**，その後は，講習を受けた日以後における最初の「**4月1日から3年以内**」に受講します。
② ただし，従事し始めた日から過去2年以内に免状の交付か講習を受けた者は，その交付や講習の日以後における最初の「4月1日から3年以内」に受講すればよいことになっています（余白の＊部分もこちらの方に該当します）。

なお，受講義務のある者が受講しなかった場合は，**免状の返納命令**の対象となります。

また，受講場所は，全国どこの都道府県で受講してもよいことになっています。

[例題] 危険物取扱者の免状を取得してすぐに危険物の取り扱い作業に従事し，その日から1年11ヶ月経過している者は受講時期が過ぎているか？

|解説|
従事開始から「過去2年以内に免状の交付を受けた場合」に該当するので，その日以後における最初の4月1日から3年以内に受講すればよく，よって，1年11ヶ月では受講時期がまだ来ていない，ということになります。　　　　　　　　　（答）過ぎていない。

なお，講習を実施するのは都道府県知事であり，市町村長や消防長などではないので，注意しよう。

講習の実施者　⇒　都道府県知事

❻ 危険物の保安に携るもの (問題P.100)

(1) 危険物保安監督者

製造所等の所有者等は、**甲種**または**乙種**危険物取扱者で、**製造所等**において**危険物取扱いの実務経験が6ヶ月以上ある者**から危険物保安監督者を選任して市町村長等に届け出る必要があります（解任したときも届け出る）。

丙種危険物取扱者は保安監督者にはなれません。また、乙種は免状に指定された類のみの保安監督者にしかなれないので、注意しよう！

＊指定数量30倍超で選任する施設
⇒屋内貯蔵所
　屋外貯蔵所
　地下タンク貯蔵所
　一般取扱所

1．(指定数量に関係なく) 選任する必要がある事業所＊

製造所，屋外タンク貯蔵所，給油取扱所，移送取扱所，
(覚え方⇒P 102)

2．選任しなくてよい事業所（＝保安監督者が不要な事業所）

移動タンク貯蔵所

3．危険物保安監督者の業務

市町村長等は、次の場合に製造所等の所有者等に対し危険物保安監督者の**解任**を命ずることができます。
・消防法若しくは消防法に基づく命令の規定に違反したとき
・危険物保安監督者にその業務を行わせることが公共の安全の維持若しくは災害の発生の防止に支障を及ぼすおそれがあると認めるとき

危険物保安監督者が行う業務は次のようになっています。
① 危険物の取扱作業の実施に際し，当該作業が貯蔵または取扱いに関する技術上の基準や予防規程に定める保安基準に適合するように，作業者に対して**必要な指示を与えること**。
② 火災などの災害が発生した場合は，**作業者を指揮して応急の措置を講じるとともに，直ちに消防機関等へ連絡する**。
③ (危険物施設保安員を置く製造所等にあっては) **危険物施設保安員**に対して**必要な指示を与えること**。
④ 火災等の災害の防止に関し，当該製造所等に隣接する製造所等その他関連する施設の**関係者との間に連絡を保つ**。
⑤ その他，危険物取扱作業の保安に関し必要な監督業務。

（2）危険物保安統括管理者

・選任，解任時に市町村長等に届け出る。
・資格は不要

1. 大量の第4類危険物を取扱う事業所（下表参照）において，保安に関する業務を統括して管理する者をいいます。
2. 選任または解任したときは**市町村長等**に届け出る必要があります。
3. 資格は特に必要がありません。

（3）危険物施設保安員　急行★

・資格も届け出も不要

危険物施設保安員が行う業務の内容については，よく出題されています。
なお，危険物施設保安員を置く必要がない製造所等にあっては，右の業務は**危険物保安監督者**が代行します。

1. 一定の製造所等で危険物保安監督者の補佐を行う者をいい，製造所等の所有者等に選任する義務があります。
2. 資格は**不要**で，選任および解任した時の届け出も**不要**です。
3. その危険物施設保安員が行う業務は次のようになっています。
   ① 製造所等の構造及び設備が技術上の基準に適合するように維持するため，定期及び臨時の**点検**を行い，それを記録して**保存**する。
   ② 構造及び設備に異常を発見した場合は，**危険物保安監督者**その他関係者に**連絡する**とともに適正な措置をとる。☞出た！
   ③ 火災が発生したとき，またはその危険性が著しいときは，**危険物保安監督者**と協力して，**応急の措置**を講じる。
   ④ 製造所等の計測装置，制御装置，安全装置等の機能が適正に保持されるように**保安管理**をする。
   ⑤ その他，危険物施設の保安に関し，必要な業務。

なお，危険物保安統括管理者と危険物施設保安員を定めなければならない製造所等は次の3つです（一部例外有り）。

パイプライン関係
移送 ⇒ 関係なく
の保安員は，100人
　　　　　　　100倍
がせい　いっぱい
⇒製造所　一般

↑
（覚え方）

	危険物保安統括管理者（参考資料）	危険物施設保安員
移送取扱所	指定数量以上	指定数量に関係なく定める。
製造所 一般取扱所	指定数量の倍数が3,000倍以上の場合に定める。	指定数量の倍数が100倍以上の場合に定める。（左欄の覚え方参照）。

42　第1編　危険物に関する法令

❼ 予防規程  (問題 P.105)

製造所等（すべてではない）の火災予防のため，危険物の保安に関し必要な事項を定めた自主保安基準のことをいいます。

1. 一定の製造所等の**所有者等**には，予防規程を定める義務があり，また，定めたとき，あるいは変更したときは，市町村長等の認可を受ける必要があります。
2. 予防規程は，一定の製造所等で一定の指定数量以上の場合に必要となりますが，**給油取扱所**＊と**移送取扱所**とでは，指定数量に関係なく必ず定める必要があります＊＊。

> 指定数量に関係なく予防規程が必要な製造所等
> ・**給油取扱所** ・**移送取扱所**（⇒規模が大きいため）
> 〈覚え方〉予防接種は 急 に 痛そう！
> 　　　　　予防規程　給油　移送

3. 市町村長等は，必要に応じて**予防規程の変更**を命じることができます。
4. 予防規程を遵守する義務がある者は，製造所等の**所有者，管理者**又は**占有者**およびその**従業者**です（⇒出入り業者には義務はない）。
5. 予防規程に定める主な事項は，危険物の規制に関する規則により，次のように定められています。
   ① 危険物の保安に関する業務を管理する者の職務及び組織に関すること。
   ② 危険物保安監督者が旅行，疾病その他の事故によって，その職務を行うことができない場合にその職務を代行する者に関すること。
   ③ 化学消防自動車の設置その他自衛の消防組織(注)に関すること。
   ④ 危険物の保安に係る作業に従事する者に対する保安教育に関すること。
   ⑤ 危険物の保安のための巡視，点検及び検査に関すること。

＊
屋内の自家用給油取扱所は除く。
＊＊
指定数量の倍数によっては予防規程が必要となる製造所等（出題例あり）

製造所：
　10倍以上
一般取扱所：
　10倍以上
屋外貯蔵所：
　100倍以上
屋内貯蔵所：
　150倍以上
屋外タンク貯蔵所：
　200倍以上

（保安距離の施設と同じ⇒p.48のゴロ合わせの保安対象物を参照…次の定期点検も同じです）

③の自衛消防組織ですが設置をもって予防規程に代えることはできないので，注意！

(注)自衛消防組織
⇒大規模な危険物施設における火災時の被害を最小限にするために，事業所の従業員により編成された消防組織

⑥ 危険物施設の運転又は操作に関すること。
⑦ 危険物の取扱い作業の基準に関すること。
⑧ 補修等の方法に関すること。
⑨ 施設の工事における火気の使用若しくは取扱いの管理又は危険物の管理等安全管理に関すること。
⑩ 製造所及び一般取扱所にあっては，危険物の取扱工程又は設備等の変更に伴う危険要因の把握及び当該要因に対する対策に関すること。
⑪ 顧客に自ら給油等をさせる給油取扱所にあっては，顧客に対する監視その他保安のための措置に関すること。
⑫ 災害その他の非常の場合に取るべき措置に関すること。
⑬ 地震発生時における施設及び設備に対する点検，応急措置等に関すること。
⑭ 危険物の保安に関する記録に関すること。
⑮ 製造所等の位置，構造及び設備を明示した書類及び図面の整備に関すること。
その他，危険物の保安に関し必要な事項。

⑪は、「顧客に自ら給油等をさせる給油取扱所の基準として，正しいものは次のうちどれか。」という問題の正解肢としての出題例があるので，注意してください。

【参考資料……保安検査について】
（ごくまれに出題されることがあるので，本文の太字部分は暗記事項です。）
　一定規模以上の**屋外タンク貯蔵所**と**移送取扱所**（**特定屋外タンク貯蔵所**と**特定の移送取扱所**）は，自主点検のみではその安全性を確保できないので，**市町村長等**が行う**保安検査**が義務づけられています（**定期保安検査**と**臨時保安検査**がある）。
（下線部：出題例あり）

	検査対象	検査時期	検査事項
①屋外タンク貯蔵所	容量1万kℓ以上	原則8年に1回	タンク底部の板厚，溶接部
②移送取扱所	配管延長が15kmを超えるもの（一部例外あり）	原則1年に1回	移送取扱所の構造及び設備

　従って，保安検査の要不要を問われる問題で，「危険物を移送する配管が15kmを超える移送取扱所」とあれば上記②より○（必要），「すべての屋外タンク貯蔵所」とあれば上記①より，1万kℓ以上という条件があるので×となります。
☞ 出た！

⑧ 定期点検  （問題 P.108）

太字部分⇒
「危険物の貯蔵，取扱い」ではないので注意！

危険物施設保安員には立ち会い権限がないので注意しよう。

製造所等（すべてではない）の**位置，構造，および設備が技術上の基準に適合しているかを，所有者等が自ら行う定期的な点検のこと**をいいます。

1．点検を行う者

① 危険物取扱者（甲種，乙種，丙種）
② 危険物施設保安員

☆上記以外でも**危険物取扱者の立会いがあれば実施できます。**

2．点検の回数と記録の保存

・**1年に1回以上**実施し，**3年間保存**する。
・点検の結果を**届け出**たり，**報告**する**義務はない**。（重要）

〈点検記録に記載すべき事項〉
・製造所等の名称　・点検の方法及び結果
・点検年月日　　　・点検を行った者または立会った者の氏名

（参考資料）
一定の指定数量以上の場合に定期点検を実施する施設

・製造所
　10倍以上
・一般取扱所
　10倍以上
・屋外貯蔵所
　100倍以上
・屋内貯蔵所
　150倍以上
・屋外タンク貯蔵所
　200倍以上

（5つの施設は**予防規程**(P.43)や**保安距離**(P.47)と同じなので覚えておこう！）

3．（指定数量に関係なく）定期点検を必ず実施しなければならない製造所等

・**地下タンク貯蔵所**
・**地下タンク**を有する**製造所**
・**地下タンク**を有する**給油取扱所**
・**地下タンク**を有する**一般取扱所**
・**移動タンク貯蔵所**と**移送取扱所**（一部例外あり）

地下タンクを有する施設は全てが対象
（⇒地上から確認できないため）

⇩

① 定期点検を必ず実施する施設(移送取扱所は省略)
　⇒　地下タンクを有する施設と移動タンク貯蔵所
② 定期点検を実施しなくてもよい施設
　⇒　屋内タンク貯蔵所，簡易タンク貯蔵所，販売取扱所

第1編 危険物に関する法令

8．定期点検　45

こうして覚えよう！

（定期点検が必要な施設）

地下タンクに 一 休 先生
　地下タンク　移送　給油　製造所
が いっぱい 居た！
　　一般　　移動タンク

こうして覚えよう！
ウチの田んぼにある
屋内タンク
ハ　カは点検不要
販売 簡易

次のタンク等は，漏れの点検が不要です。
・二重殻タンクの**内殻**
・二重殻タンクの強化プラスチック製の**外殻**とタンクの間に漏れを検知する液体が満たされているもの
・微小な*漏れを検知するもの
（*単に漏れだけなら，3年に1回になる）

4. 定期点検を実施しなくてよい製造所等

・屋内タンク貯蔵所　・簡易タンク貯蔵所
・販売取扱所

5. 漏れの点検

　通常の点検とは別に行う漏れを確認する為の点検です。
① 点検実施者
　点検の方法に関する知識及び技能を有する**危険物取扱者**と**危険物施設保安員**（危険物取扱者の**立会**を受けた場合は，危険物取扱者以外の者が漏れの点検方法に関する知識及び技能を有していれば点検を行うことができる）
② 点検時期と保存期間
　完成検査済証の交付を受けた日，または前回の点検を行った日から次の時期を超えない日までに**1回以上**行い，記録を**保存**します。

	点検時期	保存期間
地下貯蔵タンク，地下埋設配管	1年	3年
・完成検査から15年を超えないもの ・二重殻タンクの強化プラスチック製の外殻	3年（⇒緩和されている）	3年
移動貯蔵タンク	5年	10年

⑨ 製造所等の位置・構造・設備等の基準

製造所等には次のように，「(1)複数の施設に**共通**の基準」と「(2)各施設に**固有**の基準」があります（注：左の余白部分からの出題率高し…という報告あり）。

(1) 複数の施設に共通の基準

付近の建築物
⇒保安対象物といいます

（注：本書では，知識を整理しやすいよう，各施設に共通する基準は「共通の基準」としてまとめ，その他は「各施設に固有の基準としてあります」）

なお，下図 e の下線部「多数の人」については劇場，映画館，公会堂は300人以上，福祉施設は20人以上が対象です。

1. 保安距離　急行★ （問題 P.111）

① 保安距離というのは，製造所等に火災や爆発が起こった場合，<u>付近の建築物</u>に影響を及ぼさない様にするために**外壁**から取る，一定の距離のことをいいます。

② その保安距離を，必要とする施設は次の5つで，対象物の種類により次のように距離が定められています。

保安距離と保有空地が必要な製造所等

	保安距離	保有空地
製造所	○	○
一般取扱所	○	○
屋内貯蔵所	○	○
屋外貯蔵所	○	○
屋外タンク貯蔵所	○	○
簡易タンク貯蔵所 （屋外設置）		○
移送取扱所 （地上設置）		○

（下の図について）
(a)(b) ⇒**地中埋設電線**は含まない。
(c) ⇒**敷地内のもの**は対象外
(e) ⇒**大学，短大，予備校，旅館**は含まない。
(f) ⇒**保管倉庫**は含まない。

(a) 特別高圧架空電線（35,000Vを超える）
(b) 特別高圧架空電線（7000Vを超え35,000V以下）
（保安距離が必要な製造所など）
製造所／一般取扱所／屋内貯蔵所／屋外貯蔵所／屋外タンク貯蔵所
(c) 一般住宅（敷地外にあるもの）
(d) 高圧ガスの施設
(e) 学校,病院,劇場など多数の人を収容する施設（大学は含まないので注意!）
(f) 重要文化財など（指定されたもの）

（注：老人福祉施設，児童福祉施設等,公民館も含む）

3m以上／5m以上／10m以上／20m以上／30m以上／50m以上

（製造所等の外壁）→
（製造所等の外壁から保安対象物の外壁まで）

9. 製造所等の位置・構造・設備等の基準　47

こうして覚えよう！

保安距離と必要な施設

保安官の ト ニー   さん   が (「ご」に変える) ⎤
保安距離 10 m   20 m   30 m   50 m   ⎥ 保安距離
過   ご(「が」に変える)**す 学校   じゅう，**   ⎦
住む(住宅)   ガス   重要

せい   いっぱい   外   と内   でガイダンス   する ⎤ 施設
製造所   一般   屋外   屋内   屋外タンク   ⎦

〈保有空地の必要な施設〉
（上記＋次の2施設）

空き地で カン   パイ！
         簡易タンク (移送取扱所)
              パイプライン

保有空地の幅は，**指定数量の倍数**（専有面積ではない！）によって決まりますが，**製造所の場合は次のように定められています。**

指定数量が10以下	3m以上
指定数量が10超	5m以上

「屋内貯蔵所の保有空地は専有面積によって決まる」は誤りです（答⇒上の下線部）。

2．保有空地  (問題 P.113)

① 保有空地とは，火災時の消火活動や延焼防止のため製造所等の周囲に設ける空地のことをいい，いかなる物品といえどもそこに置くことはできません。

② その保有空地ですが，必要とする施設は保安距離が必要な施設に簡易タンク貯蔵所（屋外設置）と移送取扱所（地上設置のもの）を加えた7つの施設です。

保有空地が必要な施設（前ページの表参照）
⇒ 保安距離が必要な施設＋簡易タンク貯蔵所
　＋移送取扱所（地上設置）

3．建物の構造，および設備の共通基準

製造所の基準は各施設に共通の基準です。

建物の構造，および設備等にも，各施設に共通の基準があります。なお，下記【1】と【2】は**製造所**の基準でもあります。

【1】構造の共通基準（次ページの図参照）

表1（＊**主要構造部**⇒**壁，柱，床，梁（はり），屋根，階段**をいう）

場　所	構　造　の　内　容
屋　根	**不燃材料**で造り，金属板などの軽量な不燃材料でふく。
主要構造部＊	**不燃材料**で造る（屋内貯蔵所，屋内給油取扱所および延焼の恐れのある外壁は**耐火構造**とする（⇒P.56の①））。
窓，出入り口	① **防火設備**（または**特定防火設備**）とする。 ② ガラスを用いる場合は**網入りガラス**とする（厚さの規定はない）。
床（液状の危険物の場合）	① 危険物が浸透しない構造とする。 ② 適当な**傾斜**＊をつけ，**貯留設備**を設ける（＊段差や階段はNG！）
地　階	有しないこと。

【2】設備の共通基準

表2

設　備	設　備　の　内　容
採光，照明設備	建築物には**採光，照明，換気**の設備を設ける。
蒸気排出設備と電気設備	可燃性蒸気等が滞留する恐れのある場所では， ・**蒸気等を屋外の高所に排出する設備** ・**防爆構造**の電気設備 を設ける。
静電気を除去する装置	静電気が発生する恐れのある設備には，**接地**など静電気を有効に除去する装置を設ける。
避雷設備	危険物の指定数量が**10倍以上**の施設に設ける。 （製造所，屋内貯蔵所，屋外タンク貯蔵所，一般取扱所のみ）

【3】タンク施設に共通の基準

表3

タンクの外面	錆止め塗装をする。
タンクの厚さ	**3.2mm以上の鋼板**で造る。
液体の危険物を貯蔵する場合	その量を自動的に表示する装置を設ける。
圧力タンク以外のタンクの場合 （移動貯蔵タンク除く）	・**通気管**（無弁または大気弁付）を設けること。 　（圧力タンクの場合は**安全装置**を設ける） ・通気管の高さは地上**4m以上**とし（例外有）， 　建物の窓等から1m以上離す。

9．製造所等の位置・構造・設備等の基準　49

計量口	計量時（危険物の残量を確認する時）以外は**閉鎖**しておくこと（移動タンク除く）。
タンクの元弁* 注入口の弁（ふた）	危険物の出し入れをするとき以外は**閉鎖**しておくこと。（＊移動タンクの場合は底弁） （注：簡易タンク除く....元弁がないので）

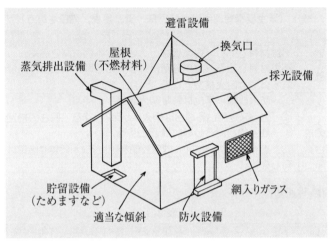

〈構造・設備の共通基準（製造所の例）〉

【4】配管の基準（主なもの）
① 配管は，十分な強度を有し，最大常用圧力の**1.5倍以上**の圧力で行う水圧試験を行ったとき，漏えいその他の異常がないものでなければならない。
② 配管を地下に設置する場合は，その上部の地盤面にかかる重量が当該配管にかからないように保護すること。
③ 配管を地下に設置する場合には，配管の接合部分（溶接部分を除く。）について当該接合部分からの危険物の漏洩を点検することができる措置を講じなければならない。
④ 配管を地上に設置する場合には，地盤面に接しないようにするとともに，外面の腐食を防止するための塗装を行わなければならない。

（2）各施設に固有の基準 (=共通基準以外の基準)（問題 P.115）

各施設において それほど重要な項目でないものは「その他」としてまとめてあります。

①下線部
⇒**独立した専用の建築物**とする必要があります。

②塊状の硫黄は容器に収納せずに貯蔵できるので要注意！
〈2の③, 3の③の例外〉
・第4類の第3, 第4石油類, 動植物油類のみの容器は4m以下
・機械により荷役する構造の容器は6m以下

屋外貯蔵所
貯蔵可能な危険物
↓
・第2類の硫黄と引火性固体
・第4類危険物（特殊引火物を除く。また、第1石油類は引火点が0℃以上のみ。）
⇒トルエンは貯蔵可能だが、ガソリンは貯蔵できない。

各施設の基準は，P.49の3「建物の構造，および設備の共通基準」に次の固有の基準を併せたものです。
（注：安は保安距離, 有は保有空地です）

1．製造所　安○, 有○

P.49の3の【1】と【2】を参照

2．屋内貯蔵所　安○, 有○ （次頁の図参照）

① 平屋建てとし（一部例外有り）天井は設けないこと。
② 容器に収納した危険物の温度は**55℃**を超えないこと。
③ 容器の積み重ね高さは**3m以下**とすること（例外有り）。
④ **壁，柱，床を耐火構造**，屋根，はりを**不燃材料**とする。
⑤ 床面積は**1,000㎡以下**とし，※軒高は**6m未満**とすること（※地盤面から軒までの高さ）。
⑥ その他：引火点が70℃未満の危険物の貯蔵倉庫では，滞留した可燃性蒸気を**屋根上**に排出する設備を設けること。

3．屋外貯蔵所　安○, 有○ （屋根は不要！）

① 設置場所は，湿潤でなく排水の良い場所に設けること（容器の腐食を防ぐため）。
② 屋外貯蔵所は日光や風雨にさらされるため，貯蔵可能な危険物は次のように限定されています。
・第2類の危険物のうち**硫黄又は引火性固体**。
・第4類の危険物のうち，特殊引火物を除いたもの（**引火性固体，第1石油類は引火点が0℃以上**のものに限る⇒ガソリン，アセトン，ベンゼン等は貯蔵できない）。

〈覚え方〉					
外は	西	異様な	イカ	は	飛んでいる
屋外	2・4類	硫黄	引火	0℃	トルエン

③ 容器の積み重ね高さは**3m以下**とすること（例外有り）。
④ その他
・**周囲にさく**等を設けて明確に区画すること。
・**架台の高さは6m未満**とすること。

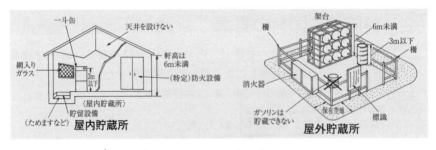

4. 屋内タンク貯蔵所　安×，有×

① **タンクと壁，およびタンク相互の間隔は0.5ｍ以上**あけること（⇒点検等に必要な空間のため）。

② その他：タンクの容量（タンクが２つ以上ある場合はその容量を合計する）は指定数量の**40倍以下**とすること。ただし，第４石油類と動植物油以外の第４類危険物は**20,000ℓ以下**とする。👉 出た！

5. 屋外タンク貯蔵所　安○，有○

① 敷地内距離（タンクの**側板**から敷地境界線又は隣接建物の外壁等までの距離のことで，屋外タンク貯蔵所のみに義務づけられている）を確保すること。

② 防油堤

　液体の危険物（二硫化炭素除く）を貯蔵するタンクの周囲には，危険物の流出を防止するための防油堤を設けること。

---

③ 防油堤の容量
・防油堤の高さは**0.5ｍ以上**とすること。
・タンク容量の**110％以上**（＝1.1倍以上）とすること。
・タンクが２つ以上ある場合は，その中で**最大のタンク容量の110％以上**とすること。

例）同一の防油堤内に重油500ℓ，灯油300ℓのタンクがある場合。
⇒最大のタンク容量は重油の500ℓなので，防油堤の容

タンク専用室は，屋根を不燃材料で作り，かつ，天井を設けてはいけません。
　なお，隣のタンクとの間隔**0.5ｍ以上**（下線部）と敷居高さ**0.2ｍ以上**は出題例があります。

敷地内距離はタンクの側板からの距離であり，タンクの中心からではないので注意しよう。

その他の基準
・防油堤内のタンク数は10以下
・防油堤は，鉄筋コンクリートまたは土でつくること。

52　第１編　危険物に関する法令

量はその1.1倍以上，すなわち500×1.1＝550ℓ以上必要，ということになります。

④ 防油堤内の滞水を外部に排水するための**水抜き口**と，これを**開閉する弁**（通常は閉じておく）を設けること（防油堤に水がたまった場合，弁を開けて排水する）。

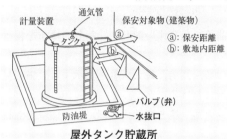
屋外タンク貯蔵所

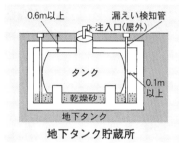
地下タンク貯蔵所

6．地下タンク貯蔵所 安×, 有×

液体の危険物の地下貯蔵タンクへの注入口は，**屋外**に設ける必要があります。

① タンクの周囲には，危険物の漏れを検査する漏えい検査管を4箇所以上設けること。
② 第5種消火設備を2個以上設置すること。
③ 地下貯蔵タンクの配管はタンクの頂部に取り付けること。
④ その他：タンク頂部から地盤面までは**0.6m以上**あけ，また，タンクと壁の間隔は**0.1m以上**，タンク相互は**1.0m以上**（例外有）の間隔をとり，周囲に乾燥砂をつめること。

7.の＊⇒ガソリンを例にした場合レギュラーとレギュラーは×。ただし，レギュラーとハイオクは設置可能。なお，「屋外タンク貯蔵所に設置する簡易タンク貯蔵所には……」という引っかけがありますが，単に「簡易タンク貯蔵所には……」と考えればよいだけです。

7．簡易タンク貯蔵所 安×, 有○（屋外設置の場合）

① タンクの容量は600ℓ以下とすること。
② タンクの個数は**3基以下**とすること（ただし，同一品質の危険物は2基以上設置できません＊）。

8．移動タンク貯蔵所 （問題P.120） 安×, 有×

移動タンク貯蔵所とは，タンク口

① 車両を常置する（いつも置く）場所。
　(ｱ) 屋外：防火上安全な場所。
　(ｲ) 屋内：耐火構造又は不燃材料で造った建築物の1階。
② タンクの容量は**30,000ℓ以下**とし，内部に**4,000ℓ以下**ごとに区切った間仕切り板を設けること。

9．製造所等の位置・構造・設備等の基準　53

ーリーのように車両に固定されたタンクで危険物を貯蔵、又は取扱う施設のことをいいます。従って、「鉄道に取り付けたタンク」とあれば×になります。

移動タンク貯蔵所では、たまに下の書類に関する問題が出題されています。

＊規定の書類
1．完成検査済証
2．定期点検記録
3．(品名や数量などの)変更届出書
4．譲渡、引き渡しの届出書
(⇒許可書や始業時の点検日報などは不要です。)

こうして覚えよう！
家 庭 返 上
完成 定期 変更 譲渡

販売取扱所のその他の基準
・店舗は建築物の**1階**に設置すること。
・上階がある場合は上階の床を**耐火構造**とすること。
・危険物の配合は、配合室以外で行わないこと。

　また、タンク室が**2,000ℓ以上**の場合には**防波板**を設けること（下線部⇒1,000ℓ以上という出題例あり⇒×）。
③　ガソリンやベンゼンなど、静電気が発生する恐れがある液体の危険物用のタンクには**接地導線（アース）**を設けること。
④　標識など
　(ｱ)　車両の前後の見やすい箇所に「**危**」の標識を掲げること。
　(ｲ)　危険物の類、品名、最大数量を表示する設備を見やすい箇所に設けること。
⑤　自動車用消火器（**第5種消火設備**）を2個以上設置すること。
⑥　タンクの底弁は、使用時以外は**閉鎖**しておくこと。
⑦　規定の書類を常時備えておくこと。

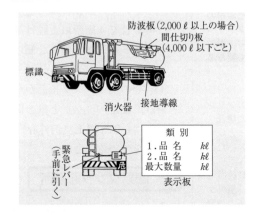

9．販売取扱所　(問題P.121) ㋷×，㋺×

　販売取扱所とは、塗料や燃料などを容器入りのままで販売する店舗のことをいい、第1種と2種があります。

第1種販売取扱所	指定数量の倍数が15以下のもの
第2種販売取扱所	指定数量の倍数が15を超え40以下のもの

①　店舗は**準耐火構造**、店舗とその他の部分の隔壁は**耐**

③⇒第2種の場合,延焼のおそれのない部分に限り窓を設けることができる(注:防火設備付き)

(問題 P.122)

間口10m以上奥行6m以上は重要ポイントです。
＊給油空地⇒自動車等に直接給油,および給油を受ける自動車等が出入りするための空地(注:給油は自動車等に対して行い,注油は,軽油や灯油などを容器に対して入れる行為)

③の専用タンクには,地上4m以上の通気管を設ける必要があります(建物の窓等の出入口からは1m以上離す)。

火構造とすること(危険物は**容器入り**のままで販売)。
② はりや天井は**不燃材料**で造ること。
③ 窓,出入口には,**防火設備**を設け,ガラスを用いる場合は,**網入ガラス**とすること。

10. 給油取扱所

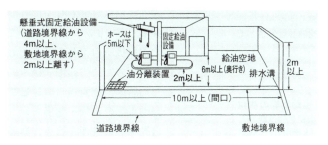

① 自動車等が出入りするための**間口10m以上,奥行6m以上**の空地(給油空地＊)を保有すること。
② 空地の構造
　(ア) 地盤面を周囲より高くし,表面に傾斜をつけ(危険物や水が溜まらないようにするため),コンクリートなどで舗装すること。
　(イ) 漏れた危険物等が空地以外の部分に流出しないよう,排水溝と油分離装置を設けること。
　(ウ) その他:自動車等が安全かつ円滑に出入りすることができる**幅**で道路に面し,また,自動車等が当該空地からはみ出さずに安全かつ円滑に通行すること(または給油を受けること)ができる**広さ**を有すること。
③ 地下タンク
　・専用タンク:容量に**制限なし**
　・廃油タンク:**10,000ℓ以下**
④ 固定給油設備に関する基準
　(ア) 給油ホース:全長は**5m以下**とし,先端には弁を設けるとともに,先端に**蓄積される静電気**を有効に**除去できる装置**を設けること。

④の(イ)にある懸垂式の固定給油設備とは、ガソリンスタンドで給油する際に使用する、天井からホースがぶら下がっている給油設備のことです。

(⑤の建築物について)
「自動車等の吹付塗装を行う設備」「診療所」「立体駐車場」「ゲームセンター」などは設置することはできないので、注意してください。

また、6の※は所有者、管理者、占有者のことで、勤務者の住居は不可なので注意！

壁や柱などの主要構造部は P.49、表1より、原則として**不燃材料**でよいのですが、屋内給油取扱所の場合は、①のように**耐火構造**とする必要があります。
④上階がない場合は屋根を不燃材料で造ることができる。

(イ) 固定給油設備（懸垂式）の位置について。
・道路境界線からは 4 m 以上の間隔を保つ。
・敷地境界線からは 2 m 以上の間隔を保つ。
・建築物の壁からは 2 m 以上の間隔を保つ。
  （開口部がない場合は 1 m 以上）

⑤ 給油取扱所内に設置できる建築物の用途
 1．給油または灯油若しくは軽油の**詰め替えのための作業場**（ガソリンの詰め替えのための作業場は不可）
 2．給油取扱所の業務を行うための**事務所**
 3．給油等のために給油取扱所に出入りする者を対象とした**店舗**, **飲食店**（コンビニ等）または**展示場**
 4．自動車等の**点検・整備**を行う作業場
 5．自動車等の**洗浄**を行う作業場
 6．給油取扱所の**所有者等**※が居住する**住居**またはこれらの者に係る他の給油取扱所の業務を行うための**事務所**など。

〈屋内給油取扱所について〉　安×, 有×

屋内給油取扱所では、前述の基準の他、次のような基準があります（**病院**, **幼稚園**, **老人施設**等には設置不可です！）。

① 建築物の屋内給油取扱所の用に供する部分の壁、柱、床、梁、及び**屋根**は**耐火構造**とすること(出題例あり)。
② 建築物の屋内給油取扱所の用に供する部分とその他の部分との区画は、**開口部のない耐火構造の床又は壁**とすること。
③ 建築物の屋内給油取扱所の用に供する部分の**窓及び出入口**（自動車等の出入口を除く）には、**防火設備**を設けること。
④ 建築物の屋内給油取扱所の上部に上階がある場合は、危険物の漏えいの拡大及び上階への延焼を防止するための措置を講じること。
⑤ 専用タンクには、危険物の過剰な注入を自動的に防止する設備を設け、また、**専用タンクの注入口は事務所等の出入口付近**や避難上支障のある場所に**設けてはならない**。

〈セルフ型スタンドに表示する事項〉
・自ら給油を行うことができる旨
・自動車等の停止位置
・危険物の品目
  レギュラー：赤
  軽油　　：緑
  灯油　　：青
・ホース機器等の使用方法
など（車の進入路や営業時間は不要です！）

＜ここに注意！＞
　法令に適合したガソリン携行缶であっても，**顧客自らガソリンを容器に給油，詰め替えることはできません**（⇒必ず従業員が行う）。

制御卓について
　セルフ型スタンドには，制御卓と称されるコントロールブースを設け，顧客が自ら行う給油設備等の**監視**を行ったり，放送機器等を用いて顧客に指示を行えるようにする必要があります。なお，「**顧客に対する監視その他保安のための措置**」はセルフ型のみに定める予防規程なので注意！👉 出た！

〈セルフ型スタンドの基準〉　㊫×，㊒×
　セルフ型スタンドとは，「**顧客に自ら給油等をさせる給油取扱所**」のことで，前述の給油取扱所の基準のほかに，次の特例が付加されます。
① 顧客に自ら給油等をさせる給油取扱所である旨の**表示**（「セルフ」など）をすること（左の余白参照）。
② 固定給油設備の構造等について。
　㋐ 給油ノズルは，燃料がタンクに満量になった場合，**自動的に停止**すること（ブザーは不要です！）。
　㋑ 給油量，および給油時間の上限を予め設定できること。
　㋒ 地震の際は，危険物の供給を**自動的に停止**できること。
　㋓ 給油ホースは，著しい引張力が加わった場合に安全に分離する構造であること。
　㋔ **ガソリンと軽油**相互の誤給油を防止できる構造であること。👉 出た！
　㋕ 固定給油設備等には，顧客の運転する自動車等が衝突することを防止するための措置（柵など）を行うこと。
　㋖ 顧客は，**顧客用固定給油設備**以外の固定給油設備では給油できません。
③ 固定注油設備の構造について
　②の㋐㋑㋒と同じです。
④ 制御卓で行う監視や制御などについて
・顧客の給油作業等を直視等により**監視**すること。
・顧客が給油作業を行う場合は，火の気がないこと，その他安全上支障のないことを確認してから実施させること。
・顧客の給油作業等が終了した時は，給油作業等が行えない状態にすること。
・放送機器等により顧客に**指示**が行えること。
⑤ 消火設備は，**第3種固定式泡消火設備**を設けること。

第1編　危険物に関する法令

9. 製造所等の位置・構造・設備等の基準　57

11. 各危険物施設の基準のまとめ

表1〈距離や高さ〉

	屋内タンク貯蔵所	屋外タンク貯蔵所	地下タンク貯蔵所	簡易タンク貯蔵所	移動タンク貯蔵所	給油取扱所
① タンクと壁	0.5m以上		0.1m以上	0.5m以上		
② タンク相互	0.5m以上		1.0m以上			
③ 防油堤の高さ		0.5m以上				
④ 給油空地						間口10m以上 奥行6m以上

表2〈タンクなどの容量や個数〉

タンク容量	指定数量の40倍以下。第4類は20,000ℓ以下（**第4石油類**＊と動植物油除く）	制限なし ＊第4石油類等は原則通り40倍以下	制限なし	600ℓ以下	3万ℓ以下（4,000ℓ以下ごとに間仕切り板必要）	専用タンク：制限なし 廃油タンク1万ℓ以下

表3〈その他〉

① 消火設備			第5種消火設備（小型消火器）が2個以上		第5種消火設備（自動車用消火器）が2個以上	
② 敷地内距離		必要				

表4〈屋内貯蔵所と屋外貯蔵所の違い〉

	屋内貯蔵所	屋外貯蔵所
① 貯蔵できる危険物が限定されている施設は？（販売取扱所は指定数量で限定）		○（2類と4類のみ（一部除く））
② 危険物の温度に規定があるものは？	○（55℃以下にする）	
③ 容器の積み重ね高さは？	3m以下	3m以下

表5

天井を設けてはいけない施設（爆発時の爆風を上に抜けるようにする為）	屋内貯蔵所，屋内タンク貯蔵所（注：屋根は設けてもよい）

⑩ 貯蔵・取扱いの基準

(1) 貯蔵・取扱いの基準

 (問題 P.126)

〈重要事項〉

① 許可や届け出をした**数量**（又は指定数量の倍数）を超える危険物，または許可や届出をした**品名**以外の危険物を貯蔵または取扱わないこと。

② 貯留設備や油分離装置にたまった危険物はあふれないように**随時**くみ上げること。

③ 危険物のくず，かす等は１日に１回以上，危険物の性質に応じ安全な場所，および方法で廃棄や適当な処置（焼却など）をすること。

④ 危険物を保護液中に貯蔵する場合は，**保護液から露出しない**（＝外にはみ出ない）ようにすること。

⑤ **類を異にする危険物は，原則として同一の貯蔵所に貯蔵しないこと**（⇒P.61（3）に例外あり）。

⑥ 貯蔵所には，原則として危険物以外の物品を貯蔵しないこと。

⑦ 可燃性の液体や蒸気などが漏れたり滞留，または可燃性の微粉が著しく浮遊する恐れのある場所では
・**電線と電気器具とを完全に接続**し
・**火花を発する機械器具，工具，履物等**を使用しないこと。

⑧ 危険物が残存している設備や機械器具，または容器などを修理する場合は，安全な場所で**危険物を完全に除去**してから行うこと。

⑨ **みだりに火気を使用しないこと**（注：絶対に禁止，ではない）。

〈一般的事項〉（常識的な事項）

⑩ みだりに係員以外の者を出入りさせないこと。

⑪ 常に整理，清掃を行い，みだりに空箱などの不必要

---

②⇒あふれると火災予防上危険であるため。
（貯留設備⇒「ためます」など。）
貯留設備（ためます）

随時くみ上げる

⑤⇒それぞれの危険性が合わさる為。

これらはすべての製造所等に共通の基準です。

第１編 危険物に関する法令

⑫ 建築物等は，危険物の性質に応じた有効な遮光または換気を行う。
⑬ 温度計や圧力計などを監視し，危険物の性質に応じた適正な温度，圧力などを保つこと。
⑭ 容器は危険物の性質に適応し，破損や腐食，さけめなどがないこと。
⑮ 容器を貯蔵，取扱う場合は，粗暴な行為（みだりに転倒，落下，または衝撃を加えたり引きずる，などの行為）をしないこと。
⑯ 危険物を貯蔵し又は取扱う場合は，危険物が漏れ，あふれ，飛散しないよう必要な措置を講ずること。

（2）各類ごとの共通基準

危政令第25条

(1)では，製造所等に共通の基準でしたが，ここでは危険物の類ごとに共通する基準を次にまとめておきます。

「水との接触を避けること」と定められているのは，どれでしょうか？
答は，第1類のアルカリ金属の過酸化物と第2類の鉄粉，金属粉，マグネシウム，第3類の禁水性物品で（右の表の下線部），たまに出題されているので，注意してください。

類別	共通する基準（避けるべき行為）
第1類	① 可燃物との接近，混合 ② 分解を促す物品との接近，過熱，衝撃，摩擦 ③ アルカリ金属の過酸化物は水との接触
第2類	① 酸化剤との接触，混合 ② 炎，火花，高温体との接近，過熱 ③ 鉄粉，金属粉，マグネシウムは水，酸との接触 ④ 引火性固体は蒸気を発生させないこと。
第3類	① 自然発火性物品（アルキルアルミニウム，アルキルリチウム，黄リン等）は，炎，火花，高温体との接近，過熱，空気との接触 ② 禁水性物品は水との接触
第4類	① 炎，火花，高温体との接近，過熱 ② みだりに蒸気を発生させない
第5類	炎，火花，高温体との接近，過熱，衝撃，摩擦
第6類	可燃物との接触，混合，分解を促す物品との接近，過熱

（3）同時貯蔵

　製造所等では，原則として，**危険物以外の物品**の貯蔵や，**類の異なる危険物どうしの同時貯蔵**はできませんが，**屋内貯蔵所**と**屋外貯蔵所**においては，相互に1m以上の間隔を保てば，一定の危険物（または危険物の組合せ）の場合に同時貯蔵することができます。

　類の異なる危険物どうしの同時貯蔵については，次の組合せの場合に**同時貯蔵が可能**です（出題例があるので注意！）。

- 第1類*と第5類（*アルカリ金属の過酸化物を除く）
- 第1類と第6類
- 第2類と自然発火性物品（黄リンとその含有品に限る）
- 第2類の引火性固体と第4類

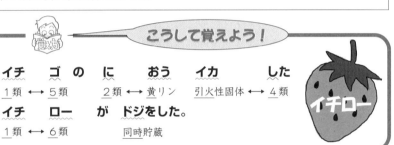

（4）消費する際の基準

(4)は参考程度に目を通せばよいでしょう。

　塗料や燃料などの危険物を塗装作業や燃焼などに使用する際の基準です。

①	吹き付け塗装をする場合	防火上有効な隔壁等で区画された安全な場所で行うこと。
②	焼き入れ作業をする場合	危険な温度に達しないように行うこと。
③	染色や洗浄作業をする場合	可燃性蒸気の換気をよくして行い，生じた廃液は安全に処置をすること。
④	バーナーを使用する場合	逆火（さかび）を防ぎ，危険物（燃料）があふれないようにすること。

（5）廃棄する際の基準

①焼却する場合	安全な場所で見張人をつけ，他に危害を及ぼさない方法で行うこと。
②埋没する場合	危険物の性質に応じ，安全な場所で行うこと。
③危険物を海中や水中に流出（または投下）させないこと。	

③危険物を川や海に流出（又は投下）させないこと。

（6）その他の共通する基準

規則第40条の3の2及び3の3における規定です。

次の危険物を，貯蔵タンク（**屋内貯蔵タンク，屋外貯蔵タンク，移動貯蔵タンク**など）に注入するときは，あらかじめタンク内の空気を**不活性の気体**と置換しておく必要があります（下線部は出題例あり）。

- アルキルアルミニウム
- アルキルリチウム
- アセトアルデヒド
- 酸化プロピレン
  など。

（7）各危険物施設の取扱い基準

1．移動タンク貯蔵所

① 移動貯蔵タンクから危険物を注入する際は，注入ホースを注入口に緊結すること（ただし，引火点が40℃以上の危険物を指定数量未満のタンクに注入する際は，この限りでない。⇒緊結しなくてもよい）。

② タンクから液体の危険物を容器に詰め替えないこと。ただし，引火点が40℃以上の第4類危険物の場合は詰め替えができる。この場合，

　(ｱ) 先端部に手動開閉装置が付いた注入ノズルを用い

　(ｲ) 安全な注油速度
　　で行うこと。

引火点が40℃以上の危険物の場合。
・ホースを注入口に緊結しなくてよい。
・第4類に限り，危険物を容器に詰め替えることができる。

引火点が40℃未満の危険物の場合。
・エンジンを停止させること。
⇒前頁①の移動タンクのような40℃以上という"緩和措置"はない。

(その他)
　一方開放の屋内給油取扱所において、専用タンクに引火点が40℃未満の危険物を注入するときは、可燃性蒸気の放出を防止するため、可燃性蒸気回収設備により行う。

③　引火点が**40℃未満**の危険物を注入する場合は、移動タンク貯蔵所の**原動機（エンジン）を停止**させること（エンジンの点火火花による引火爆発を防ぐため）。

④　ガソリンを貯蔵していた移動貯蔵タンクに、灯油若しくは軽油を注入するとき、又は逆の場合は、静電気等による災害を防止するための措置を講ずること。

[例題]　第4類危険物を容器へ詰め替えることができるのは移動貯蔵タンクの容量が4,000ℓ以下のものに限られる。　　　　　　　　　　　　　　　（解答は左下）

2. 給油取扱所

①　**固定給油設備**を用いて自動車等に直接給油する。その際、自動車等の**原動機（エンジン）を停止**させ、給油空地から**はみ出ない状態**で給油すること。

②　給油取扱所の専用タンク等に危険物を注入する時は、そのタンクに**接続する固定給油(注油)設備の使用を中止**し、自動車等を注入口の近くに近づけないこと。

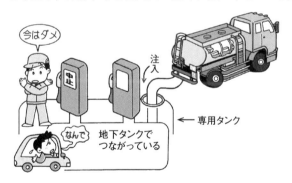

「引火点が40℃」に関する出題が多いので注意が必要ダヨ

③　自動車等を洗浄する時は**引火点を有する液体洗剤**を使わないこと（引火の危険があるためです。）。

④　物品の販売等の業務は原則として建築物の**1階のみ**で行うこと（客の安全のためです。）。

⑤　給油の業務が行われていない時は係員以外の者を出入りさせないこと。

(例題の答) ×
(そのような規定はない)

⑪ 運搬と移送の基準 (問題P.133)

(1) 運搬の基準 特急 ★★

運搬
・有資格者は**不要**
・指定数量未満
⇒消防法が適用
(ただし,消火設備,標識の設置義務はない)
・指定数量以上
⇒消防法が適用

移送
・有資格者の乗車が**必要**
・指定数量未満
⇒常置場所の市町村条例が適用
・指定数量以上
⇒消防法が適用

＊4類の危険等級
Ⅰ：特殊引火物
Ⅱ：第1石油類
　　アルコール類
Ⅲ：Ⅰ,Ⅱ以外

(第4類以外の主な危険等級)
Ⅰ：**第3類**のカリウム,ナトリウム,黄リン,アルキルアルミニウムなど。
　　第6類
Ⅱ：**第2類**の硫化リン,赤リン,硫黄など。
Ⅲ：**第1類**,**第2類**(ⅠとⅡ以外のもの)

まず,運搬と移送の違いですが,運搬が移動タンク貯蔵所(タンクローリー等)**以外**の車両(トラックなど)によって危険物を輸送するのに対し,移送は,**移動タンク貯蔵所**によって危険物を輸送することをいいます。

また,運搬には危険物取扱者の同乗は**不要**ですが,移送には**必要**である,というところが両者の主な違いです。

1. 運搬容器の基準

① 容器の材質は鋼板,アルミニウム板,ブリキ板,ガラスなどを用いたものであること(⇒陶器は不可)。

② 堅固で容易に破損せず,収納された危険物が漏れないよう,原則として**密封**すること。

③ 但し,温度変化等で危険物からガスが発生し,容器内圧力が上昇する恐れがある場合は,ガスが**毒性**又は**引火性**を有する等の危険性があるときを除き,ガス抜き口を設けた運搬容器に収納することができます。

④ **第3類の自然発火性物品**は,不活性の気体を封入して密封する等,空気と接しないようにすること。

⑤ 容器の外部には,次の表示が必要です。

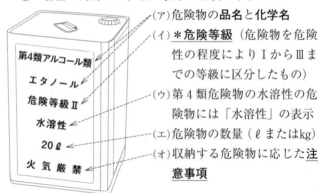

(ア)危険物の**品名**と**化学名**
(イ)＊**危険等級**(危険物を危険性の程度によりⅠからⅢまでの等級に区分したもの)
(ウ)第4類危険物の水溶性の危険物には「水溶性」の表示
(エ)危険物の数量(ℓまたはkg)
(オ)収納する危険物に応じた注意事項

運搬容器の材質は危政令28条に「鋼板, アルミニウム板, ブリキ板, ガラスその他総務省令で定めるもの」とあり, 紙, 木, ゴム, プラスチックなども認められており, **不燃性以外**のものでも可能なので要注意!

(オ)の容器外部に表示する注意事項は, 次のとおりです。

第1類危険物	・火気・衝撃注意 ・可燃物接触注意	
第2類危険物	・火気注意 （引火性固体のみ**火気厳禁**）	
第3類危険物	自然発火性物品	・空気接触厳禁 ・火気厳禁
	禁水性物品	・禁水*
第4類危険物	・火気厳禁	
第5類危険物	・火気厳禁, 衝撃注意	
第6類危険物	・可燃物接触注意	

(＊第1類のアルカリ金属の過酸化物と第2類の鉄粉, 金属粉, マグネシウムも禁水です。)

こうして覚えよう!

容器に表示する事項
陽気な ヒ　ト　なら(アルコールの) 量
容器　品名 等級　名(化学名)　　　数量
に注意　するよう
　注意事項　　水溶

2. 積載方法の基準

① 危険物は, 原則として運搬容器に収納して積載する。
② 容器は, 収納口を**上方**に向けて積載すること。
③ 容器を積み重ねる場合は, 高さ**3m以下**とすること。
④ 固体の危険物は, 内容積の**95％以下**の収納率で, 液体の危険物は, 内容積の**98％以下**の収納率かつ, **55℃**の温度において漏れないように十分な空間容積を有して収納すること。
⑤ <u>**第2類以外**の危険物は日光の直射を避けるため**遮光性の被覆**で覆うこと</u>。ただし, 第3類は**自然発火性物品**のみ, 第4類は**特殊引火物**のみ。
⑥ 次の危険物は, <u>雨水の浸透を防ぐため, **防水性の被覆**で覆うこと</u>。
・第1類のアルカリ金属の過酸化物

- 第2類の鉄粉，金属粉，マグネシウム
- 第3類の禁水性物品（⑥の覚え方⇒おーい，キス　待って，金　有る？）
  覆い　　禁水性　マグネ，鉄粉　金属　アルカリ

⑦　第5類で55℃以下で分解するおそれのあるものは，保冷コンテナに収納するなど，適正な温度管理をすること。

⑧　類の異なる危険物を同一車両で運搬することを混載といいますが，危険物の類の組み合わせによっては，次のように混載できる場合とできない場合があります。

表2　混載できる組み合わせ

	第1類	第2類	第3類	第4類	第5類	第6類
第1類		×	×	×	×	○
第2類	×		×	○	○	×
第3類	×	×		○	×	×
第4類	×	○	○		○	×
第5類	×	○	×	○		×
第6類	○	×	×	×	×	

（注）混載の一方の危険物が指定数量の1／10以下なら×の組み合わせでも混載が可能です。
なお，**高圧ガス**（**プロパン**等の液化石油ガスやアセチレン，酸素，および不活性ガス）の場合は，**120ℓ未満**なら混載が可能です。

こうして覚えよう！

混載できる組み合わせ

```
1－6
2－5, │ 4
3－4
4－3,▼ 2, 5
```

左の部分は1から4と順に増加，右の部分は6，5，4，3と下がり，2と4を逆に張り付け，そして最後に5を右隅に付け足せばよい。

3．運搬方法

①　容器に著しい摩擦や動揺が起きないように運搬すること。

②　運搬中に危険物が著しく漏れるなど災害が発生するおそれがある場合は，応急措置を講ずるとともに消防機関等に通報すること。

③　指定数量以上の危険物を運搬する場合は次のようにする必要があります。

㋐　車両の前後の見やすい位置に,「危」の標識を掲げること（⇒P.70表1参照）。

㋑　休憩などのために車両を一時停止させる場合は,安全な場所を選び,危険物の保安に注意すること。

㋒　運搬する危険物に適応した**消火設備**を設けること。

④　品名を異にする2以上の危険物を運搬する場合において,それぞれの危険物の数量をそれぞれの危険物の指定数量で除した和が**1以上**となるときは,**指定数量以上**の危険物を運搬するものとみなす。

（2）移送の基準

①　移送する危険物を取り扱うことができる危険物取扱者が乗車し,**免状を携帯**すること（必ずしも運転手が危険物取扱者である必要はなく,助手でもよい）。

②　移送開始前に,移動貯蔵タンクの点検を十分に行うこと（タンクの底弁,マンホール,注入口のふた,消火器など）。

③　移動貯蔵タンクから危険物が著しく漏れるなど災害が発生するおそれのある場合は,応急措置を講じるとともに消防機関等に通報すること。

④　長距離移送（連続4時間超か1日9時間超の運転）の場合は,原則として2名以上の運転要員を確保すること。

なお,**消防吏員**または**警察官**は,火災防止のため必要な場合は,移動タンク貯蔵所を停止させ,危険物取扱者免状の提示を求めることができます。

＜その他の基準＞
アルキルアルミニウムを移送する場合は,移送の経路その他必要な事項を記載した書面を消防機関に送付し,その書面の写しを携帯すること。

11. 運搬と移送の基準　67

⑫ 製造所等に設ける共通の設備等

（消火設備，標識，警報設備）

（1）消火設備 (問題 P.139)

1．消火設備の種類

製造所等には消火設備の設置が義務づけられていますが，その消火設備には次の5種類があります。

表1

種別	消火設備の種類	消火設備の内容
第1種	屋内消火栓設備 屋外消火栓設備	
第2種	スプリンクラー設備	
第3種	固定式消火設備	水蒸気消火設備 水噴霧消火設備 泡消火設備 不活性ガス消火設備 ハロゲン化物消火設備 粉末消火設備
第4種	大型消火器	（第4種，第5種共通）　右の（ ）内は第5種の場合 　水（棒状，霧状）を放射する大型（小型）消火器 　強化液（棒状，霧状）を放射する大型（小型）消火器 　泡を放射する大型（小型）消火器 　二酸化炭素を放射する大型（小型）消火器 　ハロゲン化物を放射する大型（小型）消火器 　消火粉末を放射する大型（小型）消火器
第5種	小型消火器 水バケツ，水槽，乾燥砂など	

こうして覚えよう！

（消火器は）栓を　する
　　　　　　消火栓　スプリンクラ
　　　　　　（第1種　第2種）

設備　だ　しょうだ
消火設備　大（型）　小（型）
第3種　第4種　第5種

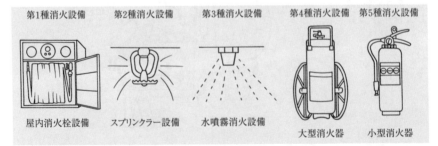

第1種消火設備：屋内消火栓設備
第2種消火設備：スプリンクラー設備
第3種消火設備：水噴霧消火設備
第4種消火設備：大型消火器
第5種消火設備：小型消火器

危険物の種類,数量に関わらず**第5種のみ設ければよい施設**は次の4つです。
⇩
**地下タンク貯蔵所
簡易タンク貯蔵所
移動タンク貯蔵所
第1種販売取扱所**
＜覚え方＞
（チ カン 違反）
地下 簡易 移動販売

＊第5種消火設備について
⇒第5種消火設備については，原則として歩行距離20ｍ以下に設置する。ただし，次の施設は「**有効に消火できる位置**」に設ける。
・地下タンク貯蔵所
・給油取扱所
・販売取扱所
・簡易タンク貯蔵所
・移動タンク貯蔵所
＜覚え方＞
（地球ハカイ）

所要単位の数値（特に危険物の10倍）は，試験によく出題されています。

2．消火設備の設置基準

① 消火困難性による製造所等の区分と（そこに）設置すべき消火設備

表2

消火困難性による区分	設置すべき消火設備
著しく消火困難な製造所等	第1種第2種第3種のうちいずれか1つ ＋ 第4種 ＋ 第5種
消火困難な製造所等	第4種 ＋ 第5種
その他の製造所等	第5種

② その他　

(ア) 地下タンク貯蔵所の消火設備
　　第5種消火設備を**2個以上**設置する。
(イ) 移動タンク貯蔵所の消火設備
　　自動車用消火器（3.5kg以上の粉末消火器またはその他の消火器）を**2個以上**設置する。
(ウ) 電気設備の消火設備
　　（電気設備のある場所の）**100 m²ごとに1個以上**設置する。
(エ) 消火設備から防護対象物までの**歩行距離**
　　・第4種消火設備：30 m 以下
　　・第5種消火設備：20 m 以下＊

3．所要単位

所要単位とは，製造所等に対してどのくらいの消火能力を有する消火設備が必要であるか，というのを定めるときに基準となる単位で（⇒第4種と第5種消火設備が対象），1所要単位は次のように定められています。

表3　1所要単位の数値

	外壁が耐火構造の場合	外壁が耐火構造でない場合
製造所・取扱所	延べ面積　100 m²	×$\frac{1}{2}$（50 m²）
貯蔵所	延べ面積　150 m²	×$\frac{1}{2}$（75 m²）
危険物	指定数量の10倍	

（2）標識・掲示板 （問題P.142）

1．標識

製造所等には，見やすい箇所に危険物の製造所等である旨を示す標識を設ける必要があります（標識，掲示板はタテ書きヨコ書きどちらでもよい）。

長さ（0.6mなど）の数値や白地，黒地などは参考程度に目を通そう。（但し①は出題例があるので要注意！）

表1

① 製造所等の場合	② ・移動タンク貯蔵所の場合 ・危険物運搬車両 〃
名称を書いた標識を，下の図のように設けます。	下の図のような標識を車の前後に設けます。

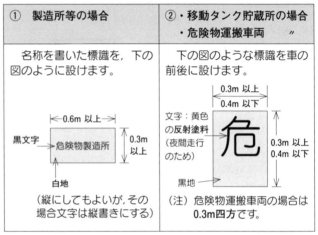

（縦にしてもよいが，その場合文字は縦書きにする）

（注）危険物運搬車両の場合は **0.3m四方**です。

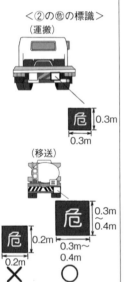

＜②の㊹の標識＞
（運搬）

（移送）

① 「所有者等の氏名」「製造所等の所在地」「許可行政庁の名称」などは表示する必要がないので注意。

2．掲示板

掲示板とは，貯蔵または取扱う危険物の内容や注意事項などを表示したものをいいます。

① 貯蔵または取扱う危険物の内容を表示する掲示板 ⇒右図のように，危険物の種類や品名，最大数量などを表示します。	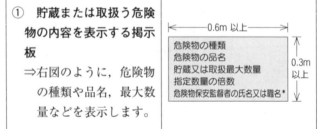

＊危険物保安監督者は選任が必要な製造所等のみ

70　第1編　危険物に関する法令

② 注意事項を表示する掲示板

掲示板
・地：赤色（禁水のみ青色）
・文字：白色

（下線部の説明）
自然⇒自然発火性物品
アルキル⇒アルキルアルミニウム，アルキルリチウム

火気厳禁	火気注意	禁水
第2・3・4・5類	第2類	第1・3類
2類は引火性固体のみ 3類は自然、黄リン、アルキルのみ	（引火性固体除く）	1類はアルカリ金属の過酸化物のみ 3類は禁水性物品とアルキルのみ

第1編 危険物に関する法令

こうして覚えよう！

掲示の対象となる危険物の種類

刑事は／色が無い　現金／に　注意／すんだ　とさ
掲示　1・6類がない　厳禁　2類　注意　(禁)水　「10」「3」(⇒1類と3類)
　　　　　　⇓
　　　(2・3・4・5類)

その他の掲示板

給油中エンジン停止
⇒ 給油取扱所のみに掲示する。
（文字：黒
　地　：黄赤）

標識・掲示板の大きさ
⇒ 0.3m以上×0.6m以上（「危」除く）

＜標識，掲示板の色のまとめ＞

	文字の色	地の色
標識	黒	白
注意事項の掲示板	白	赤（禁水は青）
「危」の標識	黄色の反射塗料	黒

12. 製造所等に設ける共通の設備等　71

(3) 警報設備 (問題 P.144)

（事故が発生したときに危険を知らせる設備）

1. 警報設備が必要な製造所等

⇒ 指定数量の**10倍以上**の製造所等に設置が必要

★ **移動タンク貯蔵所**には**不要**です。

2. 警報設備の種類

（下線部は【こうして覚えよう】に使う部分です）
① 自動火災報知設備
② 拡声装置
③ 非常ベル装置*
④ 消防機関に報知ができる電話
⑤ 警鐘

＊「非常電話」「発煙筒」「赤色回転灯」
「手動（自動）サイレン」「警笛」と
出題されれば×なので注意！

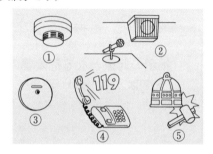

こうして覚えよう！

（警報の）　字　書く　秘　書　K
　　　　　自　拡　　非　消　警

ただし，次の施設には，①の**自動火災報知設備**を必ず設置しなければなりません（その他の施設については，②〜⑤のうちのいずれかを設置する）。☞**出た!**

「**製造所，一般取扱所，屋内貯蔵所，屋外タンク貯蔵所，屋内タンク貯蔵所，給油取扱所**」（⇒販売取扱所や屋外貯蔵所等には自動火災報知設備は不要）

こうして覚えよう！

うち　の　タンク　に　給油中，　一　斉　に鳴り出した
屋内貯蔵所　　屋内タンク　　給油取扱所　一般取扱所　製造所
　　　　　　　屋外タンク　（注：給油取扱所は「一方開放」か「上部に上階を有する」
　　　　　　　　　　　　　　　ものに限る）

法令の問題と解説

危険物と指定数量（本文P.25）

【問題1】　急行

次のうち，危険物の説明として消防法令上正しいのはどれか。

(1) 危険物は，危険性の度合いに応じて，甲種，乙種，丙種に分類されている。
(2) 消防法でいう危険物とは，「消防法別表第1の品名欄に掲げる物品で，同表に定める区分に応じ，同表の性質欄に掲げる性状を有するものをいう。」となっている。
(3) 消防法別表第1の品名欄に掲げる物品は，すべて常温（20℃）において，液体，固体，または気体である。
(4) 第1類から第6類まで分類されているが，類が増すごとに危険性が高くなる。
(5) 危険性が特に高い危険物は，特類に分類されている。

 解説

(1) このような区分はありません。甲種，乙種，丙種に分類されているのは，危険物取扱者の免状の方です。
(2) 正しい。なお，品名欄に掲げる物品以外でも，「その他のもので政令で定めるもの」として政令で指定された品名のものもあります（4類除く）。
(3) 常温において，別表第1の品名欄に掲げる物品は液体または固体であり，気体の危険物，というのはありません。
(4) 類を表す数字と危険性の大小とは関係がありません。
(5) このような区分はありません。

【問題2】　特急

次のうち，消防法別表第1に危険物の品名として掲げられているものはいくつあるか。

　A　過酸化水素　　　B　プロパン　　　C　黄リン
　D　アセチレンガス　E　硝酸

---解答---

解答は次ページの下欄にあります。

第1編　危険物に関する法令

(1) 1つ (2) 2つ (3) 3つ (4) 4つ (5) 5つ

　　前問の(3)の解説より，BとDは気体なので，消防法でいう危険物には該当しません。また，Aの過酸化水素とEの硝酸は第6類の危険物として，Cの黄リンは第3類の危険物として消防法別表第1に掲げられているので，(3)の3つが正解となります。

【問題3】 特急★★

　　法別表第1の備考には，危険物として規制される金属粉の範囲について明記されているが，次のうち金属粉に該当するものはいくつあるか。ただし，いずれも目開きが150μmの網ふるいを通過するものが50%以上のものとする。

亜鉛粉，ニッケル粉，アルミニウム粉，銅粉

(1) なし (2) 1つ (3) 2つ (4) 3つ (5) 4つ

　　金属粉は，アルカリ金属，アルカリ土類金属，鉄及びマグネシウム以外の金属の粉のことをいいますが，「①銅粉，②ニッケル粉，③目開きが150μmの網ふるいを通過するものが50%未満のもの」は除くので，亜鉛粉，アルミニウム粉の2つが金属粉となります。

【問題4】 急行★

　　次の文の(A)，(B)に当てはまる語句の組み合わせとして正しいものはどれか。

「アルコール類とは，1分子を構成する炭素の原子の数が(A)までの飽和1価アルコール（変性アルコールを含む）をいうが，その含有量が(B)%未満の水溶液は除く」

	A	B
(1)	1個	40
(2)	1個から3個	60
(3)	2個	50

―――――解答―――――

【問題1】 (2)

74　第1編　危険物に関する法令

(4)　2個から4個　　　　　60
(5)　6個　　　　　　　　　50

　アルコール類の定義は問題文の通りですが、法別表第1の但し書きとして、「組成等を勘案して、次のものはアルコール類から除く」とあり、その条件に「分子を構成する炭素の原子の数が**1個から3個**までの飽和一価アルコールの含有量が**60%未満の水溶液**」とあるので、(2)が正解です。

【問題5】

次のうち、法別表備考に掲げてある品名の説明として、誤っているのはどれか。

(1)　第1石油類とは、ガソリン、アセトンのほか、温度20℃のとき液状であって発火点が100℃以下のもの、又は引火点が－20℃以下で沸点が40℃以下のものをいう。
(2)　第2石油類とは、灯油及び軽油のほか、温度20℃のとき液状であって引火点が21℃以上70℃未満のものをいう。
(3)　第3石油類とは、重油及びクレオソート油のほか、温度20℃のとき液状であって、引火点が70℃以上200℃未満のものをいう。
(4)　第4石油類とは、ギヤー油、シリンダー油のほか、温度20℃のとき液状であって、引火点が200℃以上250℃未満のものをいう。
(5)　動植物油類とは、動物の脂肉又は植物の種子、もしくは果肉から抽出したものであって、1気圧において引火点が250℃未満のものをいう。

　本問は、本来、法別表備考に掲げてある品名の説明文とは少し表現が異なるので、とまどったかもしれませんが、引火点などの数値を注意深く確認していくと、(1)の第1石油類が誤りであることに気づくと思います。
　法別表備考の第1石油類の説明文には、「第1石油類とは、アセトン、ガソリンその他1気圧において引火点が**21度未満**のものをいう。」となっています。ちなみに問題文の発火点以降の内容は、特殊引火物についての説明となっ

―――――― 解答 ――――――

【問題2】…(3)　　【問題3】…(3)

ています。

【問題6】

指定数量について，法令上，誤っているものは次のうちいくつあるか。

A　液体の危険物の指定数量は，すべてリットルで定められている。
B　特殊引火物の指定数量は，水溶性と非水溶性では異なる。
C　品名および性質が同じでも，指定数量が異なるものもある。
D　指定数量未満の危険物を移動タンク貯蔵所から容器に注入する場合は市町村条例で規制されている。
E　指定数量以上の危険物に関しては都道府県条例で規制されている。

(1)　1つ　(2)　2つ　(3)　3つ　(4)　4つ　(5)　5つ

A　誤り。液体の危険物でも，第6類危険物や第5類危険物のものはkgで定められています。
B　誤り。同じです。
C　誤り。品名および性質が同じならば，指定数量も同じです。
D　正しい。指定数量未満なので**市町村条例**の規制です。
E　誤り。指定数量以上の危険物に関しては**消防法**で規制されています。

従って，誤っているのは，A，B，C，Eの4つになります。

【問題7】　特急★

ある屋内貯蔵所における危険物の貯蔵量は次のとおりである。法令上，この屋内貯蔵所は指定数量の何倍の危険物を貯蔵していることになるか。

ジエチルエーテル————————200ℓ
ガソリン————————————800ℓ
灯油——————————————5,000ℓ
重油——————————————4,000ℓ
ギヤー油————————————9,000ℓ

解答

【問題4】…(2)　　【問題5】…(1)

(1) 11.5倍　(2) 14.5倍　(3) 15倍　(4) 16.5倍　(5) 20.5倍

指定数量は，それぞれ，ジエチルエーテル（特殊引火物）が50ℓ，ガソリン（第1石油類の非水溶性）が200ℓ，灯油（第2石油類の非水溶性）が1,000ℓ，重油（第3石油類の非水溶性）が2,000ℓ，ギヤー油（第4石油類）が6,000ℓなので，倍数は，ジエチルエーテルが**4倍**，ガソリンが**4倍**，灯油が**5倍**，重油が**2倍**，ギヤー油が**1.5倍**となります。

従って，4＋4＋5＋2＋1.5＝**16.5倍**，となります。

【問題8】　急行★

法令上，次の危険物を同一場所に貯蔵する場合，指定数量の倍数が最も大きい組み合わせはどれか。

(1)　軽油…………1,000ℓ　　メタノール…………800ℓ
(2)　特殊引火物……200ℓ　　アクリル酸…………4,000ℓ
(3)　ベンゼン……1,000ℓ　　酢酸エチル…………300ℓ
(4)　二硫化炭素……100ℓ　　アセトン……………800ℓ
(5)　灯油…………2,000ℓ　　エチルメチルケトン…600ℓ

P.27，表2を参照しながら倍数を順に確認すると，

(1)　軽油⇒1,000ℓ／1,000ℓ＝1，メタノール⇒800ℓ／400ℓ＝2，よって，**3倍**

(2)　特殊引火物⇒200ℓ／50ℓ＝4，アクリル酸（第2石油類の水溶性）⇒4,000ℓ／2,000ℓ＝2，よって，**6倍**

(3)　ベンゼン（第1石油非水）⇒1,000ℓ／200ℓ＝5，酢酸エチル（第1石油非水）⇒300ℓ／200ℓ＝1.5，よって，**6.5倍**

(4)　二硫化炭素⇒100ℓ／50ℓ＝2，アセトン⇒800ℓ／400ℓ＝2，よって，**4倍**

(5)　灯油⇒2,000ℓ／1,000ℓ＝2，エチルメチルケトン（第1石油非水）⇒600ℓ／200ℓ＝3，よって，**5倍**

従って，(3)の6.5倍が最も大きい，ということになります。

──────解答──────

【問題6】…(4)　　【問題7】…(4)

【問題9】

　法令上，次に揚げる危険物の品名及び貯蔵量の組み合わせが指定数量以上となるものはどれか。
(1)　酸化プロピレン……20ℓ　　キシレン……………400ℓ
(2)　ヘキサン　………80ℓ　　クレオソート油……1,000ℓ
(3)　シリンダー油……3,000ℓ　　重油…………………800ℓ
(4)　メタノール………200ℓ　　トルエン……………100ℓ
(5)　エタノール………200ℓ　　1－ブタノール……400ℓ

【解説】

　前問と同じようにして倍数を順に確認すると，
(1)　酸化プロピレン（特殊引火物）⇒20ℓ／50ℓ＝0.4，キシレン（第2石油非水）⇒400ℓ／1,000ℓ＝0.4，よって，**0.8倍**
(2)　ヘキサン（第1石油非水）⇒80ℓ／200ℓ＝0.4，クレオソート油（第3石油類の非水）⇒1,000ℓ／2,000ℓ＝0.5，よって，**0.9倍**
(3)　シリンダー油（第4石油類）⇒3,000ℓ／6,000ℓ＝0.5，重油（第3石油非水）⇒800ℓ／2,000ℓ＝0.4，よって，**0.9倍**
(4)　メタノール⇒200ℓ／400ℓ＝0.5，トルエン（第1石油非水）⇒100ℓ／200ℓ＝0.5，よって，**1.0倍**
(5)　エタノール⇒200ℓ／400ℓ＝0.5，1－ブタノール（第2石油非水）⇒400ℓ／1,000ℓ＝0.4，よって，**0.9倍**

　従って，(4)が正解です。

【問題10】

　法令上，次に示す危険物を同一の製造所で貯蔵し取り扱う場合，指定数量は何倍になるか。

　　黄リン………………80kg
　　過酸化水素…………3,000kg
　　固形アルコール……5,000kg

(1)　12倍　　(2)　13倍　　(3)　15倍　　(4)　17倍　　(5)　19倍

解答

【問題8】…(3)

本問のように,指定数量の計算では第4類危険物以外のものも出題されることがあるので,主な危険物の指定数量は覚えておく必要があるでしょう。
　さて,それぞれの指定数量は,P.26の表1より,黄リン(第3類)が**20kg**,過酸化水素(第6類)が**300kg**,固形アルコール(第2類)が**1,000kg**なので,倍数は,黄リン⇒80kg／20kg＝**4**,過酸化水素⇒3,000kg／300kg＝**10**,固形アルコール⇒5,000kg／1,000kg＝**5**。従って,**4＋10＋5＝19倍**,となります。

[類題]　次の危険物の指定数量を答えよ。
①鉄粉　②固形アルコール　③硫化リン　④マグネシウム　⑤赤リン
⑥硫黄　⑦カリウム　⑧ナトリウム　⑨硝酸　⑩過塩素酸
解答
(⇒P.25,26の表参照) ①500kg　②1,000kg　③〜⑥100kg　⑦,⑧ 10kg　⑨,⑩ 300kg

製造所等の区分 (本文P.32)

【問題11】
　　製造所等の区分の説明として,次のうち誤っているものはどれか。
(1)　屋内貯蔵所…………屋内の場所において危険物を貯蔵し,又は取り扱う貯蔵所
(2)　移動タンク貯蔵所…鉄道及び車両に固定されたタンクにおいて危険物を貯蔵し,または取扱う貯蔵所
(3)　給油取扱所…………固定した給油施設によって自動車などの燃料タンクに直接給油するための危険物を取扱う取扱所
(4)　屋外タンク貯蔵所…屋外にあるタンクにおいて危険物を貯蔵し,または取扱う貯蔵所
(5)　第1種販売取扱所…店舗において容器入りのままで販売するため指定数量の15倍以下の危険物を取扱う取扱所

　移動タンク貯蔵所は「鉄道及び車両」ではなく,単に「車両に固定されたタ

解答

【問題9】…(4)　　【問題10】…(5)

ンクにおいて危険物を貯蔵し，または取扱う貯蔵所」をいいます。

[類題] 指定数量の倍数が50のガソリンを貯蔵し，又は取り扱うことができない製造所等を2つ挙げよ。

|解説|---

P.51の3より，屋外貯蔵所はガソリンを貯蔵できず，また，問題12の(4)より，販売取扱所も40以下まで貯蔵し，取り扱うことができません。

（答） 屋外貯蔵所，販売取扱所

【問題12】

法令上，貯蔵所及び取扱所の区分について，次のうち正しいものはどれか。

(1) 屋内貯蔵所は，屋内にあるタンクにおいて危険物を貯蔵し又は取り扱う貯蔵所をいう。
(2) 一般取扱所とは，給油取扱所，販売取扱所，移送取扱所以外の危険物の取扱いをする取扱所をいう。
(3) 屋外貯蔵所は，屋外にあるタンクにおいて危険物を貯蔵し又は取り扱う貯蔵所をいう。
(4) 第2種販売取扱所は，店舗において容器入りのままで販売するため危険物を取扱うもので，指定数量の倍数が15以下の取扱所をいう。
(5) 地下タンク貯蔵所は，建築物の地階に設けられているタンクにおいて危険物を貯蔵し，又は取り扱う貯蔵所をいう。

|解説|---

(1) 屋内タンク貯蔵所の説明になっています。屋内貯蔵所は，「屋内の場所において，危険物を貯蔵し，または取扱う貯蔵所」です。
(3) 屋外タンク貯蔵所についての説明になっています。
(4) 販売取扱所は，第1種が指定数量の**15倍以下**，第2種が**15倍を超え40倍以下**の危険物を取扱う取扱所をいいます。（⇒従って，「二硫化炭素を1,000ℓ取り扱う第1種販売取扱所」は，指定数量の20倍になり，設置することはできないので，注意！）
(5) 地下タンク貯蔵所は，建築物の地階ではなく，地盤面下に埋設されているタンクにおいて危険物を貯蔵し，又は取り扱う貯蔵所をいいます。

解答

【問題11】…(2)

【問題13】

次の文は，屋外貯蔵所において貯蔵できる危険物を説明したものである。（　）内のA～Cに当てはまる語句の組み合わせは，次のうちどれか。

屋外貯蔵所において貯蔵できる危険物は，「第2類の危険物のうち（A），（A）のみを含有するもの若しくは引火性固体（引火点が（B）のものに限る）または第4類危険物のうち（C）（引火点が（B）のものに限る），アルコール類，第2石油類，第3石油類，第4石油類若しくは動植物油類」に限る。

	A	B	C
(1)	黄リン	20℃以上	特殊引火物
(2)	硫黄	0℃以上	特殊引火物
(3)	黄リン	0℃以上	特殊引火物
(4)	硫黄	0℃以上	第1石油類
(5)	赤リン	20℃以上	第1石油類

(1)(3)　黄リンは第2類ではなく第3類の危険物です。また，特殊引火物は屋外貯蔵所には貯蔵できません。

(2)　特殊引火物は屋外貯蔵所には貯蔵できません。

(5)　赤リンは第2類の危険物ですが，屋外貯蔵所に貯蔵できる危険物の中には入っていません。

【問題14】

法令上，屋外貯蔵所で貯蔵し，又は取り扱うことができない危険物は，いくつあるか。

赤リン，三硫化リン，灯油，アセトン，重油，引火性固体（引火点が0℃以上のものに限る），エタノール，二硫化炭素，硫黄，

(1) 1つ　(2) 2つ　(3) 3つ　(4) 4つ　(5) 5つ

前問より，**赤リンと三硫化リン**は第2類の危険物ですが，屋外貯蔵所に貯蔵できる第2類の危険物は，**硫黄**と**引火性固体**（引火点が0℃以上のもの）のみ

解答

【問題12】…(2)

なので，貯蔵又は取扱うことはできません。

また，**アセトン**は第1石油類ですが，第1石油類で貯蔵できるのは**引火点が0℃以上のものに限る**ので，アセトンの引火点は−20℃であり，これも貯蔵できません。

そして，**二硫化炭素**ですが，特殊引火物は屋外貯蔵所には貯蔵できないので，これも貯蔵できません。

従って，赤リン，三硫化リン，アセトン，二硫化炭素の4つとなります。

製造所等の設置と変更および各種届出 (本文P.34〜35)

【問題15】

　法令上，製造所等の位置，構造又は設備を変更する場合の手続きとして，次のうち正しいものはどれか。
（1）　変更の工事に着手した後，市町村等にその旨を届け出る。
（2）　市町村等の許可を受けてから変更の工事に着手する。
（3）　変更の工事をしようとする日の10日前までに，市町村等に届け出る。
（4）　変更の工事に係る部分が完成した後，直ちに市町村等の許可を受ける。
（5）　市町村等に変更の計画を届け出てから変更の工事を着手する。

解説

　製造所等の位置，構造および設備を変更するのは，製造所等を設置するのと同様に，重要な事項についての手続きとなるので，あらかじめ許可を受ける必要があります。

【問題16】

　第4類危険物の屋外タンク貯蔵所を設置する場合の手続きの流れとして，次のうち正しいのはどれか。
（1）　工事着工申請⇒工事開始⇒工事完成⇒完成検査申請⇒完成検査⇒完成検査済証交付⇒使用開始
（2）　設置許可申請⇒許可⇒工事開始⇒工事完成⇒完成検査申請⇒完成検査⇒使用開始⇒完成検査済証交付
（3）　工事着工申請⇒許可⇒工事開始⇒工事完成⇒完成検査申請⇒完成検査⇒

解答

【問題13】…(4)　【問題14】…(4)

完成検査済証交付⇒使用開始
(4) 設置届申請⇒承認⇒工事開始⇒工事完成⇒完成検査申請⇒完成検査⇒完成検査済証交付⇒使用開始
(5) 設置許可申請⇒許可⇒工事開始⇒完成検査前検査⇒工事完了⇒完成検査申請⇒完成検査⇒完成検査済証交付⇒使用開始

　設置をする場合には，まず許可が必要なので，(1)(4)は誤りです。
　また，第4類は**液体**の危険物であり，「屋外貯蔵タンク＝液体の危険物タンク」となるので，完成検査の前に完成検査前検査を受ける必要があり，(2)も誤りです。また，(2)は完成検査を受けたらすぐに使用開始ではなく，完成検査済証の交付を受けてから使用開始となるので，この点でも誤りです。
　なお，「完成検査前検査に合格したので完成検査は不要」は×なので，要注意。

【問題17】

製造所等の手続きについて，次のうち正しいものはどれか。
(A) 危険物の品名は変更せず，数量と指定数量の倍数のみを変更する場合は，届け出をする必要はない。
(B) 危険物の品名，数量または指定数量の倍数を変更しないで，屋内タンク貯蔵所の位置，構造または設備を変更する場合は許可の手続きが必要である。
(C) 製造所等の譲渡または引き渡しの届出は，許可を受けた者の地位を承継した者が遅滞なく届出る。
(D) 屋外貯蔵所において，貯蔵している重油を軽油に変更する場合，市町村長等に遅滞なく届け出る。
(E) 危険物保安統括管理者を選任した場合は，市町村長等に遅滞なく届け出る。

(1) A，E　　(2) B，C，E　　(3) B，E　　(4) C，D　　(5) C，E

(A) 数量と指定数量の倍数のみを変更する場合でも，10日前に届け出をする必要があります。
(B) この設問は，法令の条文の説明（問題18の2参照）とは逆のケースで，

――――――――――解答――――――――――

【問題15】…(2)

品名や数量などを変更しなくても製造所等の位置，構造または設備を変更する場合は許可の手続きが必要になってきます。
　(C) (E) 正しい。
　(D) 重油を軽油に変更する場合は「品名の変更」にあたるので，Aと同じく10日前に届け出をする必要があります。
　従って，B，C，Eの(2)が正解です。

　なお，届出に関する類題を次にあげておきます。

[類題] 法令上，市町村長等に対する届出を必要とするものは，次のA～Eのうちいくつあるか。
　A　製造所等の従業員の人事異動をしたとき。
　B　危険物保安統括管理者を定めたとき。
　C　危険物施設保安員を定めたとき。
　D　予防規程を定めたとき。
　E　製造所等の譲渡又は引渡しを受けたとき。
　(1)　1つ　　(2)　2つ　　(3)　3つ　　(4)　4つ　　(5)　5つ

解説
　A　従業員を人事異動したからといって届出をする必要はありません。
　B　遅滞なく届出をする必要があります。
　C　危険物施設保安員を選任，解任しても届出をする必要はありません。
　D　予防規程を定めたときは，届出ではなく，(市町村長等の)**認可**が必要です。
　E　遅滞なく届出をする必要があります。
　従って，届出を必要とするのは，BとEの2つになります。

(答) (2)

解答

【問題16】…(5)　　【問題17】…(2)

【問題18】
　法令上，危険物を取り扱う場合において，必要な申請書類及び申請先の組み合わせとして，次のうち正しいものはどれか。

	申請内容	申請の種類	申請先
(1)	製造所等の位置，構造または設備を変更するとき	許可	消防長，消防署長
(2)	製造所等の位置，構造または設備を変更しないで取扱う危険物の品名，数量または指定数量の倍数を変更するとき	遅滞なく届け出る	消防長，消防署長
(3)	製造所等の用途を廃止するとき	10日前までに届け出る	市町村長等
(4)	指定数量以上の危険物を製造所等以外の場所で1週間，仮貯蔵するとき	10日前までに届け出る	市町村長等
(5)	危険物保安監督者を選任したとき	遅滞なく届け出る	市町村長等

　(1)の許可は正しいですが，申請先は**市町村長等**です。(2)は，遅滞なく届け出るのではなく**10日前までに届け出る**必要があり，また，申請先は**市町村長等**です。一方，(3)は逆に，**遅滞なく届け出る**，が正解です（申請先は正しい）。(4)の仮貯蔵は届出ではなく**承認**が必要です（10日前という期日も関係ありません）。なお，承認を受けるのは**消防長**，または**消防署長**です（本文 P.34）。

仮貯蔵と仮使用（本文P.34）

【問題19】
　法令上，製造所等の位置，構造又は設備の基準で，完成検査を受ける前に当該製造所等を仮使用するときの手続きとして，次のうち正しいものはどれか。

---解答---

解答は次ページの下欄にあります。

法令の問題と解説　85

(1) 変更工事に係る部分の使用について，市町村長等に承認申請をする。
(2) 変更工事に係る部分以外の部分の使用について，消防長又は消防署長に承認申請をする。
(3) 変更の工事が完成した部分ごとの使用について，市町村長等に承認申請をする。
(4) 変更の工事に係わる部分以外の部分の全部又は一部の使用について，市町村等に承認申請をする。
(5) 変更の工事に係わる部分以外の部分の全部又は一部の使用について，所轄消防長又は消防署長に承認申請をする。

仮使用については，表現を変えて色々と出題されていますが，ポイントは，「変更工事に係る部分<u>以外の部分</u>」の「以外」と「市町村<u>等</u>」です。

従って，(1)は「以外」が抜けているので誤り，(2)は承認が消防長又は消防署長となっているので，誤り。(3)は工事が<u>完成した部分</u>ではなく，<u>工事以外の部分</u>なので誤り。(5)は(2)と同じく，消防長又は消防署長が承認となっているので，誤りです。

なお，「変更工事に係る」という表現ですが，「変更の工事に係わる」という表現で出題されることもあるので，参考まで。

【問題20】 特急 ★★

法令上，製造所等の位置，構造又は設備の基準で，完成検査を受ける前に当該製造所等を仮使用するときの手続きとして，次のうち正しいものはどれか。
(1) 屋外タンク貯蔵所の変更工事のため，貯蔵されている灯油及び重油を屋内の空地に市町村長等の承認を受けて一時置いておくこと。
(2) 変電所（一般取扱所）の変圧器に市町村長等の承認を受けて，絶縁油を注油すること。
(3) 給油取扱所の専用タンクの定期点検のため，ガソリンを入れたまま窒素ガス等により圧力を加え検査を行うこと。
(4) 地下タンク貯蔵所の定期点検のため，タンク内に入っている重油を市町

―― 解答 ――

【問題18】 …(5)

村長等の承認を受けて抜き取り，点検を行うこと。
(5) 屋内貯蔵所の一部の変更工事に伴い，工事部分以外の部分を市町村長等の承認を受けて使うこと。

この問題も色々と表現を変えて出題されていますが，前問同様，ポイントは，「変更工事に係る部分以外の部分」と「市町村等」です。
よって，両方とも条件を満たしている(5)が正解となります。
なお，余談ですが，(4)の重油の抜き取りについては，指定数量以上の場合は仮貯蔵・仮取扱いの承認申請が必要となります。

義務違反に対する措置 （本文 P.37）

【問題21】
　法令上，市町村長等の製造所等の許可を取り消すことができる場合として，次のうち誤っているものはどれか。
(1) 製造所に対する修理，改造命令に違反したとき。
(2) 屋外タンク貯蔵所の定期点検を実施していないとき。
(3) 変更の許可を受けないで，一般取扱所の構造及び設備を変更したとき。
(4) 危険物の貯蔵，取扱い基準の遵守命令に違反したとき。
(5) 完成検査又は仮使用の承認を受けないで製造所等を使用したとき。

(4) 危険物の貯蔵，取扱い基準の遵守命令に違反したときは，許可の取り消し事由ではなく，使用停止命令の発令事由となります。

【問題22】　急行★
　法令上，市町村等による製造所等の使用停止命令の理由に該当しないものは，次のうちどれか。
(1) 設置又は変更に係る完成検査を受けないで，製造所等を全面的に使用した場合。
(2) 製造所等で危険物の取扱作業に従事している危険物取扱者が，免状の書

解答

【問題19】…(4)

き換えをしていない場合。
(3) 危険物保安統括管理者を定めなければならない事業所において，それを定めていない場合。
(4) 危険物保安監督者を定めなければならない製造所等において，それを定めていない場合。
(5) 定期点検を行わなければならない製造所等において，それを期限内に実施していない場合。

(2) 免状の書き換えをしていない場合は，免状の返納命令の対象となる可能性はありますが，使用停止命令の発令事由にはなりません。

【問題23】

法令上，製造所等の使用停止命令の発令対象に該当しないものは，次のうちどれか。
(1) 製造所等の位置，構造又は設備を無許可で変更したとき。
(2) 製造所等の修理，改造又は移転の命令に違反したとき。
(3) 危険物保安監督者を定めなければならない製造所等において，これを定めていないとき。
(4) 危険物の取扱作業に従事している危険物取扱者が，危険物の取扱作業の保安に関する講習を受けていないとき。
(5) 特定の製造所等にあって定期点検を行わず，又はその記録の作成，保存を怠ったとき。

使用停止に該当する事由を考える場合，本文 P.37 の「許可の取消し又は使用停止」と「使用停止」に記載があれば使用停止命令の発令対象に該当します。
従って，それらに含まれていないものが「使用停止命令の発令対象に該当しないもの」となります。よって，(4)が正解となります。

---解答---

【問題20】…(5)　　【問題21】…(4)

【問題24】

市町村長等が行う製造所等の使用停止命令の発令理由に該当しないものは，次のうちどれか。
(1) 完成検査を受けないで製造所等を全面的に使用したとき。
(2) 特定の製造所等であって，危険物保安監督者を定めていないとき，または定めていても，その者に危険物の取扱作業に関する保安の監督をさせていないとき。
(3) 製造所等の譲渡又は引渡しを受けて，その旨を届け出なかったとき。
(4) 危険物保安監督者に対する解任命令に応じなかったとき。
(5) 危険物の貯蔵，取扱基準の遵守命令に違反したとき。

解説

(3) 譲渡や引渡しもそうですが，一般的に届け出を怠った場合は罰則が科される可能性はありますが，命令が発令される，ということはありません。

【問題25】

法令上，市町村長等が製造所等の修理，改造又は移転を命じることができるのは，次のうちどれか。
(1) 製造所等の位置，構造及び設備が法令に定める技術上の基準に適合していないとき。
(2) 製造所等の位置，構造及び設備を変更しないで，貯蔵し，又は取り扱う危険物の数量を減少したとき。
(3) 製造所等における危険物の貯蔵及び取扱いの方法が法令に定める技術上の基準に適合していないとき。
(4) 移動タンク貯蔵所による危険物の移送方法が法令に定める基準に適合していないとき。
(5) 公共の安全の維持又は災害の発生の防止のため緊急の必要があると認められたとき。

解説

市町村長等からの命令には，許可の取り消しや使用停止命令のほか，次のよ

――― 解答 ―――

【問題22】…(2)　　【問題23】…(4)

法令の問題と解説　89

うな措置命令もあります（概要）。

〈措置命令〉
1．**危険物の貯蔵，取扱基準遵守命令** （⇒使用停止命令の対象）
 ⇒ 製造所等において行う危険物の貯蔵又は取扱いが技術上の基準に違反しているとき。
2．**無許可貯蔵等の危険物に対する措置命令**
 ⇒ 製造所等の設置許可や仮貯蔵，仮取扱いの承認なしに指定数量以上の危険物を貯蔵，取扱ったとき。
3．**製造所等の修理，改造又は移転の命令** （⇒許可取消，使用停止命令の対象）
 ⇒ 製造所等の位置，構造及び設備が技術上の基準に違反しているとき。
4．**製造所等の緊急使用停止命令**
 ⇒ 公共の安全の維持又は災害の発生の防止のため緊急の必要があると認められたとき。
5．**危険物保安統括管理者，危険物保安監督者の解任命令** （⇒使用停止命令対象）
 ⇒ （両者が）消防法等の規定に違反したとき，又はこれらの者にその業務を行わせることが公共の安全の維持若しくは災害の発生の防止に支障を及ぼすおそれがあると認められたとき。
6．**予防規程変更命令**
 ⇒ 火災の予防のため必要があるとき。
7．**危険物施設の応急措置命令**
 ⇒ 危険物の流出その他の事故が発生したとき。
8．**移動タンク貯蔵所の応急措置命令**
 ⇒ （管轄する区域にある移動タンク貯蔵所について）危険物の流出その他の事故が発生したとき。

 従って，修理，改造又は移転を命じることができるのは，上記の3に該当するので，⑴が正解となります。
 なお，⑶は1の，⑸は4.の命令の対象となります。

【問題26】
　法令上，製造所等又は危険物の所有者に対して，市町村長等が発令することのできる命令として，次のうち誤っているものはどれか。
⑴ 製造所等の使用停止命令
⑵ 危険物の貯蔵，取扱基準の遵守命令

========= 解答 =========

【問題24】…⑶　　【問題25】…⑴

90　第1編　危険物に関する法令

(3)　無許可貯蔵等の危険物に対する除去命令
(4)　予防規程変更命令
(5)　危険物施設保安員の解任命令

　(1)は正しい。また，前問の解説（左のページ参照）より，(2)は1，(4)は6に該当するので正しい。(3)の無許可貯蔵等の危険物に対する除去命令というのは，指定数量以上の危険物を許可を受けないで貯蔵又は取扱っている者に対し，危険物の除去，災害防止のための必要な措置を市町村長等が命ずることができることをいいます。
　(5)については，前問の解説の5.より，危険物保安統括管理者または危険物保安監督者についての解任命令はありますが，危険物施設保安員に対する解任命令はないので，誤りです。

【問題27】
　　法令上，製造所等の法令違反と市町村長等の命令の組み合わせとして，次のうち正しいものはどれか。
(1)　製造所等の位置，構造及び設備が技術上の基準に違反しているとき。
　　⇒　危険物の貯蔵，取扱基準の遵守命令
(2)　危険物の貯蔵又は取り扱いが技術上の基準に違反しているとき。
　　⇒　危険物施設の基準維持命令
(3)　危険物の流出その他の事故が発生したときに，所有者等が応急措置を講じていないとき。
　　⇒　応急措置実施命令
(4)　危険物保安監督者が，その責務を怠っているとき。
　　⇒　危険物の取扱作業の保安に関する講習の受講命令
(5)　危険物施設保安員を選任していないとき。
　　⇒　使用停止命令

正しくは，次のようになります。

― 解答 ―

解答は次ページの下欄にあります。

法令の問題と解説　91

(1) 修理，改造又は移転命令（⇒危険物施設の基準維持命令）
(2) 危険物の貯蔵，取扱基準の遵守命令
(3) 正しい。
(4) この場合は，市町村長等が解任を命ずることができます。
(5) 危険物施設保安員を選任または解任しても届出は不要なので，選任していないからといって使用停止命令を受けることはありません。

危険物取扱者制度 (本文P.38)

【問題28】

製造所等において，丙種危険物取扱者が取り扱うことができる危険物として，規則に定められていないものはどれか。
(1) 灯油
(2) 固形アルコール
(3) 第3石油類の潤滑油
(4) 第3石油類のうち，引火点が130℃以上のもの
(5) 第4石油類のすべて

丙種が取扱える危険物は，ガソリン・灯油・軽油・第3石油類（重油，潤滑油と引火点が130℃以上のもの）・第4石油類・動植物油類です。

従って，(2)の固形アルコールが含まれていないので，(2)が正解です。

解答

【問題26】…(5)　　【問題27】…(3)

92　第1編　危険物に関する法令

【問題29】
　法令上，危険物取扱者以外の者の危険物の取扱いについて，次のうち正しいものはどれか。
(1)　製造所等では，危険物取扱者の立会いがあれば，当該危険物取扱者が取り扱える危険物であれば，取り扱うことができる。
(2)　製造所等では，危険物取扱者の立会いがなくても，指定数量未満であれば危険物を取り扱うことができる。
(3)　製造所等以外の場所であっても，危険物取扱者の立会いがなければ，指定数量未満の危険物を市町村条例に基づき取り扱うことができない。
(4)　製造所等では，危険物施設保安員の立会いがあれば，危険物を取り扱うことができる。
(5)　製造所等では，第4類の免状を有する乙種危険物取扱者の立会いがあっても，第2類の危険物の取扱いはできない。

(1)　甲種や乙種の場合は当てはまりますが，丙種危険物取扱者の立会いがあっても，危険物を取り扱うことはできないので誤りです（注：丙種は「定期点検」の立会いは行うことができます）。
(2)　たとえ指定数量未満であっても，<u>製造所等で危険物取扱者以外の者が危険物を取り扱う場合は，危険物取扱者の立会いが必要</u>なので誤りです。
(3)　「製造所等以外の場所で指定数量未満の危険物を取り扱う」とは，たとえば，家庭において灯油を取り扱う場合などに相当し，これは当然許されているので，誤りです。
(4)　危険物施設保安員にそのような権限はないので，誤りです。
(5)　乙種危険物取扱者が危険物の取扱いに立会えるのは，当該危険物取扱者が取り扱うことができる危険物だけなので，正しい。

【問題30】
　法令上，免状について，次のうち誤っているものはどれか。
(1)　免状の種類には，甲種，乙種及び丙種がある。
(2)　危険物取扱者は，移動タンク貯蔵所に乗車して危険物を移送している場

──────── 解答 ────────

【問題28】…(2)

合を除き，危険物取扱作業に従事しているときは免状を携帯していなければならない。
(3) 免状を亡失してその再交付を受けた者が，亡失した免状を発見したときは，これを10日以内に，再交付を受けた都道府県知事に提出しなければならない。
(4) 免状の汚損又は破損により再交付の申請をする者は，申請書に当該免状を添えて提出しなければならない。
(5) 免状の交付を受けている者が，法又は法に基づく命令の規定として違反しているときは，免状の返納を命じられることがある。

(2) 問題文は逆で，移動タンク貯蔵所に乗車して危険物を移送しているときは免状を携帯する義務がありますが，その他の場合は，携帯の義務はありません。

【問題31】

法令上，免状の書き換えが必要な事項として，次のうち正しいものはどれか。
(1) 現住所が変わったとき
(2) 勤務地が変わったとき
(3) 撮影した写真が10年を超えたとき
(4) 危険物取扱者の保安に関する講習を修了したとき
(5) 本籍地の属する都道府県を変えずに市町村を変えたとき

免状の書き換えが必要な事項は，
1　**氏名**を変更した場合
2　**本籍地**を変更した場合
3　免状の写真が**10年**経過した場合
です。
　従って，(1)の現住所や(2)の勤務地が変わって

こうして覚えよう！
書換え内容
書換えよう，シャン
　　　　　　　　写真
とした本　名に
　　　本籍　氏名

解答

【問題29】…(5)

も書き換えをする必要はなく，また，(4)の危険物取扱者の保安に関する講習を修了したからといって，書き換えをする必要はありません。

さらに，(5)の本籍地は「本籍地の属する**都道府県**」のことであり，その属する市町村が変わっても書き換えをする必要はありません。

【問題32】
次の免状の手続きとその申請先について，正しい組み合わせはどれか。

手続き	申請先
再交付	(A) (B)
書替え	(C) (D) (E)

ア．免状を交付した知事
イ．本籍地の都道府県知事
ウ．居住地の都道府県知事
エ．勤務地の都道府県知事
オ．免状を書換えた都道府県知事
カ．再交付を受けた都道府県知事

	(A)	(B)	(C)	(D)	(E)
(1)	ウ	オ	エ	ア	イ
(2)	ア	エ	オ	ウ	イ
(3)	ウ	エ	オ	カ	ア
(4)	ア	オ	ア	ウ	エ
(5)	ウ	エ	オ	ア	イ

正解は次のようになります。

手続き	申請先
再交付	免状を**交付**した都道府県知事 免状を**書換え**た都道府県知事
書替え	免状を**交付**した都道府県知事 **居住地**の都道府県知事 **勤務地**の都道府県知事

―――――― 解答 ――――――

【問題30】…(2)　　【問題31】…(3)

こうして覚えよう！

再交付と書換えは何かと紛らわしいので，次のようにして覚えよう。
① まず，「免状を交付した知事」は両者に共通，と覚える

② サイが柿を食べている。　　③ カエル が 金魚を持っている。
　　再 → 書き…　　　　　　　　　（書き）換える→勤務地，居住地
　再交付→書換をした知事　　　　書き換え→勤務地と居住地の知事
　　　　　　　　　と覚えるわけです。

【問題33】

法令上，免状の返納を命じることができる者は，次のうちどれか。
(1) 免状を交付した都道府県知事
(2) 勤務地のある都道府県知事
(3) 居住地のある都道府県知事
(4) 免状を再交付した都道府県知事
(5) 居住地の市町村長

 解説

免状の返納を命じることができる者は，免状を**交付した都道府県知事**です。

【問題34】

法令上，危険物の取扱作業の保安に関する講習の受講対象者は次のうちどれか。
(1) すべての危険物取扱者
(2) 製造所等で危険物の取扱作業に従事しているすべての者

解答

【問題32】…(4)

(3) 製造所等で危険物の取扱作業に従事している危険物取扱者
(4) 危険物保安監督者及び危険物保安統括管理者
(5) 危険物保安監督者及び危険物施設保安員

　保安講習の受講義務がある者は，「危険物取扱者の資格のある者」が「危険物の取扱作業に従事している」場合です。従って，危険物取扱者の資格があっても危険物の取扱作業に従事していない場合や，逆に危険物の取扱作業に従事していても危険物取扱者の資格のない者には受講義務はありません。
　これは(4)や(5)のように，危険物保安統括管理者や危険物施設保安員などであっても同じです。

【問題35】
　法令上，危険物の取扱作業の保安に関する講習について，次のうち正しいものはどれか。
(1) 受講義務のある危険物取扱者は，原則として5年に1回受講しなければならない。
(2) 法令の規定に違反して，罰金以上の刑に処せられた者に受講が義務づけられている。
(3) 講習を受けなければならない危険物取扱者が，講習を受けなかった場合は，免状の返納を命ぜられることがある。
(4) 現に，製造所等において，危険物の取り扱い作業に従事していない者は，免状の交付を受けた日から10年に1回の免状の書換えの際に講習を受けなければならない。
(5) 製造所等で危険物を取り扱っていても丙種危険物取扱者の場合は，受講が義務付けられていない。

(1) 保安講習は，原則として**3年に1回**受講する必要があります。
(2) 保安講習は，法令の規定に違反した者が受ける講習ではありません（そのような講習はない）。

―――――――――― 解答 ――――――――――

【問題33】…(1)

第1編　危険物に関する法令

法令の問題と解説　97

(3) 正しい。ただし，必ず免状の返納を命ぜられるのではなく，免状の返納を命ぜられる可能性があるということです（「使用停止命令」とあれば×です）。
(4) 危険物の取り扱い作業に従事していない者に受講義務はありません。
(5) 丙種危険物取扱者であっても製造所等で危険物を取り扱っていれば受講義務があります。

【問題36】

法令上，免状の交付を受けた後3年間，危険物の取扱いに従事していなかった者が，新たに危険物の取扱いに従事することとなった。この場合，危険物の取扱作業の保安に関する講習の受講時期として，次のうち正しいものはどれか。
(1) 従事する前に受講しなければならない。
(2) 従事することとなった日から1年以内に受講しなければならない。
(3) 従事することとなった日から2年以内に受講しなければならない。
(4) 従事することとなった日から3年以内に受講しなければならない。
(5) 従事することとなった日から4年以内に受講しなければならない。

解説

保安講習の受講サイクルは，
① 従事し始めた日から**1年以内**，その後は，講習を受けた日以後における最初の4月1日から**3年以内**に受講。
② 過去2年以内に**免状の交付**か**講習**を受けた者は，その交付や受講日以後における最初の4月1日から**3年以内**に受講する，となっています。
従って，問題文の場合，②の「過去2年以内」には該当しないので，①の従事することとなった日から1年以内に受講しなければならないことになります。

【問題37】

危険物の取扱作業の保安に関する講習について，法令上，次のA～Eのうち受講の時期を経過している危険物取扱者はどれか。
(1) Aは，1年6ヶ月前に免状の交付を受け，1年前から危険物取扱作業に従事している。

解答

【問題34】…(3)　　【問題35】…(3)

(2) Bは，4年前に免状の交付を受け，2年前から製造所等において危険物取扱作業に従事している。
(3) Cは，2年前に講習を受け，その1年後危険物取扱作業から離れ，現在再び危険物の取扱作業に従事している。
(4) Dは，5年前から製造所等において危険物の取扱作業に従事しているが，2年6ヶ月前に免状の交付を受けた。
(5) Eは，1年6か月前に講習を受け，1年前から給油取扱所で取扱作業に従事している。

前問の解説の①，②より検討します。なお，説明文が長くなるので，「免状の交付または講習を受けた日以後における最初の4月1日」を「**所定日**」と略記いたします。

(1) Aが危険物取扱作業に従事し始めた1年前に戻ると，②の「過去2年以内に**免状の交付**を受けた者」に該当するので，所定日から3年は経過しておらず，受講時期はまだ過ぎていないことになります。

(2) Bが危険物取扱作業に従事し始めた2年前に戻ると，**免状の交付**を受けたのはその日から2年前になるので，②の「過去2年以内に**免状の交付**を受けた者」に該当します。

従って，Bが免状の交付を受けてからすでに4年が経過しているので，受講時期が過ぎている，ということになります。

(3) 再び作業に従事した時点で，②の「過去2年以内に**免状の交付**か**講習**を受けた者」に該当するので，所定日から3年は経過しておらず，受講時期はまだ過ぎていないことになります。

(4) この場合，免状交付日以前は危険物の取扱作業に従事しているとは考えないので，従事開始日は免状交付日と考えます。従って，「過去2年以内に**免状の交付**を受けた者」の②に該当し，それから2年6か月しか経っていないので，「3年以内」という期限は過ぎていないことになります。

(5) これも，「過去2年以内に**講習**を受けた者」に該当し，所定日から3年は経過してあらず，受講時期はまだ過ぎていないことになります。

解答

【問題36】…(2)

法令の問題と解説　99

危険物の保安に携わる者（本文P.41）

【問題38】

法令上，危険物保安監督者について，次の文の（ ）内に当てはまるものはどれか。

「政令で定める製造所等の所有者等は，（ ）のうちから危険物保安監督者を定め，規則で定めるところにより，その者が取り扱うことができる危険物の取扱作業に関して，保安の監督をさせねばならない。」

(1) 危険物取扱者のうち，危険物の取扱作業に3年以上の経験を有するもの。
(2) 製造所等の防火管理者。
(3) 甲種危険物取扱者又は乙種危険物取扱者で，6ヶ月以上危険物取扱いの実務経験を有する者。
(4) 危険物施設保安員のうち，6ヶ月以上危険物取扱いの実務経験を有する者。
(5) 危険物取扱者で，危険物の取扱作業の保安に関する講習を定期的に受けている者。

解説

製造所等の所有者等は，甲種又は乙種危険物取扱者で，**6ヶ月以上**危険物取扱いの実務経験を有する者のうちから危険物保安監督者を定める必要があります。なお，乙種は免状に指定された類のみの危険物保安監督者にしかなれません。

【問題39】

危険物保安監督者について，次のうち正しいものはどれか。

(1) 製造所等においては，許可を受けた数量や品名に関わらず危険物保安監督者を定めなければならない。
(2) 危険物保安監督者を選任又は解任したときは，10日以内に市町村長等に届け出なければならない。
(3) 危険物取扱者以外の者が危険物を取扱う場合，危険物保安監督者の立会いが必要である。
(4) 危険物保安監督者を定めるのは，製造所等の所有者等である。
(5) 特定の危険物なら，取り扱う製造所等で丙種危険物取扱者を危険物保安

解答

【問題37】…(2)

監督者に選任することができる。

(1) 危険物保安監督者を定めなければならない製造所等は，危険物の指定数量や引火点などによって細かく規定されており，すべての製造所等において定めるものではないので，誤りです。

(2) 危険物保安監督者を選任又は解任したときは，市町村長等に届け出る必要がありますが，10日以内という期限はないので，誤りです。

なお，法令に違反したからといって直ちに解任を命ぜられるわけではないので注意してください（市町村長等は所有者等に対し解任を命じることがで・き・る・，となっています。）。

(3) 立会いは危険物取扱者（丙種は除く）であればよく，危険物保安監督者には限定されていないので誤りです。

(4) 正しい。

(5) 丙種危険物取扱者は危険物保安監督者にはなれないので，誤りです。

【問題40】
次のうち，危険物保安監督者を選任しなくてもよいのはどれか。
(1) 製造所　　　　　　(2) 移動タンク貯蔵所
(3) 屋外タンク貯蔵所　(4) 給油取扱所　　　(5) 移送取扱所

前問でも説明しましたが，危険物保安監督者を定めなければならない製造所等は，危険物の指定数量や引火点などによって細かく規定されており，そのうち，「**製造所，屋外タンク貯蔵所，給油取扱所，移送取扱所**」は，指定数量に関係なく選任する必要があるので，(1)(3)(4)(5)は正しい。

逆に，指定数量に関係なく選任する必要がないのは**移動タンク貯蔵所**なので，(2)が正解ということになります。

なお，（指定数量に関係なく）選任する必要がある製造所等と選任する必要がない製造所等は，それほど頻繁に出題される項目ではありませんが，次のようなゴロ合わせもあるので参考までに紹介しておきます。

----解答----

【問題38】…(3)

こうして覚えよう！

危険物保安監督者を選任する必要がある施設

監督は	外のタンクに	誠	意をこめて	給油した
	屋外タンク	製造所	移送取扱所	給油取扱所

屋内貯蔵所，屋外貯蔵所，地下タンク貯蔵所，一般取扱所の場合は指定数量の30倍超で選任義務があります。

＜覚え方＞
監督も**30**を超えると**地**
　　　　　　　　　　　　地下
位 が な(**い**) が**い**。
一般　　屋内　　屋外

【問題41】 急行★

法令上，危険物保安監督者の業務について，次のうち誤っているものはどれか。

(1) 火災等の災害の防止に関し，当該製造所等に隣接する製造所等その他関連する施設の関係者との間に連絡を保つこと。

(2) 危険物取扱作業の実施に際し，当該作業が貯蔵又は取扱いの技術上の基準及び予防規程等の保安の規程に適合するように作業者（作業に立ち会う危険物取扱者を含む。）に対し必要な指示を与えること。

(3) 危険物施設保安員を置く必要がない製造所等にあっては，製造所等の計測装置，制御装置，安全装置等の機能が適正に保持されるようにこれを保安管理すること。

(4) 火災等の災害が発生した場合は，作業者（作業に立ち会う危険物取扱者を含む。）を指揮して応急の措置を講ずるとともに，直ちに消防機関その他関係のある者に連絡すること。

解答

【問題39】…(4)　　【問題40】…(2)

102　第1編　危険物に関する法令

(5) 危険物施設保安員を置く製造所等にあっては，危険物施設保安員の指示に従って保安の業務を推進すること。

危険物保安監督者の業務を要約すると，次のようになります。
1．作業が法令などに適合するように，作業者に対して必要な指示を与える。
2．火災などの災害時に，作業者を指揮して応急措置を講じるとともに，直ちに消防機関等へ連絡する。
3．（危険物施設保安員を置く製造所等にあっては）危険物施設保安員に対して必要な指示を与える。
4．火災等の災害の防止に関し，隣接または関連する施設の関係者との間に連絡を保つ。
5．その他，危険物取扱作業の保安に関し，必要な監督業務……となります。
従って，(1)は4，(2)は1，(4)は2より正しい。
また，(3)は，危険物施設保安員の業務ですが，危険物施設保安員を置く必要がない製造所等では，危険物保安監督者がその業務を代行するので，正しい。
しかし，(5)は逆に，危険物保安監督者が危険物施設保安員に必要な指示を出すので，誤りです。

【問題42】 特急★★

法令上，危険物施設保安員の業務に該当していないものは，次のうちどれか。
(1) 製造所等の構造及び設備を技術上の基準に適合するように維持するため，定期及び臨時の点検を行うこと。
(2) 点検を行ったときは，点検を行った場所の状況及び保安のために行った措置を記録し，保存すること。
(3) 製造所等における危険物の取扱作業の実施に際し，危険物取扱者に指示を与えること。
(4) 製造所等の構造及び設備に異常を発見した場合は，危険物保安監督者その他関係のある者に連絡するとともに状況を判断して適切な措置を講ずること。

―解答―

解答は次ページの下欄にあります。

(5) 製造所等の計測装置，制御装置，安全装置等の機能が適正に保持されるようにこれを保安管理すること。

危険物施設保安員は危険物保安監督者から指示を受けることはありますが，（危険物取扱者に）指示を与えたり，あるいは監督を行うような権限はありません。

【問題43】
　法令上，危険物施設保安員に関する次の記述のうち，正しいものはどれか。
(1) 製造所等の所有者等は，危険物取扱者の中から危険物施設保安員を選任しなければならない。
(2) 危険物施設保安員を選任したときは市町村長等に届出なければならない。
(3) 点検を行ったときは，点検を行った場所の状況及び保安のために行った措置を記録するとともに消防署長に報告しなければならない。
(4) 製造所等の所有者等には危険物施設保安員を選任する義務があるが，それを届出る義務はない。
(5) 火災が発生したときは，危険物保安監督者と協力して，応急の措置を講ずるとともに，現場付近にいる人に消防活動に従事するように指示をする。

(1) 危険物施設保安員を選任する際に危険物取扱者の資格は必要とされていないので，誤りです。
(2) 危険物施設保安員を選任及び解任しても届出る必要はないので，誤りです。
(3) 点検を記録して保存する必要はありますが，報告する義務はありません。
(4) 正しい。
(5) 火災が発生したときは，危険物保安監督者と協力して，応急の措置を講ずる必要はありますが，現場付近にいる人，つまり，部外者に指示をすることはできないので，誤りです。
　なお，危険物の保安に携わる者を次にまとめておきます。

―――― 解答 ――――

【問題41】…(5)

	資　　格	届け出	届け出先
危険物保安監督者	甲種か乙種で実務経験が6ヶ月以上ある者	選任，解任時に届け出る	市町村長等
危険物保安統括管理者	不　要	同　上	同　上
危険物施設保安員	不　要	不　要	不　要

［類題］　危険物保安統括管理者を選任しなければならない施設では，危険物施設保安員も選任しなければならない。

解説 --
　そのような規定はありません。　　　　　　　　　　　　　　　　　（答）×

予防規程 (本文P.43)

【問題44】

　法令上，特定の製造所等において定めなければならない予防規程について，次のうち誤っているものはどれか。
(1)　予防規程は，製造所等の火災を予防するために必要な事項について定めなければならない。
(2)　予防規程は，製造所等の所有者等が定めなければならない。
(3)　消防署長は，火災予防のため必要があるときは，予防規程の変更を命ずることができる。
(4)　予防規程は，内容に不備があるときは認可されない。
(5)　製造所等の所有者等及び全ての従業員は，予防規程を守らなければならない。

解説 --
　(3)　所有者等が予防規程を定めたときと変更したときは市町村長等の認可が必要ですが，変更を命じることができるのも**市町村長等**です。
　なお，(5)もよく出題されており，予防規程を守らなければならないのは，あくまでも製造所等の所有者等とその**従業員**であり，その他の者，たとえば出入りしている業者などには遵守義務はないので，念のため。

―――――――――――― 解答 ――――――――――――

【問題42】…(3)　　【問題43】…(4)

【問題45】
　　法令上，予防規程に関する説明として，次のうち正しいものはどれか。
(1) 危険物保安監督者は予防規程を定め，市町村長等の承認を受けなければならない。
(2) 予防規程は，単に火災の発生を予防することを目的としているので，自衛消防組織が設置されている製造所等では予防規程を作成する義務はない。
(3) 予防規程は，自主保安基準としての意義を有するものであるから，所有者等が自ら必要とする事項を定めておけばよい。
(4) 製造所等の所有者等及びその従業者は，危険物取扱者以外の者であっても予防規程を守らなければならない。
(5) 製造所等の構造を変更したため，火災予防上，不適切になった予防規程を変更することとしたが，一旦は認可されたものなので，特に市町村長等に対する手続きは要しない。

(1) 予防規程を定める義務を負うのは，製造所等の所有者，管理者又は占有者のいわゆる**所有者等**であり，危険物保安監督者ではなく，また，承認ではなく**認可**なので，誤りです。
(2) 自衛消防組織が設置されている製造所等であっても予防規程を作成する義務があるので，誤りです。
(3) 予防規程に定める事項については，法令によって定められており，所有者等が自ら必要とする事項ではないので，誤りです。
(4) 予防規程を守る義務（遵守義務）があるのは，製造所等の**所有者等**及び**その従業者**となっているので，正しい。
(5) 予防規程は定めたときのほか，変更したときも認可の手続きが必要なので，誤りです。

【問題46】　**急行**★
　　法令上，予防規程を定めなければならない製造所等は，次のうちいくつあるか。
　A　指定数量の倍数が150の屋外タンク貯蔵所
　B　指定数量の倍数が30の製造所

━━━━━━━━━━━━━━ 解答 ━━━━━━━━━━━━━━

【問題44】…(3)

C 指定数量の倍数が80の営業用の給油取扱所
D 指定数量の倍数が200の屋内貯蔵所
E 指定数量の倍数が40の移動タンク貯蔵所
(1) 1つ　(2) 2つ　(3) 3つ　(4) 4つ　(5) 5つ

P.43，余白欄にある数値より，Aは×，Bは○，Cの給油取扱所は移送取扱所とともに「指定数量の倍数に関係なく定めなければならない」ので，○，Dは○，Eの移動タンク貯蔵所には不要。従って，B，C，Dの3つが正解になります。

【問題47】

法令上，予防規程に定めなければならない事項に該当しないものは，次のうちどれか。

(1) 火災時の給水維持のため公共用水道の制水弁の開閉に関すること。
(2) 危険物施設の運転又は操作に関すること。
(3) 地震発生時における施設及び設備に対する点検，応急措置等に関すること。
(4) 補修等の方法に関すること及び危険物の保安に関する記録に関すること。
(5) 製造所等の位置，構造及び設備を明示した書類及び図面の種類に関すること。

予防規程に定めなければならない事項については多岐にわたっていて，そのすべてを覚えるというのは中々大変です。従って，一応どういう内容のものがあるのか，という程度に目を通しておき，あとは本文でも説明したように，どう考えても"ここまで決める必要はない"，あるいは"予防規程にこんな規程はおかしい"と思える内容のものを探せば，たいていは解答肢が見えてくる"はず"です。

本問でも，(1)から順に確認すると，(1)の「火災時の給水維持のため公共用水道の制水弁の開閉に関すること。」などという具体的で細かい規程は"どうもおかしいナ"と思われたと思います。予防規程は原則として，その施設の保安に

解答

【問題45】…(4)

関する規定，あるいは保安に携わる者に関する規定です。

従って，(2)～(5)はその線に沿った規程ですが，(1)は施設外の設備に関する規定となるので，これが"あやしい"となるわけです。

定期点検 (本文 P.44)

【問題48】

法令上，特定の製造所等に義務づけられている定期点検について，次のうち誤っているのはどれか。ただし，規則で定める漏れに関する点検を除く。

(1) 点検は，原則として1年に1回以上行わなければならない。
(2) 製造所等が位置，構造及び設備の技術上の基準に適合しているかどうかについて行う点検である。
(3) 点検の結果は記録し，原則として1年間保存しなければならない。
(4) 危険物取扱者又は危険物施設保安員以外の者が，この点検を行う場合は，危険物取扱者の立会いを受けなければならない。
(5) 危険物保安統括管理者はこの点検を行うことができない。

解説

点検記録は，原則として3年間保存する必要があります。

【問題49】

法令上，製造所等の定期点検について，次のうち正しいものはどれか。ただし，規則で定める漏れに関する点検は除く。

(1) 危険物施設保安員の立会いを受けた場合，危険物取扱者以外の者でもこの点検を行うことができる。
(2) 定期に点検しなければならない製造所等は，政令で定められている。
(3) この点検を実施した場合は，その結果を市町村長等に報告しなければならない。
(4) 定期点検の実施者は，危険物取扱者に限定されている。
(5) 丙種危険物取扱者は定期点検を行うことができない。

―― 解答 ――

【問題46】…(3)　　【問題47】…(1)

(1) 定期点検に限らず，危険物の取り扱いにおいても危険物施設保安員に立会い権限はありません（定期点検を行うことはできます）。
(2) 正しい。
(3) 点検をする義務はありますが，それを報告する義務はありません。
(4) 危険物取扱者だけではなく，危険物取扱者の立会いを受けた者も行うことができます。
(5) 甲種，乙種，丙種に関わらず危険物取扱者であれば定期点検を行うことができるので，誤りです。

【問題50】 急行★

法令上，製造所等で指定数量の倍数に関係なく定期点検を行わなければならないのは，次のA～Fのうちいくつあるか。
A 簡易タンク貯蔵所
B 地下タンクを有する一般取扱所
C 地下タンク貯蔵所
D 地下タンクを有していない製造所
E 屋内タンク貯蔵所
F 地下タンクを有する給油取扱所
(1) 1つ　　(2) 2つ　　(3) 3つ　　(4) 4つ　　(5) 5つ

指定数量の倍数に関係なく定期点検を実施しなければならない製造所等は次の通りです。
① 地下タンク貯蔵所
② 地下タンクを有する製造所
③ 地下タンクを有する給油取扱所
④ 地下タンクを有する一般取扱所
⑤ 移動タンク貯蔵所
⑥ 移送取扱所（一部例外あり）

解答

【問題48】…(3)　　【問題49】…(2)

従って，問題にある製造所等のうち，この中に含まれているのは，B（⇒ ④），C（⇒①），F（⇒③）の3つなので，(3)が正解です。

【問題51】

指定数量の倍数に関係なく定期点検を実施しなくてもよい製造所等として，次のうち誤っているものはどれか。

(1) 指定数量の倍数が15以下の販売取扱所
(2) 屋外貯蔵所
(3) 簡易タンク貯蔵所
(4) 屋内タンク貯蔵所
(5) 指定数量の倍数が15を超え40以下の販売取扱所

製造所等の定期点検について，簡単にまとめると，次のようになります。

① 定期点検を必ず実施する施設（移送取扱所は省略）
　　⇒ 地下タンクを有する施設と移動タンク貯蔵所
② 定期点検を実施しなくてもよい施設
　　⇒ 屋内タンク貯蔵所，簡易タンク貯蔵所，販売取扱所

従って，(2)の屋外貯蔵所のみ②に含まれていないので，(2)が誤りです。
なお，(1)の「指定数量の倍数が15以下の販売取扱所」とは第1種販売取扱所のことをいい，「指定数量の倍数が15を超え40以下の販売取扱所」とは第2種販売取扱所のことで，いずれも②に含まれるので，指定数量の倍数に関係なく定期点検を実施する必要はありません。

【問題52】

法令上，地下貯蔵タンクおよび地下埋設配管の定期点検（規則で定める漏れの点検）について，次のうち誤っているものはどれか。

(1) 点検は，完成検査済証の交付を受けた日，又は前回の点検を行った日から3年を超えない日までの間に1回以上行わなければならない。
(2) 危険物取扱者の立会いを受けた場合は，危険物取扱者以外の者が漏れの点検方法に関する知識及び技能を有していれば点検を行うことができる。

解答

【問題50】…(3)

(3) 点検の記録は，3年間保存しなければならない。
(4) 点検は，法令で定める技術上の基準に適合しているかどうかについて行う。
(5) 点検記録には，製造所等の名称，点検年月日，点検の方法，結果及び実施者等を記載しなければならない。

この規則で定める漏れの点検については，たまに出題されているので，この問題，特に(1)と(2)はよく覚えるようにしてください。さて，(1)の点検の時期ですが，3年ではなく原則**1年**です（完成検査済証交付または前回点検日より，15年を超えないもの等は3年です。また，移動タンク貯蔵所の場合は**5年**で，記録は**10年間**保存します。⇒問題53参照）。

【問題53】
　法令上，移動タンク貯蔵所の定期点検について，次のうち誤っているものはどれか。
(1) 点検は，技術上の基準に適合しているかどうかについて行う。
(2) 移動貯蔵タンクの漏れの点検は，完成検査済証の交付を受けた日，又は直近の漏れの点検を行った日から5年を超えない日までの間に1回以上実施しなければならない。
(3) 移動貯蔵タンクの漏れの点検は，危険物取扱者の免状を有していれば行うことができる。
(4) 移動貯蔵タンクの漏れの点検に係る点検記録は，10年間保存しなければならない。
(5) 点検は，すべての移動タンク貯蔵所について行わなければならない。

(3) 点検は，単に危険物取扱者の免状を有するだけではなく，「危険物取扱者又は危険物施設保安員で**漏洩の点検方法に関する知識及び技能を有する者**」が行うことができるので誤りです（危規則62条の6）。

保安距離（本文 P.47）

―――――――― 解答 ――――――――

【問題51】…(2)

法令の問題と解説　111

【問題54】

　法令上，学校，病院等の建築物等から，一定の距離を保たなければならない旨の規定が設けられている製造所等は，次のうちどれか。
(1)　給油取扱所
(2)　移送取扱所
(3)　移動タンク貯蔵所
(4)　屋内タンク貯蔵所
(5)　屋内貯蔵所

解説

　学校，病院等という具体的な保安対象物（保安距離の対象となる建築物）が示されているので戸惑うかもしれませんが，要するに，**保安距離が必要な製造所等は次のうちどれか，**ということです。

　従って，保安距離が必要な製造所等は「製造所，**屋内貯蔵所**，屋外貯蔵所，屋外タンク貯蔵所，一般取扱所」なので，(5)が正解です。

【問題55】

　法令上，特定の建築物等から製造所の外壁までの間に，一定の距離（保安距離）を保たなければならないが，この保安距離の対象となる建築物等で，次のうち該当しないものはどれか。
　ただし，特例基準が適用されるものを除く。
(1)　公会堂
(2)　小学校
(3)　重要文化財
(4)　使用電圧が6,000Vの高圧架空電線
(5)　住居（製造所等の存する敷地と同一の敷地内に存するものを除く）

解説

　高圧架空電線の場合において，保安距離を保たなければならないのは，使用電圧が**7,000Vを超える場合**です。

解答

【問題52】…(1)　　【問題53】…(3)

【問題56】

法令上，製造所の外壁等から50 m 以上の距離（保安距離）を保たなければならない旨の規定が設けられている建築物等は，次のうちどれか。

(1) 当該製造所の敷地外にある住宅
(2) 高圧ガス施設
(3) 300人収容可能な劇場
(4) 重要文化財
(5) 使用電圧が35,000 V を超える特別高圧架空電線

【解説】

保安対象物と保安距離の組み合わせは次のようになっています。
・特別高圧架空電線
　　　　(7,000〜35,000ボルト以下) …………… 3 m 以上
　　　　(35,000ボルトを超えるもの)…………… 5 m 以上
・住居（製造所等の敷地内にあるものを除く）…10 m 以上
・高圧ガス等の施設……………………………20 m 以上
・多数の人を収容する施設（学校，病院など）…30 m 以上
・重要文化財等…………………………………50 m 以上
（P.48のゴロあわせ参照）

従って(4)の重要文化財が正解になります。

保有空地（本文 P.48）

【問題57】

製造所の周囲には，一定の幅の空地を保有しなければならないが，空地の幅について，次の組み合わせのうち法令に定められているものはどれか。ただし，特例基準が適用されるものを除く。

―――――――――――― 解答 ――――――――――――

【問題54】…(5)　　【問題55】…(4)

	指定数量の倍数が10以下の製造所	指定数量の倍数が10を超える製造所
(1)	1 m 以上	3 m 以上
(2)	3 m 以上	5 m 以上
(3)	5 m 以上	7 m 以上
(4)	7 m 以上	9 m 以上
(5)	9 m 以上	11 m 以上

空地の幅については，「3 m と 5 m」と覚えて"大丈夫"でしょう。あとは，指定数量の倍数が小さい方が3 m 以上，大きい方が5 m 以上となります。

【問題58】

法令上，次に掲げる製造所等のうち，危険物を貯蔵し，又は取扱う建築物等の周囲に空地を保有しなければならない旨の規定が設けられている施設はいくつあるか。

　簡易タンク貯蔵所（屋外に設けるもの），屋内貯蔵所，給油取扱所，
　一般取扱所，屋内タンク貯蔵所

(1)　1つ　　(2)　2つ　　(3)　3つ　　(4)　4つ　　(5)　5つ

保有空地が必要な施設は，「保安距離が必要な施設」＋簡易タンク貯蔵所と移送取扱所（地上設置のもの）なので，「製造所，<u>屋内貯蔵所，屋外貯蔵所，屋外タンク貯蔵所</u>，**一般取扱所**，**簡易タンク貯蔵所**（屋外に設けるもの），移送取扱所（地上設置のもの）」となります（下線部は保安距離が必要な施設です。また，太字は問題内にある施設を表しています。）。

従って，(3)の3つが正解です。

解答

【問題56】　…(4)

114　第1編　危険物に関する法令

【問題59】

法令上，危険物を取扱う建築物等の周囲に，一定の幅の空地を保有しなければならない旨の規定が設けられている製造所等のみを掲げている組み合わせは，次のうちどれか。
(1) 製造所，給油取扱所，簡易タンク貯蔵所（屋外に設けるもの）
(2) 一般取扱所，屋内貯蔵所，簡易タンク貯蔵所（屋外に設けるもの）
(3) 製造所，屋外貯蔵所，屋内タンク貯蔵所
(4) 給油取扱所，地下タンク貯蔵所，屋外貯蔵所
(5) 屋内貯蔵所，販売取扱所，屋外タンク貯蔵所

前問の解説を参考にそれぞれ検討すると，
(1) 給油取扱所には空地が不要なので，誤りです。
(2) すべて空地が必要なので，これが正解です。
(3) 屋内タンク貯蔵所には空地が不要なので，誤りです。
(4) 給油取扱所，地下タンク貯蔵所には空地が不要なので，誤りです。
(5) 販売取扱所には空地が不要なので，誤りです。

各危険物施設に固有の基準 （本文P.51）

【問題60】

法令上，軽油を取り扱う製造所の危険物を取扱う配管の位置，構造及び設備の基準について，次のうち誤っているものはどれか。
(1) 配管は，取り扱う危険物により容易に劣化するおそれのないものでなければならない。
(2) 配管に加熱又は保温のための設備を設ける場合には，火災予防上，安全な構造でなければならない。
(3) 配管を地上に設置する場合には，地盤面に接しないようにするとともに，外面の腐食を防止するための塗装を行わなければならない。
(4) 配管を地下に設置する場合は，その上の地盤面を車両等が通行しない位置としなければならない。
(5) 配管は，その設置される条件及び使用される状況に照らして十分な強度

解答

【問題57】…(2)　　【問題58】…(3)

を有するものとし,かつ,当該配管に係る最大常用圧力の1.5倍以上の圧力で水圧試験を行ったとき,漏えいその他の異常がないものでなければならない。

　規則第13条の5では,「配管を地下に設置する場合には,その上部の地盤面にかかる重量が当該配管にかからないように保護すること。」となっており,"車両等が通行しない位置としなければならない。"などという規定はないので,(4)が誤りです(注:「軽油を取り扱う」という"修飾語"に惑わされないように)。

　なお,配管を地下に設置する場合の規定には,「配管の接合部分(溶接部分を除く)について当該接合部分からの危険物の漏洩を点検することができる措置を講じなければならない。」という規定もあるので参考まで。

　また,(5)の圧力ですが,「最大常用圧力の3倍以上」などというように数値を変えて出題される場合があるので,注意が必要です。

屋内貯蔵所 (本文P.51)

【問題61】

　法令上,第4類の危険物を貯蔵する屋内貯蔵所(軒高が6m未満の平家建)の構造及び設備について,技術上の基準に適合していないものはどれか。

　ただし,特例基準適用の屋内貯蔵所を除く。

(1) 屋内貯蔵所の見やすい箇所に,地を白色,文字を黒色で「屋内貯蔵所」と書かれた標識及び地を赤色,文字を白色で「火気厳禁」と書かれた掲示板が設けられている。
(2) 可燃性の蒸気を屋根上に排出する設備が設けられている。
(3) 液状の危険物の貯蔵倉庫の床には,貯留設備が設けてある。
(4) 架台には,危険物を収納した容器が容易に落下しない措置が講じられている。
(5) 屋根は耐火構造で造られ,かつ,天井が設けてある。

解答

【問題59】…(2)

(5) 屋根は耐火構造ではなく**不燃材料**で造り，また，天井は設けてはいけない（万が一爆発した際，爆風が抜けるようにするため）となっているので，誤りです。

なお，(2)と(3)は製造所等に共通の基準で，(2)は，「可燃性蒸気等が滞留する恐れのある場所では，その蒸気等を屋外の高所に排出する設備を設けること。」，(3)は，「液状の危険物を取り扱う建築物の床は，危険物が浸透しない構造とし，かつ，適当な傾斜をつけ，貯留設備を設けること。」となっています。

また，屋内貯蔵所ではこれらのほかに，「容器に収納した危険物の温度は**55℃**を超えないこと」「容器の積み重ね高さは**3m以下**とすること」という規定もあるので，覚えておこう（下線部⇒65℃という出題例あり。当然×）。

屋外タンク貯蔵所 (本文 P.52)

【問題62】
　屋外タンク貯蔵所の位置・構造・設備等の技術上の基準について，次のうち誤っているのはどれか。
(1) 保安距離，保有空地ともに確保する必要がある。
(2) 圧力タンク以外のタンクには通気管を設けること。
(3) 液体の危険物を貯蔵するタンクには，危険物の量を自動的に表示する装置を設けること。
(4) タンクの内圧が異常に高くなった場合，内部のガス等を上部に放出できる構造とすること。
(5) 敷地内距離とは，延焼を防止するために，屋外タンク貯蔵所のほか，貯蔵タンクを有する施設のみに義務づけられたもので，タンクの側板から敷地境界線まで確保する一定の距離のことである。

(5)の敷地内距離は，貯蔵タンクを有する施設のみに義務づけられたものではなく，屋外タンク貯蔵所のみに義務づけられたものです。
なお，敷地内距離は，タンクの**側板**から敷地境界線まで確保する距離であ

――――― 解答 ―――――

【問題60】…(4)　　【問題61】…(5)

り，タンクの中心ではないので，念のため。

【問題63】 特急★

法令上，引火性液体（二硫化炭素を除く。）を貯蔵する屋外タンク貯蔵所の防油堤の基準として，次のうち誤っているものはどれか。
ただし，特例基準が適用されるものを除く。

(1) 防油堤は鉄筋コンクリート又は土で造らなければならない。
(2) 防油堤には，その内部に滞水することがないように，開閉弁のない水抜口を設けなければならない。
(3) 2つ以上の屋外貯蔵タンクの周囲に設ける防油堤の容量は，当該タンクのうち，その容量が最大であるタンクの容量の110％以上としなければならない。
(4) 高さが1mを超える防油堤には，堤内に出入りするための階段等を設置しなければならない。
(5) 原則として，防油堤を貫通して配管を設けてはならない。

防油堤には，その内部が滞水することがないように水抜口を設けなければなりませんが，これを**開閉するための弁**などを防油堤の外部に設ける必要があるので，(2)が誤りです。

【問題64】 急行★

法令上，第1石油類を貯蔵する屋外タンク貯蔵所の防油堤の技術上の基準として，次のうち正しいものはどれか。

(1) 防油堤内に設置するタンクの数は，3以下としなければならない。
(2) 防油堤には水抜口を設けなければならないが，それを開閉するための弁は通常は開放しておかなければならない。
(3) 防油堤は，第1石油類に限らず，液体の危険物（二硫化炭素は除く）を貯蔵しているすべての屋外貯蔵タンクに設けなければならない。
(4) 防油堤は，安全上，その周囲が構内道路に接しないように設けなければならない。

解答

【問題62】…(5)

(5) 1基の屋外貯蔵タンクの周囲に設ける防油堤の容量は，当該タンクの容量の100%以上とする。

(1) 防油堤内に設置するタンクの数は，<u>10以下</u>とする必要があります。
(2) 一般に，①貯蔵タンクの**計量口**，②貯蔵タンクの**元弁**および**注入口**のふた，及び③屋外貯蔵タンクの防油堤内の<u>水抜き口</u>等…は通常は**閉鎖**しておく必要があるので，誤りです。

| 計量口や元弁および注入口のふた ⇒ 通常は「閉鎖」 |

(3) 正しい。
(4) 防油堤は，その周囲が構内道路に<u>接する</u>ように設ける必要があります。
(5) 110%以上です。

地下タンク貯蔵所 （本文P.53）

【問題65】
　法令上，地下タンク貯蔵所の位置，構造及び設備の技術上の基準について，次のうち誤っているものはどれか。
(1) 地下貯蔵タンク（二重殻タンクを除く。）又はその周囲には，当該タンクからの液体の危険物の漏れを検知する設備を設けなければならない。
(2) 地下貯蔵タンクには，通気管又は安全装置を設けなければならない。
(3) 液体の危険物の貯蔵タンクには，危険物の量を自動的に表示する装置を設けなければならない。
(4) 液体の危険物の地下貯蔵タンクの注入口は，建物内に設けなければならない。
(5) ガソリン，ベンゼンその他静電気による災害が発生するおそれがある液体の危険物の地下タンク貯蔵所の注入口付近には，静電気を有効に除去するための接地電極を設けなければならない。

注入口は，**屋外**に設ける必要があります。

解答

【問題63】…(2)

移動タンク貯蔵所（本文 P.53）

【問題66】 急行★

法令上，移動タンク貯蔵所の位置，構造及び設備の技術上の基準として，次のうち誤っているものはどれか。
ただし，特例基準が適用されるものを除く。

(1) 屋外の防火上安全な場所又は壁，床，はり及び屋根を耐火構造とし，若しくは不燃材料で造った建築物の1階に常置しなければならない。
(2) 移動貯蔵タンクの容量は10,000ℓ以下としなければならない。
(3) 移動貯蔵タンクの配管は，先端部に弁等を設けなければならない。
(4) 静電気による災害が発生するおそれのある液体の危険物の移動貯蔵タンクには，接地導線を設けなければならない。
(5) 移動貯蔵タンクの底弁，手動閉鎖装置のレバーは，手前に引き倒すことにより閉鎖装置を作動させるものでなければならない。

移動タンク貯蔵所のタンク容量は**30,000ℓ以下**です（内部に**4,000ℓ以下**ごとに区切った間仕切りが必要です）。

【問題67】

法令上，移動タンク貯蔵所の位置，構造及び設備の技術上の基準として，次のうち誤っているものはどれか。
ただし，特例基準が適用されるものを除く。

(1) 車両の前後の見やすい箇所に「危」の標識を掲げること。
(2) タンクの排出口に設けた底弁は，使用時以外は閉鎖しておくこと。
(3) 取り扱う危険物に応じた第4種，又は第5種の消火設備を設けること。
(4) 危険物の類，品名，最大数量を表示する設備を見やすい箇所に設ける。
(5) 移動タンク貯蔵所には警報設備を設ける必要はない。

移動タンク貯蔵所には，**第5種消火設備**（自動車用消火器）を**2個以上**設置する必要があります。

解答

【問題64】…(3)　　【問題65】…(4)

なお，(2)は，問題64の解説の(2)でも説明しましたように，貯蔵タンクの元弁や注入口のふたなどは，通常は閉鎖しておく必要があります。

【問題68】
　法令上，移動タンク貯蔵所に備え付けなければならない書類として，次のうち誤っているものはどれか。
(1)　定期点検の記録
(2)　危険物取扱者免状の写し
(3)　危険物貯蔵所譲渡，引渡届出書
(4)　完成検査済証
(5)　危険物の品名，数量又は指定数量の倍数変更届出書

移動タンク貯蔵所に備え付けなければならない書類は，(1)(3)(4)(5)の4種類であり，危険物取扱者免状の写しは必要ありません。
（注：危険物取扱者が危険物を移送する場合は，免状を携帯する必要はありますが，免状の写しを移動タンク貯蔵所に備え付ける必要はありません。なお，運搬の場合は免状の携帯は不要なので，念のため。）

販売取扱所　(本文P.54)

【問題69】
　法令上，販売取扱所の位置，構造及び設備の技術上の基準について，次のうち誤っているものはどれか。
(1)　建築物の第1種販売取扱所の用に供する部分の窓又は出入口には防火設備を設け，かつ，ガラスを用いる場合は網入ガラスとしなければならない。
(2)　建築物の第2種販売取扱所の用に供する部分で，延焼のおそれがある部分については，窓を設けることができない。
(3)　建築物の第1種販売取扱所の用に供する部分は，はりを不燃材料で造るとともに，天井を設けるにあっては，これを不燃材料で造らなければならない。
(4)　建築物の第1種販売取扱所の用に供する部分とその他の部分との隔壁は，耐火構造としなければならない。
(5)　建築物の第1種販売取扱所の用に供する部分を1階以外の階に設置する

――― 解答 ―――

【問題66】…(2)　　【問題67】…(3)

場合は，床及び上階の床を耐火構造としなければならない。

　販売取扱所の用に供する部分（店舗）は，建築物の**1階**に設置する必要があるので，(5)の「1階**以外**の階に……」となっているのが誤りです。

給油取扱所（本文P.55）

【問題70】 急行★

　給油取扱所の位置・構造・設備の技術上の基準について，次のうち誤っているのはどれか。

(1)　固定給油設備（懸垂式を除く。）のホース機器の周囲には間口10 m以上奥行6 m以上の給油空地を保有しなければならない。
(2)　地下専用タンク1基の容量は，10,000ℓ以下としなければならない。
(3)　事務所の窓や出入り口にガラスを用いる場合は，網入りガラスとすること。
(4)　給油ホース及び注油ホースの全長は5 m以下とすること。ただし，懸垂式は除く。
(5)　給油取扱所に設ける事務所は，漏れた可燃性の蒸気がその内部に流入しない構造としなければならない。

　廃油タンクは10,000ℓ以下にする必要がありますが，地下専用タンクの方の容量は制限なしです。((3)の網入りガラスに〜mm以上という規定はなく要注意。)

【問題71】

　給油取扱所の位置・構造・設備の技術上の基準について，次のうち誤っているものはいくつあるか。

A　見やすい箇所に，給油取扱所である旨を示す標識及び「火気厳禁」と掲示した掲示板を設けなければならない。
B　懸垂式固定給油設備（ホース機器）は，道路境界線及び敷地境界線から4 m以上の間隔を保たなければならない。
C　保有空地は特に設ける必要はないが，学校や病院等，多数の人を収容す

解答

【問題68】…(2)

122　第1編　危険物に関する法令

る施設からは30 m以上の保安距離を確保する必要がある。
D　給油空地及び注油空地には排水溝及び油分離装置を設けなければならない。
E　周囲には,自動車の出入りする側に,高さ2 m以上の耐火構造または不燃材料の塀または壁を設けなければならない。

(1) 1つ　　(2) 2つ　　(3) 3つ　　(4) 4つ　　(5) 5つ

A　正しい。
B　固定給油設備（懸垂式）の位置については,
・道路境界線からは4 m以上の間隔を保つ。
・敷地境界線からは2 m以上の間隔を保つ。
・建築物の壁からは2 m以上の間隔を保つ。(開口部がない場合は1 m以上)
となっており,敷地境界線からは4 mではなく2 m以上の間隔を保つだけでよいので,誤りです。
C　給油取扱所には,保有空地だけではなく,保安距離も設ける必要はないので,誤りです。
D　正しい。
E　自動車の出入りする側,ではなく,出入りする側を除き,です。
よって,B,C,Eの3つが誤りとなります。

【問題72】　急行★

法令上,給油取扱所の位置,構造及び設備の技術上の基準として,次のうち誤っているものはどれか。

(1) 給油取扱所の建築物の窓及び出入り口には,原則として防火設備を設けなければならない。
(2) 固定給油設備に接続する簡易貯蔵タンクを設ける場合は,取り扱う同一品質の危険物ごとに1個ずつで,かつ,計3個以内としなければならない。
(3) 固定給油設備の周囲の空地は,給油取扱所の周囲の地盤面より低くするとともに,その表面に適当な傾斜をつけ,かつ,アスファルト等で舗装しなければならない。
(4) 懸垂式の固定給油設備の場合,ホース機器は道路境界線から4 m以上,

解答

【問題69】…(5)　　【問題70】…(2)

法令の問題と解説　123

敷地境界線及び建築物の壁から 2 m 以上の間隔を保たなければならない。
(5) 固定給油設備に接続するホースの先端には弁を設けるとともに，先端に蓄積される静電気を有効に除去する装置を設けなければならない。

(3)の地盤面については，

(ア) 地盤面を**周囲より高くし**，表面に傾斜をつけ（危険物や水が溜まらないようにするため**浸透性のない**）**コンクリート等**で舗装すること。

(イ) 漏れた危険物等が空地以外の部分に流出しないよう，排水溝と油分離装置を設けること。

となっているので，問題文の「周囲の地盤面より低くする……」は「高くする」の誤りで，また，「アスファルト等」も「コンクリート等」の誤りです。

【問題73】 急行★

次のA～Eのうち屋内給油取扱所の位置，構造及び設備の技術上の基準として，法令上，誤っているものはいくつあるか。

A 住宅，学校，病院等の建築物から当該屋内給油取扱所までの間に，防火のため10 m 以上の距離を保つこと。

B 専用タンクの注入口は事務所等の出入口付近の見やすい位置に設けなければならない。

C 建築物の屋内給油取扱所の上部に上階がある場合は，危険物の漏えいの拡大及び上階への延焼を防止するための措置を講じること。

D 建築物の屋内給油取扱所の用に供する部分の1階の二方については，壁を設けないこと。

E 建築物の屋内給油取扱所の用に供する部分の壁，柱及び床は耐火構造とすること。

(1) なし (2) 1つ (3) 2つ (4) 3つ (5) 4つ

A 給油取扱所には保安距離も保有空地も必要ないので，誤りです。

B 誤り（注入口は事務所等の出入口付近に設けてはならない）。

D 原則として，1階の二方については，壁を設けてはいけませんが，"一定

解答

【問題71】…(3) 【問題72】…(3)

124 第1編 危険物に関する法令

の措置"を講じた場合は一方とすることができます。つまり，一階の二方（たとえば，東側と南側という具合）は原則として開放しておかなければなりませんが，一定の措置を講じれば一方（たとえば東側のみ）だけ開放するだけでよい，ということです。（⇒可燃性ガスを滞留させないため）。

【問題74】
　法令上，顧客に自ら自動車等に給油させる給油取扱所の構造及び設備の技術上の基準として，次のうち正しいものはどれか。
(1)　顧客用固定給油設備以外の給油設備には，顧客が自ら用いることができる旨の表示をしなければならない。
(2)　当該給油取扱所には，「自ら給油を行うことができる旨」「自動車等の停止位置」「危険物の品目」「ホース機器等の使用方法」のほか「営業時間」等も表示する必要がある。
(3)　顧客用固定給油設備の給油ノズルは，自動車等の燃料タンクが満量となったときに警報を発する構造としなければならない。
(4)　当該給油取扱所へ進入する際，見やすい箇所に顧客が自ら給油等を行うことができる旨の表示をしなければならない。
(5)　当該給油取扱所は，建築物内に設置してはならない。

(1)　誤り。顧客用固定給油設備以外の給油設備には，顧客が自ら用いることが**できない**旨の表示をする必要があります。
(2)　誤り。「自ら給油を行うことができる旨」「自動車等の停止位置」「危険物の品目」「ホース機器等の使用方法」の表示は必要ですが，「営業時間」の表示は不要です。
　ちなみに，「危険物の品目」の表示ですが，ハイオクが**黄色**，レギュラーが**赤色**，軽油が**緑色**，灯油が**青色**となっています。
　従って，「軽油の顧客用固定給油設備（ノズル，コック）の色は？」と問われれば上記下線部より**緑色**となります。　出た！
(3)　誤り。自動車等の燃料タンクが満量となったときは警報を発するのではなく，**給油を自動的に停止する構造**とする必要があります。
(5)　誤り。建築物内に設置してもかまいません。

━━━━━━━━━━━━ 解答 ━━━━━━━━━━━━

【問題73】…(4)

第1編　危険物に関する法令

法令の問題と解説　125

> **注意**：次のようなタンク容量を問う問題が出題されている。
> 「A屋内タンク貯蔵所のB第4石油類はC20,000ℓ以下とする」
> 答は，P.58，表2より第4石油類は除くので，原則どおり指定数量の**40倍以下**となり，Cが×。
> このA，B，Cを変えて正誤を問う問題が出題されていますが，Bの品名に惑わされずに，P.58，表2の容量制限を覚えていれば，解ける問題です。

貯蔵・取扱いの基準 （本文P.59）

【問題75】

　法令上，危険物の貯蔵及び取扱いの技術上の基準について，次のうち正しいものはどれか。
(1)　製造所等では，許可された危険物と同じ類，同じ数量である場合に限り，品名については随時変更することができる。
(2)　危険物が残存しているおそれがある機械器具等を修理する場合は，危険物がこぼれないように注意して行わなければならない。
(3)　危険物のかす等は，1週間に1回以上，当該危険物の性質に応じて，安全な場所で廃棄，その他の適当な処置をしなければならない。
(4)　危険物を保護液中に保存する場合は，危険物が保護液から露出しないようにしなければならない。
(5)　製造所等においては，いかなる場合であっても火気を使用することはできない。

(1)　許可された危険物と同じ類，同じ数量であっても，品名について変更する場合は**届出**が必要です。
(2)　危険物が残存しているおそれがある機械器具等を修理する場合は，「**安全な場所で危険物を完全に除去してから**」行う必要があります。
(3)　1週間に1回ではなく，1日に1回です。
(5)　製造所等では，**みだりに火気を使用しない**こと，となっており，絶対禁止ではないので，誤りです。

　　　　　　　　　　解答

【問題74】 …(4)

【問題76】

法令上，製造所等における危険物の貯蔵及び取扱いのすべてに共通する技術上の基準について，次のうち誤っているものはどれか。
(1) 許可又は届出に係る品名以外の危険物を貯蔵し，又は取り扱う場合には，特に安全性を確かめてから行わなければならない。
(2) 貯留設備又は油分離装置に溜まった危険物は，あふれないように随時くみ上げること。
(3) 可燃性蒸気の滞留するおそれのある場所では，火花を発する機械器具等を使用しないこと。
(4) 危険物は，温度計，湿度計及び圧力計等を監視して，当該危険物の性質に応じた適正な温度，湿度又は圧力を保つようにしなければならない。
(5) 危険物を貯蔵し，又は取り扱う建築物その他の工作物又は設備は，当該危険物の性質に応じ，遮光又は換気を行わなければならない。

解説

許可又は届出に係る品名以外の危険物を貯蔵し，又は取り扱うことはできないので，(1)が誤りです。

【問題77】

次のうち，製造所等における危険物の貯蔵，取扱いの基準で，正しいものはどれか。
(1) 危険物を埋没して廃棄してはならない。
(2) 類を異にする危険物は原則として同時貯蔵はできないが，第4類の危険物と第2類と第3類，及び第5類の危険物に限っては例外的に同時貯蔵ができる。
(3) 屋内貯蔵所では，容器に収納して貯蔵する危険物の温度が55℃を超えないように必要な措置を講ずる必要がある。
(4) 廃油等を焼却して廃棄することは禁止されている。
(5) 危険物を海中や水中に廃棄する際は，環境に影響を与えないように少量ずつ行うこと。

解答

【問題75】…(4)

(1) 危険物の性質に応じた安全な場所なら，埋没して廃棄することも可能です。

(2) 問題文にあるような類を異にする危険物は，原則として同時貯蔵できないので，誤りです。

(4) 安全な場所で見張人をつけ，他に危害を及ぼさない方法ならば焼却して廃棄することもできるので，誤りです。

(5) 危険物を海中や水中に廃棄することは，たとえ少量ずつであっても禁止されています。

【問題78】 特急 ★

危険物の貯蔵及び取扱いについて，危険物の類ごとに共通する技術上の基準が法令で定められている。その基準において「水との接触を避けること」と定められているものは，次のA～Fのうちいくつあるか。

　A　第1類のアルカリ金属の過酸化物
　B　第2類の鉄粉，金属粉及びマグネシウム
　C　第3類の黄リン
　D　第4類の危険物
　E　第5類の危険物
　F　第6類の危険物

(1) 1つ　　(2) 2つ　　(3) 3つ　　(4) 4つ　　(5) 5つ

「水との接触を避けること」と定められているのは，「第1類のアルカリ金属の過酸化物」「第2類の鉄粉，金属粉，マグネシウム」「第3類の禁水性物品」です。

従って，AとBの2つとなります。

なお，Bの第2類の鉄粉，金属粉及びマグネシウムは，水のほか，**酸**との接触も避ける必要があります。また，Cの第3類の黄リンは禁水性ではなく，自

解答

【問題76】…(1)　　【問題77】…(3)

128　第1編　危険物に関する法令

然発火性物品なので水との接触を特に避ける必要はなく，炎，火花，高温体との接近，過熱，空気との接触を避ける必要があります。

【問題79】

屋内貯蔵所において，容器に収納せずに保管できる危険物はどれか。
(1) カルシウム炭化物　(2) 重クロム酸カリウム　(3) 硫化リン
(4) 塊状の硫黄　(5) ニトロソ化合物

解説

P.330の硫黄より，硫黄を貯蔵する際は，「塊状の硫黄⇒　麻袋，わら袋」，「粉末状の硫黄⇒　二層以上のクラフト紙，麻袋」などの袋に入れて貯蔵します。

なお，硫黄に似たものに黄リンがありますが，「屋内貯蔵所で1m以上の間隔をあけても黄リンその他水中に貯蔵する物品とは一緒に貯蔵できないものはどれか」という出題例があり，政令第26条には「第3類の危険物のうち黄りんその他水中に貯蔵する物品と<u>禁水性物質</u>とは，同一の貯蔵所において貯蔵しないこと」となっているので，**カリウム**などの**禁水性物質**（P.357参照）が**黄リンと同時貯蔵できない物品**になります。

ちなみに，同時貯蔵できる組合せは，P.61の(3)参照。

【問題80】

移動タンク貯蔵所における取扱いの基準について，次のうち誤っているものはどれか。
(1) 移動貯蔵タンクの底弁は，使用時以外は閉鎖しておくこと。
(2) 引火点が40℃未満の危険物を注入する場合は，移動タンク貯蔵所のエンジンを停止させること。
(3) 移動貯蔵タンクから危険物を注入する際は，注入ホースを注入口に緊結すること。ただし，引火点が40℃以上の危険物を指定数量未満のタンクに注入する際は，この限りでない。
(4) ガソリンを貯蔵していた移動貯蔵タンクに灯油または軽油を注入するこ

解答

【問題78】…(2)

とは，安全上禁止されている。
(5) 静電気による災害が発生するおそれのある危険物を移動貯蔵タンクに注入する際は，注入管の先端を底部に着けるとともに接地して出し入れを行うこと。

(2) エンジンの点火火花による引火爆発を防ぐためです。
(3) 逆に，移動貯蔵タンクに注入する出題例として，「危険物を移動貯蔵タンクの上部から注入するときは，注入管を**移動貯蔵タンクの**<u>上部</u>**に固定すること**」というのがありますが，×なので注意してください（下線部⇒**底部**が正解）。
(4) <u>静電気による災害を防止するための措置</u>を講ずれば注入することができるので，誤りです。

【問題81】

移動タンク貯蔵所における取扱いの技術上の基準について，次の文の（　）内に当てはまる法令で定められているものはどれか。
「移動貯蔵タンクから液体の危険物を容器に詰め替えないこと。ただし，安全な注入に支障がない範囲の注油速度で規則で定めるノズルにより，政令に規定する運搬容器に引火点が（　）以上の第4類の危険物を詰め替える場合は，この限りでない。」

(1) 20℃　　(2) 30℃　　(3) 40℃　　(4) 50℃　　(5) 60℃

移動貯蔵タンクから液体の危険物を容器に詰め替えるのは原則として認められていませんが，引火点が**40℃以上**の第4類危険物の場合は，（危険性が低くなるので）詰め替えることができます。

【問題82】

次の危険物のうち，安全な注油速度で規則で定めるノズルを用いれば，移動貯蔵タンクから運搬容器に直接，詰め替えることができるものはどれか。

解答

【問題79】…(4)

(1)　ガソリン　　(2)　エタノール　　(3)　ジエチルエーテル
(4)　重油　　　　(5)　硝酸

　前問より，容器に詰め替えることができるのは，引火点が40℃以上の**第4類危険物**のみです。従って，(5)の硝酸は第6類の危険物なので誤りです。
　また，(1)のガソリンは引火点が-40℃以下，(2)のエタノールは13℃，(3)のジエチルエーテルは-45℃と，いずれも40℃より低いので×。
　一方，(4)の重油の引火点は60℃～150℃と，40℃以上なので詰め替えが可能となります。

【問題83】
　法令上，給油取扱所における危険物の取扱いの技術上の基準に適合していないものはどれか。
(1)　固定給油設備を使用して直接自動車の燃料タンクに給油した。
(2)　自動車に給油するときは，固定給油設備の周囲で規則で定める部分に他の自動車が駐車することを禁止した。
(3)　油分離装置にたまった油は，随時くみ上げた。
(4)　移動タンク貯蔵所から地下専用タンクに注油中，当該タンクに接続している固定給油設備を使用して自動車に給油することとなったので，給油ノズルの吐出量をおさえて給油した。
(5)　車の洗浄に，非引火性液体の洗剤を使用した。

(4)　問題文を具体的に言うと，「タンクローリーがスタンドの地下貯蔵タンクに注油中，その地下貯蔵タンクに接続している固定給油設備を使用して車に給油した」ということであり，このような場合，その固定給油設備の使用は中止しなければならないので，誤りです。

【問題84】
　法令上，給油取扱所における危険物の取扱い基準について，正しいものはいくつあるか。

―――――――解答―――――――

【問題80】…(4)　　【問題81】…(3)

第1編　危険物に関する法令

法令の問題と解説　131

A　車を洗浄する際，危険性の低い高引火点の液体洗剤を使用した。
　B　原動機付自転車に，金属製ドラムから手動ポンプでガソリンを給油した。
　C　ガソリンを給油する場合，自動車のエンジンを停止させる必要があるが，軽油の場合，引火点が40℃以上なのでその必要はない。
　D　顧客がプラスチック製の容器を持参したので，少量ならガソリンを給油してもかまわない。
　E　油分離装置に廃油がたまったので，少しずつ下水に洗い流した。
⑴　0　　⑵　1つ　　⑶　2つ　　⑷　3つ　　⑸　4つ

　A　前問の⑸にもあるように，車を洗浄する際は**引火点を有する液体洗剤**を使用してはいけないので，誤りです。
　B　同じく，前問の⑴より，給油する際は**固定給油設備**を使用しなければならないので，誤りです。
　C　引火点が40℃というのは，<u>移動タンク貯蔵所から危険物を注入する場合</u>に，エンジンを停止させる必要がある危険物の引火点であり（引火点が40℃未満はエンジン停止），単に，固定給油設備で車に給油する場合は，引火点に関わらずエンジンを停止させる必要があるので，誤りです。
　D　たとえ少量でも，そのような容器に給油してはいけないので，誤りです。
　E　前問の⑶にあるように，油分離装置にたまった廃油は，あふれないよう随時くみ上げる必要があり，下水に流してはいけないので誤りです。
　従って，技術上の基準に適合しているものは0（ゼロ）なので，⑴が正解です。

【問題85】
　法令上，危険物の取扱いのうち消費及び廃棄の技術上の基準として，次のうち誤っているものはどれか。
⑴　埋没する場合は，危険物の性質に応じ，安全な場所で行わなければならない。
⑵　吹付塗装作業は，防火上有効な隔壁等で区画された安全な場所で行わな

解答

【問題82】…⑷　　【問題83】…⑷

ければならない。
(3) 染色又は洗浄の作業は，可燃性の蒸気の換気をよくして行い，廃液をみだりに放置しないで安全に処置しなければならない。
(4) 危険物のくず，かす等は，3日に1回以上当該危険物の性質に応じ，安全な場所で廃棄しなければならない。
(5) 焼却する場合は，安全な場所で，かつ，焼却又は爆発によって他に危害又は損害を及ぼすおそれのない方法で行うとともに，見張り人をつけなければならない。

(4)は貯蔵及び取扱いに関する共通基準で，「危険物のくず，かす等は，1日に1回以上危険物の性質に応じ，安全な場所及び方法で処理すること。」となっているので，誤りです。

運搬と移送の基準 (本文P.64)

【問題86】 特急★

法令上，危険物を収納する運搬容器の外部に表示しなければならない事項で，次のうち誤っているものはどれか。
ただし，容器の容量は18ℓのものとする。
(1) 危険物の品名，化学名及び数量
(2) 危険物の危険等級
(3) 運搬容器の構造及び最大容積
(4) 第4類の危険物で水溶性の性状を有するものにあっては「水溶性」
(5) 収納する危険物に応じた注意事項

容器に表示しなければならない事項は，(1)(2)(4)(5)であり，(3)の運搬容器の構造及び最大容積というのは含まれていません（**材質**も含まれていないので注意）。
なお，品名と化学名については，灯油を例にするとその化学名は「灯油」であり，品名という場合はその属するグループ名，つまり第2石油類のことをいいます。

――――――――解答――――――――

【問題84】 …(1)

法令の問題と解説 133

【問題87】

法令上，危険物の運搬の技術上の基準において，軽油20ℓを収納するポリエチレン製の運搬容器の外部に行う表示として定められていないものは，次のうちどれか。

(1) ポリエチレン製　(2) 第2石油類　(3) 危険等級
(4) 20ℓ　(5) 火気厳禁

運搬容器に表示する事項は前問のとおりであり，(1)の「ポリエチレン製」は容器の「材質」なので，表示事項には含まれていません。

【問題88】

法令上，危険物を運搬する容器の外部に行う表示について，次のうち正しいものはどれか。

(1) 第1類の危険物にあっては「火気厳禁」及び「可燃物接触注意」
(2) 第2類の危険物にあっては「可燃物接触注意」及び「空気接触注意」
(3) 第3類の危険物にあっては「衝撃注意」及び「可燃物接触注意」
(4) 第4類の危険物にあっては「火気注意」及び「禁水」
(5) 第5類の危険物にあっては「火気厳禁，衝撃注意」

P.65の表より，各設問を検討すると，

(1) 「火気厳禁」は第3類，第4類のみなので，誤り。また，「可燃物接触注意」は逆に第1類と第6類のみなので，こちらは正しい。
(2) 「可燃物接触注意」は第1類と第6類のみなので，誤り。また，「空気接触注意」は第3類の自然発火性物品のみなので，こちらも誤りです。
(3) 「衝撃注意」は第5類のみなので，誤り。また，「可燃物接触注意」は第1類と第6類のみなので，こちらも誤りです。
(4) 第4類は「**火気厳禁**」のみなので，誤りです。
(5) 第5類の危険物は「**火気厳禁，衝撃注意**」のみなので，正しい。

[類題]「危険等級Ⅲ」「火気厳禁」「非水溶性」の表示の危険物（液体）は何類か。
⇒危険等級Ⅲは1，2，4類。「火気厳禁」は3，4類。（解答は次ページ下）

===== 解答 =====

【問題85】…(4)　【問題86】…(3)

【問題89】 特急★★

法令上，危険物を運搬容器に収納する場合の留意事項として，次のうち誤っているものはどれか。

(1) 危険物は，収納する危険物と危険な反応を起こさない等，当該危険物の性質に適応した材質の運搬容器に収納しなければならない。
(2) 第3類の危険物で自然発火性物品は，不活性の気体を封入して密封するなど，空気と接しないようにしなければならない。
(3) 固体の危険物は，運搬容器の内容積の95％以下の収納率で運搬容器に収納しなければならない。
(4) 液体の危険物は，運搬容器の内容積の98％以下の収納率であって，かつ，55℃の温度において漏れないような十分な空間容積を有して運搬容器に収納しなければならない。
(5) 危険物は，温度変化等により危険物が漏れないようにすべて運搬容器を密封して収納しなければならない。

危険物は，温度変化等により危険物が漏れないように運搬容器を**密封**して収納する必要がありますが，"すべて"ではなく，「温度変化等により，危険物からのガスの発生によって運搬容器内の圧力が上昇するおそれがある場合は，発生するガスが毒性又は引火性を有する等の危険性があるときを除き，**ガス抜き口**（危険物の漏えい及び他の物質の浸透を防止する構造のものに限る。）を**設けた運搬容器に収納することができる。**」となっているので，(5)が誤りです。

【問題90】 急行★

法令上，危険物の運搬について，次のうち正しいものはどれか。

(1) 運搬される危険物の量に関係なく運搬基準に従わなければならない。
(2) 車両で運搬する危険物が指定数量未満であっても，必ず車両に消火設備を備え付けなければならない。
(3) 危険物を積載する場合の容器の積み重ね高さは，4m以下としなければならない。
(4) 温度変化等で危険物から毒性又は引火性ガスが発生し，容器内圧力が上

解答

【問題87】…(1)　　【問題88】…(5)　　［類題］の（答）…第4類

昇する恐れがある場合は，ガス抜き口を設けた運搬容器に収納しなければならない。
(5) 車両で運搬する危険物が指定数量未満であっても，必ずその車両に「危」の標識を掲げなければならない。

(2)(5) **指定数量以上**の危険物を運搬する場合は
1．車両の前後の見やすい位置に，「危」の標識を掲げること。
2．運搬する危険物に適応した**消火設備**を設けること…等の必要があります。
従って，指定数量**未満**の場合は**消火設備**及び「危」の標識は必要ないので，(2)と(5)は誤りです。なお，「運搬する危険物の指定数量の倍数の合計が1を超えてはならない。」という出題例がありますが，当然×です。
(3) 容器の積み重ね高さは，**3m以下**とする必要があります。
(4) ガスが毒性又は引火性ガスの場合にガス抜き口を設けた運搬容器に収納すれば，容器内圧力の上昇に伴いそれらのガスが漏れて危険な状況になるので，誤りです（前問の解説の下線部参照）。

【問題91】
第4類危険物と混載が禁止されている危険物は，次のうちいくつあるか。
ただし，指定数量はいずれも1/10を超えているものとする。
A　臭素酸塩類
B　硫化リン
C　黄リン
D　硝酸エステル類
E　硝酸
(1)　なし　　　(2)　1つ　　　(3)　2つ　　　(4)　3つ　　　(5)　4つ

混載が可能な組み合わせは，次の通りです。
　　1類－6類　　　　　3類－4類
　　2類－5類，4類　　**4類－3類，2類，5類**

――――― 解答 ―――――

【問題89】…(5)

136　第1編　危険物に関する法令

こうして覚えよう！

① 第4類危険物と混載が禁止されている危険物
　⇒ 第1類と第6類

　夜の　交際禁止だ！　イチ　ロー
　4類　　混載　　　　　　1類　6類

② 混載できる危険物の組み合わせ

1類 － 6類	左の部分は1から4と順に増加
2類 － 5類，4類	右の部分は6，5，4，3と下がり，
3類 － 4類	2と4を逆に張り付け，そして最
4類 － 3類，2類，5類	後に5を右隅に付け足せばよい

（なお，混載禁止の組み合わせでも，一方の危険物が指定数量の1／10以下なら混載が可能です。）

問題のAは第1類，Bは第2類，Cは第3類，Dは第5類，Eは第6類なので，第4類危険物と混載が禁止されている危険物はAの第1類とEの第6類の2つになります。

【問題92】　急行★

　法令上，移動タンク貯蔵所における危険物の貯蔵，取扱い及び移送について，次のうち誤っているものはどれか。

(1) 危険物の移送は，移送する危険物を取り扱うことができる危険物取扱者を乗車させてこれをしなければならない。

(2) 危険物を移送するために乗車している危険物取扱者は，免状を携帯していなければならない。

(3) 移動タンク貯蔵所には，完成検査済証及び定期点検の記録等を備え付けておかなければならない。

(4) 定期的に危険物を移送する場合は，移送経路その他必要な事項を出発地を管轄する市町村長等に届け出なければならない。

(5) 危険物を移送するために乗車している危険物取扱者は，走行中に消防吏

――― 解答 ―――

【問題90】…(1)　【問題91】…(3)

員から停止を求められることがある。

(1) 従って「危険物積載の有無にかかわらず危険物取扱者が乗車しなければならない」は×になります。

(4) このような規定はありません。なお，移送の経路その他必要な事項を記載した書面を関係消防機関（市町村長等ではないので注意しよう！）に送付する必要があるのは，**アルキルアルミニウム**を移送する場合です。

また，移動タンク貯蔵所による移送については，「移動貯蔵タンクから他のタンクに引火点が**40℃未満**の危険物を注入するときは，移動タンク貯蔵所の原動機を停止すること。」「長時間（１日**9時間超**か連続**4時間超**）にわたる移送は，**2人以上**の運転要員を確保すること。」などの規定にも留意する必要があります。

【問題93】

移動タンク貯蔵所による危険物の移送及び取扱いについて，次のうち正しいのはどれか。

A 運転手は危険物取扱者ではないが，助手が乙種第4類の危険物取扱者で免状は事務所に保管してあればガソリンを移送することができる。
B 静電気による災害が発生する恐れのある危険物を取り扱う場合は，移動貯蔵タンクを接地する必要がある。
C 移送中に休憩する場合は，所轄消防署長の承認を受けた場所で行わなければならない。
D 甲種危険物取扱者が同乗していれば，移動タンク貯蔵所が許可を受けまたは届け出た危険物がどのような類であっても移送を行うことができる。
E 移動貯蔵タンクの底弁，マンホール，注入口のふた，および消火器などの点検は，1週間に1回以上行わなければならない。

(1) A，C　(2) A，D　(3) B，C　(4) B，D　(5) C，E

A 免状は**携帯**する必要があるので誤りです。

―――――――――――――― 解答 ――――――――――――――

解答は次ページの下欄にあります。

C　安全な場所であればよく，所轄消防署長の承認まで受ける必要はありません。
　E　底弁，マンホール，注入口のふたなどの点検は，**移送の開始前に行う必要がある**ので，誤りです。

【問題94】

　法令上，移動タンク貯蔵所で特定の危険物を移送する場合は，移送の経路その他必要な事項を記載した書面を関係消防機関に送付するとともに，当該書面の写しを携帯し，当該書面に記載された内容に従わなければならないが，その特定の危険物に該当するものは，次のうちどれか。

(1)　ジエチルエーテル　　(2)　アルキルアルミニウム
(3)　酸化プロピレン　　　(4)　黄リン
(5)　アセトアルデヒド

　アルキルアルミニウムは第3類の危険物で，空気や水に触れると発火するおそれがあるので，窒素などの不活性ガス中で貯蔵する必要がある危険物です。仮に発火した場合は，消火が非常に困難な危険物となるので，問題文のような措置が必要になるわけです。

消火設備（本文P.68）

【問題95】

　法令上，製造所等で使用する消火設備の区分について，第3種消火設備に該当するものは次のうちどれか。

(1)　泡を放射する小型の消火器　　(2)　消火粉末を放射する大型の消火器
(3)　泡消火設備　　　　　　　　　(4)　屋内消火栓設備
(5)　スプリンクラー設備

解答

【問題92】…(4)　　【問題93】…(4)

第3種消火設備は，名称の最後が「消火設備」で終わる消火設備です。従って，(3)の泡消火設備が正解です。
(注：「水噴霧消火設備と同じ種類の消火設備はどれか」という出題例もありますが，同じく，名称の最後が「消火設備」で終わる消火設備を探せばよいだけで，「屋内消火栓設備」などは×です）。
　なお，(1)の泡を放射する小型の消火器は，小型消火器なので，第5種消火設備，(2)の消火粉末を放射する大型の消火器は，第4種消火設備，(4)の屋内消火栓設備は第1種消火設備，(5)のスプリンクラー設備は第2種の消火設備です。

【問題96】　急行★

　第4種の消火設備の基準について，次の文の（　）内に当てはまる法令に定められている距離はどれか。
「第4種の消火設備は，防護対象物の各部分から一の消火設備に至る歩行距離が（　）以下となるように設けなければならない。
　ただし，第1種，第2種又は第3種の消火設備と併置する場合にあっては，この限りでない。」
(1)　10 m　　(2)　15 m　　(3)　20 m　　(4)　30 m　　(5)　50 m

　消火設備から防護対象物までの距離は，第4種消火設備が30 m以下，第5種消火設備が20 m以下となるように設ける必要があります。

【問題97】

　法令上，次に示す製造所等のうち，危険物の種類，数量等にかかわらず第5種の消火設備のみを設ければよいものは，いくつあるか。
　　製造所　屋内タンク貯蔵所　屋外タンク貯蔵所　地下タンク貯蔵所
　　簡易タンク貯蔵所　給油取扱所　第1種販売取扱所
(1)　2つ　　(2)　3つ　　(3)　4つ　　(4)　5つ　　(5)　6つ

―――――――――――――― 解答 ――――――――――――――

【問題94】…(2)　　【問題95】…(3)

140　第1編　危険物に関する法令

P.69の余白で説明してありますが，危険物の種類，数量等にかかわらず第5種消火設備のみを設ければよい施設は，「**地下タンク貯蔵所，簡易タンク貯蔵所，移動タンク貯蔵所，第1種販売取扱所**」であり，このうち問題にあるのは，下線部の3つになります。

　なお，この規定は，第5種消火設備の設置義務がある施設に関する規定ですが，同じP.69の余白で説明してある，有効に消火できる位置に設ける施設は，第5種消火設備を設ける施設のうち，「有効に消火できる位置に第5種消火設備を設ける必要がある施設（⇒距離に関する規定）」に関する規定なので，混同しないようにしてください。

こうして覚えよう！

小型消火器は　旧　館　の　井戸　の　近く　で販売している
　小型消火器　　給油　簡易　　移動　　地下タンク　　販売

注意：「第5種消火設備のうち，全ての危険物の消火に適応しているのはどれか」という出題例もありますが，**乾燥砂（膨張ひる石，膨張真珠岩含む）**が該当するので，この3つの中から選べばよいだけです。

【問題98】

　法令上，製造所等に消火設備を設置する場合の所要単位を計算する方法として，次のうち誤っているものはどれか。

(1) 外壁が耐火構造の製造所の建築物にあっては，延べ面積100m²を1所要単位とする。

(2) 外壁が耐火構造となっていない製造所の建築物にあっては，延べ面積50m²を1所要単位とする。

(3) 危険物は指定数量の100倍を1所要単位とする。

(4) 外壁が耐火構造の貯蔵所の建築物にあっては，延べ面積150m²を1所要単位とする。

(5) 外壁が耐火構造となっていない貯蔵所の建築物にあっては，延べ面積75

解答

【問題96】…(4)　　【問題97】…(2)

法令の問題と解説　141

m²を1所要単位とする。

　消火設備の所要単位もよく出題される分野ですが，中でも(3)の危険物の指定数量はよく正解肢にされているので，「危険物は指定数量の**10倍**を1所要単位とする。」というのは，確実に覚えておく必要があります（P.69参照）。

標識・掲示板 （本文P.70）

【問題99】

　法令上，標識及び掲示板について，次のうち正しいものはどれか。
(1)　第1類の危険物の注意事項を表示した製造所の掲示板の「禁水」の文字が，さびて見えなくなったので，黒のペンキで書いて掲示した。
(2)　屋内貯蔵所である旨を表示した標識がさびたので，0.3m四方の板に地を白，文字を黒で書いたものを掲げた。
(3)　移動タンク貯蔵所の「危」の標識がさびて見えなくなったので，黒のペンキで「危」と表示した。
(4)　第4類の危険物を貯蔵する屋外貯蔵所の掲示板が壊れたので，余分にあった「火気注意」の掲示板を取り付けた。
(5)　危険物保安監督者が頻繁に代わるので，掲示板には，氏名でなく職名とした。

　(1)　第1類の危険物の注意事項は「禁水」で正しいですが（「注水厳禁」ではない！），掲示板の文字は黒色ではなく**白色**です（他の掲示板においても同じ）。
　(2)　地を白，文字を黒というのは正しいですが（注：文字の色は標識が**黒**，掲示板は**白**なので注意しよう！），標識の大きさは，0.3m四方ではなく，**0.3m以上×0.6m以上**（「危」の標識は除く）なので，誤りです。
　(3)　移動タンク貯蔵所の「危」の標識は，地が黒で文字が**黄色**（反射塗料）なので，誤りです。
　(4)　第4類危険物の掲示板は，「火気注意」ではなく，**「火気厳禁」**です。
　(5)　掲示板には，危険物保安監督者の**氏名**または**職名**，すなわち，どちらか

解答

【問題98】…(3)

142　第1編　危険物に関する法令

を記載すればよいので，正しい。

【問題100】
次のA～Gに掲げるもののうち，屋外タンク貯蔵所の掲示板に表示しなくてもよいものはいくつあるか。
A　製造所等の所在地
B　危険物の類，品名
C　危険物の指定数量の倍数
D　所有者，管理者又は占有者の氏名
E　危険物の貯蔵又は取扱最大数量
F　許可行政庁の名称及び許可番号
G　危険物保安監督者の氏名又は職名
(1)　2つ　　(2)　3つ　　(3)　4つ　　(4)　5つ　　(5)　6つ

標識は「危険物の製造所等である旨」を表示したものですが，掲示板は，「防火に関し必要な事項を表示したもの」なので，それからいくと，A，D，Fは直接関係がないので，(2)の3つが正解となります。

【問題101】
製造所等に掲げる注意事項の掲示板について，次のうち正しいものはどれか。
(1)　第1類の危険物……………火気注意
(2)　第2類の危険物……………禁水
(3)　第3類の禁水性物品………注水厳禁
(4)　第4類の危険物……………火気厳禁
(5)　第5類の危険物……………禁水

P.71，②の図を参照。なお，(3)の第3類の禁水性物品は「禁水」です。

―――――――――― 解答 ――――――――――

【問題99】…(5)

警報設備 （本文 P.72）

【問題102】
　法令上，警報設備を設置しなくてもよい製造所等は，次のうちどれか。
(1)　指定数量の倍数が10の屋内タンク貯蔵所
(2)　指定数量の倍数が100の製造所
(3)　指定数量の倍数が20の屋外貯蔵所
(4)　指定数量の倍数が30の移動タンク貯蔵所
(5)　指定数量の倍数が50の屋内貯蔵所

指定数量の倍数が**10倍以上**の製造所等には警報設備が必要ですが，移動タンク貯蔵所には（指定数量の倍数に関わらず）警報設備は不要です。

【問題103】
　法令上，製造所等に設置しなければならない**警報設備**として該当しないものは，次のうちどれか。
(1)　自動火災報知設備　　(2)　拡声装置　　(3)　赤色回転灯
(4)　警鐘　　　　　　　　(5)　消防機関に報知ができる電話

製造所等に設置しなければならない警報設備は，次の5つです。
「自動火災報知設備，拡声装置，非常ベル装置，消防機関に報知ができる電話，警鐘」従って，(3)の赤色回転灯がこの中に含まれていないので，これが正解となります。

（警報の）　字　書く　秘　書　K
　　　　　　自　拡　　非　消　警

――――――――解答――――――――

【問題100】…(2)　　【問題101】…(4)　　【問題102】…(4)　　【問題103】…(3)

基礎的な物理学及び基礎的な化学

第1章　物理に関する知識

 学習のポイント

　物理に関しては，乙種の物理に比べてかなり出題数が少ない傾向にありますが，ただ，「静電気」に関しては毎回のように出題されています。
　その内容も，ほぼ乙種レベルの静電気の知識で解ける問題がほとんどなので，乙種の問題集を利用するのもよいでしょう。ただ，ごくたまに**放電エネルギー**などの少々ハイレベルな問題が出題されることもあるので，そちらの方の知識を把握しておくことも必要です。
　そのほかの事項については，次のようなポイントに留意しながら学習を進めていけばよいでしょう。
　まず，「気体の性質」については，**臨界圧力**や**臨界温度**についての出題がごくたまにある程度です。**ボイル・シャルルの法則**については，出題はさほどあるわけではありませんが，物理の分野においては重要なポイントなので，法則から導かれる公式をよく理解し，計算問題にも慣れておく必要があります。
　次に，「熱量の単位と計算」については，熱量を求めるやや高度な計算問題がたまに出題されているので，本書に掲載されている問題などを利用して，その計算の"コツ"をつかんでおく必要があります。
　また，「熱の移動」や「熱膨張」などに関しては，基礎的な事項を中心に把握しておけば十分でしょう。
　その他については，"時間と相談しながら"臨機応変に学習していけばよいでしょう。

❶ 物質の状態の変化 （問題P.161）

（1）物質の三態について

一般に物質は**固体**，**液体**，**気体**の三つの状態で存在します。これを**物質の三態**といい，温度や圧力を変えることによって，それぞれの状態に変化します。

物質の三態は，身近な水を例にして考えよう。

- 融解
  固体⇒液体
- 凝固
  液体⇒固体

1．融解と凝固〈固体と液体間の変化〉

たとえば，氷に熱を加えると水になりますが，その水から熱を奪うと再び氷になります。

このように，固体（氷）に熱エネルギーが加えられて液体（水）に変わる現象を**融解**といい，逆に，液体（水）から熱エネルギーが放出されて固体（氷）に変わる現象を**凝固**といいます（溶液の凝固点が純粋な溶媒の凝固点より低くなる現象を**凝固点降下**＊といいます。）。

その熱エネルギーですが，融解の際に固体が吸収する熱エネルギーを**融解熱**というのに対し，凝固の際に液体が放出する熱エネルギーを**凝固熱**といいます。

＊希薄溶液の凝固点降下度は溶質の種類によらず溶質の質量モル濃度に比例します。

- 蒸発
  液体⇒気体
- 凝縮
  気体⇒液体

2．気化と凝縮〈液体と気体間の変化〉

たとえば，ヤカンで水を沸かすとやがて熱い蒸気（水蒸気）に変化していきますが，その蒸気が冷やされると，再び水（水滴）に戻ります。

このように，液体（水）に熱エネルギーが加えられて気体（蒸気）に変わる現象を**蒸発（気化）**といい，逆に，気体（蒸気）から熱エネルギーが放出されて液体（水）に変わる現象を**凝縮**といいます。

また，蒸発（気化）の際に液体が吸収する熱エネルギーを**蒸発熱（気化熱）**というのに対し，凝縮の際に気体が放出する熱エネルギーを**凝縮熱**といいます。

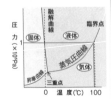

水の状態図
（固体，液体，気体の範囲や曲線の名称を問う出題例あり！）

148　第2編　基礎的な物理学及び基礎的な化学

昇華
　固体⇒気体
　気体⇒固体

昇華熱をはじめ気化熱や融解熱などは，状態を変化させるだけにエネルギーが使われ，温度は上昇しません。このような熱を**潜熱**といいます。

3．昇華〈固体と気体間の変化〉

ドライアイスを放置しておくと炭酸ガスになるように，固体から直接気体になったり，あるいは逆に気体から直接固体になるのを**昇華**といいます。

この昇華の際に吸収あるいは放出する熱を**昇華熱**といいます。

★　物質の状態変化以外の物理現象について
　・潮解：固体が空気中の水分を吸って溶ける現象。
　・風解：潮解の逆現象。すなわち結晶水を含む物質が，その水分を失って粉末状になる現象。

（2）密度と比重について

密度
　単位体積あたりの物質の質量

1．密度

単位体積あたりの物質の質量を**密度**といいます。

つまり，物質の質量〔g〕をその体積〔cm³〕で割った値です。

$$密度 = \frac{物質の質量〔g〕}{物質の体積〔cm^3〕} 〔g/cm^3〕$$

実用上，密度の単位を取り去ったものを比重と考えて差しつかえありません。

2．比重

比重というのは，「その物質の質量」と「同じ体積の標準物質の質量」との比を表した数値で（単位はない），固体，液体の場合と気体では標準とする物質が異なります。

①　固体，液体の場合（水比重ともいう）
　固体，液体の場合は，1気圧で4℃の同体積の水との比で表します。

$$比重 = \frac{物質の質量〔g〕}{物質と同体積の水の質量〔g〕}$$

＊蒸気比重の基準はあくまで**空気**であり**水蒸気**ではないので注意！

②　気体の場合
　1気圧で0℃の**空気**との比で表します。

$$蒸気比重 = \frac{蒸気の質量〔g〕}{蒸気と同体積の空気の質量〔g〕}$$

（3）沸騰と沸点

蒸発
分子の運動エネルギーが分子間の引力に打ち勝って液体表面から飛び出す現象

液体を加熱してゆくと，まず液体表面から蒸発（気化）し始めますが，さらに加熱をして<u>液体内の蒸気圧が**外気圧**（＝**標準気圧**または**標準大気圧**）に等しくなる</u>と，液体内部からも気泡が発生して蒸発を始めます。この現象を**沸騰**といい，その時の温度を**沸点**といいます。

> 沸騰⇒　液体の飽和蒸気圧＊＝外圧（大気圧）により発生
>
> 沸点⇒　「液体の飽和蒸気圧＝外圧」の時の液温

富士山のような高山で水を沸かすと，100℃より低い温度で沸騰するのはよく知られています。
これは，外圧（気圧）が低くなったので液体の飽和蒸気圧も1気圧より低い状態で沸騰するからです。

＊**飽和蒸気圧**
密閉容器に水を入れて放置すると，水分子は蒸発して気体になりますが，逆に，その気体が凝縮して水に戻るものもあります。この両者の数が等しくなったとき，蒸発は止まったように見えます。つまり，空間が液体の蒸気で満たされて飽和状態になっており，このときの蒸気圧を飽和蒸気圧といいます。

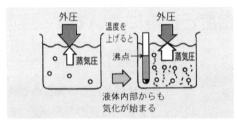

① 標準沸点とは，液体の飽和蒸気圧が**1気圧**（＝**標準気圧**）となる時の液温のことをいい，一般に沸点といえばこの標準沸点のことをいいます。

② 各物質（液体）には，それぞれ<u>固有の沸点</u>があります。

③ 外圧が高くなると沸点も高くなり，低くなると沸点も低くなります。

外圧（下向きの矢印⇒）が高い⇒沸騰させるためには液体の飽和蒸気圧（上向きの矢印⇒）もその分高くする必要がある⇒その分液体を加熱する必要がある⇒よって，沸点も高くなる……というわけです。

④ 液体に不揮発性物質を溶かすと沸点が上昇します。これを**沸点上昇**といいます。

> [例題……○×で答える]　ある液体の沸点が80℃ということは，80℃に加熱すると，この液体の蒸気圧が標準大気圧（1気圧）と等しくなる，ということである。（解答は次ページ下）

❷ 気体の性質 (問題 P.162)

(1) 臨界温度と臨界圧力

二酸化炭素の臨界温度は31.1℃なので、それ以上高い温度だといくら圧力をかけても液体にはなりません。
逆にそれより低い温度だと、臨界圧力より低い圧力で液化します。

たとえば、二酸化炭素消火器の中には液化した二酸化炭素が充てんされていますが、この二酸化炭素を液化するためにはどんな温度でも圧力を加えればよい、というものではなく、ある一定の温度以下で圧力を加えないと液化しません。

この一定の温度を**臨界温度**といい、この温度を超えると、いくら圧力を加えても液化しません。

また、臨界温度の際の圧力を**臨界圧力**といい、臨界温度より低い温度では、臨界圧力より小さな圧力でも液化します。

[例題] 物質の状態変化について、次のうち正しいものはどれか。

(1) 臨界温度より低い温度で気体を圧縮しても液化することはない。
(2) 臨界温度で気体を圧縮すると、臨界圧力に達したとき完全に液化する。
(3) 臨界温度で気体を圧縮した場合、臨界圧力に達したとき気体と液体の区別がなくなる。
(4) 気体を臨界圧力以上に圧縮すると、いかなる温度であっても液化しない。
(5) 気体を臨界圧力以上に圧縮すると、温度に関係なく液化する。

解説 ----------------------------------
上記の説明より、気体は臨界温度より低い温度でないと液化せず、また、臨界温度のときに液化するのに必要な圧力は臨界圧力となるので、(2)が正解です。 (答) 2

前ページの [例題] の (答) ○

2. 気体の性質 151

（2）ボイル・シャルルの法則

1．ボイルの法則

たとえば，サッカーボールでもバレーボールでもいいのですが，そのボールを深海に沈めると小さくへこんでしまいます。つまり，圧力が大きくなるとボール（の中の気体の体積）は逆に小さくなります。

このように温度が一定のもとでは，一定量の気体の体積は圧力に反比例します。これを**ボイルの法則**といい，圧力をP，体積をVとすると，次式で表されます。

$$PV = k（一定）$$

体積が小さくなる
⇒ボールの中の気体の分子がそれだけボールの壁に衝突する回数が増える。
⇒その結果，ボール内の圧力が上昇する，
というわけです。

2．シャルルの法則

1の場合は温度を一定にしましたが，今度は圧力を一定にした場合，次の関係が成り立ちます。

「<u>一定量の気体の体積は，温度が1℃上昇または下降するごとに，0℃のときの体積の273分の1ずつ膨張または収縮する。</u>」

これを**シャルルの法則**といいます。

この場合，温度はセ氏温度ですが，これを絶対温度で表すと，「一定量の気体の体積は，絶対温度に比例する。」と，いとも簡単な表現となり，次の式で表されます。

$$\frac{V}{T} = k（一定）$$

（下線部について）
0℃のときの体積をVとすると，
－1℃では$V/273$が収縮，－2℃では$2V/273$が収縮，…－273℃では$273/273$収縮，つまり，体積は0となります。
従って，これより低い温度は存在できない，ということで，この－273℃を0℃とした温度を<u>絶対温度T</u>といい，セ氏温度をtとすると，
<u>$T = t + 273$</u>，という関係になります。
（単位はK：ケルビン）

3．ボイル・シャルルの法則

以上の2つの法則をまとめると，「**一定量の気体の体積は圧力に反比例し，絶対温度に比例する。**」という関係になり，次式が成り立ちます。

$$\frac{PV}{T} = k（一定）$$

(3) 気体の状態方程式

1. 気体定数

ボイル・シャルルの法則より，

$$\frac{PV}{T} = k \quad (一定) \quad \cdots\cdots\cdots ①$$

という関係式が求まりましたが，では，この k というのは一体どういう数値なんだろう，ということで求めてみると，

まず，0℃（⇒絶対温度では273〔K〕），1気圧で1 mol の気体の体積は22.4ℓ なので，これらの数値を代入すると，

$$\frac{1 \,[\text{atm}] \times 22.4 \,[\ell/\text{mol}]}{273 \,[\text{K}]}$$

$$= 0.082 \,[\ell \cdot \text{atm}/(\text{K} \cdot \text{mol})]$$

となります。

この数値を**気体定数**といい，記号 R で表します。
（注：圧力の単位が〔Pa〕の場合は，1〔atm〕= 1.013×10^5〔Pa〕より，$R = 8.31 \times 10^3$〔Pa·ℓ/(mol·K)〕となります。）

どんな物質であれ，その粒子（原子など）が6.02×10^{23}個集まった集団を1 mol（モル）といい，体積は物質の種類に関係なく，0℃，1気圧では22.4ℓ です。(p.179(2)の 3 参照)

なお，atm は圧力の単位です。

2. 気体の状態方程式

1の気体定数 R は体積 V が 1〔mol〕のときの数値ですが，もし，その気体が n〔mol〕存在する場合は，体積 V を 1〔mol〕あたりの数値，$\frac{V}{n}$ に直す必要があります。

従って，①式は

$$\frac{P\,(V/n)}{T} = R \quad となり，変形すると，$$

$$PV = nRT \cdots\cdots ② \quad となります。$$

この式を**気体の状態方程式**といいます。

また，1〔mol〕あたりの質量，すなわち，**モル質量**が M〔g/mol〕の気体が w〔g〕ある場合，物質量 n〔mol〕は，$n = \frac{w}{M}$ と表されるので，これを②式に代入すると，

$$PV = \frac{w}{M}RT \cdots\cdots ③ \quad という式でも表されます。$$

実際の気体は 2 の状態方程式やボイル・シャルルの法則に完全には当てはまりませんが，完全に当てはまると想定した気体を**理想気体**といい，普通はこの理想気体で考えます。

(4) ドルトンの法則

成分気体が、3つ以上あれば、P＝Pa＋Pb＋Pc……となります。

たとえば、2種類の気体A, Bが容器内に入っているとすると、その各々の圧力 P_a, P_b を分圧といい、その混合気体の圧力、すなわち、全圧 P は、$P_a + P_b$ となります。

このように、混合気体の全圧は各成分気体の分圧の和に等しくなります。

これを**ドルトンの法則**（または分圧の法則）といいます。

[例題] 水素6.0gとメタン16.0gをある容器に入れたところ0℃で全圧が0.2 MPaとなった。このときの各成分気体の分圧，容器の体積はいくらか。

解説 --

分圧の法則より，密閉容器内における混合気体の分圧は，各気体の分子数に比例します。水素の分子量は，$H_2 = 2$ なので，水素6gは 6÷2＝3 mol。メタンの分子量は，$CH_4 = 16$ なので，メタン16gは，16÷16＝1 mol。したがって，この容器中における各気体の分圧比は，3：1。

容器の全圧は0.2 MPaなので，水素分圧は，0.2×3/4＝**0.15 MPa**，メタン分圧は，0.2×1/4＝**0.05 MPa** となります。

また，0℃，1気圧（0.1013 MPa）の標準状態における気体1 molの体積は22.4ℓです。

この問題は，0℃で0.2 MPaの状態における気体4 molの**体積**を求めればよいので，そこで，気体の状態方程式 $PV = nRT$ を思い出します。

この式より，[気体の体積 V は，モル数 n に比例し，圧力 P に反比例する]のがわかります。従って，R と T は標準状態と同じで一定値になるので，あとは n と P の比例から求めます⇒モル数 n は，標準状態の4倍になるが，圧力 P は反比例なので，0.1013/0.2倍になる。

よって，容器の体積は，22.4×(4/1)×(0.1013/0.2)＝45.4ℓ となります。

（注： 1 Paは 1 m²当たりに 1 N（ニュートン）の力が作用する圧力で，1 MPa＝10⁶Pa です。（なお，1 Nは1 kgの物体に 1 m/s²の加速度を生じさせる力です。））

（答）水素の分圧：0.15 Mpa，メタンの分圧：0.05 Mpa，容器の体積：45.4ℓ
（$PV = nRT$ から求めると，式を変形⇒$V = nRT/P = 4 × 8.31 × 10^3$*
× 273/0.2 × 10⁶＝45.3726≒45.4ℓ　（＊圧力が Pa の単位の為）

③ 熱について （問題 P.164）

（1）熱量の単位と計算

1．絶対温度について

分子や原子が空間を自由に運動，いわゆる熱運動することによって熱が発生し，その熱運動が完全に停止する温度が絶対零度になります。

もう，すでに出てきましたが，温度を表す単位には通常用いられるセ氏の他に，セ氏の−273℃を0度とした**絶対温度**があります。

その単位はK（ケルビン）で，セ氏温度をt，絶対温度をTとすると，両者の関係は

　　$T = t + 273$ 〔K〕となります。

2．熱量の単位について

物体の温度が上昇するのは，この熱エネルギーが加えられたからです。

① 熱量とは，要するに熱エネルギーのことであり，単位はジュール〔J〕またはキロジュール〔kJ〕を用います（**1 kJ＝1,000 J**）。

② 一般に使用されているカロリーは，水1gの温度を1℃上げるのに必要な熱量を1 calとしたもので，1 calは約4.19 Jという関係になっています。

3．比熱と熱容量

熱容量〔J／K〕
　物体の温度を1℃上昇させるのに必要な熱量。

比熱〔J／(g・K)〕
　物質の温度を1K（1℃）上昇させる熱量。
　なお，単位ですが，〔J／(kg・℃)〕と表す場合もあります。

物体の温度を上昇させるには，2で説明した熱量が必要ですが，その物体の温度を1℃上昇させるのに必要な熱量を**熱容量**（C）といい，単位は〔J／K〕で表します。

これに対して，その物体（物質）1gの温度を1℃上昇させるのに必要な熱量を**比熱**（c）といい，単位は〔J／(g・K)〕で表します。

従って，熱容量は，その物質の質量（m）に比熱（c）を掛けた値となります。

　　$C = mc$　　（熱容量＝質量×物質の比熱）

Δt は温度差を表します。
(Δ はデルタと読む)
その場合，単位は℃ではなくK（ケルビン）を用います。

逆に，熱量と温度差から**比熱**を求める出題例もあるので，例題1で c を求める計算式を作ってみよう。

エネルギー保存の法則（⇒外部と遮断された物体系の内部では，エネルギーの総和は不変である。）より，「熱の流れは銅と水の間のみで行われ」ているので，エネルギー保存の法則が成り立ちます。

4．熱量の計算

物質 1 g の温度を 1 ℃上昇させるのに必要な熱量を比熱 (c) といいましたが，その物質が m 〔g〕ならば熱量は当然その m 倍，すなわち mc 〔J〕となります。

また，Δt ℃上昇させればそれのさらに Δt 倍，すなわち $mc\Delta t$ 〔J〕となります。すなわち，質量 mg の物質を Δt ℃上昇させる熱量 Q は

$$Q = mc\Delta t \text{〔J〕} = 質量 \times 比熱 \times 温度差$$

という式で表されます。

[例題1]　100 g の水を 5 ℃から 35 ℃に高めるのに必要な熱量はいくらか。

解説 ────────────────────

水の比熱 c は約 4.19〔J／(g・K)〕，m は100 g，Δt は 35 − 5 = 30 K。したがって，

$$Q = m \times c \times \Delta t = 100 \times 4.19 \times 30$$
$$= 12,570 \text{〔J〕} = 12.57 \text{〔kJ〕}$$

となります。

　　　　　　　　　　　　　　　　　（答）12.57〔kJ〕

[例題2]　80 ℃の銅 100 g を 20 ℃の水 500 g の中に入れて全体が一様になったときの温度はいくらか。

ただし，熱の流れは銅と水の間のみで行われ，銅の比熱は 0.40 J／(g・K) であるとする。

解説 ────────────────────

一様になったときの温度を t とすると，エネルギー保存の法則より，銅が失った熱量＝水が得た熱量なので，

銅が失った熱量 = $100 \times 0.40 \times (80 − t)$
水が得た熱量 = $500 \times 4.19 \times (t − 20)$

両式は等しいので
$40 \times (80 − t) = 2,095 \times (t − 20)$
$3,200 − 40t = 2,095t − 41,900$
$2,135t = 45,100$
$t = 21.12……$，約 21 ℃となります。　（答）約 21 ℃

（2）熱の移動

熱の伝わり方には，次のように**伝導，対流，放射**（ふく射）の3種類があります。

1．伝導

伝導とは，熱が高温部から低温部へと次々に伝わっていく現象をいい，その熱伝導のしやすさを表したものを**熱伝導率**といいます（**熱伝導度**ともいう）。

① 熱伝導率の値は物質によって異なります。
② 熱伝導率の数値が大きいほど熱が伝わりやすくなります。
③ 熱伝導率の大きさは，固体＞液体＞気体の順になります。

なお，**厚さ**が L，**断面積**が S の物質において，t 秒間に**温度** T_1 から T_2 部分（$T_1 > T_2$）に伝わる**熱量** Q は，**熱伝導率**を k とすると，次式より求められます。

$$Q = \frac{kSt(T_1 - T_2)}{L}$$

（⇒ k の意味や $T_1 - T_2$，L の穴埋め問題の出題例があります。）

金属棒の一端を温めるとやがて温めていない他端の方も熱くなるのは，熱が伝導されたためです。

1．伝導

2．対流

たとえば，風呂を沸かすと水の表面から熱くなっていきますが，これは加熱された部分（①）が膨張して密度（比重）が小さくなり，軽くなって上昇をしたからです（②）。

上昇したあとには周囲の重く冷たい部分が流れ込み（③），それが，やがて同じように暖められて上昇する……という循環を繰り返して全体が暖められていきます。

このような流体（気体，液体）の熱の移動の仕方を**対流**といいます。

2．対流

3．放射

3．放射（ふく射）

たとえば，照明用のライトを当てられた瞬間に暖かく感じるのは，熱せられたライトが放射熱を発して，直接人の体に熱を与えるからです。

このように，高温物体から発せられた放射熱が，中間にある介在物（空気など）に関係なく，直接ほかの物質に移動する現象を**放射**（ふく射）といいます。

放射は，中間にある介在物に関係なく熱が移動するので，真空中でも伝わります。

（3）熱膨張について

たとえば真夏に鉄道の線路が熱によって伸びるように，一般に物体は温度が上昇するにつれてその長さや体積が増加します。このような現象を**熱膨張**といい，液体の場合，増加した体積は次式で求まります。

増加体積＝元の体積×体膨張率×温度差

熱膨張には，線路のように棒状の物体の長さが変化する線膨張と，気体や液体のように体積が膨張する体膨張があります。

こうして覚えよう！

増加体積＝元の体積×体膨張率×温度差
　た　い　ぼ　　お（待望）の体積増加
　体積　膨張率　温度差

（4）気体の断熱変化 （出題例があるので，枠内は必ず覚える）

気体が外部と熱のやりとりを**しない**状態で行う変化を**断熱変化**といいます。

この場合，気体が膨張するときの変化を**断熱膨張**といい，外部にプラスの仕事をするので，その分，内部エネルギーを消費するため**温度が下がります**。

一方，圧縮するときの変化を**断熱圧縮**といい，外部からプラスの仕事を受けるので，その分，内部エネルギーが増加し**温度が上がります**。

- 断熱**膨張**すると気体の温度は下がる。
- 断熱**圧縮**すると気体の温度は上がる。

④ 静 電 気  (問題 P.169)

(1) 静電気とは？

どちらが正で、どちらが負に帯電するかは、下記の帯電列によります（注：主なもの）。
ガラス＞ナイロン＞木綿＞紙＞ゴム＞金属＞ポリエチレン
(左にある方が正、右にある方が負になる。
⇒紙と金属なら紙が正、金属が負になる)

　静電気は別名，摩擦電気ともいい，電気を通しにくい物体（**絶縁体**または**不導体**という）同士を摩擦すると，一方の物体には正（＋），他方の物体には負（－）＊の電荷が発生し帯電します。これらの電荷は移動しない電気ということで**静電気**といいます（移動する電荷は電流という）。
　① 静電気は人体をはじめとして，すべての物質に帯電します。
　② 静電気による火災には燃焼物に適応した消火方法をとる必要があります。

　この**静電気**は，発生して蓄積された状態だけであるならすぐに危険というわけではありませんが，何らかの原因で放電するとその静電気火花によって，付近に滞留する可燃性蒸気に引火して爆発し，火災が発生する危険性があります。

(2) 静電気による放電

Cの単位は〔F〕（ファラド）で、その100万分の1の単位が〔μF〕、さらに100万分の1の単位が〔pF〕（μはマイクロ、pはピコと読む）。
従って、1F＝10^6μF＝10^{12}pFとなります。

＜下線部の覚え方＞
静電気の半分は私物
　1/2　　CV^2

　静電気は，発生して蓄積された状態だけであるならすぐに危険というわけではありませんが，何らかの原因で放電するとその静電気火花によって，付近に滞留する可燃性蒸気に引火して爆発し，火災が発生する危険性があります。
　その**放電エネルギー**ですが，帯電量を Q，帯電電圧を V，静電容量を C とすると，放電エネルギー E は次式で求めることができます。
　　$E = 1/2 \times QV$
　また，帯電量 Q は，静電容量 C と電圧 V の積（$Q = CV$）でもあるので，次のように表すこともできます。
　　$E = 1/2 \times QV = 1/2 \times (CV)V$
　　　$= \underline{1/2\, CV^2}$
　従って，放電エネルギーは**電圧の2乗に比例**することになります。

（3）静電気が発生しやすい条件

静電気は、人体や靴にも帯電し、一般的に接地抵抗は10^6（メグ）Ω程度以下であれば適切とされていますが、10^{12}（テラ）Ω程度だと静電気除去効果はほとんどありません（出題例あり）。

静電気の帯電原因は、ごくまれに出題されることがあります。

静電気による災害を防ぐには、次のような発生しやすい条件をよく把握しておく必要があります。
① 物体の**絶縁抵抗（抵抗率）が大きい**ほど（⇒**導電率**が小さいほど＝**不良導体**であるほど）発生しやすい。
② ガソリンなどの石油類が、**混合やかくはん**、あるいは、**配管**や**ホース内**を流れる時に発生しやすく、そのホースが**細い**ほど、また、その**流速が大きい**ほど、発生しやすい（小穴から噴出する際も同様に発生しやすくなる）。
③ 液体が**液滴**となって空気中に放出される場合。
④ **湿度が低い**（乾燥している）ほど発生しやすい。
⑤ 合成繊維の衣類（ナイロンなど）は木綿の衣類より発生しやすい。

ちなみに、静電気が帯電する主な原因は次のとおりです。
・**接触帯電**：2つの物質を接触させて分離する際の帯電
・**流動帯電**：配管内を液体が流れる際に生じる帯電
・**沈降帯電**：流体中を他の液体や固体が沈降する際の帯電
・**破砕帯電**：固体を破砕する際に生じる帯電
・**摩擦帯電**：2種類の物質を摩擦した際に生じる帯電
・**噴出帯電**：液体がノズルなどから噴出する際の帯電

（4）静電気の発生または発生した静電気の蓄積を少なくするには？

・導電性が高い。
⇒電気が流れやすい。
⇒静電気が発生しにくい。
・絶縁抵抗（絶縁性）が高い。
⇒電気が流れにくい。
⇒静電気が発生しやすい。

(3)の逆をすればよいのです。すなわち、
① **導電性の高い材料を用いる**（容器や配管など）。
② **流速を遅くする**（給油時など、ゆっくり入れる）。
③ **湿度を高くする**（発生した静電気を空気中の水分に逃がす）。
④ **合成繊維の衣服を避け、木綿の服などを着用**する。
そのほか
⑤ **摩擦を少なくする。**
⑥ 室内の**空気をイオン化**する（空気をイオン化して静電気と中和させ、除去する）　など。

物理の問題と解説

物質の状態の変化 （本文 P.148）

【問題 1】

物質の状態変化と熱の出入りについて，次のうち誤っているのはどれか。

(1) 気化とは液体が気体に変わる現象で，その際，液体が吸収する熱を気化熱という。
(2) 融解とは固体が液体に変わる現象で，その際，固体が吸収する熱を融解熱という。
(3) 凝固とは液体が固体に変わる現象で，その際，液体が放出する熱を凝固熱という。
(4) 凝縮とは気体が液体に変わる現象で，その際，気体が吸収する熱を凝縮熱という。
(5) 物質の状態変化に伴って吸収，あるいは放出する熱を潜熱という。

凝縮とは気体が液体に変わる現象……までは正しいですが，その際，気体が凝縮熱を吸収するのではなく，放出することによって液体になるので，(4)が誤りです（熱い蒸気が冷たい水になるには，蒸気の熱を捨てる必要がある，というわけです）。

【問題 2】

次の比重についての説明文のうち，誤っているのはどれか。

(1) 物体の重さと同体積の水の重さとの比を比重という。
(2) 比重が0.8の液体 1 kg の容積は0.8ℓである。
(3) 気体の比重は分子量が大きいほど大きい。
(4) 比重が 1 より大きいということは，同じ体積の水より重いということである。
(5) 水の比重は 4 ℃のときが最大である。

― 解答 ―

解答は次ページの下欄にあります。

比重が0.8の液体1ℓの質量は0.8kg。従って，この液体1kgの容積は，0.8kg→1kgの比例より，1ℓ×1.0／0.8＝1.25ℓとなります。

【問題3】
　用語の説明として，次のうち誤っているのはどれか。
(1)　密度……物質の単位体積あたりの質量
(2)　溶解……液体に物質が溶けて均一な液体になること。
(3)　潮解……固体が空気中の水分を吸収して溶解する現象。
(4)　風解……結晶水を含む物質が，その水分を失う現象。
(5)　昇華……固体から直接気体になることをいい，気体から直接固体になるのを凝縮という。

　固体から直接気体になることを昇華といい，逆に，気体から直接固体になるのも昇華といいます。なお，凝縮は気体が液体になる現象をいいます。

【問題4】
　沸騰および沸点に関する記述のうち，誤っているのはどれか。
(1)　沸騰は，液体の飽和蒸気圧と外圧が等しくなった時に起こる。
(2)　不揮発性の物質が溶け込むと液体の沸点は降下する。
(3)　外圧が高いと沸点も高くなり，低いと沸点も低くなる。
(4)　一般的に，蒸気圧が1気圧になるときの温度をその液体の沸点という。
(5)　液体の温度が高くなると，その飽和蒸気圧も高くなる。

　砂糖などの不揮発性の物質が溶け込むと，液体は沸騰しにくくなります。つまり，沸点は<u>上昇</u>します。

気体の性質（本文P.151）

―――――――解答―――――――

【問題1】…(4)　　【問題2】…(2)

【問題 5】

　20℃で 1 気圧の空気を圧縮して，40℃で体積をもとの半分にした場合，圧力はおよそいくらになるか。
(1)　1.1 気圧　　(2)　1.6 気圧　　(3)　2.1 気圧
(4)　2.7 気圧　　(5)　3.1 気圧

ボイル・シャルルの法則より，「一定量の気体の体積は圧力に反比例し，絶対温度に比例する。」，すなわち，$\dfrac{PV}{T}=k$（一定）なので，求める圧力を P_x とすると，変化前は，$P=1$，V，$T=273+20$，変化後は，P_x，体積は $1/2 V$，$T=273+40$，となるので，次式が成り立ちます。

$$\dfrac{1（気圧）\times V（体積）}{273+20}=\dfrac{P_x \times 1/2 \times V}{273+40}$$

$$\dfrac{1}{293}=\dfrac{P_x \times 1/2}{313} \quad (\Rightarrow 両辺の V を消去)$$

$P_x=2.13……$，約 2.1 気圧となります。

【問題 6】

　3 気圧で 20℃のプロパン 3 mol の体積はいくらか。
(1)　12 ℓ　　(2)　24 ℓ　　(3)　28 ℓ　　(4)　36 ℓ　　(5)　48 ℓ

気体の状態方程式，$PV=nRT$ に対応する各値は，$P=3$〔気圧〕，$n=3$〔mol〕，$R=0.082$，$T=273+20=293$〔K〕となります。

　この，$PV=nRT$ を V を求める式に変形し，各値を代入して計算すると，

$$V=\dfrac{nRT}{P}=\dfrac{3\times 0.082\times 293}{3}=24 〔ℓ〕 となります。$$

【問題 7】

　ある気体 5 ℓ の質量が 27℃，2 気圧で 10 g であった。この気体の分子量はいくらか。
(1)　24.6　　(2)　33.6　　(3)　36.0　　(4)　41.1　　(5)　48

解答

【問題 3】…(5)　　【問題 4】…(2)

本問は mol ではなく質量（w）と分子量（M）ということなので，気体の状態方程式，$PV = nRT$ の n の代わりに $\frac{w}{M}$ を代入した，$PV = \frac{w}{M} \times RT$ の式を使います（P.153参照）。

求めるのは分子量 M なので，M を求める式に変更すると，

$M = \frac{wRT}{PV}$ となり，$w = 10$〔g〕，$R = 0.082$，$T = 273 + 27 = 300$〔K〕，

$P = 2$〔気圧〕，$V = 5$〔ℓ〕……を代入すると，

$M = \frac{10 \times 0.082 \times 300}{2 \times 5} = 24.6$〔g／mol〕となります。

【問題8】

10ℓの容器に4気圧の酸素が入っている。この容器に2気圧の窒素5ℓを加えた場合，容器内の圧力として正しいものは次のうちどれか。

(1)　1気圧　　(2)　2気圧　　(3)　3気圧
(4)　4気圧　　(5)　5気圧

ドルトンの法則より容器内の圧力，すなわち混合気体の圧力は，容器（10ℓ）における成分気体（酸素と窒素）の各圧力の和となります。

従って，10ℓにおける各分圧を求めると，酸素の方は4気圧のままですが，窒素の方は，2気圧の5ℓが10ℓに膨張したときの分圧を求める必要があります。

よって，ボイルの法則より，$P_1V_1 = P_2V_2$ だから，

$P_2 = P_1V_1 / V_2$
　　$= 2$〔気圧〕$\times 5$〔ℓ〕$/ 10$〔ℓ〕$= 1$〔気圧〕となり，

混合気体の圧力は，$4 + 1 = 5$〔気圧〕ということになります。

熱について（本文 P.155）

【問題9】

比熱及び熱容量について，次のうち誤っているものはどれか。

　　　　　　　　　　解答

【問題5】…(3)　　【問題6】…(2)　　【問題7】…(1)

164　第2編　基礎的な物理学及び基礎的な化学

(1) 比熱の単位は〔J／K〕である。
(2) 物質 1 g の熱容量を比熱という。
(3) 熱容量は比熱にその物質の質量を掛けた値である。
(4) 熱容量が大きな物質は，温まりにくく冷めにくい。
(5) 水の比熱は約 4.19〔J／(g・℃)〕であり，固体，液体を通じて最も大きい。

(1) 〔J／K〕は，熱容量の単位です。比熱の単位は〔J／(g・K)〕です。
(2) 熱容量とは，物質の温度を 1 ℃上昇させるのに必要な熱量のことで，その物質 1 g あたりの熱容量を比熱といいます。
(3) 物質 1 g あたりの熱容量が比熱なので，比熱にその物質の質量を掛けると熱容量となるわけです。

【問題10】
質量を m，比熱を c とした場合，熱容量 C を表す式として，正しいのは次のうちどれか。
(1) $C = m／c$　　(2) $C = c／m$　　(3) $C = mc$
(4) $C = mc^2$　　(5) $C = m^2c$

前問の(3)より，「熱容量（C）は比熱（c）にその物質の質量（m）を掛けた値」となるので，$C = mc$ となります。

【問題11】
ある液体100 g の温度を20℃から40℃に上昇させるのに必要な熱量として，次のうち正しいのはどれか。ただし，この液体の比熱を2.1〔J／(g・K)〕とする。
(1) 1.2 kJ　　(2) 2.2 kJ　　(3) 3.1 kJ
(4) 3.9 kJ　　(5) 4.2 kJ

―――――――――――― 解答 ――――――――――――

【問題8】…(5)

物理の問題と解説　165

熱量を求める式，$Q = mc\Delta t$〔J〕より，$m = 100$，$c = 2.1$，$\Delta t = 40 - 20 = 20$ となるので，

$Q = mc\Delta t = 100 \times 2.1 \times 20$
$= 4,200 = 4.2$〔kJ〕，となります。

なお，比熱の単位に注目すると，この液体1gを1℃（k）上昇させるのに2.1Jが必要なので，100gだと210J，それを20℃上昇させると4,200J，という具合に求めることもできます。

【問題12】 特急★★

100℃の銅1.0kgを20℃の水の中に入れたところ，全体の温度が30℃になった。熱の流れは銅と水の間のみで行われ，銅の比熱は0.40J／（g・K）であるとすると，銅から流れ出た熱量はいくらか。

(1)　4.0×10^3J
(2)　1.2×10^4J
(3)　2.8×10^4J
(4)　3.2×10^4J
(5)　4.0×10^4J

熱の流れは銅と水の間のみで行われているので，エネルギー保存の法則が成立します。従って，「銅から流れ出た熱量＝水が得た熱量」となるのですが，この問題に限って言えば，水が得た熱量の式までも作る必要はなく（P.156の例題のように，全体が一様になったあとの水の温度を求めるのではなく，単に銅から流れ出た熱量を求めるだけなので），銅から流れ出た熱量は<u>銅が失った熱量</u>でもあるわけだから，次のようにして求めることができます。

「100℃の銅」⇒「30℃の銅」ということで，銅が失った熱量をQ_cとすると，

$Q_c = mc\Delta t = 1,000 \times 0.4 \times (100 - 30)$
$= 400 \times 70$
$= 28,000$ J ……となるわけです。

解答

【問題9】…(1)　【問題10】…(3)　【問題11】…(5)

【問題13】

80℃で290gの鉄塊を20℃で2kgの水の中に入れると全体の温度は何度になるか。ただし，熱の流れは鉄塊と水の間のみで行われ，鉄の比熱は0.44 J／（g・K）であるとする。

(1)　20.1℃　　(2)　20.9℃　　(3)　21.0℃
(4)　21.1℃　　(5)　21.9℃

解説

本問も，熱の流れは鉄塊と水の間のみで行われているので，エネルギー保存の法則が成立します。従って，「鉄塊から流れ出た熱量＝水が得た熱量」となります。

鉄塊から流れ出た熱量を Q_f，鉄塊を入れた後の全体の温度を t とすると，

$Q_f = mc\Delta t = 290 \times 0.44 \times (80-t)$
　　　$= 127.6 \times (80-t)$

一方，水が得た熱量を Q_w とすると，

$Q_w = mc\Delta t = 2,000 \times 4.19 \times (t-20)$
　　　$= 8,380 \times (t-20)$

$Q_f = Q_w$ より

$127.6 \times (80-t) = 8,380 \times (t-20)$
$10,208 - 127.6\,t = 8,380\,t - 167,600$
$177,808 = 8,507.6\,t$
　　　$t ≒ 20.9℃$　となります。

【問題14】

熱の移動について，次のうち誤っているのはどれか。

(1) 熱による物質の比重の変化によって物質が移動し，その結果として熱が移動する現象を対流という。
(2) 熱が物質中を次々と隣の部分に移動していく現象を伝導という。
(3) 熱が伝導する度合いを数値として表したものを熱伝導率という。
(4) 温度が一定の状態における熱伝導率は，物質の種類によらず一定である。

解答

【問題12】…(3)

(5) 一般に，熱せられた物体からの放射線が直接，他の物体に熱を与える現象を放射（ふく射）という。

熱伝導率の値は物質によって異なります。

【問題15】

熱伝導率について，次のうち誤っているものはいくつあるか。
A 熱をよく伝導する物質を良導体という。
B 気体，液体，固体のうち熱伝導率が最も小さいのは固体である。
C 熱伝導率が大きい物質は燃焼しやすい。
D 熱伝導率の数値が小さいほど熱が伝わりやすい。
E 同じ物質でも粉末状にすると燃えやすくなるのは，見かけ上の熱伝導率が小さくなるからである。
(1) なし (2) 1つ (3) 2つ (4) 3つ (5) 4つ

A 熱をよく伝導する物質，すなわち熱伝導率が大きい物質を良導体，逆に熱伝導率が小さい物質を不良導体というので，正しい。
B 熱伝導率は，一般的に固体，液体，気体の順に大きいので，固体の熱伝導率が最も小さいというのは誤です。
C 熱伝導率が大きい物質は熱が伝わりやすく，熱がすぐに"逃げて"しまいます。従って，温度が上昇しにくくなり，逆に燃焼しにくくなるので誤りです。
D 熱伝導率の数値が小さい物質（＝不良導体）ほど熱が伝わりにくいので，誤りです。
E 正しい。
従って，誤っているのはB，C，Dの3つなので，(4)が正解となります。

【問題16】

常温（20℃）において，**熱伝導率**が最も大きいものは次のうちどれか。

─────解答─────

【問題13】…(2)

168 第2編 基礎的な物理学及び基礎的な化学

(1) 鉄　　(2) 木材　　(3) 水　　(4) 空気　　(5) 銅

前問でも出てきましたが，熱伝導率の大きさは，固体＞液体＞気体の順になっているので，まず，固体以外の(3)の水と(4)の空気は除きます。

また，金属と木材では金属の方が熱が伝わりやすいので，(2)の木材も除きます。最後に残ったのは(1)の鉄と(5)の銅となりますが，鉄の熱伝導率が67〔W／(m・K)〕なのに対し，銅の熱伝導率は386〔W／(m・K)〕なので，銅の方が熱伝導率が大きい，ということになります。

【問題17】

2,000ℓのドラム缶に20℃のガソリンが満たされている。周囲の温度が上昇して液温が40℃となった場合，ドラム缶からあふれだす量として正しいのは次のうちどれか。ただし，ガソリンの体膨張率を1.35×10^{-3}とし，ドラム缶自体の膨張とガソリンの蒸発は考えないものとする。

(1) 12ℓ　　(2) 36ℓ　　(3) 48ℓ　　(4) 54ℓ　　(5) 62ℓ

ドラム缶にガソリンが満たされているので，あふれだす量は温度上昇による増加体積のみとなります。

増加体積は，元の体積×体膨張率×温度差　で求まるので，計算すると，

　　増加体積＝元の体積×体膨張率×温度差
　　　　　　＝$2,000 \times 1.35 \times 10^{-3} \times (40 - 20)$
　　　　　　＝$2,000 \times 1.35 \times 10^{-3} \times 20$
　　　　　　＝$40,000 \times 1.35 \times 10^{-3}$
　　　　　　＝40×1.35
　　　　　　＝54ℓ　となります。

> 結果的に，2,000ℓが**2,054ℓ**になった，ということで，逆に，あふれない為の容器の大きさを求める出題もあります。

静電気 （本文P.159）

【問題18】 特急★★

静電気について，次のうち誤っているものはどれか。

───────── 解答 ─────────

【問題14】…(4)　　【問題15】…(4)

物理の問題と解説　169

A 2つの異なる物質が接触して離れるときに、片方には正（＋）の電荷が、他方には負（－）の電荷が生じる。
B 人体の近くに帯電した物体があると、帯電した物体から人体に向けて放電した場合のみ、人体に帯電する。
C 物体に発生した静電気は、すべて物体に蓄積され続ける。
D 接地は静電気による火災防止策の一つである。
E 静電気は人体や靴にも帯電する。
(1) A　　(2) A，B　　(3) B，C　　(4) B，E　　(5) E

B 人体が帯電する場合、帯電した物体から人体に向けて放電した場合以外にも、衣服を着るときやその他の原因によっても帯電することがあります。
C 物体に発生した静電気は、そのすべてが物体に蓄積され続けるのではなく、一部は漏れる（逃げる）ので、誤りです。
D 接地をすることにより静電気の蓄積を防ぎ、放電火花による火災を防止することができるので、正しい。
E 静電気は人体や靴にも帯電するので、正しい。

なお、その他の出題例として、「電子が移動して足りなくなれば「正」に、移動して増えれば「負」に帯電する（⇒○）」「電荷のやりとりによる移動があっても、全体の電気量（総和）は変わらない（⇒○）」「導体に帯電体を近づけると反発する（⇒×。帯電体側に異種、反対側には同種の電荷が現れ反発はしない）」「帯電した物体に流れている電気を静電気という（⇒静電気は流れないので×）」というのもあります。

【問題19】 特急 ★

静電気について、次のうち誤っているものはどれか。
(1) 引火性の液体や乾燥した粉体などを取り扱う場合は、静電気の発生に注意しなければならない。
(2) 静電気は異種物体の接触やはく離によって、一方が正、他方が負の電荷を帯びるときに発生する。
(3) 静電気は湿度が低いときに蓄積しやすい。

―――――――― 解答 ――――――――

【問題16】…(5)　　【問題17】…(4)

(4)　固有抵抗（絶縁抵抗）の小さい物質ほど，静電気の漏れる量が少ない。
(5)　配管中を流れる流体に発生する静電気を抑えるには，管の径を大きくして，流速を小さくする。

(1)　引火性の液体や乾燥した粉体などが流動した際の摩擦によって静電気が発生するので，正しい。

(3)　静電気は湿度が低いとき，つまり乾燥しているときに蓄積しやすくなります。というのは，空気中の水分が少ないので，静電気の"逃げ場所"がそれだけ少なくなるからです。

(4)　静電気は絶縁抵抗が**大きい**ほど蓄積量は多くなり，逆に，絶縁抵抗が**小さい**（＝電気が流れやすい）ほど蓄積量は少なくなります。
ということは，絶縁抵抗が小さいほど静電気の蓄積量は少ない⇒　蓄積量が少ないということはそれだけ静電気の漏れる量が**多い**，ということになるので，誤りです。

(5)　管の径を大きくすれば当然，流速は小さくなるので，静電気の発生を抑えることができ，正しい。

【問題20】　急行★

静電気について，次のうち正しいものはどれか。
A　静電気の蓄積による火花放電は，しばしば可燃性ガスや粉じんに対して着火源になることがある。
B　静電気が原因で発生した火災には，感電を避けるため，水による消火は禁物である。
C　静電気は，固体に限らず液体でも発生する。
D　静電気は，電気が流れやすい物体ほど発生しやすい。
E　帯電した物体が放電するときのエネルギーの大小は，可燃性ガスの発火には影響しない。
(1)　A，C　　(2)　A，E　　(3)　B　　(4)　B，E　　(5)　D，E

解答

【問題18】　…(3)

B 変圧器のような電気設備の火災，いわゆる電気火災であれば，感電を避けるために水による消火は避ける必要がありますが，単に静電気が原因で発生した火災，というだけであれば，その燃焼物に適応した消火方法をとればよく，水による消火は禁止されていないので，誤りです。
C 静電気は，たとえばガソリンのような引火性液体でも発生します。
D 静電気は絶縁抵抗が大きいほど発生しやすくなります。すなわち，**電気が流れにくいほど発生しやすい**ので，「電気が流れやすい物体ほど発生しにくくなります。」。従って，誤りです。
E 放電エネルギーが大きいほど可燃性ガスが発火（着火）しやすくなり，逆に小さいほど発火しにくくなるので，エネルギーの大小は影響します。

【問題21】

静電気に関する説明として，次のA～Eのうち，誤っているものはいくつあるか。
A 静電気が蓄積すると温度が上昇して発熱し，発火しやすくなる。
B 危険物を取り扱う場所の床，又は靴の電気抵抗が大きいと，静電気の蓄積量が多くなる。
C 静電気は冬より夏の方が帯電しやすい。
D 石油類のような可燃性液体は，その液温が低いほど静電気が発生しやすい。
E 可燃性液体に静電気が蓄積すると，蒸発しやすくなる。
(1) なし　　(2) 1つ　　(3) 2つ　　(4) 3つ　　(5) 4つ

A 静電気が蓄積したからといって発熱することはないので，誤りです。
B 床や靴の電気抵抗が大きいと静電気が大地に流れにくくなり，蓄積量が多くなるので，正しい。
C 冬の方が湿度が低く乾燥しているので，夏より帯電しやすくなり，誤りです。
D 液温が低いからといって静電気が発生しやすくはなりません。
E 可燃性液体に静電気が蓄積したからといって蒸発しやすくなることはな

解答

【問題19】…(4)　　【問題20】…(1)

いので、誤りです。

従って、誤っているのはA，C，D，Eの4つとなります。

なお、「直射日光にさらされたとき」も静電気の帯電とは関係ないので、注意してください。

【問題22】

静電気が蓄積するのを防止する方法として、次のうち誤っているものはいくつあるか。
A　接地（アース）をして静電気を大地に流す。
B　加湿や放水などにより湿度を高くし、かつ、温度を低くする。
C　空気をイオン化する。
D　容器や配管などに導電性の高い材料を用いる。
E　接触している物体の剥離（はくり）を素早く行う。
　(1)　1つ　　　(2)　2つ　　　(3)　3つ　　　(4)　4つ　　　(5)　5つ

空気中の温度を低くしても、静電気の蓄積を防止することはできないので、Bは誤り（前半は正しい）。また、Eも素早く行うと静電気が発生するので、誤りです。

【問題23】

静電気の帯電体が放電するとき、その放電エネルギー E 及び帯電量 Q は、帯電電圧を V、静電容量（電気容量）を C とすると次の式で与えられる。

$$E = \frac{1}{2}QV \qquad Q = CV$$

このことについて、次のうち誤っているものはどれか。
(1)　静電容量 $C = 200\,\text{pF}$（ピコファラド）の物体が $6,000\,\text{V}$ に帯電したときの放電エネルギー E は、$3.6 \times 10^{-3}\,\text{J}$ となる。
(2)　帯電量 Q を変えずに帯電電圧 V を大きくすれば、放電エネルギーも大きくなる。
(3)　放電エネルギー E の値は、帯電体の静電容量 C が同一の場合、帯電電

解答

【問題21】…(5)

圧 V の2乗に比例する。
(4) 帯電量 Q は帯電体の帯電電圧 V と静電容量 C の積で表される。
(5) 帯電電圧 $V = 1$ のときの放電エネルギー E の値を最小着火エネルギーという。

(1) 問題で提示された式より、帯電エネルギー E は $E = \frac{1}{2}QV$ であり、帯電量（電気量）Q は、$Q = CV$ という式で表されます。

Q の式を E の式に代入すると、$E = \frac{1}{2}CV^2$ となります。

この式に $C = 200 \times 10^{-12}$〔F〕と $V = 6000$〔V〕を代入すると（注：$1F = 10^6 \mu F = 10^{12} pF$）、

$$E = \frac{1}{2}CV^2 = \frac{1}{2} \times 200 \times 10^{-12} \times 6000^2$$
$$= 100 \times 10^{-12} \times 36 \times 10^6$$
$$= 10^{-10} \times 36 \times 10^6$$
$$= 3.6 \times 10^{-3}〔J〕 \text{ となるわけです。}$$

(2) 放電エネルギー E は、$E = \frac{1}{2}QV$ なので、帯電電圧 V を大きくすれば、当然、放電エネルギー E も大きくなるので、正しい。

(3) (1)で求めた式 $E = \frac{1}{2}CV^2$ より、放電エネルギー E の値は、帯電電圧 V の2乗（V^2）に比例するので、正しい。

(4) 帯電量 Q は、$Q = CV$ という式で表わされるので、正しい。

(5) 着火（発火）エネルギーは、可燃性物質の着火に必要なエネルギーのことをいい、これは可燃性物質の濃度によりその値は異なります。

最小着火エネルギーは、その値が最小となる臨界濃度の際の着火エネルギーをいうので、「帯電電圧 $V = 1$ のときの放電エネルギーの値」ではなく、誤りです。

〔類題〕　帯電体をすり合わせると電子が移動するが、電子が多い方（電子を受け取った側）がプラスに帯電、少ない方（電子を放出した側）がマイナスに帯電する。

解答

【問題22】…(2)　　【問題23】…(5)　　〔類題の答〕×（プラスとマイナスが逆）

第2章　化学に関する知識

 学習のポイント

　化学については、「物理・化学および燃焼」の分野においては最も重要な分野であり、出題数も10問中5問前後毎回出題されています。
　従って、この化学を押さえておかないと、この分野の合格点を"いただけない"ということになります。
　その出題内容ですが、乙種に比べて格段に深く、また、広い知識を要求されています。
　たとえば、「物質の種類」では、単体などについて乙種と同レベルの問題も出題されていますが、乙種ではあまり出題されていない**空気**や**一酸化炭素**および**二酸化炭素**あるいは**炭素**などの性状を問う問題も出題されています。
　従って、化学では、乙種の知識は一応「基本」として押さえる必要はありますが、**新たに甲種の化学を学習する**、という認識をもって臨む必要があるでしょう。
　なお、化学では、毎回同じような問題が繰り返して出題されるという傾向は比較的少なく、毎回多種多様な問題が繰り出されているので、地道に1歩1歩、学習するのが基本的な学習スタイルとなります。
（注：例題などで条件が表示されていない場合は「標準状態」とします）

【参考資料】　最近、高分子材料のプラスチックについての出題がたまにあるので、ここで本文を補足しておきます。
・**熱可塑性樹脂**：加熱により軟化し、冷やすと再度、硬化するという合成樹脂で、次のようなものがあります（⇒「ポリ」が付けば**熱可塑性**と覚える）。
「ポリエチレン、ポリプロピレン、ポリスチレン、ポリ塩化ビニル」
・**熱硬化性樹脂**：加熱していったん硬化すると、再度加熱しても軟化しない合成樹脂で、次のようなものがあります。
「フェノール樹脂、尿素樹脂、エポキシ樹脂」

物質の変化 _(問題P.212)

(1) 物理変化と化学変化の違い

物理変化
⇒状態だけが変化する。

化学変化
⇒性質そのものが変化する。

　たとえば，P.148の物質の三態では，水が固体⇒液体⇒気体と変化したときの状態を例にとって学習しましたが，水が熱を放出，または吸収してその状態を変化させても水そのものの性質が変わったわけではありません。

　このように，物質の性質は変化せず，単に状態や形だけが変化することを**物理変化**といいます。

　一方，水素と酸素を化学的に結合させると，水というまったく別の物質に変化したり，逆に水を電気分解すると，水素と酸素というまったく別の物質に変化します。

　このように，性質そのものが変化して別の物質になる変化を**化学変化**といいます。

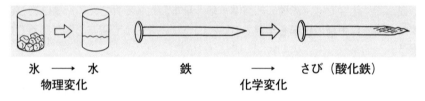

氷　→　水　　　　　鉄　　　→　　さび（酸化鉄）
　物理変化　　　　　　　　化学変化

(2) 化学変化の種類

　その化学変化ですが，次のような種類があります。

化合
A＋B→AB
という変化。

1. 化合

　2種類以上の物質が結合して，別の新しい物質（化合物という）になる変化

　例　水素と酸素が結合すると，水という，水素でも酸素でもない別の物質になる。
　　　　$2H_2 + O_2 \rightarrow 2H_2O$

分解
AB→A＋B
という変化。

2. 分解

　(1)とは逆に，化合物が2種類以上の成分に分かれる現象

のこと。

例　水を分解（電気分解）すると，水素と酸素という別
の物質に変化する。

$$2H_2O \rightarrow 2H_2 + O_2$$

複分解
AB＋CD→
AC＋BD
という変化。

３．複分解

2種類の化合物が，互いの成分を入れ替えて別の物質に
なること。

置換
A＋BC→AC＋B
という変化。

４．置換

化合物中の原子が他の原子と置き換わって，別の化合物
になること。

たとえば，亜鉛（Zn）に希硫酸（H_2SO_4）を加えると，
亜鉛が水素（H_2）と置き換わって，硫酸亜鉛（$ZnSO_4$）と
いう別の化合物になるような現象をいいます。

$$Zn + H_2SO_4 \rightarrow ZnSO_4 + H_2\uparrow$$

５．重合

分子量の小さな化合物が繰り返し結合して，分子量の大
きな別の化合物（高分子）になること。

第２編
基礎的な物理学及び
基礎的な化学

＜重合の暴走反応の事故例＞　（⇒出題例あり）

低温で凝固していたドラム缶内の**アクリル酸**をハン
ドヒーターを用いて部分的に溶融させ，溶融液をくみ
出す作業を繰り返していたところ，爆発した。
⇒　P.398より，**アクリル酸**は**重合**しやすく，その際
の重合熱により重合反応が速くなり，やがて，暴走反
応を起こし，発火，爆発したと考えられます。

（「このような重合による暴走反応を起こす物質はど
れか」という出題例がある（答はアクリル酸）

1．物質の変化　177

❷ 物質について （問題 P.213）

（1）物質を構成するもの

1. 分子と原子

物質を細かく分割していくと，その物質の特性を持った最小の粒子に行きつきます。これを**分子**といい，その分子はさらに1個，または数個の原子から成り立っています。

つまり，物質を構成する最小の粒子が**原子**ということになります。

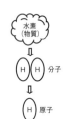

正の電荷を帯びた陽子の数と負の電荷を帯びた電子の数は等しいので，原子は電気的には中性となります。

〈右の図の覚え方〉
仲の良い質屋の
中性子＋陽子＝質量
原さんは養子だって！
原子番号 ＝ 陽子

原子番号＝陽子数

2. 原子の構造

その原子ですが，中心には正（＋）の電荷を帯びた原子核があり，その周囲に負（－）の電荷を帯びた**電子**が回っています。

一方，原子核は陽子と中性子からなり，その<u>陽子の数と中性子の数の和</u>がその原子の**質量数**となります。

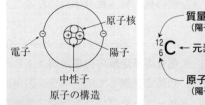

3. 原子番号

原子核は**陽子**と**中性子**からなりますが，その陽子の数は元素の種類によって決まっており，その数を**原子番号**といいます。

たとえば，原子番号6は炭素（C）です。すなわち，「原子番号6の元素名は炭素」ということになります。

4. 元素

たとえば，原子番号1は水素ですが，このように，原子1つ1つの種類に付けた名前を**元素**といい，記号（元素記

号または原子記号という）を用いて表します。

　　例・水素の元素記号：H
　　　・酸素の元素記号：O　（P.506の周期表を参照）

注）元素を簡単に言うと，「原子番号の同じ原子の集団」ということ。

> この元素と原子は何かと紛らわしいんじゃが，たとえば，世界中には色んな国があるじゃろう。それらの各々の国を構成する最も基本的な成分は国民じゃ。これが，いわば原子に当てはまるわけじゃ。
> つまり，国の種類に関わらず，基本的な成分をさすのが国民（原子）となるわけじゃ。
> 一方，国の種類という概念を入れて国民をいう場合，つまり，日本国民，アメリカ国民という場合じゃが，これが元素ということになるわけなんじゃ。
> ここのところをよく理解しておくように。

（2）原子量と分子量

主な元素の原子量
水素（H）：1
炭素（C）：12
窒素（N）：14
酸素（O）：16
ナトリウム（Na）
　　　　：23
硫黄（S）：32
塩素（Cl）：35.5

1．原子量

質量数が12の炭素Cの質量を12と定め，それと比較した各元素の質量比のことを**原子量**といいます（単位はありません）。

例えば，水素Hの原子量は1ですが，これは水素原子の質量が炭素原子と比較して$\frac{1}{12}$であることから定まった値です。

2．分子量

分子に含まれている元素の原子量をすべて足したものを**分子量**といいます（単位はありません）。

例えば，水（H_2O）の分子量は18ですが，これはHの原子量が1，Oの原子量が16なので，1×2と16を足して18となるわけです。

3．モル（物質量）

上記のように，原子の質量は通常用いる重さの単位gではなく，単位のない原子量で表します。

たとえば，ビールであれ卵であれ，その数が12個揃ったものを1ダースといいますが，化学でも一般的に，6.02×

6.02×10²³を アボガドロ数といいます。
なお6.02×10²³という数字は，炭素原子が6.02×10²³個あるとき，ちょうど12gとなることから定義されたものです。

10²³の粒子（原子や分子）の集団を1mol（モル）と呼んでいます。従って，水素原子が6.02×10²³個あれば1molであり，酸素分子が6.02×10²³個あっても1molです。

　その場合，物質1モル当たりの質量はモル質量といい，それら分子量や原子量にg（グラム）をつけたもの（正確には「g／mol」）になります。(物質量は「mol単位で表した物質の量」で単位はmolです。)

　たとえば，酸素O_2の分子量は16×2＝32だから，酸素O_2 1mol(＝22.4ℓ)の質量は32gとなる，という具合です。

　なお，気体の場合，（0℃，1気圧の標準状態においては）1molの体積は気体の種類に関わらず，すべて**22.4ℓ**となります。

（3）物質の種類

主な同素体
[硫黄（S）]
・斜方硫黄
・単斜硫黄
・ゴム状硫黄
[炭素（C）]
・ダイヤモンド
・黒鉛
・カーボンナノチューブ
[酸素（O）]
・酸素
・オゾン
[リン（P）]
・赤リン
・黄リン

＜元素の覚え方＞
同素体はスコープ
　　　　　SCOP
で見よう！

同素体は単体同士，**異性体**は化合物同士の間での呼び方です。

　たとえば，空気は主に窒素と酸素からなりますが，この場合，窒素と酸素は，それぞれ単に，1種類の分子からなっているので純物質といい，空気はそれらの純物質が混合して成り立っているので混合物といいます。

1. 単体　（単体，化合物，混合物の表はP.217参照）

空気中の酸素（O_2）は，酸素元素（O）というただ1種類の元素からなる物質ですが，このように，単に1種類の元素のみからなる物質を**単体**といいます（⇒分解できない）。

〈同素体〉：ダイヤモンドと黒鉛はともに炭素元素のみからなる単体ですが，その性質は異なります。
　　　　このように，同じ元素からなる単体でも性質が異なる物質同士を**同素体**といいます。

〈同位体〉：「陽子の数」と電子の数が同じで，「中性子の数」が異なる原子どうしを**同位体**といいます
　　　　（例：水素と重水素）。（「　」を入れ換えた出題あり。当然×）

2. 化合物

たとえば，水(H_2O)は1種類の分子からなる純物質です

が，単体のように1種類の元素からなる物質ではなく，水素(H)と酸素(O)という2つの元素が結合した物質です。

このように，**2種類以上の元素が結合（化合）してできた物質**を**化合物**といいます。

〈異性体〉：元素や分子式が同じ化合物であっても分子の構造が異なるためにその性質の異なる物質同士を**異性体**といいます。

この異性体には，次のように構造異性体や立体異性体などがあります。

① **構造異性体**

分子式が同じでも炭素原子の骨格が異なっている。物質どうし（下図）

> 🔴 **重要**
> 主な異性体
> ・エタノールとジメチルエーテル
> ・nブタンとイソブタン
> ・o－キシレンとm－キシレン
> ・シス－2－ブテンとトランス－2－ブテン
> （異性体はP.185の理論酸素量が同じになる）

〔例〕C_2H_6O

$$H-\underset{\underset{H}{|}}{\overset{\overset{H}{|}}{C}}-\underset{\underset{H}{|}}{\overset{\overset{H}{|}}{C}}-OH \qquad H-\underset{\underset{H}{|}}{\overset{\overset{H}{|}}{C}}-O-\underset{\underset{H}{|}}{\overset{\overset{H}{|}}{C}}-H$$

CH_3CH_2OH 　　　　　　　CH_3OCH_3
エタノール　　　　　　　　ジメチルエーテル

② **立体異性体**

分子式が同じでも分子の立体構造が異なっている物質どうしで，**幾何異性体**と**光学異性体**があります。

同位体	同素体	異性体
陽子の数と電子の数が同じで，中性子の数が異なる原子	同じ元素からなる**単体**でも性質が異なる物質どうし	分子式が同じ**化合物**でも分子構造が異なるため性質の異なる物質どうし

混合物は，混ざり合っている純物質の割合が異なると，融点や沸点なども異なってきます（⇒出題例あり）。

3．混合物 （混合物だけ化学式で表すことができません。）

単に，2種類以上の物質が混ざりあっただけのもので，物理的な方法で2種類以上の物質に分けることができます。

物質 ─┬─ 純物質 ─┬─ 単体（炭素，酸素，水素，硫黄，鉄，銅，ナトリウム，オゾン，リンなど）
　　　│　　　　　└─ 化合物（水，エタノール，ベンゼン，塩化ナトリウム（食塩），二酸化炭素など）
　　　└─ 混合物（空気，水溶液，ガソリン，灯油，軽油など）

③ 化学式と化学反応式

たとえば，水素と酸素が化合して水を生じた場合，その過程を記号で表すと，

$$2H_2 + O_2 \rightarrow 2H_2O \quad \cdots\cdots(1)$$

となります。

この場合，水素を H_2，酸素を O_2，水を H_2O と表していますが，このように物質を構成する原子の種類や割合を元素記号を用いて表した式を**化学式**といいます。

一方，(1)式のように，H_2 や O_2 などという化学式を用いて化学反応の様子を表したものを**化学反応式**といいます。

(1) 化学式

酢酸を例にとるとそれぞれ次のように表されます。
1　分子式
　　$C_2H_4O_2$

2　組成式
　　CH_2O

3　示性式
　　CH_3COOH

4　構造式
$$\begin{array}{c} H \quad\quad O \\ H-C-C \\ H \quad\quad O-H \end{array}$$

（－は原子の結合を表す**価標**という線で，＝は二重結合を表します（三重結合は≡で表す）

その化学式には，表す目的によって次のような種類があります。

1．分子式

一般的によく用いられているもので，分子を構成している原子の数（1の場合は省略）を元素記号の右下に表示した化学式のこと（H_2，O_2，H_2O…など）。

2．組成式（実験式）

化合物を構成している原子の種類とその割合を最も簡単な整数比で表した化学式のこと。

たとえば，過酸化水素の分子式は H_2O_2 ですが，組成式では HO となります。

また，イオン結晶（NaCl など）や分子結晶も，この組成式で表します。

3．示性式

分子式の中にある官能基（ヒドロキシ基－OH などのように化合物の性質を決める原子，または原子団のこと）を取り出して，特にそれを表示した化学式のこと（メタノール…CH_3OH など）。

4．構造式

分子内での原子の結合の仕方を価標で表した化学式のこと。

（2）化学反応式

化学反応式は，次のような手順で作っていきます。

1. 反応する物質の化学式を左辺に，生成する物質の化学式を右辺に書き，両辺を矢印（→）で結ぶ。

触媒を用いて反応させた場合は，その触媒は化学反応式には書きません。

2. 左辺と右辺の原子の数が等しくなるように係数を定める。この場合，係数は最も簡単な整数の比になるようにする。

この係数の定め方については，水素と酸素から水が生じる反応を例にして説明します。

この手順を目算法といいます。

① 上記の手順1より，水素 H_2 と酸素 O_2 を左，水 H_2O を右に置いて矢印で結びます。

$$H_2 + O_2 \rightarrow H_2O$$

② まず，左右両辺で明らかに異なるのはOの数なので，このOの数に注目します。

すると，左辺が2個で右辺が1個なので，右辺の H_2O の係数を2にすると，Oは2個ずつとなります。

$$H_2 + O_2 \rightarrow 2H_2O$$

③ 次に，Hの数に注目すると，左辺が2個で右辺が4個となっているので，左辺の H_2 の係数を2にすると，Hは4個ずつとなります。

$$2H_2 + O_2 \rightarrow 2H_2O \quad （完成）$$

実際は，これよりもっと複雑な反応式が多いので，そのような場合は，**未定係数法**という方法を使います。

これは，さきほどの水が生じる反応でいえば，①の式を未知数 a，b，c を用いて

$$aH_2 + bO_2 \rightarrow cH_2O \cdots\cdots と置きます。$$

両辺で原子数は等しいから，

Hの原子数については，a と c は同じなので，**a＝c**

Oの原子数については，b×2＝c より，**2b＝c**

方程式が2つで，未知数が3なので，仮にaを1と仮

計算はそう難しくはないとは思いますが，最後に出てきた係数を最も簡単な整数比にすることを忘れないようにしよう！

定すると，a＝c より，c＝1。
一方，2b＝c より，
2b＝1 となり，b＝$\frac{1}{2}$ となります。
　　従って，H₂＋$\frac{1}{2}$O₂→H₂O となります。
　これを最も簡単な整数比とするために，全体を2倍にすると，先ほどの式，2H₂＋O₂→2H₂O となります。

（3）化学反応式が表す物質の量的関係

　化学反応式は，単に化学式を用いて化学反応を表しただけではなく，各物質間の量的関係も表しています。
　たとえば，同じく先ほどの水を生成する反応式では，

	2H₂	＋	O₂	→	2H₂O
質量	2×(1×2)g		16×2g		2×(1×2＋16)g
物質量	2 mol		1 mol		2 mol
体積	2×22.4ℓ		1×22.4ℓ		2×22.4ℓ

⇒　この化学反応式より，質量では
「4gの水素が32gの酸素と反応して（＝燃焼して）36gの水（水蒸気）になる」
　また物質量では
「2 mol の水素と1 mol の酸素が反応して2 mol の水（水蒸気）になる」
　また，体積では，
「44.8ℓの水素と22.4ℓの酸素が反応して44.8ℓの水（水蒸気）になる」
というのがわかります。

1モルの質量；
H＝1g，O＝16g

気体分子1 mol の体積は22.4ℓ（0℃，1気圧）

［例題］アルミニウム1 mol を希硫酸で溶かした場合に発生する気体の mol 数は？ 出た！
解説
2Al＋3H₂SO₄→Al₂(SO₄)₃＋3H₂ より，2：3となり，Al が1 mol なら H₂ は1.5 mol（答）

燃焼に必要な酸素量を求める問題はよく出題されるので，ここでじっくりと"足ならし"をしておこう！

［例題］　0℃，1気圧で16gのメタノール CH₃OH を完全燃焼させるには，何ℓの酸素が必要か。
解説
　まず，前ページで学習した未定係数法で化学反応式を作ります。その際，**有機化合物を燃焼させると二酸化炭素と水になる**ので，次のような式となります。
　　　aCH₃OH＋bO₂→cCO₂＋dH₂O
　左右の原子数を比較すると，

184　第2編　基礎的な物理学及び基礎的な化学

理論酸素量に関する出題では，少くとも下の表にある危険物の化学式程度は覚えておかないと反応式を作成したりできないので，出来るだけ覚えるようにしてください（**プロパンは反応式そのものの出題がある**）。

メタノール $\frac{1}{2}$ mol は 2 mol から見ると $\frac{1}{4}$ になっています。従って，酸素 3 mol の $\frac{1}{4}$ ということで，$\frac{3}{4}$ mol となるわけです。

① C 原子に着目，a×1＝c×1 より，a＝c
② H 原子に着目，a×4＝d×2 より，4a＝2d
③ O 原子に着目，a×1＋b×2＝c×2＋d×1 より，
$$a+2b=2c+d$$

例によって，a＝1 と置くと，

①より，c＝1。②より，4＝2d。よって，d＝2。

③に a, b, c の数値を代入すると，

1＋2b＝2＋2…となるので，b＝$\frac{3}{2}$

それぞれの係数を冒頭の化学反応式に代入すると，

$$CH_3OH + \frac{3}{2} O_2 \rightarrow CO_2 + 2H_2O$$

簡単な整数比にするため，全体を 2 倍にすると，

$$2CH_3OH + 3O_2 \rightarrow 2CO_2 + 4H_2O$$ となります。

この式より，<u>メタノール 2 mol を燃焼させるには 3 mol の酸素が必要</u>，ということがわかります。

メタノール（CH_3OH）1 mol の質量は，12＋4＋16＝32 g だから，16 g は $\frac{1}{2}$ mol となります。

従って，<u>メタノール 2 mol で酸素 3 mol だから，$\frac{1}{2}$ mol では $\frac{3}{4}$ mol の酸素が必要</u>，ということになります。

酸素 1 mol の体積は 22.4 ℓ なので，$\frac{3}{4}$ mol では，

$22.4 \times \frac{3}{4} = 16.8$ ℓ の酸素，ということになります。

（答）16.8 ℓ

主な物質 1 モル当たりの理論酸素量をまとめておきました（太字は要暗記）。

品名	1モルの質量	反応式	酸素量
メタノール	32 g	$CH_3OH + 3/2 O_2 \rightarrow CO_2 + 2H_2O$	1.5モル
メタン	16 g	$CH_4 + 2O_2 \rightarrow CO_2 + 2H_2O$	2モル
酢酸	60 g	$CH_3COOH + 2O_2 \rightarrow 2CO_2 + 2H_2O$	2モル
エタノール	46 g	$C_2H_5OH + 3O_2 \rightarrow 2CO_2 + 3H_2O$	3モル
エチレン	28 g	$C_2H_4 + 3O_2 \rightarrow 2CO_2 + 2H_2O$	3モル
エタン	30 g	$C_2H_6 + 3.5O_2 \rightarrow 2CO_2 + 3H_2O$	3.5モル
アセトン	58 g	$CH_3COCH_3 + 4O_2 \rightarrow 3CO_2 + 3H_2O$	4モル
プロパン	44 g	$C_3H_8 + 5O_2 \rightarrow 3CO_2 + 4H_2O$（係数に注意！）	5モル
ベンゼン	78 g	$C_6H_6 + 15/2 O_2 \rightarrow 6CO_2 + 3H_2O$	7.5モル

（その他（mol 省略））……ナトリウム：1/4, 水素，亜鉛，CO：1/2, アルミニウム：3/4 炭素：1, 1-プロパノール（C_3H_7OH）, 2-プロパノール（$(CH_3)_2CHOH$）：4.5, 酢酸エチル（$CH_3COOC_2H_5$）：5, <u>シクロヘキサン（C_6H_{12}）：9</u>

3. 化学式と化学反応式

（4）化学の基本法則

これらの法則がそのまま出題される可能性は、少々低いかもしれませんが、ただ、(1)の質量保存の法則は、今後色々な反応式を扱う際には必要となる知識なので、よく理解しておく必要があります。

[4の例題]
[例題] 標準状態で11.2ℓのメタン（CH₄）気体中の炭素（C）原子と水素（H）原子の数は合計で何個になるか。

|解説|--------
11.2ℓは1/2 molなので、CH₄の分子として、3.01×10²³個がある。ということは、C 1個とH 4個の固まりが3.01×10²³個あるので、Cは、3.01×10²³個、Hは、3.01×10²³個×4個＝12.04×10²³個あることになる。よって、下線部を合計すると、15.05×10²³個となる（答）

1．質量保存の法則

反応の前後において物質の総質量は不変である。

つまり、化学反応式において、矢印の左辺の質量と右辺の質量は等しい、ということです。

たとえば、$2H_2 + O_2 \rightarrow 2H_2O$ では、左辺が $4 + 32 = 36 g$、右辺が $2 \times (2 + 16) = 36 g$、と等しくなります。

2．定比例の法則

化合物を構成する成分元素の質量比は、常に一定である。

たとえば、COからCO_2になった二酸化炭素であっても、また、CとO_2からCO_2になった二酸化炭素であっても、CO_2の炭素と酸素の質量比は常に3：8となります。

3．倍数比例の法則

たとえば、同じ元素CとOからなる化合物に一酸化炭素（CO）と二酸化炭素（CO_2）があります。

この場合、同じ炭素12gと化合する酸素の質量を比較すると、COは16g、CO_2は32gです。

つまり、1：2となります。

このように、AとBの元素が化合した複数の化合物があるとき、Aの一定量と化合するBの質量間には簡単な整数比が成り立ちます。これを倍数比例の法則といいます。

4．アボガドロの法則

同温同圧のもとでは、すべての気体は同じ体積中に同じ数の分子を含む。

また、標準状態（0℃、1気圧）では、気体1 molは22.4ℓであり、その中に6.02×10^{23}個の分子があります。

❹ 化学反応と熱 (問題 P.220)

（1）反応熱

化学反応の際には熱の発生や吸収を伴いますが、その熱量を**反応熱**といいます。その際、熱の発生を伴う化学反応を**発熱反応**といい、熱を吸収する化学反応を**吸熱反応**といいます。

（2）熱化学方程式

注：物質の状態を、（気）、（固）、（液）と表す場合があります。

化学反応式に反応熱を付け加え、矢印の代わりに等号（＝）を用いた式を**熱化学方程式**といいます。

その際、発熱反応には＋（プラス）の符号を、吸熱反応の場合には－（マイナス）の符号を記します。

（1）の反応熱の種類には、次のようなものがあります。
・燃焼熱
　物質が完全燃焼する時に発生する熱量。
・生成熱
　単体から化合物が生成される時に発生又は吸収する熱量。
・中和熱
　酸と塩基が中和する時に発生する熱量。
・溶解熱
　物質1 mol を溶媒に溶かす時に出入りする熱量。

＊「吸熱の酸化反応でも爆発する」は×

1. 発熱反応の例

$$C + O_2 = CO_2 + 394.3 \text{ kJ}$$

この式では、炭素1モル（12 g）が酸素1モル（32 g）と化合して完全燃焼すると、1モルの二酸化炭素（44 g）が生成し、394.3 kJ の熱を発生する、という反応を表しています。

> 注意：上記の CO_2 を、Cから CO（＋111 kJ）、CO から CO_2（＋283 kJ）の2段階で発生させて両式を合計しても、反応熱の合計は394.3 kJ と同じ値になります。
> このように、反応熱は反応物質（C）と生成物質（CO_2）が同じなら、反応の経路によらず、一定の値になります。これを**ヘスの法則**といいます。

2. 吸熱反応の例

$$N_2 + O_2 = 2 NO - 181 \text{ kJ}$$

同じく、窒素1モル（28 g）が酸素1モル（32 g）と化合すると、2モルの一酸化窒素（60 g）が生成し、181 kJ の熱を吸収する、という反応を表しています（この場合の酸化反応は燃焼とはならない＊ので注意！⇒P.248参照）。

❺ 化学反応の速さと化学平衡

(問題P.226)

（1）反応速度の大小

　一口に化学反応といっても，プロパンなどが爆発するときのように，瞬間的に反応する速い反応や，また，鉄が錆びていくときのように，非常に遅い反応があります。

　このように，化学反応の速度はそれぞれの反応によって異なります。

（2）反応速度を支配する条件

反応速度を支配する条件。
↓
温度，濃度，触媒

　また，たとえ同じ化学反応であっても，**温度，濃度，触媒**などによって反応速度が異なってきます。

　温度，濃度については，それぞれが高いほど反応速度も速くなります。というのは，**温度**については，高いほど粒子の運動が激しくなり互いに衝突して反応する機会が増えるからであり，**濃度**についても，高いほど衝突回数が増えるからです。

（3）活性化エネルギー

(注：活性化エネルギーは**温度**や**圧力**に影響されないので注意)

活性化エネルギー
⇒活性化状態にするのに必要な最小のエネルギー。
　ちなみに，**触媒**にはこの活性化エネルギーを下げる働きがあります。
（⇒反応しやすくなる）

　たとえば，灯油を燃焼させるためにはマッチやライターなどで点火させる必要がありますが，このように，化学反応を起こさせるためには，最初にある一定以上のエネルギー（この場合だとマッチやライターの熱）が必要となります。このエネルギーを**活性化エネルギー**といいます。

　従って，反応物は活性化エネルギー以上のエネルギーを得ると，エネルギーの高い状態（活性化状態という）となって生成物へと変化していきます。

（4）化学平衡

1．可逆反応と不可逆反応

　化学反応式において，左辺から右辺に進む反応を**正反**

188　第2編　基礎的な物理学及び基礎的な化学

応，逆に右辺から左辺に進む反応を**逆反応**といいます。

また，左辺から右辺だけではなく，右辺から左辺にも進む反応を**可逆反応**といい，両者の矢印（⇄）を用いて表します。

たとえば，窒素と水素の混合気体を高温に保つと，$N_2 + 3H_2 \rightarrow 2NH_3$（アンモニア）という反応が進みますが，逆にアンモニアを高温に保つと，$2NH_3 \rightarrow N_2 + 3H_2$ という反応が進みます。

従って，この反応は可逆反応ということになり，
$N_2 + 3H_2 \rightleftarrows 2NH_3$　という式で表すわけです。

また，これとは反対に一方向にしか進まない反応を**不可逆反応**といいます。

2．化学平衡　

先ほどの窒素と水素の可逆反応でも触れましたが，窒素と水素を高温に保つと，$N_2 + 3H_2 \rightarrow 2NH_3$ という正反応が進み，NH_3 が生成されていきますが，逆に，生成された NH_3 から N_2，H_2 に戻る逆反応も進みます。

そして，正反応，逆反応の速度が等しくなったとき，各物質 N_2，H_2，NH_3 の濃度に変化はなくなり，見かけ上は変化がないような状態となります。

この状態を**化学平衡**といいます。

触媒を加えると反応速度は大きくなりますが，平衡そのものは移動しません。

<平衡定数について>

$N_2 + 3H_2 \rightleftarrows 2NH_3$

正反応，逆反応のそれぞれの速度を v_1，v_2，比例定数を k_1，k_2 とすると，反応速度はモル濃度（[　] で表す）の積に比例するので，$v_1 = k_1[N_2][H_2]^3$，$v_2 = k_2[NH_3]^2$ と表されます（$2NH_3$ のモル濃度は $[NH_3]^2$ と表す）。

化学平衡では，両者の速度が等しいので，$v_1 = v_2$ より，$k_1[N_2][H_2]^3 = k_2[NH_3]^2$ となります。

各物質のモル濃度を左辺に，比例定数を右辺にまとめると，

$$\frac{[NH_3]^2}{[N_2][H_2]^3} = \frac{k_1}{k_2} = K$$　となり，この K を**平衡定数**といいます。

ル・シャトリエの
原理
⇒変化を打ち消す
　方向に平衡が移
　動する。

3. ル・シャトリエの原理

　2のように，可逆反応が平衡状態にあるときに，反応条件（濃度，圧力，温度）を変えると，その変化を打ち消す方向に平衡が移動します。これを**ル・シャトリエの原理**といいます。

　先ほどの窒素と水素の可逆反応を例にして，各反応条件について具体的に説明すると，次のようになります。

① 濃度

濃度が増加
⇒濃度が減少する
　方向に移動。
（注）$H_2 + I_2 \Leftrightarrow 2HI$
　のような場合
　は，左右とも2
　molなので，平
　衡は移動しな
　い。

　　窒素と水素の可逆反応が平衡状態にあるときに，たとえば，窒素 N_2 を加えるとその**増加を打ち消す方向**に平衡が移動します。

　　つまり，N_2 濃度が減少する**右向き**に平衡が移動し，そこで新たな平衡状態となるわけです。

$$N_2 + 3H_2 \rightleftarrows 2NH_3$$

② 圧力

圧力増加
⇒圧力を減少させ
　る方向に移動。
⇒mol 数が減少す
　る方向に移動

　　平衡状態にある可逆反応に圧力を加えると分子の密度が高くなるため，その圧力を減少させる方向，すなわち，**気体の分子数が減少する方向**（右向き）に平衡が移動します（下線部⇒mol 数でも同じ）。

　　逆に，圧力を減少させると，圧力を増加させる方向（**気体分子数が増加する方向**）に平衡が移動します。

温度上昇
⇒吸熱方向に移
　動。

【例】$2NO_2 \quad \rightleftarrows \quad N_2O_4$

　　　$2SO_2 + O_2 \quad \rightleftarrows \quad 2SO_3$

　　圧力増加なら mol 数が減少する**右向き**，減少なら増加する**左向き**に平衡が移動します。

③ 温度

　　先ほどの窒素と酸素の熱化学方程式は，

$$N_2 + 3H_2 \rightleftarrows 2NH_3 + 92 \text{ kJ}$$

となり，右向きに発熱反応となります。

　　この反応系に熱を加えると，熱を下げる方向，すなわち，吸熱方向（左向き）に平衡が移動します。

　　逆に，温度を下げると，発熱方向（右向き）に平衡が移動します。

190　第2編　基礎的な物理学及び基礎的な化学

溶液 (問題 P.228)

（1）溶液について

＊溶媒には**極性**の有るものと無いものがあり，**極性**をもつ結晶は極性溶媒に**溶けやすく**無極性溶媒には**溶けにくく**なります。

たとえば，食塩を水に溶かすと食塩水ができます。このとき，溶けている物質である食塩を**溶質**，溶かしている液体である水を**溶媒**＊といいます。

また，溶質と溶媒が均一に混ざり合った液体を**溶液**といい，特に溶媒が水である溶液を**水溶液**といいます。

（2）溶解度

溶液
　溶質と溶媒が均一に混ざり合った液体。

固体，気体，あるいは液体がほかの液体に溶けて均一な液体，すなわち，溶液になることを**溶解**といいます。

その溶解，つまり溶ける量には当然，限度がありますが，その限度を表わしたものを**溶解度**といい，溶質が溶解度まで溶けている溶液，すなわち，限界まで溶けている溶液を**飽和溶液**といいます。

1. 固体の溶解度

固体の溶解度
　溶媒100 gに溶けうる溶質の最大質量（g）。

固体の溶解度は，溶媒100 gに溶けることのできる溶質の最大質量（グラム：g）で表します。

この溶解度は温度によって変化しますが，固体の場合は，一般に温度が高くなるにつれて大きくなります（⇒つまり，温度が高くなるほどたくさん溶けるということ）。

〈再結晶について〉

　溶解度は温度によって変化します。固体の場合，高温のときにたくさん溶け，低温になるほど少ししか溶けません。従って，高温で飽和溶液を作り，それを冷却すると溶けきれなくなった溶質が固体として**析出**（せきしゅつ）します。このようにして不純物を取り除く方法を**再結晶**といいます。

析出（せきしゅつ）
　液体中に固体が生じること。

この再結晶については，たまに出題されているので，次に例題を挙げておきます。

6．溶液　191

2. 気体の溶解度

気体の溶解度は，一般に，溶媒1mlに溶ける気体の体積（ml）を0℃1気圧に換算した値で表します。

その溶解度ですが，気体の場合は液体とは逆に，一般に，温度が高くなるにつれて小さくなります（⇒温度が高くなるほど少ししか溶けなくなる）。

〈ヘンリーの法則〉

たとえば，炭酸飲料の栓を抜くと気泡が盛んに発生しますが，これは高圧で溶けていた CO_2 が栓を抜くことによって圧力が下がり，溶けきれなくなって気体となって発生したためです。

このように，温度が一定なら，一定量の溶媒に溶ける気体の質量は**圧力に比例**します。これを**ヘンリーの法則**といいます（注：ヘンリーの法則が当てはまるのは，溶解度が小さい気体の場合です）。

気体の溶解度
⇒溶媒1mlに溶ける気体の体積（ml）を0℃1気圧に換算した値。

圧力に比例とは，右の炭酸飲料の例のように，圧力が高いほどたくさん溶け，低くなると少ししか溶けなくなる，ということです。

（3）溶液の濃度　

溶液中に溶けている溶質の濃度の表し方には，次のように色々な種類があります。

1. 質量パーセント濃度

溶質の質量と溶液の質量の割合をパーセントで表したもの（注：溶液の質量＝溶媒の質量＋溶質の質量）。

$$質量パーセント濃度 = \frac{溶質の質量〔g〕}{溶液の質量〔g〕} \times 100 〔\%〕$$

質量パーセント濃度を質量百分率または重量百分率という場合があり，単位も〔wt%〕を用いる場合があります。

2. モル濃度

溶液1ℓ中に溶けている溶質の物質量〔mol〕で表したもの。

$$モル濃度〔mol/ℓ〕 = \frac{溶質の物質量〔mol〕}{溶液の体積〔ℓ〕}$$

化学では，一般にこのモル濃度を用いています。

3. 質量モル濃度

溶媒1 kgに溶けている溶質の物質量〔mol〕で表したもの。

$$質量モル濃度〔mol/kg〕=\frac{溶質の物質量〔mol〕}{溶媒の質量〔kg〕}$$

（4）溶液の性質

蒸気圧降下
　不揮発性物質を溶かすと蒸気圧が下がる現象。

1．蒸気圧降下

たとえば，水に砂糖を溶かすと，水のときに比べて蒸気圧が下がります。これは，砂糖の粒子が水の分子の蒸発を妨げているからです。

このように，液体に不揮発性物質を溶かした場合に，蒸気圧が下がる現象を**蒸気圧降下**といいます。

沸点上昇
　不揮発性物質を溶かすと沸点が上昇する現象。

2．沸点上昇

たとえば，水は1気圧では100℃で沸騰しますが，1と同じく砂糖を入れると，蒸気圧が下がるので，沸騰するにはより多くの熱が必要となり，水のときに比べて沸点が上昇します。

このように，液体に不揮発性物質を溶かした溶液（砂糖水）の沸点が，溶媒（水）の沸点より上昇する現象を**沸点上昇**といいます。

　希薄溶液の凝固点降下は，溶質の種類に関係なく**溶質の質量モル濃度**に比例します。

3．凝固点降下

たとえば，水は0℃で凝固しますが，海水は約-1.9℃にならないと凝固しません。このように，溶液（海水）の凝固点が溶媒（水）の凝固点より低くなる現象を**凝固点降下***といいます。（＊モル凝固点降下定数は**溶媒に依存**します（⇒出題例あり））

　「温度の上昇とともに増加するのはどれか」という出題例がありますが，答えは右の浸透圧です。

4．浸透圧

小さな粒子だけを通す膜を半透膜といい，濃度の異なる液体を半透膜で仕切ると，濃度の低い方から高い方へ水が移動し，互いに同じ濃度になろうとします。このときの圧

力を**浸透圧**（P）といい，次式で求められます。

$P = cRT$　（c：体積モル濃度　R：気体定数$= 0.082$〔$\ell \cdot atm / (K \cdot mol)$〕　T：絶対温度）

つまり，温度が上昇すると浸透圧も上昇します（重要）。

5. コロイド溶液

気体，液体，固体などの物質の種類にかかわらず，直径が$10^{-9} \sim 10^{-7}$m程度の粒子を**コロイド粒子**といい，そのコロイド粒子が均一に分散している液体を**コロイド溶液**（または**ゾル**）といいます。

そのコロイド溶液には，次のような性質があります。

① **チンダル現象**：コロイド溶液に光を当てたとき，コロイド粒子が光を散乱させるため，光の通路が明るく光って見える現象

② **ブラウン運動**：コロイド溶液中のコロイド粒子は，水分子がコロイド粒子に不規則に衝突しているため，不規則な運動をしていること*。

③ **透析**：半透膜を用いてコロイド溶液から低分子物質の不純物を取り除いて精製する操作のこと。

④ **電気泳動**：コロイド溶液に電極を入れ直流電圧を加えると，正電荷をもつコロイド粒子は**負極**に，負電荷をもつコロイド粒子は**正極**に移動して集まる現象。

［例題］コロイド溶液に電極を入れ直流電源を接続すると，帯電したコロイド粒子は同符号の電極に移動する。

⑤ **凝析**：**疎水**コロイドに少量の電解質を加えると，コロイド粒子間の反発力が失われ，沈殿する現象

⑥ **塩析**：**親水**コロイドに多量の電解質を加えるとコロイド粒子を包む親和水が奪われ，沈殿する現象

⑦ **保護コロイド**：疎水コロイドを安定させるために加える**親水コロイド**のことで，親水コロイドが疎水コロイドを包みこむことによって凝析しにくくなる（⇒出題例あり）。

（例題の答）⇒コロイド粒子は逆符号の電極に移動するので×

コロイド粒子を分散させている液体を**分散媒**，分散しているコロイド粒子を**分散質**といいます。

＊コロイド粒子自身が運動しているわけではない。

（答は下です⇒）

コロイド粒子は，一般に正か負の電荷を帯びています。
・親水コロイド
⇒水に溶けやすいコロイド
・疎水コロイド
⇒水に溶けにくいコロイド

７ 酸と塩基 (問題P.231)

（１）酸と塩基について

原子は電気的に中性ですが、（－）の電荷を帯びた電子を受けとるか、あるいは失うと、原子全体として（－）あるいは（＋）の電荷を帯びます。この状態の原子（原子団）を**陰イオン**または**陽イオン**といいます。

１．酸

酸とは、水に溶かした場合に電離（＋と－のイオンに分離すること）して**水素イオン（H⁺）を生じる物質**、または相手に**水素イオン（H⁺）を与える物質**のことをいいます。

例）塩化水素（塩酸）の場合

　　HCl → H⁺ ＋ Cl⁻

　⇒ HCl は H⁺を生じているので「酸」となる。

また、この水溶液中での反応式は次のようになります。

　　HCl ＋ H₂O → Cl⁻ ＋ H₃O⁺
　　（酸）（塩基）

　⇒ HCl が H₂O に H⁺を与えているので、HCl が「酸」、H₂O は H⁺を受け取っているので「塩基」となります。

○ 水溶液は**酸性**を示し、青色のリトマス試験紙を**赤色**に変えます。

○ 酸は金属と反応して溶かし、**水素**を発生する。

　⇒ 酸の中にある H が金属と結びつき、残った H が発生するため。

（注：H⁺は水溶液中では、H₃O⁺の形で存在しており、この H₃O⁺を**オキソニウムイオン**といいます。）

酸素を含まない酸を**水素酸**といい、塩酸（HCL）などが該当します。

「こうして覚えよう！」
リトマス紙の変化
　信号が赤から青に変わる→歩く→アルク→アルカリ性

２．塩基

塩基とは、水に溶かした場合に電離して**水酸化物イオン（OH⁻）を生じる物質**、または**水素イオン（H⁺）を受け取る物質**のことをいいます。

例）アンモニアの場合

　　NH₃ ＋ H₂O → NH₄⁺ ＋ OH⁻
　　（塩基）（酸）

　⇒ NH₃は **OH⁻**を生じているので「塩基」となる。
　また、H₂O から **H⁺**を受け取って NH₄⁺になっているので、この点からも「塩基」となります。

７．酸と塩基　195

⇒赤から青はアルカリ性

○ 水溶液は**アルカリ性**を示し，赤色のリトマス試験紙を**青色**に変えます。

（2）酸と塩基の分類

1価の酸
　1個のH⁺を生じる。(硝酸，塩酸，酢酸)
2価の酸
　2個のH⁺を生じる。(硫酸，炭酸，硫化水素)
1価の塩基
　1個のOH⁻を生じる。(水酸化ナトリウム，アンモニア)
2価の塩基
　2個のOH⁻を生じる。(水酸化カルシウム)

1．価数による分類

電離した際に生じるH⁺の数を**酸の価数**，OH⁻の数を**塩基の価数**といいます。

たとえば，HCl（塩酸）は1 molあたり1個のH⁺を生じるので**1価の酸**，H₂SO₄（硫酸）は2個のH⁺を生じるので**2価の酸**となります。また，NaOH（水酸化ナトリウム）は1個のOH⁻を生じるので**1価の塩基**となる，という具合です。

2．強弱による分類

水溶液中で電離している割合（電離度という）が大きいものを**強酸，強塩基**といい，小さいもの，つまり，ほとんど電離していないものを**弱酸，弱塩基**といいます。

たとえば，HClは水溶液中でほぼ100％，H⁺とCl⁻に電離しているので**強酸**，NaOHもほぼ100％ Na⁺とOH⁻に電離しているので，**強塩基**となります。

しかし，**CH₃COOH**（酢酸）や**NH₃**（アンモニア）などは，約1％程度しか電離していないので，**弱酸，弱塩基**となります。

1価の酸は1価の塩基と反応して中和される酸ということで**一塩基酸**ともいいます。同様に，1価の酸と反応して中和される1価の塩基を**一酸塩基**といいます。

酸と塩基の強弱による分類

	酸		塩基
強酸	塩酸(HCl) 硫酸(H₂SO₄) 硝酸(HNO₃)	強塩基	水酸化ナトリウム(NaOH) 水酸化カルシウム(Ca(OH)₂) 水酸化カリウム(KOH) 炭酸ナトリウム(Na₂CO₃)
弱酸	酢酸(CH₃COOH) 炭酸(H₂CO₃) 硫化水素(H₂S) シュウ酸 (COOH)₂	弱塩基	アンモニア（NH₃）

(3) pH（水素イオン指数）

水溶液中には，H^+ と OH^- が存在しており，H^+ の方が多い場合を**酸性**，OH^- の方が多い場合を**塩基性（アルカリ性）**といいます。その度合いを表す方法に pH があり，$[H^+]$（水素イオン濃度〔mol／ℓ〕）を用いて，

$$pH = -\log [H^+]$$

という式で求められます。

（参考までに，塩基の pH は，水のイオン積*から $[H^+]$ を求めて pH（ピーエイチまたはペーハーと読む）を求めます）

たとえば，水溶液中の HCl（塩酸）濃度が 0.01 mol／ℓ の場合，$[H^+]$ は 10^{-2} mol／ℓ と表わされるので，

$$pH = -\log [H^+] = -\log 10^{-2} = -2 \; (-\log 10)$$
$$= 2 \log 10 = 2$$

…つまり，0.01 mol／ℓ の HCl の pH は 2，ということになります。（注：$\log 10 = 1$）

なお，pH 7 は**中性**で，それより大きい値が**アルカリ性（塩基性）**，小さい値が**酸性**となります。

> 右下の図より $[H^+]$ が増加（左）すると pH は小さくなるので注意！また，強酸，強塩基をいくら薄めても pH 7 に近づきますが共に 7 は超えません。
>
> *水のイオン積
> $[H^+]$ と $[OH^-]$ の積で，25℃で，1.0×10^{-14} (mol／ℓ)² となります。
>
> *$[H^+] = 10^{-2}$ mol／ℓ は pH 2.
> ⇒水素イオン濃度の −2 の −を取ったものが pH
>
> 酸性：pH＜7
> 中性：pH＝7
> アルカリ性：pH＞7

（4）中和反応と中和滴定　急行★

1．中和とは？

酸と塩基が反応して，互いの性質を打ち消しあう反応を**中和**といいます。この中和反応では，**塩**と**水**が生じます。

塩というのは，酸の水素原子が金属原子（または NH_4^+）に置き換わった化合物のことをいい，反応式は次のようになります。

　　　酸＋塩基→塩＋水

たとえば，塩酸と水酸化ナトリウム水溶液を中和させると，次のような反応式になります。

　　　$HCl + NaOH \rightarrow NaCl + H_2O$
　　　（酸）（塩基）　（塩）（水）

塩は，酸の陰イオンと塩基の陽イオンからなる化合物，と説明することもできます。

中和と中性は違います。右のように強酸（HCl）と強塩基（NaOH）

なら中性になりますが，強酸と弱塩基なら酸性，弱酸と強塩基なら塩基性（アルカリ性）を示します。

2．中和滴定

中和とは，要するに，酸から放出されるH^+と塩基から放出されるOH^-が結合してH_2Oが生じる反応です。

従って，中和している以上，<u>H^+の数とOH^-の数（＝物質量）は等しい</u>はずです。

ということで，中和反応では，次の式が成り立ちます。

$$H^+ \text{[mol]} = OH^- \text{[mol]} \quad \cdots\cdots(1)$$

このH^+やOH^-のmol数（物質量）は，「酸や塩基自身のmol数」にそれぞれの酸や塩基の価数（nとする）を掛けたものだから，次式が成り立ちます。

酸の価数×酸の物質量＝塩基の価数×塩基の物質量

この場合，濃度がc〔mol／ℓ〕の酸がV〔mℓ〕あれば，この酸の物質量〔mol〕は

$$c \text{〔mol／ℓ〕} \times \frac{V}{1,000} \text{〔ℓ〕} = \frac{cV}{1,000} \text{〔mol〕}$$

となります。H^+のmol数は，（上の下線部の記述より）酸のmol数に価数nを掛けたものだから，

$$\frac{ncV}{1,000} \text{〔mol〕}$$ となります。

これは塩基でも同様なので，塩基の価数をn'，濃度をc'〔mol／ℓ〕，体積をV'〔mℓ〕とすると，(1)式より次の公式が成立します。

$$\frac{ncV}{1,000} = \frac{n'c'V'}{1,000} \quad \cdots\cdots(2)$$

この式を使えば，濃度が不明の酸（または塩基）の水溶液の濃度を，濃度が既知の塩基（または酸）で中和させることによって求めることができます。

この操作を**中和滴定**といいます。

本試験での出題例です（類題）。
「1〔mol／ℓ〕の硫酸20〔mℓ〕を中和するのに必要な0.5〔mol／ℓ〕の水酸化ナトリウム〔g〕の値を求めよ。なお，NaOHの分子量は40とする。
解説
NaOHの体積をxとすると，(2)式と右の解説より，$2 \times 1 \times 20 = 1 \times 0.5 \times x$　$x = 80$〔mℓ〕
濃度が0.5〔mol／ℓ〕なので，$80 \times 10^{-3} \times 0.5 = 0.04$ mol
⇒ $40 \times 0.04 = 1.6$ g（答）

[例題] 濃度が未知の硫酸20〔mℓ〕を中和するのに，0.4〔mol／ℓ〕の水酸化ナトリウムを50mℓ要した。この硫酸の濃度を求めよ。

|解説|

硫酸の濃度を x 〔mol／ℓ〕とすると，硫酸の価数 n = 2，体積 V = 20。一方，水酸化ナトリウムの濃度 c = 0.4〔mol／ℓ〕，価数 n = 1，体積 V = 50 なので，(2)式より（注；分母の1,000は省略）

$2 \times x \times 20 = 1 \times 0.4 \times 50$ となるので，

$40x = 20 \Rightarrow x = 0.5$〔mol／ℓ〕となります。

（答）0.5〔mol／ℓ〕

3．中和滴定で用いられる指示薬

指示薬とは pH の変化によって色が変わる試薬で，酸と塩基の中和点の pH をこれによって知ることができます。

主な指示薬には，**フェノールフタレイン**と**メチルオレンジ**があります。

変色域（色が変わる pH の範囲）は，フェノールフタレインが塩基側で（pH 8.3～10），メチルオレンジが酸性側（pH 3～4.5）です。また，反応する酸と塩基の強弱により中和点の pH は異なり，**弱酸**と**強塩基**では**塩基性側**，**強酸**と**弱塩基**では**酸性側**で中和します。

従って，次のような組合わせになります。

強酸と**強**塩基の中和（中性）　⇒両方とも使用可能
弱酸と**強**塩基の中和（塩基性）⇒フェノールフタレインを使用
強酸と**弱**塩基の中和（酸性）　⇒メチルオレンジを使用

色は，フェノールフタレインが<u>無色から赤</u>に，メチルオレンジが<u>赤から黄色</u>に変色します。

〈覚え方〉
メチルオレンジは酸っぱいので**酸**

[pHの例題]　pH 値が n である水溶液の水素イオン濃度を100分の1にすると，この水溶液の pH 値は？

|解説|

pH 値が n なので，P.197(3)より，「n = $-\log[H^+]$」となり，水素イオン濃度 $[H^+]$ は 10^{-n} mol／ℓ となります。これが100分の1になったのだから，$10^{-n}/100 = 10^{-n} \times 10^{-2} = 10^{-n-2}$ mol／ℓ になったということになります。

よって，pH = $-\log_{10} 10^{-n-2} = -\{(-n-2)\log_{10}10\} = (n+2)\log_{10}10 = n+2$，となります。

（答）pH = n を 1／100 にすると，pH = $n+2$ になる。

7．酸と塩基　199

8 酸化と還元 (問題 P.233)

(1) 酸化と還元

酸化
・酸素と化合する
・水素を失う
・電子を失う

還元
・酸素を失う
・水素と化合する
・電子を受け取る

右の反応式の酸化、還元を電子の授受で表すと、
① $Cu^{2+} + 2e^- \rightarrow Cu$（還元反応）
② $H_2 \rightarrow 2H^+ + 2e^-$（酸化反応）
となります（半反応式という）。
（以下、①+②→
$Cu^{2+} + H_2 \rightarrow Cu + 2H^+$
両辺に O^{2-} を加えて式を整理すると、
$CuO + H_2 \rightarrow Cu + H_2O$ となる。）

酸化とは，文字通り，**物質が酸素と化合すること**であり，還元とはその逆，つまり，**物質が酸素を失うこと**をいいます。

たとえば，酸化銅（Ⅱ）と水素を反応させると，次のようになります。

$$\underbrace{CuO + \underline{H_2}}_{\text{還元された}} \rightarrow \underbrace{Cu + \underline{H_2O}}_{\text{酸化された}}$$

この反応式では，H_2 が酸素原子 O と化合して H_2O となったので**酸化**となりますが，一方で，CuO が酸素原子 O を失って Cu となったので，**還元**となります。

このように，一般に，**酸化と還元は同時に起こります**。

以上は，酸素の授受を基準にして酸化と還元を考えた場合ですが，一方，**水素の授受を基準に酸化と還元を考えると，酸素とは逆になります**。

すなわち，**物質が水素を失う反応を酸化**といい，逆に，**水素と化合する反応を還元**といいます。

たとえば，硫化水素の水溶液に酸素を吹き込むと次のような反応式になります。

$$\underbrace{2H_2S + O_2}_{\text{酸化された}} \rightarrow \underbrace{2S + 2\underline{H_2O}}_{\text{還元された}}$$

この反応式では，$2H_2S$ が水素原子を失って $2S$ となっているので**酸化**となりますが，一方で，O_2 は水素原子と化合しているので**還元**となります。

(2) 酸化数

電子の授受の面から酸化と還元を見た場合，電子 e^- を

*酸化数は，その原子の電子数が基準より多いか少ないかを表す数値で，その値が**増加**すれば**酸化**となり，**減少**すれば**還元**，となります。
・酸化数 増加
　　⇒酸化
・酸化数 減少
　　⇒還元

（注）②の補足ですが，例えば，イオン結合しているAgClの酸化数は，Agが＋1，Clが－1，という具合です。
またい，③のNH₃の反応式，4NH₃＋5O₂→4NO＋6H₂Oの係数に注意！（出題例あり）

酸化数は，正の値でも＋をつけるので，注意してください。
また，イオンの価数は＋，2＋，3＋のように表しますが，酸化数の場合は，＋1，＋2，＋3のように＋を先に付け，さらに，＋1でも＋は表示するので，こちらも注意してください。

失えば**酸化**となり，受け取れば**還元**となります。しかし，これは，電子の授受がはっきりしているイオン結合（⇒次ページ参照）からなる物質の場合には適応できますが，共有結合からなる物質の場合には電子の授受がはっきりしないので，酸化であるのか，あるいは還元であるのかの判断が難しい，という欠点があります。

そこで，それら共有結合からなる物質であっても，酸化と還元の判断ができるよう，**酸化数**というものが考えられたのです。*

その酸化数は，次の原則によって定めます。

① **単体**中の原子の酸化数は**0**とする。
　（例）H_2，O_2，Cl_2……などの酸化数は0
② **単原子イオン**の場合，またはイオン結合*している場合は**イオンの価数**が酸化数となる（*次頁下参照）。
　（例）Ag^+…＋1，Mg^{2+}…＋2，Cl^-…－1，S^{2-}…－2
③ 化合物中の**水素原子の酸化数を＋1，酸素原子の酸化数を－2**とし，これを基準にして化合物中の他の原子の酸化数を求める。ただし，このときの**化合物中の酸化数の総和は0**とする。
　（例）・NH_3のNの酸化数を求める場合，Hの酸化数が＋1だから，
　　　　　N＋（＋1）×3＝0　⇒　Nの酸化数＝－3
　　　・CO_2のCの酸化数を求める場合，Oの酸化数が－2だから，
　　　　　C＋（－2）×2＝0　⇒　Cの酸化数＝＋4
　という具合に求めます。
④ **多原子イオン**では各原子の酸化数の総和がその**イオンの価数**（SO_4^{2-}なら「－2」の事）となるように決める。
　（例）・SO_4^{2-}…S＋（－2）×4＝－2，⇒　S＝＋6
　　　・NH_4^+…N＋（＋1）×4＝＋1，⇒　N＝－3
⑤ 化合物中の**アルカリ金属**（Na，K，Liなど）は＋1，**アルカリ土類**（Mg，Caなど）は＋2とする。
　（例）　KCl……K（アルカリ金属）の酸化数は＋1

[例題] 次の酸化マンガン（IV）MnO_2 と塩化水素 HCl の反応式において，下線部の原子の酸化数の変化とその変化が酸化であるか，あるいは還元であるかを答えよ。

$\underline{Mn}O_2 + 4 H\underline{Cl} \rightarrow \underline{Mn}Cl_2 + 2 H_2O + \underline{Cl}_2$

解説 ────────────────────

反応前後の各物質の酸化数を検証すると

① $\underline{Mn}O_2$ について
原則の③より，化合物中の O の酸化数は－2なので，
$Mn + (-2) \times 2 = 0 \Rightarrow Mn = +4$

② $\underline{Mn}Cl_2$ について
$Mn + (-1) \times 2 = 0 \Rightarrow Mn = +2$

③ H$\underline{Cl}$ について
同じく原則の③より，化合物中の H の酸化数は＋1なので，
$1 + Cl = 0 \Rightarrow Cl = -1$

④ $\underline{Cl}_2$ について，
原則の①より，単体中の酸化数は0なので，
$Cl = 0$

以上の酸化数の変化を反応式とともに表すと，

　　　　　(－1) ──酸化→ (0)
$MnO_2 + 4 H\underline{Cl} \rightarrow MnCl_2 + 2 H_2O + \underline{Cl}_2$
(＋4)─還元→(＋2)

従って，Mn は，酸化数が（＋4）から（＋2）に減少しているので**還元**となり，Cl については，（－1）が（0）に増加しているので**酸化**となります。

(答) Mn は，酸化数が（＋4）から（＋2）に減少し還元。
Cl は，（－1）が（0）に増加して酸化。

1つの酸化・還元反応では，酸化数の増加量と減少量は等しくなります。

MnO_2 は酸化剤，HCl は還元剤として働いています。

＜イオン結合＞

塩化ナトリウム NaCl は，イオンとなって，Na^+，Cl^- の正負のイオンどうしが電気的吸引力によって結合している化合物です。このような結合を**イオン結合**といいます。

　原則の③では，酸素原子Oの酸化数は－2としてあったが，ただし，過酸化水素 H_2O_2 など一部の化合物では，酸素原子Oの酸化数は－1となるんじゃ。
　ためしに計算すると，$(+1)×2+O×2=0$ より，$O×2=-2$，よって，$O=-1$ となるわけじゃ。ま，この例外は，そうよく出題されるポイントでもないんじゃが，出題者は「例外」を好む？傾向にあるので，頭のスミにでも覚えておけばよいじゃろう。

　なお，下のアンモニアの酸化式（燃焼式）も出題例があるので，覚えておいてください（係数の和を求める問題）。
　<u>4</u> NH_3＋<u>5</u> O_2→<u>4</u> NO＋<u>6</u> H_2O　　（覚え方⇒<u>信号白</u>）

（3）酸化剤と還元剤

酸化剤
⇒相手に**酸素**を与える
・相手から**水素**を奪う
・相手から**電子**を奪う
・**還元**されやすい

還元剤
⇒相手に**水素**を与える
・相手から**酸素**を奪う
・相手に**電子**を与える
・**酸化**されやすい

　化学反応において，相手の物質を酸化する物質を**酸化剤**といい，還元する物質を**還元剤**といいます。
　(1)では，酸化と還元は同時に起こる，と言いました。
　従って，相手の物質を酸化する酸化剤は，自身は同時に還元されており，また，相手の物質を還元する還元剤は自身は酸化されているのです。
　つまり，酸化剤は，自身は<u>還元されやすい物質</u>であり，還元剤は<u>酸化されやすい物質</u>ということになります。
　前ページの例でいえば，還元されている MnO_2 が酸化剤であり，酸化されている HCl が還元剤として働いている，ということになります。

＜主な酸化剤＞
・酸素、塩素酸カリウム（第1類危険物），硝酸，過酸化水素（以上第6類危険物）など。

＜主な還元剤＞
・水素、一酸化炭素、カリウム（第3類危険物）など

❾ 金属および電池について

（１）金属のイオン化傾向 （問題 P.236）

イオン化傾向では，Fe（鉄）よりイオン化傾向が大きいか，小さいかを判断しなければならない出題が多いので，注意してください。

水溶液中において，金属が**陽イオン***になろうとする性質を**イオン化傾向**といいます。（*陰イオン，という出題あり）

また，金属をその性質の大きい順に並べたものをイオン化列といい，次のような順になります（主な金属のみです。また，水素 H_2 は金属ではありませんが，陽イオンになろうとする性質があるのでイオン化列に含まれています）。

(大)←カ ソ ウ カ　ナ　マ　ア　ア　テ　ニ　ス　ナ
(Li＞)K ＞ Ca＞Na＞Mg＞Al＞Zn＞Fe＞Ni＞Sn＞Pb＞

　　ヒ　　ド　　ス　ギル　ハク(シャッ)キン→(小)
　　(H_2)＞Cu＞Hg＞Ag ＞ Pt ＞　　Au

イオン化傾向が大きい金属ほど酸化しやすく（＝さびやすく），小さい金属ほど酸化しにくく（＝さびにくく）なります。

⇒ 上に書いたカナは，一般的によく知られているゴロ合わせで，書き直すと，「貸そうかな，まあ当てにすな，ひどすぎる借金」となります。

このゴロ合わせでは，最初の K と Ca が，カとカで続きますが，「とにかく一番最初はカリウム！」と覚えておけば，区別できるかと思います。

また，中間にも Al と Zn のアとアが続きますが，こちらの方は「アルファベットのトップ（＝A）とラスト（＝Z）がその順番通りに並んでいる」と覚えておけばよいでしょう（⇒イオン化傾向の順を問う出題例あり）。

（２）電池

ナトリウム硫黄電池に注意！
正極が硫黄，負極がナトリウムで，NAS 電池とも呼ばれる二次電池の一種で，大容量，長寿命，鉛蓄電池より小型にできる。

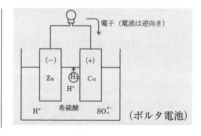
（ボルタ電池）

イオン化傾向の**大きい方が負極**となり溶け出すので，**鉄板**と**銅板**なら鉄板が**負極**で溶けだす 👉 出た！

各種電池の起電力
(出題例あり！)
ニッケル水素＊とニッカド(ニッケル, カドミウム), アルカリ蓄電池
　　　　　：1.2 V
アルカリ, マンガン
　　　　　：1.5 V
鉛蓄電池：2 V
リチウム：3 V
(下線以外二次電池)
＊ニッケルが正極水素が負極の二次電池

電子の移動する方向と電流の方向は逆です。

酸化剤, 還元剤でいうと, 銅が酸化剤となり, 亜鉛が還元剤となります。

図のように, 希硫酸中に亜鉛板（Zn）と銅板（Cu）を浸し, 導線で結んだ電池を**ボルタ電池**といいます。
　ここで先ほどのイオン化傾向より, Zn と Cu では Zn の方がイオン化傾向が大きくなっています。従って, Zn が Zn^{2+} となって水溶液中に溶け出します。
　式に表すと, $Zn \rightarrow Zn^{2+} + 2e^-$ となります（$2e^-$ に注目！）。
　さて, 希硫酸の電解液の方も, H^+ イオンと SO_4^{2-} イオンに電離しています。
　ここで, 先ほどの $2e^-$ が亜鉛板から導線を伝わって銅板に移動し, その希硫酸中の H^+ イオンと結びついて銅板から**水素 H_2 が発生する**, というわけです。
　式で表すと, $2H^+ + 2e^- \rightarrow H_2\uparrow$ となります。
　このようにして, 電子が移動し（＝電流が流れ）蓄電池から起電力が得られるわけです。
　以上をまとめると……
　Zn が溶け出す⇒$2e^-$ が放出され, 銅板で H^+ イオンと結びついて水素 H_2 が発生⇒電流が銅板（正極）から亜鉛板（負極）に向かって流れる⇒起電力が発生, となります。
　なお, この反応を酸化・還元反応から見ると, Zn は電子を放出したので亜鉛板では**酸化反応**が起こり, Cu は電子を受け取ったので銅板では**還元反応**が起こった, ということになります。

(3) 金属の腐食

金属の腐食は, 金属表面において電子のやりとりによる酸化・還元反応があり, それによって局部電池が形成されることにより起こります。

《金属が腐食しやすい条件》

腐食とは, 金属が液体や空気中の酸素などと反応して酸化物（または水酸化物）になり, 徐々に溶解または崩壊していく現象で, 要するにさびのことをいいます。
　たとえば, 鉄の場合, 次ページの図のように電位の低い部分であるAから電位の高い部分であるBに電子を与えることによってA部分から Fe^{2+} が溶解し, 酸化鉄となってさびが進行していくわけです。この場合, Aが負極, Bが正極となり, 電池（局部電池）を形成するわけですが, 正極のBでは次のような反応が生じます。

$$2e^- + H_2O + \frac{1}{2}O_2 \rightarrow 2OH^-$$

①酸性の強い土中
②水分が存する場所
③異種金属の接触
④塩分が多い場所
⑤乾燥土と湿った土など土質の異なる場所
⑥アース棒と金属(配管)の接触
《炭素鋼鋼管等の腐食の防止対策》
①(タール)エポキシ樹脂塗料で塗装する(重要！)。
②亜鉛メッキをする。
③ポリエチレンなどの合成樹脂で被覆
④イオン化傾向の大きい金属と接続する。
(⇒「ステンレス鋼管とつなぎ合わせると腐食しにくくなる」は誤りなので注意！(出題例あり)。)

つまり、Bの表面で水と酸素がA部分からの2e⁻を受け取り、水酸化物イオンとなるわけです。

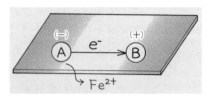

この腐食を防ぐ方法には、顔料(ペンキ)を用いたり、めっきなどの方法があります。

めっきとは、金属の表面を腐食しにくい別の金属の薄膜で覆うことによって空気と接触しないようにしたり、あるいは、金属のイオン化傾向の差を利用して目的とする金属の腐食を遅らせる操作のことなどをいいます。

例えば、**トタン板**(**鉄板**に**亜鉛**をメッキしたもの)と**ブリキ板**(**鉄板**に**スズ**をメッキしたもの)のメッキ部分に鉄板まで届く傷がある場合、イオン化列は Zn＞Fe＞Sn の順なので、トタン板の場合は**亜鉛**の方が先に錆びるのに対し、ブリキ板は**鉄板**の方が先に錆びることになります(⇒**ブリキの方が錆びやすい**)。つまり、目的とする金属(鉄)よりイオン化傾向の**大きい**金属(亜鉛)を接続することによりその腐食を防ぐことができます。

(4) その他金属一般について

1. 金属と非金属

周期表にある元素は金属元素と非金属元素に大別することができます。

① 金属元素

金、銀、銅などの元素のことで、周期表(巻末資料参照)を見ればすぐにわかるように、その大部分がこの金属元素となっています。

この金属元素には、電子を放出して**陽イオン**になろうとする傾向があります。

② 非金属元素

金属には軽金属と重金属があり、金属の比重が4より小さいものを軽金属、大きいものを重金属として分類しています。

・金属の結晶構造
には、①**体心立方**
格子（Fe, Na 等）
や②**面心立方格子**
などがあり、その
充填率（原子の割
合）は①68%②
74%です（⇒太
（体）
郎や メシ なし）。
(68)(面心)(74)

アルカリ金属
Li（リチウム）
Na（ナトリウム）
K（カリウム）
Rb（ルビジウム）
Cs（セシウム）
Fr（フランシウム）

アルカリ土類金属
Ca（カルシウム）
Sr（ストロンチウ
ム）
Ba（バリウム）
Ra（ラジウム）

〈色の覚え方〉
リ アカー 無 き
Li－赤　　Na-黄
リ　アカ　　　ナ キ
K 村, 動 力 借る
K－紫　Cu-緑　Ca-
ケイ ムラ ドウ リョク　カル
と するも くれない
橙　Sr——紅
ト　スルモ　　クレナイ
馬 力
Ba-緑
バ リョク

水素や酸素，窒素などの元素のことで，周期表の右
上に集まっています。

この非金属元素は，①とは逆に電子を受け取って**陰**
イオンになろうとする傾向があります。

２．アルカリ金属とアルカリ土類金属

　１．で説明した金属元素のうち，「１族で水素以外の６
つの元素」を**アルカリ金属**といい，「２族でベリリウム，
マグネシウム以外の４つの元素」を**アルカリ土類金属**とい
います。その主な性質は次のようになります。
　①　アルカリ金属
　・**１価の陽イオンになりやすい。**
　・やわらかく融点が低い**軽金属**である。
　・単体や化合物は特有の炎色反応を示す。
　・単体は反応性に富み，空気中の酸素とただちに化合
　　するので，灯油などの**石油中に保存する。**
　　　また，常温で水とも激しく反応して水酸化物を生
　　じる。
　②　アルカリ土類金属
　・銀白色の**軽金属**である。
　・反応性はアルカリ金属の次に大きい。
　・空気中の酸素とただちに化合し，常温で水と激しく
　　反応して水酸化物を生じる。

３．炎色反応　（たまに出題される）

　炎色反応とは，物質を炎の中に入れた際に現れる元素に
特有の色のことで，主なアルカリ金属，アルカリ土類金属
では次のようになります。

アルカリ金属	アルカリ土類金属
リチウム Li　⇒ 赤	カルシウム Ca ⇒ 橙赤(オレンジ色のこと)
ナトリウム Na ⇒ 黄	
カリウム K　　⇒ 赤紫	バリウム Ba　　⇒ 黄緑

第2編
基礎的な物理学及び
基礎的な化学

9．金属および電池について　207

⑩ 有機化合物 (問題 P.239)

　有機化合物とは，**炭素Cを含む化合物**のことをいい（ただし，一酸化炭素，二酸化炭素および炭酸塩などは除く），それ以外，すなわち炭素を含まない化合物を**無機化合物**といいます。

（1）有機化合物の分類

　その有機化合物を分類する際は，その**炭素の結合の仕方（骨格）**による分類と，**官能基の種類**によって分類する方法があります。

1．炭素の結合の仕方（骨格）による分類

　まず，炭素原子が鎖状に結合しているものを**鎖式化合物**，環状に結合しているものを**環式化合物**といいます。
　また，そのそれぞれにおいて，炭素原子同士がすべて単結合で結合しているものを**飽和化合物**といい，二重結合や三重結合も含むものを**不飽和化合物**といいます。
　さらに，環式化合物においては，＊**ベンゼン環**を含むものを**芳香族化合物**といい，それ以外を脂環式化合物といいます。

元来，生物体，すなわち有機体の生命活動によって作り出される物質を有機物と呼んでおり，それが炭素の化合物でもあるので，改めてこれを有機化合物と定めたわけです。
＜鎖式化合物の例＞
・アセトン，アセトアルデヒド・メタノール，エタン，メタン，プロパン，酢酸など

＜環式化合物の例＞
・ベンゼン，アニリン，ピリジン，トルエン，キシレン，フェノールなど

炭化水素は，飽和炭化水素，不飽和炭化水素，芳香族炭化水素に分類されることがあります。

官能基
　その化合物の性質を決める働きをする原子団のこと。

＊ベンゼン環；ベンゼンC_6H_6は，6個の炭素原子Cが六角形の環を形成して結合しているところから，この環のことをベンゼン環といいます（次ページの表1参照）。

2．官能基による分類

　有機化合物のベースとなる重要な化合物が，炭素と水素からなる**炭化水素**で，また，その炭化水素から水素原子の一部が取れた原子団を**炭化水素基**といいます。

208　第2編　基礎的な物理学及び基礎的な化学

<可燃物＝有機物だろうか？>
可燃物＝有機物のケースは多いですが，たとえば，硫黄，リン，ナトリウムなどは無機物ですが可燃物です。

有機化合物はこの「炭化水素」と「炭化水素基に官能基と呼ばれる原子または原子団が結合した化合物」に分けることができます。

炭化水素の方は，1の図と同じ骨格による分類となりますが，それ以外の化合物は官能基の種類によって分類することができます（**同じ官能基を持つ化合物は同じ性質を示す**ので）。

① 炭化水素の分類

炭化水素をその構造を中心に分類すると，次のようになります（アルカンの覚え方⇒踐 メ エ ー）。

表1 炭化水素の分類（下の**構造式**はすべて出題例があるので要暗記！）

分類		種類	一般式	化合物の例	
鎖式炭化水素	飽和	アルカン（メタン系炭化水素）（＝鎖式飽和炭化水素）	C_nH_{2n+2}（単結合のみ）	メタン　エタン	その他プロパンブタンヘプタン
	不飽和	アルケン（エチレン系炭化水素）	C_nH_{2n}（二重結合が1つ）	エチレン	
		アルキン（アセチレン系炭化水素）	C_nH_{2n-2}（三重結合が1つ）	H-C≡C-H ＊アセチレン	＊C_2H_2（アセチレン）は付加反応しやすく，水素1 mol 付加でエチレン，2 mol 付加でエタンになる。
環式炭化水素	飽和	シクロアルカン（シクロパラフィン系炭化水素）	C_nH_{2n}（単結合のみ）	シクロヘキサン	
	不飽和	芳香族炭化水素	C_nH_{2n-6}（ベンゼン環がある）	ベンゼン	その他トルエンキシレン

（炭化水素以外）
アセトンの構造式
（出題あり）

```
    H O H
    | ‖ |
H - C-C-C - H
    | |
    H H
```

② 官能基による分類（炭化水素以外の有機化合物）

たとえば，上の表のアルカンであるメタン CH_4 の H が取れて<u>水に溶けやすい性質を示すヒドロキシル基 $-OH$</u> が結合したメタノール CH_3OH の場合，その $-OH$ の水に溶けやすい，という性質が表れます。

（2）有機化合物の特徴（第4類の危険物のほとんどが

　このように，官能基の性質を把握しておけば，その化合物のおおよその性質をつかむことができるわけです。

　その官能基には，次のような種類があります。

表2　官能基の分類（⊛のマークのついたものは弱酸性，△のマークは弱塩基です。）

	官能基の種類		化合物の一般名	親水性	化合物の例
①	ヒドロキシル基	$-OH$	アルコール	○	メタノール（CH_3OH）
			フェノール⊛		フェノール（C_6H_5OH）
②	アルデヒド基	$-CHO$	アルデヒド	○	アセトアルデヒド（CH_3CHO）
③	ケトン基	$>CO$	ケトン	○	アセトン（CH_3COCH_3）
④	カルボキシル基⊛	$-COOH$	カルボン酸	○	酢酸（CH_3COOH）＊
⑤	エステル結合	$-COO-$	エステル		酢酸エチル（$CH_3COOC_2H_5$）
⑥	アミノ基	△ $-NH_2$	アミン	○	アニリン（$C_6H_5NH_2$）
⑦	ニトロ基	$-NO_2$	ニトロ化合物		ニトロベンゼン（$C_6H_5NO_2$）
⑧	スルホ基	⊛ $-SO_3H$	スルホン酸	○	ベンゼンスルホン酸（$C_6H_5SO_3H$）
⑨	エーテル基	$-O-$	エーテル		ジエチルエーテル（$C_2H_5OC_2H_5$）

注1）ヒドロキシル基（ヒドロキシ基ともいう）の$-OH$ですが，アルカンの水素に$-OH$が置換したものが**アルコール**となり，**ベンゼン環に直接$-OH$が結合したもの（またはベンゼンのHを$-OH$で置換したもの）がフェノールで弱酸性**となります（下線部の「$-OH$」に注意！）。

注2）ケトン基の$>CO$ですが，一般的には**カルボニル基**といい，このカルボニル基に2個の炭化水素基が結合したものがケトンであり，そのケトンに含まれるカルボニル基を特にケトン基といいます（カルボニル化合物は，**アルデヒドとケトン**に大別される）。

注3）エーテルは，酸素原子の両側に炭化水素基が2個結合した形の化合物で，アルコールの異性体です。

④の＊その他，シュウ酸（$(COOH)_2$），ギ酸（$HCOOH$），安息香（C_6H_5COOH）も含まれる。

なお，化合物の例については，P.242問題46の表も参考にして下さい。

（2）有機化合物の特徴

有機化合物
＜炭素について＞
①常温において化学的に安定
②燃焼してCO，CO_2を生成（水は生じない！）
③すす，木炭およびコークスの主成分は無定形炭素である。
（「高温赤熱状態で酸化性が強い」は×なので注意！）
⑥　一般に**非電解質**（水に溶けても＋や－イオンに電離しない

①　主成分は，**C**（炭素），**H**（水素），**O**（酸素），**N**（窒素）と少ないのですが，炭素の結合の仕方により多くの化合物があります（下線部⇒組成が同じでも結合の仕方が異なることにより性質の異なる**異性体**が存在する）。

②　一般に**共有結合**による**分子**からなっている。

③　一般に燃えやすく，燃焼すると**二酸化炭素と水**になります。

④　一般に**水に溶けにくい**のですが，**有機溶媒**（アルコールなど）にはよく溶けます。

⑤　一般に**融点および沸点が低い**。

⑥　一般に**非電解質**です。

⑦　一般に**静電気**が発生しやすい。

（3） 有機化合物と無機化合物の比較

	有機化合物	無機化合物
構成元素	少ない。	多い。
化学結合	一般に**共有結合**	一般に**イオン**結合（⇒イオン結晶）。
燃焼性	**可燃性**のものが多い。	**不燃性**のものが多い。
沸点と融点	一般的に低い。	一般的に高い。
水溶性	水に**溶けにくい**ものが多い。	水に**溶けやすい**ものが多い。
有機溶媒	**溶けやすい**ものが多い。	**溶けにくい**ものが多い。
比重	水より**軽い**ものが多い。	水より**重い**ものが多い。

（4） アルコールについて
（炭化水素のHが−OH（ヒドロキシ基）に置換した化合物のこと）

1．1価アルコールは，**−OH**を1個含むもの（2価は2個，3価は3個含むもの）

2．−OHが**2個以上**のものを，特に**多価アルコール**といいます。

3．**第一級アルコール**は，R（Cに結合した炭化水素基）が1個結合したもの（第二級はRが2個，第三級はRが3個結合したもの）

4．炭素数の多いアルコールを**高級アルコール**，炭素数の少ないアルコールを**低級アルコール**といい，高級アルコールは**水に溶けにくく**，低級アルコールは**水に溶けやすい**。また，**沸点**，**融点**は，高級アルコールは**高く**，低級アルコールは**低い**。

5．**第一級アルコール**を酸化すると**アルデヒド**（**−CHO**），アルデヒドを酸化すると**カルボン酸**（**−COOH**）になり（P.210表2参照），**第二級アルコール**を酸化すると，**ケトン**（**＞CO**）になります（**第三級アルコールは酸化されにくい**。）

（5） 用語

1．**エステル** ⇒ **カルボン酸とアルコールが脱水縮合して生成した化合物**のことで，その反応を**エステル化**という。

2．**ニトロ化** ⇒ **ニトロ基**（**−NO₂**）による**置換反応**のこと。

3．**スルホン化** ⇒ **スルホ基**（**−SO₃H**）による**置換反応**のこと。

4．**付加反応** ⇒ 二重結合や三重結合の不飽和結合が切れて，その部分に他の原子や原子団が結合する反応のこと。

5．**重合** ⇒ 二重結合や三重結合の不飽和結合が切れた分子量が小さな物質（⇒**単量体＝モノマー**）が次々と結合して，分子量の大きな物質（⇒**重合体＝ポリマー＝高分子化合物**という）になる反応のこと。

6．**付加重合** ⇒ 重合のうち，**付加反応**によるものをいう（⇒例：エチレンがポリエチレンになる）。

10．有機化合物　211

化学の問題と解説

物質の変化（本文 P.176）

【問題1】 急行★

次のA～Eのうち，物理変化に該当するものはいくつあるか。
A　塩酸に亜鉛を加えたら水素が発生した。
B　水が沸騰して水蒸気になった。
C　鉄が錆びてボロボロになった。
D　ガソリンが流動して静電気が発生した。
E　水素と酸素が反応して水になった。
(1) なし　　(2) 1つ　　(3) 2つ　　(4) 3つ　　(5) 4つ

Bは，単に水の状態が液体から気体に変化しただけであり，また，Dもガソリンが流動した結果，静電気が発生しただけであり，ガソリンそのものは変化していないので，ともに物理変化となります。
なお，A, C, Eは，性質の変化を伴う変化であり，化学変化となります。

【問題2】

次のうち，化学変化でないのはどれか。
(1) ガソリンが燃えて二酸化炭素と水蒸気になった。
(2) 紙が濃硫酸に触れて黒くなった。
(3) 過酸化水素水に二酸化マンガンを加えたら酸素が発生した。
(4) 海水を蒸発させたら塩ができた。
(5) 亜鉛板を希硫酸に浸したら水素が発生した。

海水のなかの水分が蒸発…，つまり，気体に変化しただけの変化なので，(4)は物理変化となります。(4)以外は，いずれもそれぞれが別の物質に変化しているので化学変化となります。

―――― 解答 ――――

解答は次ページの下欄にあります。

【問題3】

物質A，B，C，Dからなる単体又は化合物がある。次のうち，化合に該当する反応はどれか。
(1)　A＋BC→AC＋B　　　　(2)　AB→A＋B
(3)　AD＋B→D＋AB　　　　(4)　AB＋CD→AC＋BD
(5)　A＋B→AB

化合は，2種類以上の物質が結合して別の物質になる反応のことをいうので，(5)のA＋B→AB，が正解となります。

なお，(1)と(3)は化合物中の物質（原子）が別の物質（原子）に置き換わっているので置換，(2)は物質（化合物）が2つの物質に分かれているので分解，(4)はそれぞれの化合物が互いに成分を交換して別の物質（化合物）になっているので，複分解となります。

物質について （本文P.178）

【問題4】

原子に関する次の記述について，誤っているものはどれか。
(1)　陽又は陰の電気を帯びた原子又は原子団をイオンという。
(2)　中性子に比べて陽子の質量ははるかに大きく，その質量は，ほぼ原子の質量に等しい。
(3)　酸素の原子番号は8であり，これは酸素の原子核に含まれる陽子の数が8であることを示している。
(4)　原子価は1つの元素において必ずしも1つとは限らない。
(5)　原子核のまわりには電子殻があり，原子番号と同数の電子がいくつかの層に分かれて回っている。

(2)　中性子の質量と陽子の質量はほぼ等しく，また原子の質量は中性子の質量と陽子の質量の和にほぼ等しいので，誤りです。

(4)　正しい。なお，原子価とは，水素原子の原子価を1価と定め，その水素

──────────解答──────────

【問題1】…(3)　　【問題2】…(4)

と化合できる数のことをいいます。

(5) 正しい。なお，最外殻電子を価電子といい，元素の化学的性質はその数によって決まります。

【問題 5】

原子の構造等に関する記述について，次のうち誤っているものはどれか。
(1) 陽子は水素の原子核であって，プラスの電荷をもつ粒子であり，中性子とほぼ同じ質量である。
(2) 分子式が同じでも，分子内の構造が異なり性質も異なる化合物同士を異性体という。
(3) 原子の中心は正電荷を帯びているため，α粒子が原子核の近くを通過するとき，進路が大きく曲げられる。
(4) 原子 1 mol の質量は，その原子量に g（グラム）を付した値に等しい。
(5) 中性子数が等しく陽子の数が異なる原子を互いに同位体といい，化学的性質は同じである。

一般的に，**原子番号が同じで質量数が異なる原子どうしを同位体**といいますが，質量数（陽子と中性子の数の和）のあたりをもう少し詳しく説明すると，(5)の"中性子数が等しく陽子の数が異なる"は誤りで，「**陽子の数が等しく中性子の数が異なる**」原子を互いに同位体といいます（下線部を逆にした出題例あり⇒当然×）。従って，中性子の数が異なるので，当然，質量数も異なり，先ほどの説明となるわけです。

また，陽子の数が等しいので，「陽子の数＝電子の数」なので，同位体どうしの電子の数も等しくなります。従って，前問の(5)で説明しましたように，元素の化学的性質は最外殻電子の数によって決まるので，電子の数が等しいので，同位体どうしの化学的性質は等しい，ということになります。

(3) これは，イギリスのラザフォードの実験によるもので，要約すると，ラジウムから放射されるα粒子を原子に照射すると，一部のα粒子の進路が大きく曲げられたことから原子の中心（原子核）が正電荷を帯びていることが判明した，という内容で正しい。

解答

【問題 3】…(5)　　【問題 4】…(2)

【問題6】

物質の単体について，次のうち誤っているものはどれか。
(1) 単体は金属と非金属に大別される。
(2) 単体は純粋な物質で1種類の元素のみからなるものをいう。
(3) 単体は物質によって1種類だけのこともあるが，同素体が存在するものもある。
(4) 単体はすべて分解することができる。
(5) 単体の名称は通常，元素名と同じである。

解説

(3) 同じ元素からなる単体であっても，性質が異なる単体どうしを同素体といい，「酸素とオゾン」や「黄リンと赤リン」などがあります。
(4) 物質には，純物質と混合物があり，純物質には単体と化合物があります。たとえば，水は酸素と水素の化合物なので水を酸素と水素に分解することはできますが，単体である酸素と水素は，ただ1種類の元素であるOとHから成り立っているので，もうそれ以上分解することはできません。

【問題7】

物質の化合物について，次のうち誤っているものはいくつあるか。
A　化合物とは，2種類以上の元素からできている純物質をいう。
B　一般に化合物は，蒸留，ろ過などの簡単な操作によって2以上の成分に分けられる。
C　化合物のうち，無機化合物は酸素，窒素，硫黄などの典型元素のみで構成されている。
D　各化合物では，成分元素の質量比は一定である。
E　一般に，有機化合物には異性体をもつものが多い。
(1) 1つ　　(2) 2つ　　(3) 3つ　　(4) 4つ　　(5) 5つ

解説

A　正しい。
B　誤り。蒸留やろ過により2種類以上の成分に分けられるのは，化合物で

解答

【問題5】…(5)

化学の問題と解説　215

はなく混合物です。
　C　誤り。遷移元素のなかにも無機化合物があります。たとえば，鉄は遷移元素ですが無機化合物です。
　D　定比例の法則より正しい。
　E　正しい。有機化合物を構成している元素の数はわずかですが，炭素原子の並び方や分子内の原子の空間的配列などの違いによって多数の異性体が存在し，それが多数の化合物が存在している一因となっています。
　従って，誤っているのは，B，Cの2つとなります。

【問題8】
　　混合物について，次のうち誤っているものはどれか。
(1)　純物質が単に混ざり合ったものである。
(2)　元の成分を物理的方法によって分離することができる。
(3)　空気が窒素や酸素から成り立っているように，気体の混合物は必ず気体から成り立っている。
(4)　ある混合物の融点や沸点は，成分の混合割合に関わらず常に一定である。
(5)　各成分は混合前の性質を保っている。

　混合物の融点や沸点は，成分の混合割合によって変わります。

【問題9】　特急★★
　　用語の説明について，次のうち誤っているものはどれか。
(1)　単体………単に1種類の元素からなる純物質
(2)　化合物………2種類以上の元素の化合によって生成した純物質
(3)　混合物………純物質が単に混ざり合ったもの
(4)　異性体………同じ分子式であっても分子内の構造が異なり，性質も異なる化合物どうし
(5)　同素体………同じ元素であっても，質量数が異なる原子どうし

解答

【問題6】…(4)

同素体と同位体を説明すると，次のようになります。
・同素体……同じ元素から成り立っていても**性質の異なる**単体どうし
・同位体……同じ元素であっても，**質量数（中性子数）**が異なる原子どうし
従って，(5)の問題文の「同じ元素であっても，質量数が異なる原子どうし」とは，**同位体**の説明になっているので，誤りです。

なお，同素体どうしの性質は異なりますが，同位体どうしの性質は同じです（電子数が同じなので）。

(2) 化合物は，2種類以上の元素の化合によって生成した純物質であり，また，化学的方法によって2種類以上の物質に分解できる物質でもあります。

(4) 正しい。なお，異性体には，構造異性体や立体異性体などがあります。

【問題10】

単体，化合物，混合物の組み合わせとして，次のうち正しいものはどれか。

	単体	化合物	混合物
(1)	酸素	塩化ナトリウム	岩石
(2)	ナトリウム	鉄	空気
(3)	ガソリン	アンモニア	海水
(4)	メタン	赤リン	水
(5)	ドライアイス	硫酸マグネシウム	氷

単体，化合物，混合物の例です。この表を参考にして解説します。

単体	アルミニウム，カリウム，硫黄，**酸素**，マグネシウム，窒素，水素，炭素，**鉄**，**ナトリウム**，塩素，水銀，鉛，銅，オゾン
化合物	アセトン，アルミナ（アルミニウムと酸素の化合物）ベンゼン，アルコール，アンモニア，水，**食塩**，硫酸，二酸化炭素
混合物	石油類（**ガソリン**，灯油，ラッカー用シンナー，**動植物油**等），固形アルコール，空気，希硫酸，牛乳，**海水**，食塩水

(1)は正しい（塩化ナトリウムは食塩），(2)の鉄は**単体**，(3)のガソリンは炭化水素の**混合物**，(4)のメタン（CH₄）は炭素と水素の**化合物**，赤リンは**単体**，(5)のドライアイス（二酸化炭素）と氷（水）は**化合物**です。

――――――――――― 解答 ―――――――――――

【問題7】…(2)　　【問題8】…(4)　　【問題9】…(5)

【問題11】
　異性体どうしの組み合わせとして，次のうち正しいものはどれか。
　⑴　酸素とオゾン　　　　　　⑵　黄リンと赤リン
　⑶　nブタンとイソブタン　　⑷　メタノールとエタノール
　⑸　ダイヤモンドと黒鉛

　nブタンとイソブタンの分子式はともにC_4H_{10}ですが，炭素原子Cの並び方が異なるので構造異性体となります。
　なお，同じような構造異性体には，エタノールとジメチルエーテル（分子式はともにC_2H_6O）などがあります。
　ちなみに，⑴の酸素とオゾン，⑵の黄リンと赤リン，⑸のダイヤモンドと黒鉛は同素体です（⑸は炭素の同素体でカーボンナノチューブも同様です）。

【問題12】　特急★★
　空気の一般的性状について，次のうち誤っているものはどれか。
　⑴　空気中の窒素は可燃物の急激な燃焼を抑制している。
　⑵　空気中の水蒸気量は可燃物の燃焼の難易に影響する。
　⑶　ろうそくの燃焼に必要な酸素は空気中から供給される。
　⑷　乾燥した空気の組成は地域または季節によって著しく異なる。
　⑸　空気と軽油の混合物を内燃機関（ディーゼルエンジン）で燃焼させると，酸化窒素が発生する。

　空気の組成は地域または季節などにかかわらず，窒素が78％，酸素が20.9％のほか，微量の炭酸ガスやアルゴンなどを一定に含む気体の混合物です。
　なお，その他，水素ガスの性状についても出題例があるので，①無色・無味・無臭で，水に溶けにくく地球上で最も軽いガス。　②　燃焼すると無色の炎をあげて水を生成する。③　常温では安定だが，高温では金属酸化物を還元し多くの金属や非金属と爆発的に反応し水素化物を生じる……等は覚えておいてください。

―――――――――解答―――――――――

【問題10】…⑴

【問題13】
　一酸化炭素について，次のうち誤っているものはどれか。
(1)　無色無臭の非常に有毒な気体である。
(2)　有機物が不完全燃焼するときに生成する。
(3)　高温の二酸化炭素と水蒸気との反応で生成する。
(4)　空気中で青白い炎をあげて燃焼し，二酸化炭素になる。
(5)　還元作用を有する。

解説

　一酸化炭素は，(2)の「有機物が不完全燃焼するときに生成する。」ほか，工業的手法としては，(3)の高温の二酸化炭素と水蒸気ではなく，「高温の**炭素**と水蒸気（または二酸化炭素）との反応で生成」します。

【問題14】
　二酸化炭素の生成および性状について，次のうち誤っているものはどれか。
(1)　水に溶けると弱いアルカリ性を示す。
(2)　常温常圧の状態では安定であるが，2,000℃程度に強熱すると可逆的に一酸化炭素と酸素に分解する。
(3)　炭酸水素ナトリウムの水溶液に塩酸を加えると二酸化炭素が生成する。
(4)　空気中で有機化合物を燃焼させると，一般的に，一酸化炭素，二酸化炭素および水等が生成する。
(5)　冷却と加圧によって液体または固体にすることができ，固体の二酸化炭素は空気中で昇華する。

解説

(1)　水に溶けると弱い**酸性**を示します。
(3)　炭酸水素ナトリウムの水溶液に塩酸を加えると，次のような反応が生じます。
　　$NaHCO_3 + HCl \rightarrow NaCl + H_2O + CO_2 \uparrow$

解答

【問題11】…(3)　　【問題12】…(4)

化学の問題と解説　219

【問題15】

酸素の性状について，次のうち誤っているものはどれか。
(1) 液体酸素は淡青色である。
(2) 常温でも窒素と激しく反応する。
(3) 希ガス元素とは反応しない。
(4) 鉄，亜鉛またはアルミニウムとは，直接反応して酸化物を作る。
(5) 常温では，いくら加圧しても液体にならない。

解説

(2) 窒素とは高温では反応することがありますが，常温では反応しません。

(3) 正しい。なお，希ガス元素とは，周期表18族に属するヘリウムやネオンなどの不活性ガスと呼ばれる元素のことで，他の元素とは殆ど反応しない化学的に安定した性質の元素です。

(5) 酸素の臨界温度は－118℃であり，常温（20℃）では，いくら加圧しても液体にはならないので正しい。

化学反応と熱 （本文P.187）

【問題16】

次の熱化学方程式は，水素が完全燃焼して水蒸気が生成するときの反応を表したものである。

この方程式について，次のうち誤っているものはどれか。

ただし，水素の原子量は1，酸素の原子量は16とする。

$$H_2 + \frac{1}{2}O_2 = H_2O（気）+ 242 \text{ kJ}$$

(1) 1 molの水素と$\frac{1}{2}$ molの酸素が反応して，1 molの水蒸気を生成した。
(2) 2 gの水素と16 gの酸素が反応して，18 gの水蒸気を生成した。
(3) 水素1 mol 当たりの燃焼熱は242 kJである。
(4) 1 molの水素と$\frac{1}{2}$ molの酸素に含まれているエネルギーは，1 molの水蒸気に含まれているエネルギーから242 kJの熱量を除いたものである。
(5) 0℃，1気圧の標準状態において，水素22.4ℓと酸素11.2ℓの混合気体に点火すると，22.4ℓの水蒸気が発生した。

解答

【問題13】…(3)　　【問題14】…(1)

熱化学方程式の左辺と右辺のエネルギーは等しいので，(4)は，「1 mol の水素と $\frac{1}{2}$ mol の酸素に含まれているエネルギーは，1 mol の水蒸気に含まれているエネルギーに242 kJ の熱量を足したものである。」となります。

【問題17】

　メタノール1 mol を燃焼させるのに必要な空気量は，メタン1 mol を燃焼させるのに必要な空気量の何倍か。

(1)　0.5倍　　(2)　0.75倍　　(3)　1.0倍　　(4)　1.25倍　　(5)　1.5倍

　メタノール（CH_3OH）とメタン（CH_4）が完全燃焼するときの反応式は次のようになります（⇒有機化合物が燃焼すると**二酸化炭素**と**水**になる）。

$$CH_3OH + \frac{3}{2}O_2 \rightarrow 2H_2O + CO_2$$
$$CH_4 + 2O_2 \rightarrow CO_2 + 2H_2O$$

　これより，メタノール1 mol を燃焼させるのに必要な酸素量は $\frac{3}{2}$ mol であり，また，メタン1 mol を燃焼させるのに必要な酸素量は2 mol となります。空気量の比は酸素量の比でもあるので，$\frac{3}{2} \div 2 = 0.75$ となるわけです。

【問題18】　　急行★

　エタノール（C_2H_5OH）10 g を完全に燃焼させるのに必要な空気の体積は，0℃，1気圧に換算して約何 ℓ か。

　ただし，酸素（O_2）は空気中に体積比20%で存在しているものとし，また小数点以下は四捨五入し，原子量は H＝1，C＝12，O＝16 とする。

(1)　23 ℓ　　(2)　43 ℓ　　(3)　55 ℓ　　(4)　73 ℓ　　(5)　98 ℓ

　まず，エタノール（C_2H_5OH）が完全燃焼するときの反応式を未定係数法で作成していきます。その際，エタノールの係数を1と仮定します。

――――――――――　解答　――――――――――

【問題15】…(2)　　【問題16】…(4)

化学の問題と解説　221

C₂H₅OH + aO₂ → bCO₂ + cH₂O

① Cの数について……2 = b
② Hの数について……6 = 2c
③ Oの数について……1 + 2a = 2b + c

次頁の消費Oの量を求める式やP.185下の表を覚えていればこのような計算をせずに3 molが導きだせます。

②より，c = 3だから，b = 2，c = 3を③に代入すると，1 + 2a = 4 + 3 ⇒ よって，a = 3 となります。従って，反応式は，

C₂H₅OH＋3 O₂→2 CO₂＋3 H₂O となります。

この反応式より，「エタノール1 molを完全燃焼させるには，3 molの酸素が必要」ということがわかります。つまり，エタノールの3倍の物質量の酸素が必要になるわけです。

エタノール1 molは46 gなので（24 + 5 + 16 + 1 = 46），10 gは10／46 = 0.217 molであり，酸素はその3倍必要だから，0.217 × 3 = 0.652 mol必要となります。1 molは22.4 ℓなので，22.4 × 0.652 = 14.6 ℓの酸素が必要，ということになり，空気はその5倍の73 ℓ必要になります。

【問題19】 特急★★

次の化合物1 molを完全燃焼させた際に消費される理論酸素量が，エタノール1 molを完全燃焼させたときと等しいものはどれか。

(1) 酸化プロピレン　　　(2) ベンゼン
(3) 1－プロパノール　　(4) ジメチルエーテル
(5) エタン

解説

エタノール1 molを完全燃焼させた際に消費される理論酸素量が同じものを探すには，各物質の示性式から導かれる分子式がエタノールの分子式 C₂H₆O と同じ異性体を探せば，エタノールと理論酸素量が同じ，ということになります。

⇒ 異性体は燃焼時の理論酸素量が同じ

よって，まず，各物質の示性式を示すと次のようになります。

(1) 酸化プロピレン…………CH₃CHOCH₂
(2) ベンゼン………………C₆H₆
(3) 1－プロパノール………C₃H₇OH

解答

【問題17】…(2)　　【問題18】…(4)

(4)　ジメチルエーテル………CH₃OCH₃
(5)　エタン………………C₂H₆

これから各物質の分子式を導くと，次のようになります。
(1)　酸化プロピレン…………C₃H₆O
(2)　ベンゼン……………C₆H₆
(3)　1－プロパノール………C₃H₈O
(4)　ジメチルエーテル………C₂H₆O
(5)　エタン………………C₂H₆

　以上より，エタノールと同じ分子式となる(4)のジメチルエーテルが異性体となり，これが正解となります。
　なお，本問では分子式が同じものが正答となりますが，選択肢に分子式が同じものがない場合があります。その場合は，構成する元素が異なり，<u>分子式が異なっていても消費される酸素量が同じになるケース</u>を探すということになるので（例：エタノール（C₂H₆O）とエチレン（C₂H₄）は，分子式は異なるが，どちらも1 mol 燃焼させるために3 mol の酸素を消費する），その場合は下記のような計算により答えを求める必要があります。

　今回は理論酸素量が同じものを選択する問題じゃが，「理論酸素量が最大，あるいは最小のもの」を選択するという問題の場合は，本来は未定係数法で各反応式を作成して，理論酸素量を比較するという手順を踏む必要がある。
　しかし，本試験の限られた時間のなかでこれだけの反応式を作成するというのは，現実的には難しいことと言わざるを得ない。
　そこで，次の計算式を使うと，燃焼の際に消費する酸素量が簡単に求まるので，覚えておけばよいじゃろう。
「消費する O の量＝2 C＋H／2 －O」
　この式なんじゃが，有機化合物が燃焼すると，水と二酸化炭素が生じることから導いた式で，炭素（C）は，

―――――――― 解答 ――――――――

【問題19】 …(4)

１個で酸素（O）２個を消費して二酸化炭素となり，また，水素（H）は２個で酸素（O）１個を消費して水となる。

従って，（Cの数×２）＋（Hの数×１／２）のOを消費するというわけなんじゃが，ただ，分子中にOがあれば，それが燃焼の際に消費されるので，その分，差し引く必要がある。つまり，

「消費するOの量＝（Cの数×２）＋（Hの数×１／２）－（分子中のOの数）」となるわけじゃ。もっと簡単に書くと，

「消費するOの量＝２C＋H／２－O」となる，というわけなんじゃ。

なお，この式から導かれるのはあくまでもOの数なので，酸素（O_2）のmol数を求める場合は，それを２で割る必要があるので間違いないように。

　なお，上記の計算式を用いて，理論酸素量が最も多いものと少ないものを求めると，ベンゼンが「２×６＋１／２×６＝15」と最も多く，エタノールとジメチルエーテルが「２×２＋１／２×６－１＝６」と最も少なくなります。

　（P.393のアセトンやP.395の1－プロパノールも出題されているので，両者の理論酸素量も導けるようにしておいて下さい。なお，理論酸素量の最大のものと最小のものを求める出題もあるので，要注意）

【問題20】

　次の物質各１molを完全燃焼させた際に消費される理論酸素量が互いに等しい組合わせは，次のうちどれか。

(1)　ジエチルエーテル（$C_2H_5OC_2H_5$）　　　シクロヘキサン（C_6H_{12}）

(2)　アセトアルデヒド（CH_3CHO）　　　亜鉛（Zn）

(3)　水素（H_2）　　　炭素（C）

(4)　酢酸エチル（$CH_3COOC_2H_5$）　　　プロパン（C_3H_8）

(5)　マグネシウム（Mg）　　　アセチレン（C_2H_2）

解答

解答は次ページの下欄にあります。

この問題も，まずはCとHとOの数の"調査"から入ります（簡単な解法からさぐるのが受験テクニックの常道です！）。

　よって，前ページの「2C+H／2－O」の式より，それぞれの理論酸素量を求めていきます。（注：この式の値の1／2がmol数になります。）

　(1)　ジエチルエーテルは，「2×4+10／2－1＝12」より6 mol，シクロヘキサンは，「2×6+12／2＝18」より9 molとなり，理論酸素量は異なります（ノルマルヘキサン（C₆H₁₄）も出題例あり）。

　(2)　アセトアルデヒドは，「2×2+4／2－1＝5」より5／2 mol，**亜鉛**は，**酸化数**より理論酸素量を求めます。亜鉛の酸化数は＋2であり（P 201の②参照），ZnOとなるので，理論酸素量は1／2 molとなり，アセトアルデヒドとは異なります。

　(3)　水素は，「2／2＝1」より1／2 mol，炭素は，「2×1＝2」より1 molとなり，理論酸素量は異なります。

　(4)　酢酸エチルは，「2×4+8／2－2＝10」より5 mol，プロパンは，「2×3+8／2＝10」より5 molとなり，理論酸素量は等しくなります。

　(5)　マグネシウムの酸化数は(2)の亜鉛と同じなので，理論酸素量も1／2 molとなります。一方，アセチレンは，「2×2+2／2＝5」より5／2 molとなるので，理論酸素量は異なります。

　なお，本問の場合は物質名が表示されていますが，右辺の化学式だけで出題されるケースもあるので，本問の物質以外にメタノールやエタノールなどの主な物質（特に第4類危険物）の化学式も，見ただけでわかるようにしておいた方がよいでしょう。

化学反応の速さと化学平衡　（本文P. 188）

【問題21】
　　反応速度について，次のうち誤っているものはどれか。
　(1)　活性化エネルギーが大きいほど，反応速度は大きくなる。
　(2)　反応温度が高いほど，反応速度も大きくなる。
　(3)　触媒は活性化エネルギーを小さくさせる作用がある。

解答

【問題20】…(4)

(4) 溶液の濃度が高いほど，反応速度も大きくなる。
(5) 触媒は反応速度を変化させる働きはあるが，自身は変化しない。

化学反応を起こさせるための最低限のエネルギーが活性化エネルギーであり，そのエネルギーが大きいということは，それだけ大きなエネルギーを与えないと反応が起こらないということになります。従って(1)の反応速度は"小さく"なります。

たとえて言えば，象とウサギに草を与えた場合，象に比べてウサギは少しの量の草，すなわち，小さな活性化エネルギーで動き出すので反応速度が大きい，ということになる。しかし，象の方はよりたくさんの草，すなわち，より多くの活性化エネルギーを与えないと動かないので反応速度は小さい，ということになる。つまり，活性化エネルギーが小さいと反応速度が大きく（速く）なり，活性化エネルギーが大きいと反応速度が小さく（遅く）なる，というわけじゃ。

【問題22】
　化学平衡に関する記述について，次のうち誤っているものはどれか。
(1) 平衡状態とは，正逆の反応速度が互いに等しくなり，見かけ上，反応が停止したような状態になることをいう。
(2) 平衡状態にある反応系の温度を高くすると，発熱の方向に反応が進み，新しい平衡状態となる。
(3) 反応系の圧力を大きくすると，系内の気体の総分子数が減少する方向に反応が進み，新しい平衡状態となる。
(4) ある一部の成分を取り除くと，その成分の濃度が増加する方向に反応が進み，新しい平衡状態となる。
(5) 触媒を加えると，化学平衡に達する時間は変化するが，平衡の移動は起こらず，自身も変化しない。

―――――――――― 解答 ――――――――――

【問題21】…(1)

(2) 平衡状態にある反応系の温度を高くすると, ル・シャトリエの原理より,「その変化を打ち消す方向」, すなわち, 温度を低くする方向に平衡が移動します。従って, 発熱の方向ではなく, 吸熱の方向に反応が進むので, 誤りです。

(5) 正しい。ある反応に触媒を加えると, 活性化エネルギーを小さくして反応速度を増大（大きく）させますが, 自身は変化せず, 平衡も移動しません。

【問題23】

次の化学反応式は, 平衡状態にあるものとする。これについて述べた次の記述のうち, 誤っているものはどれか。

H_2（気）$+ I_2$（気）$\rightleftarrows 2HI$（気）$+ 9kJ$

(1) 温度を上げると, 反応は右から左へと移動して新しい平衡状態となる。
(2) 圧力を高くすると, 反応は右から左へと移動して新しい平衡状態となる。
(3) ヨウ素を増加すると, 反応は左から右へと移動して新しい平衡状態となる。
(4) 水素を増加すると, 反応は左から右へと移動して新しい平衡状態となる。
(5) ヨウ化水素を取り除くと, 反応は左から右へと移動して新しい平衡状態となる。

(1) 温度を上げると「その変化を打ち消す方向」, すなわち, 吸熱方向に移動するので, 正しい。

(2) 圧力に関しては前問の(3)の,「反応系の圧力を大きくすると, 系内の気体の総分子数が減少する方向に反応が進み, 新しい平衡状態となる。」で考えます。

そこで, 問題の反応式, $H_2 + I_2 \rightleftarrows 2HI + 9kJ$ を見てみると, 左辺は 2 mol で右辺も 2 mol となるので, 気体の総分子数は両辺で等しくなります。

従って「総分子数が減少する方向」がないので, 圧力を高くしても反応は移動しない, ということになります。

(3)(4) ヨウ素（I_2）や水素を増加すると, それらを減らす方向である左から右へと反応が移動するので, 正しい。

(5) ヨウ化水素（HI）を取り除くと, ヨウ化水素の濃度を増大させる右方

──────── 解答 ────────

【問題22】…(2)

向へと反応が移動するので，正しい。

溶液（本文P.191）

【問題24】
　溶液について，次のうち誤っているものはどれか。
(1) 食塩水を例にとると，食塩が溶質，水が溶媒であり，それらが均一に混ざった液体を水溶液という。
(2) 固体の溶解度は，溶媒100gに溶けることのできる溶質の最大質量（g）で表す。
(3) 固体の溶解度は，温度が高くなるにつれて小さくなる。
(4) 溶質がその限度まで溶けている溶液を飽和溶液という。
(5) 水に溶けて陽イオンと陰イオンに分離する物質を電解質という。

　固体の溶解度は，一般に，温度が高くなるにつれて大きくなるので，(3)が誤りです。

【問題25】
　80℃のホウ酸飽和水溶液200gを20℃まで冷却したときに析出するホウ酸の量として，次のうち正しいものはどれか。
　ただし，20℃および80℃の水100gに対するホウ酸の溶解度は，それぞれ5g，25gとする。
(1) 16g　　(2) 22g　　(3) 30g　　(4) 32g　　(5) 36g

まず，ポイントとなる数値を表にすると，次のようになります。

	飽和水溶液
80℃	(100 + 25) g
20℃	(100 + 5) g
析出量	20 g

（80℃の溶解度が25gということは，全体の飽和水溶液は，125gになります。）

解答

【問題23】…(2)

228　第2編　基礎的な物理学及び基礎的な化学

80℃で100gの水にはホウ酸が25g溶け，20℃で100gの水には5gしか溶けない，ということは，**80℃，125gの飽和水溶液をそのまま20℃に冷却すると，25－5＝20gのホウ酸が析出する**，ということになります。

つまり，125gの飽和水溶液だと20g析出するので，200gの飽和水溶液だと，20g×200／125＝**32g析出する**，ということになります。

式で表すと，次のようになります。

$$\frac{125\text{g での析出量}}{125\text{g の飽和水溶液}} = \frac{200\text{g での析出量（}x\text{と置く）}}{200\text{g の飽和水溶液}}$$

$$\frac{20}{125} = \frac{x}{200} \quad \therefore \quad x = 32\ （g）$$

【問題26】

溶液の濃度を表す次のそれぞれの式のうち，モル濃度を表しているものはどれか。

(1) $\dfrac{溶質の物質量〔mol〕}{溶媒の質量〔kg〕}$

(2) $\dfrac{酸（または塩基）の1molの質量}{酸（または塩基）の価数}$

(3) $\dfrac{溶質の質量〔g〕}{溶液の質量〔g〕} \times 100〔\%〕$

(4) $\dfrac{溶液の物質量〔mol〕}{溶質の物質量〔mol〕} \times 100〔\%〕$

(5) $\dfrac{溶質の物質量〔mol〕}{溶液の体積〔ℓ〕}$

(1)は，分母が質量なので，**質量モル濃度**となります。
(2)は，**1グラム当量**を求める際の式です。
(3)は，溶液の質量〔g〕に対する溶質の質量〔g〕の割合を示しているので，**質量パーセント濃度**となります。
(4)は，該当する濃度は特にありません。

【問題27】

250mℓの水溶液に塩化ナトリウムが29.25g溶けている。この水溶

――――――― 解答 ―――――――

【問題24】…(3)　　【問題25】…(4)

液のモル濃度は次のうちどれか。ただし，塩化ナトリウム1molの質量は58.5gである。

(1)　1〔mol／ℓ〕　　(2)　2〔mol／ℓ〕　　(3)　3〔mol／ℓ〕
(4)　4〔mol／ℓ〕　　(5)　5〔mol／ℓ〕

前問の(5)より，モル濃度は，溶液1ℓに溶けている溶質（塩化ナトリウム）のmol数を求めればよいので，まず，塩化ナトリウム29.25gのmol数を求めます。塩化ナトリウム1molの質量は，58.5gなので，29.25／58.5＝0.5〔mol〕となります。

従って，250mℓ（0.25ℓ）に0.5〔mol〕溶けているので，1ℓでは1／0.25＝4より，4倍の物質量が溶けていることになります。よって，0.5〔mol〕×4＝2〔mol〕，すなわち2〔mol／ℓ〕となります。

【問題28】

0.1mol／ℓの濃度の炭酸ナトリウム水溶液を作ろうとした場合，次の操作のうち正しいものはどれか。

ただし，炭酸ナトリウム（Na_2CO_3）の分子量は106とし，水（H_2O）の分子量は18.0とする。

(1)　10.6gのNa_2CO_3を1ℓの水に溶かす。
(2)　10.6gの$Na_2CO_3 \cdot 10H_2O$を水に溶かして1ℓにする。
(3)　28.6gの$Na_2CO_3 \cdot 10H_2O$を1ℓの水に溶かす。
(4)　28.6gの$Na_2CO_3 \cdot 10H_2O$を水に溶かして1ℓにする。
(5)　57.2gの$Na_2CO_3 \cdot 10H_2O$を水に溶かして1ℓにする。

まず，0.1mol／ℓの濃度というのは，水が1ℓではなく，炭酸ナトリウムが水に溶けた状態で1ℓだから，(1)(3)は誤りです。

次に，$Na_2CO_3 \cdot 10H_2O$（炭酸ナトリウム10水和物⇒濃厚な炭酸ナトリウム水溶液を放置した際に析出する結晶で，$10H_2O$は結晶を安定に維持するのに必要な結晶水を表しています。）ですが，1molは，106＋10×18＝286gとな

─────── 解答 ───────

【問題26】…(5)

ります。これが1ℓ水溶液中に0.1 mol溶けているのだから，286×0.1＝28.6 gの炭酸ナトリウムを溶かせばよい，ということになり，(4)が正解となります。

酸と塩基 (本文P.195)

【問題29】

濃度が0.1 mol／ℓの酢酸水溶液のpHは，次のうちどれか。ただし，電離度は0.01とする。

(1) 2　　(2) 3　　(3) 4　　(4) 5　　(5) 6

酢酸水溶液では，次のように電離します。

$$CH_3COOH \rightleftarrows CH_3COO^- + H^+$$

電離度が0.01なので，「0.1 mol／ℓ×0.01」が上記のように電離しており，また，酢酸は1価の酸なので，この電離している酢酸からは<u>同じmol数の水素イオンH^+が生じている</u>ことになります。

従って，水素イオン濃度[H^+]は，

[H^+]＝「0.1 mol／ℓ×0.01」×1（価）＝$1.0×10^{-3}$ mol／ℓ となります。

∴ pH＝－log[H^+]＝－log 10^{-3}＝3 log 10＝3　となります。

【問題30】

0.08 mol／ℓの塩酸100mℓに0.04 mol／ℓの水酸化ナトリウム100mℓを混合した場合のpHは，次のうちどれか。なお，体積変化は無視するものとし，log 2＝0.3とする。

(1) 0.7　　(2) 1.7　　(3) 2.2　　(4) 3.2　　(5) 4.1

酸と塩基を混合した際の溶液のpHは，中和されずに残った酸，または塩基の濃度より求めます。

まず，H^+のmol数は，　1（価）×0.08×100／1,000＝0.008 mol

OH^-のmol数は，　1（価）×0.04×100／1,000＝0.004 mol

従って，溶液中には，0.008－0.004＝0.004 molの水素イオンが残ります。

──────── 解答 ────────

【問題27】…(2)　　【問題28】…(4)

混合後の溶液は200mℓ＝0.2ℓとなるので，水素イオン濃度［H⁺］は，0.004 mol／0.2ℓ＝0.02 mol／ℓ（＝2×10^{-2} mol／ℓ）となります。

よって，pH＝－log［H⁺］＝－log（2×10^{-2}）＝－log 2－log 10^{-2}＝－log 2＋2 log 10＝－0.30＋2＝1.7　となります。

なお，単位がmol／ℓではなく，「pH 1.0の塩酸10 mℓ」などとpHで出題された場合は，pH 1.0＝－log［H⁺］＝－log 10^{-1} より，0.1 mol／ℓとpHをモル濃度にしてから，計算していきます。

【問題31】

中和滴定において，濃度0.1 mol／ℓの水溶液の酸および，その塩基とその際に用いる指示薬として，組み合わせが適切でないものは次のうちどれか。

なお，メチルオレンジの変色域は，pH＝3.1～4.4, フェノールフタレインの変色域はpH＝8.3～10である。

	酸	塩基	指示薬
(1)	酢酸	水酸化カリウム	メチルオレンジ
(2)	硫酸	水酸化ナトリウム	フェノールフタレイン
(3)	シュウ酸	水酸化カリウム	フェノールフタレイン
(4)	硫酸	アンモニア水	メチルオレンジ
(5)	塩酸	炭酸ナトリウム	メチルオレンジ

【解説】

本文 P.199より

a．強酸と強塩基の中和⇒両方とも使用可能
b．弱酸と強塩基の中和⇒フェノールフタレインを使用
c．強酸と弱塩基の中和⇒メチルオレンジを使用

これより，順に確認すると，

(1) 酢酸は弱酸，水酸化カリウムは強塩基なのでbとなり，メチルオレンジでは誤りです。

(2) 硫酸は強酸，水酸化ナトリウムは強塩基なのでaとなり，両方とも使用

【問題29】…(2)　【問題30】…(2)

可能なので，正しい。

(3) シュウ酸は**弱酸**，水酸化カリウムは**強塩基**なのでbとなり，フェノールフタレインが使用できるので，正しい。

(4) 硫酸は**強酸**，アンモニア水は**弱塩基**なのでcとなり，メチルオレンジが使用できるので，正しい。

(5) 塩酸は**強酸**，炭酸ナトリウムは**強塩基**なのでaとなり，両方とも使用可能なので，正しい。

酸化と還元 (本文P.200)

【問題32】

酸化と還元の説明について，次のうち誤っているものはどれか。
(1) 還元剤は，酸化されやすい物質である。
(2) 単体が反応又は生成する反応は，酸化還元反応である。
(3) 酸化と還元は，同一反応系においては同時に起こらない。
(4) 反応する相手の物質によって酸化剤として作用したり，あるいは還元剤として作用することもある。
(5) 酸化還元反応において，ある物質の酸化数が増加した場合，その物質は還元剤として働いていることになる。

(1) 相手を還元する物質は，自身は酸化されているので，正しい。

(2) 単体の原子の酸化数は0であり，（その反応によって生成した）化合物内の原子の酸化数は0ではないので，酸化数の増減があります。従って，単体が反応又は生成する反応は，酸化または還元反応（酸化還元反応）となるわけであり，正しい。

(3) 酸化数が増加した（電子を失った）原子があれば，同じ分，酸化数が減少した（電子を受け取った）原子があるので，**酸化と還元は同時に起こります**。

(4) **過酸化水素**や**二酸化硫黄**などは，反応する相手の物質により酸化剤として作用することもあれば還元剤として作用することもあるので，正しい。

(5) 酸化数が増加するということは酸化されているのであり，逆に相手の物質を還元しているので，還元剤として働いていることになります。

──────── 解答 ────────

【問題31】 …(1)

【問題33】

次の化学変化において，元の物質が酸化されているものはどれか。

(1) Cl_2 → 2 HCl
(2) $FeCl_2$ → $FeCl_3$
(3) C_6H_6 → $C_6H_5NO_2$
(4) $AgNO_3$ → AgCl
(5) I_2 → 2 KI

解説

（P.201の酸化数の原則をもう一度確認しながら目を通そう。）
(1) Clの酸化数は，0→−1 と減少しているので，**還元**されています。
(2) Feの酸化数は，+2→+3と増加しているので，**酸化**されています。
(3) HがNO_2に置き換わる**置換反応**です。
(4) Agの酸化数は，+1→+1と変化していないので，酸化還元反応ではありません（NO_3の酸化数はp.201の④より−1です）。
(5) Iの酸化数は，0→−1となるので，**還元**されています。

【問題34】

次のうち，一塩基酸はどれか。

(1) シュウ酸　　(2) 酢酸　　(3) リン酸
(4) 硫化水素　　(5) 水酸化ナトリウム

解説

一塩基酸とは**1価の酸**のことで，(2)の酢酸CH_3COOHが電離すると，$CH_3COOH \rightleftarrows H^+ + CH_3COO^-$となるので，$H^+$が1つの**一塩基酸**となります。
(1) シュウ酸 $H_2C_2O_4$は，**2価の酸**です。
(3) リン酸 H_3PO_4は，**3価の酸**です。
(4) 硫化水素 H_2Sは，**2価の酸**です。
(5) 水酸化ナトリウムは，**1価の塩基**です。

――――――――――――― 解答 ―――――――――――――

【問題32】 …(3)

【問題35】

硫黄原子（S）の酸化数が＋Ⅳ（＋4）であるものは，次のうちどれか。

(1) SO₂ (2) SO₃ (3) SO₄²⁻ (4) H₂SO₄ (5) H₂S

(1) $S+(-2)\times 2 = 0$　よって，$S = +4$ となります。
(2) $S+(-2)\times 3 = 0$　よって，$S = +6$ となります。
(3) $S+(-2)\times 4 = -2$　よって，$S = +6$ となります。
(4) $(+1)\times 2 + S+(-2)\times 4 = 0$　よって，$S = +6$ となります。
(5) $(+1)\times 2 + S = 0$　よって，$S = -2$ となります。

【問題36】 急行★

次の下線部分の物質の説明として，誤っているものはどれか。

(1) $\underline{Mg} + 2HCl \rightarrow MgCl_2 + H_2$
Mg は還元剤として働いている。

(2) $\underline{Na}Cl + AgNO_3 \rightarrow AgCl + NaNO_3$
Na は酸化剤として働いている。

(3) $C_2H_4 + \underline{H_2} \rightarrow C_2H_6$
H₂ は還元剤として働いている。

(4) $2H_2S + \underline{SO_2} \rightarrow 2H_2O + 3S$
SO₂ は酸化剤として働いている。

(5) $Fe_2O_3 + 2\underline{Al} \rightarrow 2Fe + Al_2O_3$
Al は還元剤として働いている。

(1) Mg の酸化数は，$0 \rightarrow +2$ と増加しており，酸化されているので還元剤として働いています。正しい（右辺の Mg については，p.201 の②より +2 となる）。

(2) Na の酸化数は，$+1 \rightarrow +1$ と変化していないので，酸化還元反応ではなく，誤りです。

(3) H₂ の酸化数は，$0 \rightarrow +1$ と増加しており，酸化されているので，還元剤として働いています。正しい。

―――――― 解答 ――――――

【問題33】…(2)　【問題34】…(2)

化学の問題と解説　235

(4) Sの酸化数は，+4→0と減少しており，SO_2は還元されているので，酸化剤として働いている，ということになります。正しい。

(5) このAlに関しては，酸化数を考えるまでもなく，Oと化合しているので酸化されており，還元剤として働いています。正しい。

金属および電池について （本文 P.204）

【問題37】

次の文章の (A) ～ (D) に当てはまる語句等の組み合わせはどれか。

「希硫酸中に亜鉛板と銅板を立て，これを導線で結んだ場合，電子は導線の中を (A) の方向に流れ，電流は (B) の方向に流れる。このとき，亜鉛板では (C) 反応，銅板では (D) 反応の化学変化が起こる。」

	A	B	C	D
(1)	Zn→Cu	Cu→Zn	還元	酸化
(2)	Zn→Cu	Cu→Zn	酸化	酸化
(3)	Zn→Cu	Cu→Zn	酸化	還元
(4)	Cu→Zn	Zn→Cu	酸化	還元
(5)	Cu→Zn	Zn→Cu	還元	酸化

解説

本問の電池はボルタ電池であり，本文中でも説明しましたように，イオン化傾向の大きいZnがZn^{2+}となって水溶液中に溶け出し，その結果放出された電子は，**亜鉛板（Zn）から銅板（Cu）に移動**します。

従って，電流はその逆なので，**銅板（Cu）から亜鉛板（Zn）に流れる**ことになります。

また，酸化・還元反応ですが，電子を放出する反応が酸化反応なので，亜鉛板での反応が**酸化反応**となり，電子を受け取る銅板での反応が**還元反応**となります（注：Cu板とZnよりCu板とAlの方がより大きな起電力が得られる）。

【問題38】

希硫酸中に鉛Pbと酸化鉛PbO_2を浸し，両金属間を導線で結んだ場合の反応について，次のうち誤っているものはどれか。

解答

【問題35】…(1)　【問題36】…(2)

(1) Pb の方が溶けて Pb^{2+} となり，水溶液中の SO_4^{2-} と結合して $PbSO_4$ となる。
(2) PbO_2 が正極で Pb が負極となる。
(3) 正極では，次の反応が生じている。
　　$PbO_2 + 4H^+ + SO_4^{2-} + 2e^- \rightarrow PbSO_4 + 2H_2O$
(4) 負極の Pb は，酸化剤の働きをしている。
(5) 電池内全体では，次のような反応式となる。
　　$Pb + PbO_2 + 2H_2SO_4 \rightarrow 2PbSO_4 + 2H_2O$

　負極の Pb は，電子を放出しているので酸化されていることになります。従って，酸化剤ではなく，還元剤の働きをしているので，(4)が誤りです。
　なお，問題の電池は鉛蓄電池であり，正極に酸化数の高い**酸化剤**（PbO_2），負極に酸化数の低い**還元剤**（Pb）を用いることによって電池が構成されています。このように，酸化剤と還元剤を導線で結合し，その化学反応を電気エネルギーとして取り出す装置が電池となるわけです。
　ちなみに，電池内の反応をまとめると，次のようになります。
　正極；$PbO_2 + 4H^+ + SO_4^{2-} + 2e^- \rightarrow PbSO_4 + 2H_2O$
　負極；$Pb + SO_4^{2-} \rightarrow PbSO_4 + 2e^-$
　全体；$Pb + PbO_2 + 2H_2SO_4 \rightarrow 2PbSO_4 + 2H_2O$

【問題39】 特急★★

　2種の金属の板を電解液中に離して立て，金属の液外の部分を針金でつないで電池をつくろうとした。この際に，片方の金属を Al とした場合，もう一方の金属として最も大きな起電力が得られるものは，次のうちどれか。
(1) Ag　　(2) Fe　　(3) Cu　　(4) Pb　　(5) Zn

　たとえば，イオン化傾向の大きい金属 A と，イオン化傾向の小さな金属 B があるとした場合，両者のイオン化傾向の差が大きいほど，イオン化傾向の大きい金属 A から溶け出す陽イオンの量が増え，その結果，起電力も大きくな

――――――――――――――解答――――――――――――――

【問題37】…(3)

化学の問題と解説　237

ります。

　従って，問題の場合，アルミニウムとのイオン化傾向の差が最も大きいものを選べばよいわけです。

　イオン化列は次のようになります（下線部の金属が問題の金属）。
K＞Ca＞Na＞Mg＞**Al**＞<u>Zn</u>＞<u>Fe</u>＞Ni＞Sn＞<u>Pb</u>＞(<u>H₂</u>)＞Cu＞Hg＞<u>Ag</u>＞Pt＞Au

　これから見てもすぐにわかるように，Alとイオン化傾向の差が最も大きいものは，一番遠く離れている**Ag**（銀）ということになります。

　なお，イオン化傾向の最も大きいリチウムを用いたのが**リチウムイオン（二次）電池**で，Li⁺となることで電子を放出して**酸化され**（⇒相手は**還元**），リチウムが**陰極**となります。

　（リチウムは金属中，最もイオン化傾向が大きいので大きな起電力が得られる）

【問題40】

　地中に埋設された危険物配管を電気化学的な腐食から防ぐのに異種金属を接続する方法がある。配管が鉄製の場合，接続する異種の金属として，次のうち正しいものはいくつあるか。

　　鉛，マグネシウム，亜鉛，ニッケル，銅，銀
⑴　1つ　　　⑵　2つ　　　⑶　3つ　　　⑷　4つ　　　⑸　5つ

　金属の腐食を防ぐ（遅らせる）方法に，**目的とする金属よりイオン化傾向の大きい金属**を接続する方法があります。つまり，イオン化傾向の大きい金属を先に腐食させることによって，目的とする金属の腐食を遅らせるわけです。

　従って，鉄（Fe）よりイオン化傾向の大きい金属は，前問のイオン化列より，マグネシウム，亜鉛の2つのみとなります。

　（鉛，ニッケル，銅，銀は鉄よりイオン化傾向が小さいので，鉄の方が先に腐食する。）

　なお，**地下配管の破損原因**に関しては，「2種類の土壌にまたがって配管が設置（土質の違いによる）」「アースとして用意した金属が配管に接着していなかった。」「異常振動」「配管の強度不足」などがあります（「コンクリート内に入れて埋めた」は誤り）。

解答

【問題38】…⑷　　【問題39】…⑴

【問題41】
　白金線に金属の塩の水溶液をつけて炎の中に入れると，金属の種類によって異なった色がでる。この実験を行った場合の金属と炎の色との組み合わせで，次のうち誤っているものはどれか。

	金属	炎の色
(1)	カルシウム	橙赤
(2)	リチウム	深赤
(3)	ナトリウム	白
(4)	カリウム	赤紫
(5)	バリウム	黄緑

　ナトリウムの炎色反応は白ではなく，黄色です。なお，カルシウム Ca の橙赤とはオレンジ色のことです。

有機化合物　(本文 P.208)

【問題42】
　炭化水素について，次のうち誤っているものはどれか。
(1) アルカンはメタン系炭化水素とも呼ばれ，一般式 C_nH_{2n+2} で表される単結合のみの炭化水素で，水には溶けない。
(2) アルケンはエチレン系炭化水素とも呼ばれ，一般式 C_nH_{2n} で表される二重結合を1つ含む炭化水素である。
(3) アルキンはアセチレン系炭化水素とも呼ばれ，一般式 C_nH_{2n-2} で表される三重結合を1つ含む炭化水素である。
(4) 芳香族炭化水素は，一般式 C_nH_{2n-6} で表され，分子内にベンゼン環をもつ炭化水素である。
(5) メタン，エタン，プロパン，ブタンはすべて二重結合を1つもつ不飽和炭化水素である。

――――――――――― 解答 ―――――――――――

【問題40】…(2)

メタン，エタン，プロパン，ブタンはすべて二重結合ではなく，**単結合のみの飽和炭化水素（アルカン）**です。

【問題43】
　炭化水素に関する次の記述のうち，不適当なものはどれか。
(1)　アルカンから水素原子1個除いた原子団をアルキル基という。
(2)　メチル基は，メタンCH_4から水素原子1個を除いたアルキル基である。
(3)　エチル基は，エタンC_2H_6から水素原子1個を除いたアルキル基である。
(4)　CH_3CHCH_2で表される化合物は，アセチレン系炭化水素である。
(5)　C_5H_{12}で表される化合物は，アルカンである。

(4)　CH_3CHCH_2はC_3H_6となるので，前問の(2)より，C_nH_{2n}で表される**エチレン系炭化水素**となります。(5)　C_5H_{12}は，C_nH_{2n+2}で表されるので，前問の(1)より，アルカン（メタン系炭化水素）となります。

【問題44】　急行★
　次の官能基とその構造（化学式），物質名の組み合わせで，誤っているものはどれか。

	構　造	官能基の名称	物質名
(1)	－CHO	アルデヒド基	アセトアルデヒド
(2)	－COOH	カルボキシル基	酢酸
(3)	－OH	ヒドロキシル基	エタノール
(4)	－NO_2	アミノ基	アニリン
(5)	－SO_3H	スルホ基	ベンゼンスルホン酸

　－NO_2はニトロ基で，ニトロベンゼンなどがあります。アミノ基は，－NH_2です。

――――――――――解答――――――――――

【問題41】…(3)　　【問題42】…(5)

【問題45】　急行★

有機化合物の分類に関する説明として，次のうち誤っているものはどれか。
(1)　フェノール類……ベンゼン環に直接カルボニル基が結合した化合物をいう。
(2)　カルボン酸………分子中にカルボキシル基をもつ化合物をいう。
(3)　アミン……………アンモニアの水素原子を炭化水素基で置き換えた化合物をいう。
(4)　スルホン酸………分子中にスルホ基をもつ化合物をいい，炭化水素の水素原子をスルホ基（スルホン酸基）で置換した化合物をいう。
(5)　エーテル…………アルコールのヒドロキシル基の水素原子を炭化水素基で置き換えた化合物をいう。

解説

フェノール類は，ベンゼン環に直接ヒドロキシル基（－OH）が結合した化合物（または，**ベンゼン環の水素原子を－OHで置換した化合物**）のことをいいます。(5)のエーテルは，問題文のとおり，アルコールのヒドロキシル基の水素原子を炭化水素基で置き換えた化合物をいいます。

たとえば，アルコールであるエタノールは，C_2H_5OHですが，この OH の H を炭化水素基であるエチル基－C_2H_5で置き換えると，$C_2H_5-O-C_2H_5$，すなわち，ジエチル**エーテル**となります。この場合，化学式の炭化水素基をRで表すと，R－O－Rという形になり，「酸素原子に2個の炭化水素基が結合した化合物がエーテル」といい換えることもできます。

【問題46】

次の官能基（原子団）と化合物の組み合わせにおいて，不適当なものはどれか。

	官能基	化合物
(1)	－OH	メタノール，グリセリン
(2)	－COOH	酢酸，ギ酸
(3)	－NO₂	ニトロベンゼン，トリニトロトルエン
(4)	－CHO	アセトアルデヒド，ホルムアルデヒド
(5)	－COO－	アセトン，ピクリン酸

―――解答―――

【問題43】…(4)　　【問題44】…(4)

(1) —OH はヒドロキシル基であり，メタノール（CH_3OH），グリセリン（$C_3H_5(OH)_3$）ともアルコール類で，正しい。

(2) —COOH はカルボン酸のカルボキシル基であり，酢酸（CH_3COOH），ギ酸（$HCOOH$）ともカルボン酸で，正しい。

(3) —NO_2 はニトロ基であり，ニトロベンゼン（$C_6H_5NO_2$），トリニトロトルエン（$CH_3C_6H_2(NO_2)_3$）ともニトロ化合物なので，正しい。

(4) —CHO はアルデヒド基であり，アセトアルデヒド（CH_3CHO），ホルムアルデヒド（$HCHO$）ともアルデヒドなので，正しい。

(5) —COO— はエステル結合であり，アセトン（CH_3COCH_3）はケトン基（$>C=O$）があるのでケトンであり，ピクリン酸（$(C_6H_2(OH)(NO_2)_3$）はニトロ基（NO_2）があるのでニトロ化合物です。

なお，エステルは，カルボン酸とアルコールの縮合（2つの分子が結合する際に，水などの小さな分子が取れて結合する反応のこと）によって生じる化合物（ギ酸メチル（$HCOOCH_3$）や酢酸エチル（$CH_3COOC_2H_5$）など）で，このエステルが生成する反応をエステル化といいます。

【問題47】
次の記述のうち，誤っているものはどれか。
(1) 炭素原子が鎖状に結合している化合物を脂肪族炭化水素または鎖式炭化水素という。
(2) 鎖式の1価カルボン酸のことを脂肪酸という。
(3) 脂肪酸のうち，炭化水素基がすべて単結合だけからなるものを飽和脂肪酸という。
(4) 炭素原子の数の多い脂肪酸を高級脂肪酸という。
(5) グリセリンと低級脂肪酸のエステルを油脂という。

(1) 問題文は，炭化水素を分類した場合ですが，有機化合物とした場合は，脂肪族化合物または鎖式化合物という具合になります。

解答

【問題45】 …(1)　【問題46】 …(5)

(2) 酢酸（CH₃COOH）のように，脂肪族炭化水素基にカルボキシル基（COOH）が1個結合したカルボン酸（1価カルボン酸）を**脂肪酸**というので，正しい。なお，脂肪酸というのは，鎖式の1価カルボン酸が油脂の成分であるところからきています。

(3) 脂肪酸のうち，すべて単結合だけからなるもの（⇒二重結合を含まないもの）を**飽和脂肪酸**というので，正しい。なお，不飽和結合（二重結合）を含むものは**不飽和脂肪酸**といいます。

ちなみに，飽和脂肪酸にはステアリン酸，不飽和脂肪酸にはオレイン酸やリノール酸などがあります。

(4) 炭素原子の数の多い脂肪酸，つまり，分子量の大きい脂肪酸を**高級脂肪酸**というので，正しい（炭素原子の数の少ない脂肪酸は低級脂肪酸といいます）。

(5) 低級ではなく，高級脂肪酸とグリセリンのエステルを油脂というので，誤りです。

【問題48】

芳香族炭化水素について，次のうち誤っているものはどれか。

(1) ベンゼンの構造式は，単結合と二重結合が交互に配列された環状構造となっている。
(2) ベンゼン環は二重結合をもつが，安定しており，付加反応より置換反応が起こりやすい。
(3) ベンゼンの置換反応として，ハロゲン化，ニトロ化，スルホン化などがある。
(4) ベンゼンに濃硫酸と濃硝酸の混合物を反応させるとスルホン化され，スルホン酸となる。
(5) ベンゼンの二置換体には，キシレンにみられるように3つの異性体がある。

(2) 正しい。「ベンゼンは不飽和炭化水素であり，置換反応より付加反応を起こしやすい」という出題例がありますが，当然，誤りです。
(4) 濃硫酸と濃硝酸の混合物を反応させる置換反応は**ニトロ化**であり，**スルホン化**は濃硫酸を加えて加熱します。

― 解答 ―

【問題47】 …(5)

(5) ベンゼン（C_6H_6）の二置換体とは，ベンゼンの6個の水素原子のうち，2個を他の原子（または原子団）で置換した異性体で，オルト異性体，メタ異性体，パラ異性体があります。

なお，その他，「ベンゼンの同族体には**トルエン**や**キシレン**等がある」「**6つの炭素原子は正六角形に結合し，すべて同一平面上にある。**」も重要ポイントです（いずれも正しい）。

【問題49】

アルコールに関する次の記述のうち，適切でないものはどれか。
(1) アルコールとは，脂肪族炭化水素（アルカン）の水素原子をヒドロキシル基（－OH）で置換した化合物をいう。
(2) 分子中にヒドロキシル基が1個のものを1価アルコールという。
(3) エーテルは，アルコール（R－OH）の水素原子を炭化水素基（R－）で置換したもので，アルコールの異性体である。
(4) ヒドロキシル基に結合している炭素が他の炭素と結合している数が1個のアルコールは，1級アルコールである。
(5) 分子内に炭素数の多いアルコールを多価アルコールという。

分子内に**炭素数の多い**アルコールは，**高級アルコール**といいます。
多価アルコールは，分子中の**ヒドロキシル基が2個以上**のものをいいます。

【問題50】

次の有機化合物の一般的性状について，誤っているものはどれか。
(1) 構成元素は，炭素，酸素，水素，窒素，硫黄などであり，元素の種類は少ない。
(2) 無機化合物に比べて融点や沸点が低い。
(3) 水によく溶けるものが多い。
(4) 300℃を超える高温では分解するものが多い。
(5) 有機溶媒によく溶けるものが多い。

―――――――――― 解答 ――――――――――

【問題48】…(4)

有機化合物は，一般に，有機溶媒にはよく溶けますが，水には溶けにくいので，(3)が誤りです。

その他

【問題51】
高分子化合物について，次のうち誤っているものはいくつあるか。
　A　高分子化合物とは，分子量が10,000以上の化合物のことをいう。
　B　高分子化合物のもとになっている分子量の小さな分子を分子コロイドという。
　C　単量体によって生成された　高分子化合物を重合体（ポリマー）という。
　D　単量体が多数結合して重合体になる反応を重合という。
　E　エチレンが付加重合して生成された高分子化合物を，ポリエチレン，塩化ビニルが付加重合して生成された高分子化合物をポリ塩化ビニルという。
　F　フェノール樹脂（ベークライト）は，フェノールが付加重合したものである。
　(1)　1つ　　(2)　2つ　　(3)　3つ　　(4)　4つ　　(5)　5つ

　B　高分子化合物のもとになっている分子量の小さな分子は，**単量体（モノマー）**といいます。分子コロイドは，溶液中において1個の分子がコロイド状になるものをいいます。
　F　フェノール樹脂は，フェノールとアルデヒドの**縮合**によって得られる**プラスチック**の総称です。
　（B，Fが誤り。）

【問題52】
過酸化水素水136 gが完全に水と酸素に分解している。
　その酸素は標準状態で22.4 ℓであった。この過酸化水素水中の過酸化水素の質量％濃度として，次のうち正しいものはどれか。ただし，過酸化水素

──────── 解答 ────────

【問題49】…(5)

の分子量は34とする。
(1) 12.5%　　(2) 25%　　(3) 37.5%　　(4) 50%　　(5) 75%

まず，反応式は次のとおりです。

$2H_2O_2 \rightarrow 2H_2O + O_2$

過酸化水素2モルから水2モルと酸素1モルが分解したことになります。

生じた酸素22.4ℓは1モルなので，もとの**過酸化水素は2モル**になります。

そこで，質量％濃度は，**溶質の質量／溶液の質量×100（％）**の式から求めるわけですが，溶質の質量は，過酸化水素が2モルなので，1モルが34gから68gになります。

一方，溶液の質量は，過酸化水素水の136gが該当するので，質量％濃度は，$\dfrac{溶質の質量}{溶液の質量} \times 100$（％）$= \dfrac{68}{136} \times 100$（％）$= 50\%$になります。

【問題53】

　　有機化合物について，次のうち誤っているものはどれか。
(1)　第一級アルコールを酸化するとアルデヒドを生じる。
(2)　第一級アルコールまたはアルデヒドを酸化するとカルボン酸を生じる。
(3)　第二級アルコールを酸化するとケトンを生じる。
(4)　2価のフェノールを還元すると第二級アルコールを生じる。
(5)　ニトロ化合物を還元するとアミンを生じる。

(1)(2)　第一級アルコールは酸化すると**アルデヒド**に，そのアルデヒドを酸化すると**カルボン酸**になるので，正しい（下記の例を参照）。

　　（第一級アルコール）　　　（アルデヒド）　　　（カルボン酸）
　　　エタノール　　⇒　アセトアルデヒド　⇒　　酢酸
　　　メタノール　　⇒　ホルムアルデヒド　⇒　　ギ酸

(3)　第二級アルコールを酸化すると**ケトン**になるので，正しい。
(4)　誤り。還元して第二級アルコールとなるのは**ケトン**です。
(5)　正しい。

解答

【問題50】…(3)　　【問題51】…(2)　　【問題52】…(4)　　【問題53】…(4)

第3章 燃焼に関する知識

 学習のポイント

　まず,「燃焼の基礎」ですが,**燃焼の定義**については時折出題されているので,どういう状態を燃焼というのか,ということについて理解しておく必要があります。

　また,「燃焼の種類」については,比較的よく出題されているので,各燃焼についての理解と具体例（物質）を覚えておく必要があります。

　次に,「燃焼範囲と引火点,発火点」ですが,**引火点**や**発火点**が単独で出題される,というのはあまりなく,たいていは**燃焼範囲**などと絡んでたまに出題されている程度です。従って,**燃焼範囲の下限値の液温＝引火点**などのように,両者を関連づけて理解しておく必要があるでしょう。

　なお,「自然発火」についてもたまに出題されているので,**自然発火が起こりやすい条件**,または**自然発火が起こりやすい物質**などを把握しておく必要があります。

① 燃焼の基礎

(1) 燃　焼

燃焼とは「**熱**と**光**の発生を伴う（急激な）**酸化反応**」のことをいいます。

従って，鉄がさびるのは酸化反応ですが，光の発生を伴わず，また，酸化反応が遅いので（＝激しい発熱反応がないので）燃焼とはいいません。また，窒素（P.187）や塩素の酸化反応のように，**吸熱反応**となる場合も燃焼とはなりません。

さて，いきなりですが，ここで次の例題を解いてください。

[例題]　燃焼において起きる現象について，次のうち最も適切なものはどれか。
(1)　においと煙を伴う分解反応　　(2)　音と光を伴う分解反応
(3)　においと煙を伴う可逆反応　　(4)　熱と光を伴う酸化反応

解説 ------------------------------------

先ほどインプットしたばかりなので，答はすぐにわかったと思います。そうです。「発生」という言葉は抜けていますが，(4)が正解です。

このように，この燃焼の定義はわりと重要なポイントになっているので，よくそのポイントを抑えておいてください。

> **＜有炎燃焼と無炎燃焼＞**
> 　燃焼を，炎を出して燃える**有炎燃焼**と，線香やタバコなどのように炎を出さずに燃える**無炎燃焼**（P.251，3の①参照）に分ける場合があります（注：炎を出さなくとも無炎燃焼は「燃焼」になるので，「燃えるときは，必ず炎を上げて燃焼する」は×になります）。
> 　無炎燃焼は，**固体の可燃性物質特有の燃焼形態**で，風などにより酸素の供給量が増加すれば有炎燃焼に移行することがあります（⇒無炎燃焼状態のくすぶる木炭に息を吹いたりウチワで風を送ると炎があがり有炎状態となる）。

(2) 燃焼の三要素

たとえば，新聞紙を燃やす場合に何が必要か？と考えると，新聞紙のほかに，火をつける道具であるマッチやライター，そして酸化反応を生じさせるための酸素（空気）が必要です。

（酸素について）
　空気よりわずかに重く，**無色無臭**（注：**液体酸素は淡青色**）で，他の物質の燃焼を助ける**支燃性ガス**ですが，自身は**不燃物**です（水には少溶）。また，電気陰性度が大きいので**酸化力が強く**，多くの元素と反応してその**酸化物**をつくります。
（酸素は，窒素（注：**常温の場合**）やヘリウムなどとは，一般に反応しません。）

限界酸素濃度
　酸素は空気中に約21％含まれている**支燃性ガス**（物質の燃焼を助けるガス）で，燃焼に最低限必要な酸素濃度を**限界酸素濃度**といいます。
　その値は可燃性物質の種類によって異なり，物質はその酸素濃度以下にしないと燃焼は停止しません。
　二酸化炭素を放射して消火するときは，一般に酸素濃度を14～15％以下（窒素放射の場合は10～12％以下）にする必要があります。

　この新聞紙（**可燃物**），マッチやライター（**点火源**），空気（**酸素供給源**）の3つを**燃焼の三要素**といい，このうち，どれ一つ欠けても燃焼は起こりません。
　逆にいうと，消火させるためにはこのうちのどれか1つを取り除けばよい，ということになります。

 こうして覚えよう！

燃焼の三要素
燃焼を さ か て（逆手）
　　　　酸素　可燃物　点火源
にとれば消火になる。
（この三要素に「**燃焼の継続**（**酸化反応が連鎖的に継続する**という意味）」を加えて**燃焼の四要素**という場合があります。）

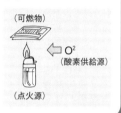
（可燃物）
O_2（酸素供給源）
（点火源）

　その**可燃物，点火源（熱源），酸素供給源**を簡単に説明すると，次のようになります。

1．可燃物

　紙や木材，あるいはガソリンなどの，とにかく燃える物質そのものをいいます。

2．酸素供給源

　一般に酸素を供給するものというと，すぐに空気中の酸素が思い浮かぶと思いますが，その他にも次のようなものがあります。
・**酸化剤**＊などの酸素を供給する物質に含まれる**酸素**（加熱によって分解し**酸素**を出す）　　（＊第1類や第6類）
・可燃物自体の**内部にある酸素**，
など。

3．点火源（熱源）

　燃焼を起こすために必要な熱源（炎や熱）で，マッチな

どの火気のほか，静電気などによる火花や摩擦や衝撃などによる熱なども点火源となります。
（P.148の融解熱や気化熱などは**潜熱**であり，点火源とはならないので，注意してください。）。

（3）燃焼の種類

燃焼の仕方には，気体，液体，固体によって，次のような種類があります。

前ページの酸素に引き続き，燃焼に関係のある窒素についても補足しておきます。
　窒素は**無色，無臭**で一般に**酸素とも反応しない**（注：高温除く）極めて不活性で**不燃性の気体**（非支燃性）であり，室内において窒素濃度が高くなれば**酸素欠乏症**を起こすので注意が必要です。

1. 気体の燃焼

気体の燃焼には，次の2種類があります。
・**予混合燃焼**：一般家庭にあるガスコンロのように，可燃性ガスと空気または酸素が，燃焼開始に先立ってあらかじめ混ざり合って燃焼することをいいます。
・**拡散燃焼**：ろうそくは，ロウが気化して可燃性ガスとなり，酸素と混合しながら燃焼します。このように，可燃性ガスと空気が混合しながら燃焼することを拡散燃焼といいます。

2. 液体の燃焼　（蒸発燃焼）

灯油や**ガソリン**及び**アルコール**などが燃えているのをよく見てみると，液面のすぐ上には炎はなく，ほんのわずかではありますが，少し上の方で炎が上がっているのがわかります。
　この液面のすぐ上にあるのが可燃性蒸気で，この液体から蒸発した可燃性蒸気が，空気と混合したのちに燃えるのが可燃性液体の燃焼の仕方で，このような燃焼の仕方を**蒸発燃焼**といいます。

液体の燃焼
・蒸発燃焼

蒸発燃焼

液体や固体の可燃物では，燃焼に際して，**蒸発，昇華**または**分解**の過程を必要とします。

固体の燃焼

表面燃焼

分解燃焼

内部燃焼

蒸発燃焼(固体)

3．固体の燃焼

① **表面燃焼**　可燃物の表面だけが（熱分解も蒸発もせず）燃える燃焼をいい（⇒固体に特有の燃焼で，炎は出ない），**無炎燃焼又はくん焼**ともいいます。

　例）**木炭，コークス，金属粉，鉄粉**など。

② **分解燃焼**　可燃物が加熱されて熱分解しその際発生する可燃性ガスが燃える燃焼をいいます。

　例）**木材，石炭，プラスチック**などの燃焼
　（覚え方⇒分解するのは奇蹟だ！）

・**内部燃焼（自己燃焼）**　分解燃焼のうち，その可燃物自身に含まれている**酸素**によって燃える燃焼をいいます。

　例）**セルロイド**（ニトロセルロースと樟脳から作る）

③ **蒸発燃焼**　固体を加熱した場合，熱分解することなくそのまま蒸発してその蒸気が燃えるという燃焼で，あまり一般的ではありません。

　例）**ナフタレン，硫黄**などの燃焼（⇒蒸発してない）

（4）完全燃焼と不完全燃焼

完全燃焼とは，空気（酸素）が十分な状態での燃焼をいい，**不完全燃焼**とは，不十分な状態での燃焼をいいます。

炭素の場合でいうと，完全燃焼すれば $C + O_2 \rightarrow CO_2$ と二酸化炭素を生じますが，不完全燃焼すれば $C + \frac{1}{2}O_2 \rightarrow CO$ と，一酸化炭素になってしまいます。

その二酸化炭素と一酸化炭素では，次のように性質が異なります。

（注：両者とも**無色，無臭**です）

〈二酸化炭素〉	〈一酸化炭素〉
燃えない（十分な酸素と結びついているため）	燃える（不十分な酸素と結びついているため）
毒性なし	有毒
水に溶ける（水溶液は**弱酸性**）	水にはほとんど溶けない
空気より**重い**	空気より**軽い**
液化しやすい	液化しにくい

❷ 燃焼範囲と引火点, 発火点 (問題P.259)

(1) 燃焼範囲 (爆発範囲)

燃焼範囲は**可燃性ガスの種類**により異なり、また、同じ可燃性ガスでも、**温度**や**圧力**が高くなるほど燃焼範囲が広くなる傾向にあります。
(⇒燃焼範囲は温度により変化する)

液体の蒸発燃焼においては、可燃性蒸気と空気との混合割合が一定の濃度範囲でないと点火しても燃焼しません。この濃度範囲を**燃焼範囲**といいます。

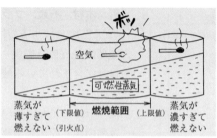

① 可燃性蒸気と空気の混合ガスの濃度は、その混合ガス中に蒸気が何パーセント含まれているか、という容量パーセント*で表します。

$$混合気の容量\% = \frac{蒸気量〔\ell〕}{混合ガス全体〔\ell〕} \times 100$$

$$= \frac{蒸気量〔\ell〕}{蒸気量〔\ell〕+空気量〔\ell〕} \times 100〔vol\%〕$$

*一般に容量%(体積%)はvol%と表示しています。

混合ガスが薄い限界が下限値であり、濃い限界が上限値です (上限界が100%の物質もある)。

なお、燃焼範囲の上限値=発火点ではないので注意しよう!

② 燃焼範囲のうち、低い濃度の限界を**下限値**、高い濃度の限界を**上限値**といいます (**下限界**, **上限界**ともいう)。

③ 下限値の時の液温が**引火点**となります。

④ **下限値が低く, 上限値が高いほど, つまり, 燃焼範囲が広いほど危険性が大きくなります** (混合ガスがより薄い状態でも燃焼が可能、あるいは、より薄い状態からより濃い状態まで燃焼が可能だからです)。

(2) 引火点と発火点　　急行★

引火点、発火点とも、その数値が

引火点とは、可燃性液体の表面に、引火するのに十分な濃度の蒸気が発生している時の**最低の液温**をいいます。

252　第2編　基礎的な物理学及び基礎的な化学

低いほど危険性が高く，また，両者とも物質によって異なる値ですが，物質固有の値ではなく，測定方法などによりその値が変動します。

これに対して**発火点**とは，可燃物を空気中で加熱した場合，点火源がなくても発火して燃焼を開始する時の，**最低の液温**をいいます。

つまり，温度が引火点に達しても点火さえしなければ燃焼の危険はありませんが，発火点に達すると点火源の有無にかかわらず発火の危険が生じます（「炎を近づけても発火点までは燃えない」は誤り⇒引火点で引火する）。

なお，このほか，引火後5秒間燃焼が継続する最低の温度を**燃焼点**といい，一般的に，引火点より数℃程度高い温度で，その大小は次の通りです⇒（下線部の大小に注意！）

引火点＜燃焼点＜発火点

ここに注意！

「引火点より低い温度では，可燃性蒸気は発生していない」は誤りです。正しくは，「引火点より低い温度では，燃焼するのに十分な濃度の可燃性蒸気は発生していない」となります。

なお，可燃性蒸気の蒸気圧が低い可燃性液体ほど，引火点は**高く**なり（可燃性ガス濃度低下のため），蒸気圧が高い可燃性液体ほど，引火点は**低く**なる（引火しやすい）ので，注意して下さい。

（3）自然発火　　急行★

たとえば，油を含んだウェスや天ぷらの揚げかすなどを重ねたりして置いておくと自然に発熱して，やがてそれが**発火点**まで達すると，発火して燃焼することがまれにあります。

これは，酸化熱が長時間蓄積されたことによるもので，このような発火現象を**自然発火**といいます。

重要

①の各熱における発火物質の例
酸化熱：天ぷらかす，ゴム粉，鉄粉
分解熱：ニトロセルロース
吸着熱：活性炭，木炭粉末
発酵熱：干し草，たい肥
重合熱：スチレン

①　自然発火の原因となる発熱には，**酸化熱，分解熱，吸着熱，発酵熱，重合熱**などがあります。

②　自然発火が起こりやすい条件

1．気温や可燃性物質の**温度が高い**とき。

2．可燃性物質が**多量に保管**されているとき。

3．可燃性物質が粉末状で，**空気との接触面積が大きい**とき。

4．可燃性物質が**通風の悪い状態**で保管されているとき。

5．可燃性物質が**酸化または分解を起こしやすい物質**であるとき。

第2編　基礎的な物理学及び基礎的な化学

2．燃焼範囲と引火点，発火点　253

❸ 燃焼の難易と物質の危険性 (問題 P.263)

（1）燃焼の難易

熱伝導率が小さい
⇒熱が伝わりにくい
⇒熱が逃げにくい
⇒温度が上昇
⇒燃えやすい

物質は，一般に次の状態ほど燃えやすくなります。
① **酸化**されやすい。
② 空気との接触面積が**広い**（⇒**風通し**が良い）。
③ 可燃性蒸気が**発生**しやすい。
④ 発熱量（燃焼熱）が**大きい**。
⑤ 周囲の温度が**高い**。
⑥ 熱伝導率が**小さい**。
⑦ 水分が**少ない**（乾燥している）。

（覚え方）
⑥の熱伝導率と
⑦の水分のみ，
小さい（少ない）
ほど燃えやすい

（2）物質の危険性

物質の危険性は次のような物性値の大小によって判断できます。

1．大きいほど危険性が高いもの

○燃焼範囲　○燃焼速度　○蒸気圧　○比表面積（単位質量あたりの表面積のこと）
○燃焼熱　○火炎伝播速度（炎の伝わる速度）

2．小さいほど危険性が高いもの

○燃焼範囲の下限値　○最小着火エネルギー
○引火点　○発火点　○熱伝導率
○沸点（沸点が低い→より低い温度で蒸発→可燃性蒸気が発生しやすい→揮発性が高い→危険性が高い）
○比熱と熱容量（比熱が小さい→少ない熱で温度上昇→引火点到達→危険）

＜混合危険について＞
　次の物質どうしを混合した場合は，発火や爆発する危険があります。
① 酸化性物質＋還元性物質（覚え方⇒イチローが西へ行くと爆発する）
　酸化性物は第1類と第6類，還元性物質は第2類と第4類危険物です。
　「第1類，第6類」＋「第2類，第4類」⇒発火，爆発
② 酸化性塩類＋強酸
　酸化性塩類は，第1類の（過）**塩素酸塩類，過マンガン酸塩類**などです。

254　第2編　基礎的な物理学及び基礎的な化学

燃焼の問題と解説

燃焼の基礎（本文P.248）

【問題1】

次のA，B，Cの組み合わせのうち，燃焼の三要素がそろっているのはどれか。

	A	B	C
(1)	二硫化炭素	窒素	炎
(2)	鉄粉	空気	光
(3)	ヘリウム	酸素	気化熱
(4)	酢酸	空気	静電気火花
(5)	プロパン	二酸化炭素	衝撃火花

Aは可燃物のグループ，Bは酸素供給源のグループ，Cは点火源のグループです。

従って，(4)は酢酸＝可燃物，空気＝酸素供給源，静電気火花＝点火源と，燃焼の三要素がそろっているので，これが正解です。

(1) 窒素は，酸素供給源ではないので，誤りです。
(2) (3) 光，気化熱とも点火源ではないので，誤りです。
(5) 二酸化炭素は酸素供給源ではないので，誤りです。

【問題2】 特急★★

次のA～Eに示す記述のうち，誤っているもののみを掲げているものはどれか。

A 燃焼の3要素とは，可燃物，酸素及び点火源をいい，このうち，どれ1つ欠けても燃焼は起こらない。
B 燃焼反応における活性化エネルギーのことを燃焼熱という。
C 熱伝導率の大きいものほど燃えやすい。
D 可燃性液体の液面付近の蒸気濃度が，燃焼範囲の下限値としたときの液温が引火点である。

―解答―

解答は次ページの下欄にあります。

E　物質が酸素と化合したとき，相当の発熱があり，更に可視光線が出ていれば，その物質は燃焼しているといえる。

(1) AとC　(2) BとC　(3) BとD　(4) CとD　(5) DとE

B　物質を燃焼させるためには，いったんエネルギーの高い状態に移行させる必要があり，そのエネルギーのことを**活性化エネルギー**というので誤りです。ちなみに，活性化エネルギーを与えるものを**点火源**といいます。
　なお，燃焼熱とは，物質が完全燃焼した際に発生する熱量のことをいいます。
C　熱伝導率が大きいと，すぐに熱が逃げるので熱が蓄積せず，逆に燃えにくくなります。

【問題3】　急行★

燃焼について，次のうち誤っているものはどれか。
(1) 石油類は主に蒸発により発生した蒸気が燃焼する。
(2) 燃焼に必要な酸素源として，過マンガン酸カリウムや硝酸カリウムなどの酸化性物質が使われることがある。
(3) 吸熱の酸化反応でも燃焼現象を示すものがある。
(4) 燃焼は熱と光の発生を伴う急激な酸化反応である。
(5) 密閉された室内で可燃性液体が激しく燃焼した場合には，一時に多量の発熱が起こり，圧力が急激に増大して爆発を起こすことがある。

(1) 石油類は蒸発燃焼するので，正しい。
(2) 酸素供給源としては，空気などのほか，過マンガン酸カリウムや硝酸カリウムなどの**酸化剤**（酸化性物質）もあるので，正しい。
(3) 「燃焼は，**熱**と光を伴う酸化反応」であり，**吸熱の酸化反応では燃焼**とはなりません。なお，熱化学反応式は，一般に，○＋○→○＋○<u>＋kJ</u>という式になりますが，下線部が「－kJ」と**マイナス（吸熱）**になる場合は燃焼とはならないので，注意しよう！
(4)(5) 正しい。

【問題1】…(4)

【問題4】

次のA～Eの物質のうち，常温（20℃），常圧の空気中で燃焼するものはいくつあるか。

A 一酸化炭素　　B 硫化水素　　C 三酸化硫黄
D ヘリウム　　　E 五硫化リン

(1) 1つ　　(2) 2つ　　(3) 3つ　　(4) 4つ　　(5) 5つ

燃焼するものに○，そうでないものを×とすると，

A 一酸化炭素は，燃焼して二酸化炭素になるので○。なお，二酸化炭素が燃えない理由は「酸素と（これ以上）結合しないから」です。☞出た！

B，E 硫化水素，五硫化リンは，燃焼して亜硫酸ガスを生じるので○。

C 三酸化硫黄は，無水硫酸ともいわれる硫黄酸化物で，燃えないので×。

D ヘリウムは，不活性ガスで燃えないので×。

よって，燃焼するのはA，B，Eの3つとなります。

【問題5】　特急★

燃焼に関する一般的説明として，次のうち正しいものはどれか。

(1) 表面燃焼とは，可燃性の物質の表面で熱分解や蒸発が起こり燃焼することをいう。

(2) 可燃性液体でも表面燃焼するものがある。

(3) 固体の燃焼はすべて表面燃焼である。

(4) 分解燃焼のうち，その物質が含有する酸素により燃焼するものを自己燃焼又は内部燃焼という。

(5) すべての可燃物は，完全燃焼すると二酸化炭素を生じる。

(1) 表面燃焼は，熱分解も蒸発もしないで燃焼することをいうので，誤りです。

(2) 表面燃焼は固体の燃焼であり，可燃性液体の燃焼は蒸発燃焼です。

(3) 固体の燃焼には表面燃焼のほかに，分解燃焼や，一部ではありますが蒸発燃焼もあるので，誤りです。

―――― 解答 ――――

【問題2】…(2)　　【問題3】…(3)

燃焼の問題と解説　257

(5) 一般に，炭素を含む化合物（有機化合物）が完全燃焼すると二酸化炭素を生じますが，そうでない場合もあるので，誤りです。

【問題6】 急行★

燃焼に関する説明として，次のうち誤っているものはどれか。
(1) 木炭は，熱分解や気化することなく，そのまま高温状態となって燃焼する。これを表面燃焼という。
(2) 硫黄は，融点が発火点より低いため，融解し，さらに蒸発して燃焼する。これを分解燃焼という。
(3) エチルアルコールは，液面から発生した蒸気が燃焼する。これを蒸発燃焼という。
(4) 石炭は，熱分解によって生じた可燃性ガスが燃焼する。これを分解燃焼という。
(5) ニトロセルロースは，分子内に酸素を含有し，その酸素が燃焼に使われる。これを内部燃焼という。

(1) 木炭は，熱分解や気化することなく，表面だけが燃える表面燃焼なので正しい。
(2) 硫黄は，ナフタリンなどと同じく固体ではありますが，蒸発して燃焼をする**蒸発燃焼**なので，分解燃焼は誤りです。
(3) 正しい。
(4) 正しい。なお，**石炭**は**分解**燃焼であり，(1)の**木炭**は**表面**燃焼なので間違わないように！
(5) 正しい。なお，ニトロセルロースは，セルロイドの原料になるもので，第5類の危険物です。

【問題7】 急行★

次のA～Eに掲げる物質の主な燃焼形態について，正しいものの組み合わせはどれか。
A コークス，軽油……………………表面燃焼

───────────── 解答 ─────────────

【問題4】…(3)　　【問題5】…(4)

B 硫黄, アセトアルデヒド………蒸発燃焼
C なたね油, 木炭……………蒸発燃焼
D 木材, プラスチック…………分解燃焼
E ニトロセルロース, アセトン……自己燃焼

(1) AとB　(2) BとC　(3) BとD　(4) DとE　(5) EとA

順に確認すると,
A 軽油は蒸発燃焼なので, 誤りです。
B 硫黄は蒸発燃焼をする数少ない固体であり, また, 可燃性液体のアセトアルデヒド (特殊引火物) も蒸発燃焼なので, 正しい。
C 木炭は表面燃焼をするので, 誤りです。
D 木材, プラスチックとも, 加熱によって分解した可燃性ガスが燃焼する分解燃焼なので, 正しい。
E アセトンは, 第4類第1石油類の可燃性液体であり, 蒸発燃焼をするので, 誤りです。
従って, 正しいのは, BとDの(3)ということになります。

燃焼範囲と引火点, 発火点 (本文P.252)

【問題8】
次の文から, 引火点および燃焼範囲の下限値の数値として考えられる組み合わせはどれか。
「ある引火性液体は, 液温30℃で液面付近に濃度5 vol%の可燃性蒸気を発生した。この状態でマッチの火を近づけたところ引火した。」

	引火点	燃焼範囲の下限値
(1)	15℃	10 vol%
(2)	20℃	4 vol%
(3)	35℃	6 vol%
(4)	40℃	15 vol%
(5)	45℃	4 vol%

―――――――――― 解答 ――――――――――

【問題6】…(2)

燃焼の問題と解説　259

引火した，ということは，液温（30℃）と可燃性蒸気の濃度（5 vol%）がすでに**引火点**および**燃焼範囲**の下限値以上になっている，ということなので，引火点が30℃以下で，かつ，燃焼範囲の下限値の濃度が5 vol%以下の組み合わせを探せばよいわけです。

よって，(2)が該当することになります。

なお，「温度が変わっても燃焼範囲は変わらない。」という出題例もありますが，温度が高くなると，燃焼下限界の値は小さく（低く）なり，燃焼範囲は広くなるので，×となります。

【問題9】
　ある危険物の引火点，発火点および燃焼範囲を測定したところ，次のような結果を得た。

　　　引火点…………−40℃
　　　発火点…………300℃
　　　燃焼範囲………1.4〜7.6 vol%

　上記の条件のみで，燃焼の起こらないものはどれか。

(1)　蒸気5ℓと空気100ℓとの混合気体に点火した。
(2)　液温が0℃のとき炎を近づけた。
(3)　400℃の高温体に接触させた。
(4)　100℃まで加熱した。
(5)　蒸気が8ℓ含まれている空気200ℓに点火した。

(1)　この可燃性蒸気の体積（容量）%は，$\dfrac{5}{5+100} \times 100 \fallingdotseq 4.76 \text{ vol\%}$となります。この危険物の燃焼範囲は1.4〜7.6 vol%なので，範囲内となり，点火すると燃焼します。

(2)　この危険物の引火点は−40℃なので，液温が0℃であるなら液面上に引火するのに十分な可燃性蒸気が発生しており，炎を近づけると燃焼します。

(3)　この危険物の発火点は300℃なので，400℃の高温体に接触させると点火

解答

【問題7】…(3)　　【問題8】…(2)

源がなくとも燃焼します。

(4) 100℃は発火点の300℃より低いので燃焼しません。

(5) 可燃性蒸気の体積%を計算すると，$\frac{8}{200} \times 100 = 4.0\,\text{vol}\%$となり（注：この場合の200ℓは蒸気が含まれた200ℓなので，(1)とは異なりこのような式となります。），燃焼範囲内となるので，点火すると燃焼します。

【問題10】

引火点について，次のうち誤っているものはどれか。
(1) 可燃性液体が，爆発（燃焼）下限界の濃度の蒸気を発生するときの温度を引火点という。
(2) 引火点は，物質によって異なる値を示す。
(3) 引火点に達すると，液体表面からの蒸発のほかに，液体内部からも気化が起こり始める。
(4) 引火点より低い温度においては，燃焼するのに必要な濃度の可燃性蒸気は発生しない。
(5) 可燃性液体の温度がその引火点より高いときに，火源を近づけると引火する危険性がある。

(3) 液体内部からも気化が起こり始めるというのは，沸騰に関する説明です。
(4) 正しい。なお，「引火点より低い温度においては，可燃性蒸気は発生しない。」となっていれば誤りです。つまり，引火点より低い温度でも可燃性蒸気は発生していますが，ただ，それが，**燃焼するのに必要な濃度の可燃性蒸気**ではない，というだけです。

【問題11】

引火及び発火等の説明について，次のうち誤っているものはどれか。
(1) 同一可燃性物質においては，一般的に発火点の方が引火点より高い数値を示す。
(2) 発火点とは，可燃性物質を空気中で加熱したときに火源なしに自ら燃焼

解答

【問題9】 …(4)

し始める最低の温度をいう。
(3) 燃焼点とは、燃焼を継続させるのに必要な可燃性蒸気が供給される温度をいう。
(4) 同一可燃性物質においては、一般的に引火点より燃焼点の方が高い数値を示す。
(5) 引火点とは、可燃性液体が燃焼範囲の上限値の濃度の蒸気を発するときの液体の温度をいう。

(3) 正しい。なお、燃焼点とは、引火後5秒間燃焼が継続する最低の温度とされていて、引火点より数℃程度高いのが一般的です（「引火点＞燃焼点」のものはない）。
(5) 引火点とは、可燃性液体が燃焼範囲の上限値ではなく、**下限値**の濃度の蒸気を発するときの液体の温度をいいます。

【問題12】 急行★

屋内に貯蔵されている油を含んだウェスや金属の粉末のような可燃性物質の自然発火が最も起こりにくいものは、次のうちどれか。
(1) 可燃性物質が多量に保管されている場合。
(2) 通風が良好で、空気が乾燥している場合。
(3) 可燃性物質が粉末状で、空気との接触面積が大きい場合。
(4) 気温や可燃性物質の温度が高い場合。
(5) 物質が、酸化または分解を起こしやすい可燃性物質である場合。

P.253の自然発火が起こりやすい条件より、通風が悪ければ自然発火が起こりやすくなりますが、通風が良い状態なら自然発火は起こりにくくなります。

【問題13】

自然発火を起こしやすい物質として、次のうち誤っているものはどれか。

---解答---

【問題10】…(3)

(1)　石炭　　(2)　天ぷらのあげかす　　(3)　ゴムの粉末
(4)　紙　　　(5)　油を含んだウエス（ほろきれ）

(4)以外はいずれも酸化熱によって発熱し，発火へと至ります。
なお，自然発火については，次のような出題例もあります。
「発火点が低いほど自然発火を起こしやすい」⇒○
「引火点が高いほど自然発火を起こしやすい」⇒×

燃焼の難易と物質の危険性　（本文P.254）

【問題14】
　　次のうち，引火性液体が燃焼しやすい状態となるのは，どれか。
(1)　熱伝導率が小さい。
(2)　発熱量が小さい。
(3)　乾燥度が低い。
(4)　空気との接触面積が狭い。
(5)　周囲温度が低い。

熱伝導率が小さいと，それだけ熱が逃げないので蓄積しやすくなり，燃焼しやすくなります。

【問題15】
　　可燃物が燃焼しやすい条件として，次の組み合わせのうち，適切なものはどれか。

	燃焼熱	水分	空気との接触面積
(1)	小	少	小
(2)	大	少	大
(3)	大	少	小
(4)	小	多	大
(5)	大	多	大

―――――解答―――――

【問題11】…(5)　　【問題12】…(2)

燃焼熱と空気との接触面積は大きいほど燃焼しやすくなるので,「大」となります。また,水分は,少ない（乾燥している）ほど燃焼しやすくなるので,「少」となります。

【問題16】
　粉じん爆発について,次のうち誤っているものはどれか。
(1)　粒子の小さい粉じんほど,爆発を起こしやすい。
(2)　粉じんの爆発のしやすさは,粉じんの粒度（りゅうど）や粒度分布には無関係である。
(3)　粉じん爆発についても燃焼範囲（爆発範囲）がある。
(4)　粉じん爆発は,閉鎖された空間で起こりやすい。
(5)　粉じんの形状や表面の状態も爆発性に影響を与える。

　可燃性固体が細かい粒子となって空気中を浮遊しているときに,なんらかの火源によって爆発することを粉じん爆発といいます（⇒P.336参照）。
　その粉じん爆発ですが,粉じんの粒度や粒度分布によって爆発しやすくなったり,あるいは,しにくくなったりするので,(2)が誤りです。
　なお,可燃性固体ではなく,可燃性の気体が急速に熱膨張するのがガス爆発で,最小着火エネルギーは粉じん爆発の方が大きいので,着火しにくいのですが,いったん着火した場合のエネルギーも粉じん爆発の方が大きいので,注意してください（⇒いずれのエネルギーも粉じん爆発の方が大きい）。

【問題17】
　危険物の一般的な火災の危険性について,次のうち誤っているものはどれか。
(1)　沸点が低い物質は,引火の危険性が大である。
(2)　燃焼範囲の下限値の小さい物質ほど危険性は大である。
(3)　液体の危険物の場合,その蒸気圧が大きいほど危険性は大である。

解答

【問題13】…(4)　　【問題14】…(1)　　【問題15】…(2)

(4) 電気伝導度が小さい物質ほど，危険性は大である。
(5) 比熱が大きな物質ほど温度上昇が大きくなるので，危険性は大である。

(1) 沸点が低い物質ほど，低い温度で可燃性蒸気を発生するので，引火の危険性が大きくなります。

(4) 電気伝導度が小さい物質とは，つまり，電気が通りにくい絶縁体のことであり，静電気が帯電しやすくなります。静電気が帯電しやすくなると，静電火花を生じる危険性も大きくなります。

(5) 比熱は，物質1gの温度を1K（度）上昇させる熱量であり，その値が小さいほど少ない熱で温度が上昇するため，「比熱が小さな物質ほど危険性は大」ということになります。

【問題18】
　次の組合せのうち，混合，接触しても発火，爆発のおそれのないものはどれか。
(1) 発煙硝酸とアニリン
(2) 赤リンと塩素酸カリウム
(3) 過マンガン酸カリウムとメタノール
(4) 硝酸と硫化リン
(5) 硫黄とアセトン

混合，接触すると発火，爆発する組合せは，次のとおりです。
「第1類，第6類」＋「第2類，第4類」⇒発火，爆発
(1) 6類と4類で×。
(2) 2類と1類で×。
(3) 1類と4類で×。
(4) 6類と2類で×。
(5) 2類と4類で，上記組合せになく，○。
　なお，本試験では，次の物質も出題されているので，その類などを再確認し

──解答──
【問題16】…(2)　【問題17】…(5)　【問題18】…(5)

ておいてください。

第1類……**無水クロム酸（三酸化クロム），臭素酸ナトリウム，硝酸アンモニウム，過マンガン酸ナトリウム，硝酸ナトリウム**

第2類……**鉄粉**

第3類……**カリウム，炭化カルシウム**

第4類……**二硫化炭素，アセトン，ベンゼン，酢酸**

第5類……**エチルメチルケトンパーオキサイド，過酸化ベンゾイル**

第6類……**過塩素酸，硝酸，過酸化水素**

　酸……**硫酸，リン酸**

ちなみに，以上はあくまでも危険物どうしの混合の場合ですが，本試験では，たとえば，「カリウムと水（⇒発火，爆発する）」のような出題もあるので注意してください。

コーヒーブレイク

＜合格のためのテクニックその１＞

　乙種に比べて甲種は，当然，守備範囲が広いので，合格通知を手にするのもなかなか大変です。従って，ここではまず，問題集の選び方などを多くの体験談などから２つほど紹介したいと思います。

1. 問題集は，できるだけ解説が詳しいものを選ぶのが，独学で勉強する場合の常道です。間違えても解答欄に○×しかないものは避けるべきでしょう。
2. その問題集ですが，問題を解く際には，完全にマスターしたと思われる問題をしつこく何回も解く，ということをせず，２回目（または３回目以降）に解く際には，その問題を"パス"できるよう問題番号の所に何らかのマーキングをしておくと，他の問題に時間を割けるので効率的です。

第4章 消火に関する知識

 学習のポイント

　消火と燃焼は，当然ですが密接なつながりがあり，燃焼をするための条件をどれか1つ取り除けば消火となります。従って，なぜ消火できるのか？は，なぜ燃焼できるのか？の裏返しであり，両者を関連づけて理解することが大切なポイントになります。

　ということから，「消火の方法」では，燃焼のどの要素を取り除けば○○消火になるか，という具合に理解する必要があります。

　また，「消火剤の種類」では，**消火効果**を関連づけて出題されることが多いので，**消火剤とその消火効果**はよく把握しておく必要があります。

　さらに，「消火剤の種類」では，**泡消火剤**に関する出題がよく見られるので，泡消火剤についてはもちろんのこと，**泡そのものの具備すべき性質**なども把握しておく必要があるでしょう。

消火の方法  (問題 P.275)

消火の三要素
・除去消火
・窒息消火
・冷却消火
（負触媒消火）

　燃焼をするためには燃焼の三要素（可燃物，酸素供給源，点火源）が必要ですが，それを消火するには，逆にその3つのうちのいずれか1つを取り除けばよいことになります。この3つの消火方法を**消火の三要素**といいます。

（1）除去消火

ろうそくは気化した蒸気が燃えるのですが，その蒸気を吹き消すのも，可燃物の蒸気を除去することによる消火方法です。

可燃物を除去して消火をする方法。
　例）ガスの火を元栓を閉めることによって消す。（元栓を閉めることによって可燃物であるガスの供給を停止する）

（2）窒息消火

酸素の供給を断って消火をする方法。
　例）燃えているフライパンに，ふたをして消す（ふたをすることにより酸素の供給を断つ）。

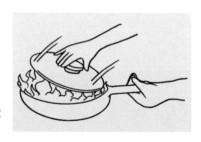

この窒息消火には，次のような方法があります。
① **泡消火剤による方法**
　燃焼物を空気または二酸化炭素の泡で覆うことにより，空気の供給を断って消火をする方法で，化学泡と空気泡があります。
　1．化学泡：消火時に，2種類以上の化学薬品を反応させて（その泡を）放射する。
　2．機械泡：消火時に，消火器のノズル内に空気を吸引することにより（泡を）放射する。

② 二酸化炭素による方法
不燃物である二酸化炭素を燃焼物に放射して消火をする方法です。
③ ハロゲン化物による方法
不燃物であるハロゲン化物を燃焼物に放射して消火をする方法です。
④ 固体による方法
土や砂などで燃焼物を覆って消火をする方法です。

(3) 冷却消火

冷却消火は，燃焼物を引火点又は固体の熱分解による可燃性ガスの発生温度以下にすることによって消火をする方法です。

燃焼物を冷却して**熱源**から熱を奪い，燃焼が継続出来ないようにして消火をする方法。
例）燃焼物に水をかけて消火する。

〈燃焼の三要素と消火の三要素の関係〉

燃焼の三要素		
可燃物	酸素供給源	点火源（熱源）
取り除く	取り除く	取り除く
除去消火	窒息消火	冷却消火
消火の三要素		

☆以上が消火の三要素ですが，これに次の燃焼を抑制する消火方法も加えて燃焼の四要素という場合もあります。

(4) 負触媒（抑制）消火

燃焼は酸化の連鎖反応が継続したものとも言えますが，その酸化反応をハロゲンなどの負触媒作用（抑制作用）のある消火剤を加えることによって，抑制して消火をする方法を**負触媒（抑制）消火**といいます。

1. 消火の方法　269

❷ 火災の区別

火災には，大きく分けて**普通火災**，**油火災**，**電気火災**があり，普通火災を**A火災**，油火災を**B火災**，電気火災を**C火災**といいます。

普通火災：A火災
油火災　：B火災
電気火災：C火災

普通火災というのは，木や紙など一般の可燃物による火災で，油火災は引火性液体などによる火災，電気火災は変圧器やモーターなどの電気設備による火災のことをいいます。

普通火災用（A火災）　　油火災用（B火災）　　電気火災用（C火災）

ABC消火器と書かれた消火器を見たことはないかな？　あれは，A火災，B火災，C火災すべてに使用することができるからABC消火器というんじゃ。
みんなの家にも，たいていは置かれているはずじゃから，自分の目で確かめてみるのもよいじゃろう。

【参考資料】
　最近，上記の火災の他に，**金属火災**というものが出題されるようになりました。
　これは，細かい金属の粉末による火災で，①該当する主な金属と②消火方法は，次のとおりです。
①　第2類：金属粉，鉄粉，マグネシウムなど
　　第3類：カリウム，ナトリウム，アルカリ金属（K，Na除く），金属の水素化物，金属のリン化物，カルシウムなど
②　消火方法：**乾燥砂**（膨張ひる石，膨張真珠岩含む）か**金属火災用消火器**を用いて**窒息消火**および**冷却消火**をする。

❸ 消火剤の種類

消火剤には次のような種類があり，その主な特徴は次のとおりです。
(注：ここには出ていない消火剤ですが，**窒息効果**によってほとんどの物質に対応する**乾燥砂**もあります。ただし，**普通火災，電気火災**には不適応です。)

（注：(1)〜(3)の消火剤を**水系消火剤**，(4)(5)を**ガス系消火剤**とも言うので注意して下さい。）

（1）水

水
・比熱，気化熱が大きい。
・流動性がよく，燃焼物にながく付着できない。
・油，電気火災に使用できない。
　ただし，霧状にすると電気が流れないので，電気火災に使用することができます。

① 水は安価でいたる所にあり，しかも**比熱**や**蒸発熱（気化熱）**が大きいので**冷却効果**も大きい。また，発生する**水蒸気**が酸素や可燃性蒸気を希釈することによる消火効果もある。
② 水を**噴霧状**にすると**表面積が大きくなる**ので，蒸発熱により燃焼物から熱を奪う冷却効果も大きくなる。
③ 水は流動性がよく，**燃焼物に長く付着することができない**ため，木材などの深部が燃えていると冷却効果が悪い。
④ 水を**油火災**に用いると油が水の上に浮き，**炎を拡大**してしまうおそれがあるので使用できない。
⑤ 水を**電気火災**に用いると，人体に対する**感電危険**や設備が絶縁不良になる危険性があるので使用できない（霧状にすれば使用できる⇒電気が流れなくなるため）。

（2）強化液消火剤

強化液消火剤
・炭酸カリウムの濃厚な水溶液。
・抑制と冷却効果。
・霧状にすると，A, B, C火災に適用。

① 水に**炭酸カリウム**を加えた濃厚な水溶液で，化学的に**抑制する効果**と**冷却効果**があり，また，消火後の再燃防止効果がある（炭酸カリウムの働きにより）。
（水に加えて有効な消火剤となる物質は？⇒**炭酸カリウム**）
② **霧状**にすると，普通火災，油火災，電気火災ともに適用する。

③ **棒状**の場合は，普通火災のみにしか適用しない。
④ －20℃でも凍結しないので，**寒冷地**でも使用できる。

（3）泡消火剤

泡消火剤
・空気又は二酸化炭素を水の膜で包んだ泡を使用。
・窒息効果及び冷却効果で消火する。
・水溶性液体には耐アルコール泡を用いる。

① 機械泡（**空気泡**を使用）と化学泡（**二酸化炭素の泡**を使用）がある。
② 燃焼面を泡で覆うことによる**窒息効果**及び**冷却効果**で消火する。
③ 泡を**電気火災**に用いると，泡を伝わって電気が流れて**感電**するおそれがあるので，**使用できない**。
④ 水溶性液体の消火には水溶性液体用泡（**耐アルコール泡**）を用いる。
⑤ 泡に要求される性能は，次の通りです。

1．**粘着性**（付着性）を有すること。
2．**流動性**があること。
3．風などによって破れにくいものであること（⇒凝集性と安定性があること）。
4．燃焼物より**軽い**こと。
5．加水分解を起こさないこと。

（4）二酸化炭素消火剤

二酸化炭素消火剤
・窒息効果で消火。
・絶縁性が良い
・変質が少なく長期貯蔵が可能。
・室内では，酸欠の危険性がある。

二酸化炭素は，空気より重く，きわめて安定した**不燃性**の気体です。

① 消火薬剤を**液化して充てん**してあり，使用の際にはガス状に放射して消火する。
② 二酸化炭素は**空気より重く**，放射をすると燃焼物を二酸化炭素（炭酸ガス）が覆い**酸素濃度が低下する**ので，その**窒息効果**により消火をする（液体の二酸化炭素が気化する際の若干の冷却効果もあります）。
③ **電気絶縁性**に優れているので**電気火災**に使用できる。
④ 経年による変質が少ないので**長期貯蔵**が可能で，また，消火によって機器等を**汚損**することも少ない。
⑤ 密閉された室内では，人が残っていると**酸欠状態になる危険性**がある。

（5）ハロゲン化物消火剤

ハロゲン化物消火剤
・負触媒効果と窒息効果で消火。

① 消火薬剤を**液化して充てん**してあり，使用の際にはガス状に放射して消火する。
② ハロゲン化物の持つ**負触媒効果（抑制作用）**と**窒息効果**により，消火をする。
③ 消火後の**汚損が少ない**。
④ ハロゲン化物消火剤の代表的なものにハロン1301がある。

（6）粉末消火剤（消火粉末ともいい，①と②の二種類がある）

いきなりですが，
○×問題！
「大学の研究室で引火性液体が引火したので，リン酸アンモニウムと炭酸水素ソーダ（ナトリウム）で消火した。」
[解説]----------
両方とも右の粉末消火剤の成分なので適応する。
（答）○

① **リン酸塩類（リン酸アンモニウム）**を主成分とするもの
　抑制と**窒息**作用により**普通火災，油火災**に適応し，また，電気の不良導体なので**電気火災**にも適応するので，**ABC消火器**とも呼ばれている。
② **炭酸水素塩類***（炭酸水素ナトリウムなど）を主成分とするもの（*アルカリ金属の炭酸塩類という場合もある。）
　抑制と**窒息**作用により**油火災**に適応し，また，電気の不良導体なので**電気火災**にも適応する。しかし，**普通火災には適応しない**。

<適応火災と消火効果>

消火薬剤		主成分	主な消火効果			適応火災		
			冷却	窒息	抑制	普通	油	電気
水	棒状		○	×	×	○	×	×
	霧状		○	×	×	○	×	○
強化液	棒状	炭酸カリウム	○	×	×	○	×	×
	霧状	炭酸カリウム	○	×	○	○	○	○
機械泡		合成界面活性剤泡（または水成膜泡）	○	○	×	○	○	×
化学泡		炭酸水素ナトリウム，硫酸アルミニウム	○	○	×	○	○	×
二酸化炭素			△	○	×	×	○	○
ハロゲン化物			×	○	○	×	○	○
粉末	リン酸塩類	リン酸アンモニウム等	×	○	○	○	○	○
	炭酸水素塩類	炭酸水素カリウム等	×	○	○	×	○	○

こうして覚えよう！

第4類の油火災に不適当な消火剤
●**老いる** と**いやがる** **凶暴** な **水**
　　オイル(油)　　　強化液(棒状)　水

⇒

・強化液（棒状）
・水（棒状，霧状とも）

こうして覚えよう！

電気火災に不適当な消火剤
●**電気系統が悪い**　**アワー(OUR)**　**ボート**
　　　　　　　　　　　泡　　　　　棒状

⇒

・泡消火剤
・棒状の水と強化液

消火の問題と解説

消火の方法 （本文P.268）

【問題1】 特急★

消火について，次のうち誤っているものはどれか。

(1) 可燃物，酸素供給源，エネルギー（発火源）を燃焼の3要素といい，このうち，どれか1つを取り除くと消火することができる。
(2) 燃焼物の温度を下げて，発火点以下にすれば消火することができる。
(3) 一般に空気中の酸素を一定濃度以下にすると，消火することができる。
(4) 化合物中に酸素を含有する酸化剤や有機過酸化物などは，空気を断って窒息消火するのは不適当である。
(5) 水を噴霧状にすると，気化熱による冷却効果が大きくなる。

発火点ではなく，引火点以下にすれば消火することができます。

【問題2】 急行★

消火に関する説明で，次のうち誤っているものはどれか。

(1) 水は，燃焼に必要な熱エネルギーを取り去るための冷却効果が大きい。
(2) セルロイドなど，自己燃焼をする物質に窒息効果による消火は不適当である。
(3) 熱源から熱を除去して消火する方法を除去消火という。
(4) 燃焼は，可燃物の分子が次々と活性化され，連続的に酸化反応して燃焼を継続するが，この活性化した物質（化学種）から活性を奪ってしまうことを負触媒効果という。
(5) ロウソクの火に息を吹きかけて消火する方法は，窒息ではなく除去消火である。

熱源から熱を取り除いて消火するのは，冷却消火です。

―― 解答 ――

解答は次ページの下欄にあります。

【問題3】

次の表は，消火器とその主な消火効果を表したものである。誤っているものはいくつあるか。

	消火器	消火効果
A	強化液消火器（霧状）	冷却効果，抑制効果
B	泡消火器	冷却効果，抑制効果
C	ハロゲン化物消火器	窒息効果，抑制効果
D	二酸化炭素消火器	窒息効果
E	粉末消火器	冷却効果，窒息効果

(1) 1つ　　(2) 2つ　　(3) 3つ　　(4) 4つ　　(5) 5つ

B　泡消火器は，冷却効果と**窒息効果**です。
E　粉末消火器は，冷却効果と窒息効果ではなく，**抑制効果**と窒息効果です。
　　従って，誤っているのは，B，Eの2つになります。

【問題4】

消火剤とその消火効果について，次のうち誤っているものはどれか。

(1) 水消火剤は，水の大きな比熱，蒸発熱による冷却効果により消火するものであり，棒状に放射した場合，石油類の火災に適応しない。
(2) 強化液消火剤は，燃焼を化学的に抑制する効果（負触媒効果）と冷却効果があるので，水に比べて消火後の再燃防止効果がある。
(3) 泡消火剤は少量の空気または二酸化炭素を，水の膜で包んだもので，主として窒息効果により消火するものであり，石油類の火災に適応する。
(4) 二酸化炭素消火剤は，空気より重く安定した不燃性の気体で窒息効果があり，気体自体に毒性はないので，狭い空間でも安心して使用できる。
(5) 粉末消火剤は，無機化合物（アルカリ金属の炭酸塩類又はリン酸塩類等）を粉末状にしたもので，燃焼を化学的に抑制する効果や窒息効果がある。

二酸化炭素消火剤は，不燃性の気体で窒息効果があるので，狭い空間で使用

解答

【問題1】…(2)　　【問題2】…(3)

すると，人が窒息する危険性があります。

【問題５】

消火の方法と消火効果を組み合わせた次のうち，正しいものはどれか。
(1)　ガスの元栓を閉めてガスコンロの火を消した。　　　……窒息効果
(2)　燃えている木材に水をかけて消火した。　　　　　　……除去効果
(3)　燃えている天ぷら鍋に蓋をして消火した。　　　　　……冷却効果
(4)　灯油が染みている布切れ（油ぼろ）が燃えだしたので，乾燥砂をまいて消した。　　　　　　　　　　　　　　　　　　　　……冷却効果
(5)　容器に入れた灯油が燃えだしたので泡消火剤で消火した。……窒息効果

(1)　ガスの元栓を閉めてガスコンロの火を消すのは，ガスという燃焼物を除去して消火するので，除去効果です。
(2)　木材を冷却して消火するので，冷却効果です。なお，木を切り倒して山火事を消火するのは除去消火になります。
(3)　天ぷら鍋に蓋をして，酸素の供給を断つことによる，窒息効果で消火します。
(4)　乾燥砂をまくことによる窒息効果で消火します。
(5)　泡で覆うことによる窒息効果により消火するので，正しい。

【問題６】

二酸化炭素消火剤とハロン1301消火剤に共通するものとして，次のうち誤っているものはどれか。
(1)　消火の原理は抑制（負触媒）作用によって燃焼反応を抑制するものである。
(2)　灯油や軽油等の火災に使用できる。
(3)　放出された消火剤は空気より重い。
(4)　消火器の容器内では液化している。
(5)　消火剤による汚損が少ない。

―――――――――――― 解答 ――――――――――――

【問題３】…(2)　　【問題４】…(4)

消火の問題と解説　277

消火作用は，ハロン1301が窒息作用と抑制（負触媒）作用なのに対し，二酸化炭素は窒息作用と若干の冷却作用です。従って，二酸化炭素には(1)の抑制（負触媒）作用が当てはまらないので，誤りです。

【問題7】
　　水消火剤について，次のうち誤っているものはどれか。
(1)　油火災に用いると油が水の上に浮き，炎を拡大するおそれがある。
(2)　電気設備の火災に用いると，人体への感電危険や設備が絶縁不良となる危険性がある。
(3)　金属火災に用いると燃焼温度が高いので，水が水素と酸素に分解して爆発するおそれがある。
(4)　水は流動性がよく，燃焼物に長く付着することができないため，木材などの深部が燃えていると冷却効果が悪い。
(5)　水を噴霧状にして注水すると，同じ量の水でもその表面積が小さくなって，燃焼物から熱を奪う冷却効果が小さくなる。

(5)　水を噴霧状にして注水すると，表面積が**大きく**なって，蒸発潜熱により，燃焼物から熱を奪う冷却効果が**大きく**なるので，誤りです。

【問題8】　　急行★

　　消火器の泡に要求される一般的性質について，次のうち誤っているものはどれか。
(1)　起泡性があること。
(2)　粘着性がないこと。
(3)　油類より比重が小さいこと。
(4)　流動性があること。
(5)　熱に対し安定性があること。

解答

【問題5】…(5)　　【問題6】…(1)

粘着性がなければ，泡がつぶれてしまうので，(2)が誤りです。

なお，その他，「加水分解を起こさないこと」などの性質も必要です。

なお，泡消火剤のうち，**たん白泡消火剤**は，**界面活性剤**の泡に比べて<u>熱に強く，風による影響も小さい</u>ですが，**起泡性**や**流動性**が劣っています。

【問題9】

次の消火剤のうち，木材の火災に不適応なものはいくつあるか。

A　消火粉末（炭酸水素塩類等を主成分とするもの）
B　霧状の強化液
C　霧状の水
D　二酸化炭素消火剤
E　ハロゲン化物消火剤

(1)　1つ　　(2)　2つ　　(3)　3つ　　(4)　4つ　　(5)　5つ

木材の火災は**普通火災**であり，普通火災に不適応なものは，消火粉末（炭酸水素塩類＝炭酸水素ナトリウム等を主成分とするもの），二酸化炭素消火剤，ハロゲン化物消火剤なので，(3)の3つになります。

【問題10】　急行★

次の消火剤のうち，油火災に不適応なものはどれか。

A　霧状の強化液
B　二酸化炭素消火剤
C　霧状の水
D　ハロゲン化物消火剤
E　棒状の強化液

(1)　A，C
(2)　A，D
(3)　B，D

解答

【問題7】…(5)　　【問題8】…(2)

(4) B, E
(5) C, E

油火災に不適応な消火剤は，

<u>老いる</u>と<u>いやがる</u>　<u>凶暴</u>　な　<u>水</u>
オイル(油)　　　　　強化液(棒状)　　水

より，⇒強化液（棒状）と水（棒状，霧状とも）なので，C，Eの2つが不適応となります。

　　最後に各消火剤の**苦手とする**火災の原則を記すと，次のようになる。
水系 ⇒ 油，電気　（P.274のゴロ合わせ参照）
ガス系⇒ 普通
　　また，**消火効果**は，次のように分けて覚える。
水系　　　　　　　⇒　冷却効果
その他（ガス系と粉末）⇒　抑制，窒息
　　ただし，抑制効果には次のような例外がある。
・水系でも霧状の強化液には**抑制**が有り，ガス系でも二酸化炭素には**抑制**が無い

〈覚え方〉
「<u>霧</u>の　<u>強</u>い　<u>夜</u>の　<u>兄さん</u>は　<u>ヨク</u>ない」
　霧状の強化液⇒抑制有り　二酸化炭素→抑制無い

　　あとの細かい部分は，必要に応じて覚えていけばよいじゃろう。

――――――――― 解答 ―――――――――

【問題9】…(3)　　【問題10】…(5)

第3編

危険物の性質・並びにその火災予防・及び消火の方法

　この第3編では，各類のはじめに共通する性状等を記載してあるが，それとはまた別に，各類の危険物の最後には各類のまとめを設けてあるんじゃ。
　両者は，内容が少し重なるが，各類のはじめにある共通する性状等は，各類の概要を把握するとともに，「共通する性状等に関する問題」を解く際には必要となる知識でもあるんじゃ。
　一方，各類のまとめの方は，各危険物の性状等を把握する上で手助けとなる情報をまとめてあるんじゃ。
　従って，「共通する性状等」で各類の概要を把握し，「各類のまとめ」で各類の危険物の内容を横断して把握する，という具合に使い分ければ，各危険物への理解度が飛躍的に大きくなるはずじゃ。
　なお，P.289のアルコールに関する注意事項は必ず目を通しておくように。

学習のポイント

　この第3編は，45問ある試験問題中，20問を占めています。
　従って，甲種危険物試験の科目の中では最も注意しなければならない科目であり，同時に最も"手間のかかる"科目ではないかと思います。
　その"手間のかかる"科目に正面からまともに取り組んでいっては，「勝利の女神」はなかなか微笑んではくれないのが，受験の常ではないかと思います。
　実際，この第3編をざっとご覧になればわかると思いますが，これだけ大量にある危険物のそれぞれの特性をすべて把握するというのは，かなりハードな"試練"ではないかと思います。
　そこで，なんらかの"工夫"が必要になってくるのですが，その1つが，**各類に共通する性質，貯蔵，取扱い方法，消火方法**を確実に覚え，各物質の特性は「その上に枝を付けて覚える」という方法です。
　そしてもう一つは，**各類を通じて共通する性状のものをまとめて覚える**という方法です。
　この両者を実行すれば，正解への糸口がかなり見つかりやすくなるのではないかと思います。
　以上は学習方法についてですが，次に全体としての出題傾向を3点ほど挙げておきますので，参考にしてください。

1．「各類の性状」については，① 各類の性状が(1)〜(5)まで書かれてあって，「このうち，誤っているものはどれか。」という問題と，② 1つの類のみの性状が(1)〜(5)まで書かれてあって，「このうち，誤っているものはどれか。」という問題とがあります。
　　出題のスタイルとしては，①か②が単独で出題されている場合と，①と②の両方とも出題されている場合があります。
　　②の場合は，やや2類と5類についての出題が多い傾向にあるようですが，他の類も<u>そこそこ</u>出題されているので，どの類も"ぬかりなく"その**共通する性状**などを把握しておく必要があるでしょう。

2．「貯蔵，取扱い方法」については，まず出題されると考えておいた方がよいでしょう。
　　その場合，出題パターンには「① 各類に共通する貯蔵，取扱い方法」と

「② ある１つの物質（５類の危険物が多い）のみの貯蔵，取扱い方法」の２パターンがあります。

①については，どの類が多い，ということは言えませんが，②については，ある種の傾向があるようです。

その「ある種」というのは，**貯蔵及び取扱いをする際に特徴のあるものが**出題されている"感"があります。

従って，そのあたりに注意しながら学習をすすめていく必要があるでしょう。

3．「消火方法」については，① 各類に共通する消火方法，② 特定の物質に対する消火方法，③ 数種類の物質が並べられてあり，**それらに共通する消火方法や注水が不適なものはいくつあるか**，などの出題パターンがあります。

このうち，①と③の出題は②に比べて"少数派"です。

その②の出題ですが，**鉄粉**や**黄リン**などのように，消火の際に特に「注意を要する物質」が多いようです。従って，そのあたりに注意をしながら学習をすすめていく必要があるでしょう。

また，これらとは別に，（たまにではありますが，）**泡消火剤**についての出題も別にあり，さらに，**注水消火**を具体的に**屋内消火栓**や**スプリンクラー**で消火…としていることがあるので注意して下さい。

>
> 　各類を通じて，比較的出題されやすい危険物とそうでない危険物があります。本書では，出題されやすい危険物には，その重要度に応じて特急マーク，あるいは急行マークを表示してあります。
> 　また，塩類などのように，そのグループ全体の重要度が高い場合はそのグループ名の横に表示し，グループ全体の重要度は高くないが，その危険物のみの重要度が高い場合は，グループ名の横にはマークは表示せず，その危険物の欄のみを色付けしてあります。従って，このあたりの"メリハリ"に注意しながら学習を進めていって下さい。

注）第２類以降において，共通する貯蔵，取扱いの方法は右のようなレイアウトで表示してあります。

各類の危険物の概要

危険物は，その性質によって第1類から第6類まで分類されており，その主な性質は次の表のようになっています。（比重欄の「大」は「1より大きい」を表す）

	性質	状態	燃焼性	主な性質	比重
第1類	酸化性固体（火薬など）	固体	不燃性	① そのもの自体は燃えないが，**酸素を多量に含んでいて，他の物質を酸化させる性質がある。** ② **可燃物**と混合すると，加熱，衝撃，摩擦などにより，（その酸素を放出して）**爆発する危険性がある。**	大
第2類	可燃性固体（マッチなど）	固体	可燃性	① **着火**，または**引火**しやすい。 ② 燃焼が**速く**，消火が困難。	大
第3類	自然発火性および禁水性物質（発煙剤など）	液体または固体	可燃性（一部不燃性）	① 自然発火性物質⇒空気にさらされると**自然発火する**危険性があるもの ② 禁水性物質⇒水に触れると**発火**，または**可燃性ガスを発生**するもの	（物質による）
第4類	引火性液体	液体	可燃性	引火性のある液体	
第5類	自己反応性物質（爆薬など）	液体または固体	可燃性	**酸素を含み**，加熱や衝撃などで**自己反応**を起こすと，発熱または爆発的に燃焼する。	大
第6類	酸化性液体（ロケット燃料など）	液体	不燃性	① そのもの自体は燃えないが，**酸化力が強い**ので，混在する他の可燃物の燃焼を促進させる。 ② 多くは**腐食性**があり，**皮膚**をおかす。	大

コーヒーブレイク

本試験では，1類から6類まで同程度の割合で出題されています。従って，時間のない方などは，品名や物質名の多い1類と4類は後回しにするのも1つの受験テクニックではないかと思います（下を参照）。

いわゆる労多くして益少ない分野の後回しです。

また，その方が，物質数が少ない分野から始められるので，気分的にラクになるかもしれないので，一度，検討されてみてはいかがでしょうか？（物質が少ない方から，6類＜2類＜3類＜5類＜4類＜1類）

284　第3編　危険物の性質，並びにその火災予防，及び消火の方法

危険物は第1類から第6類まで分類されているんじゃが，まずは，各類の主な性質を把握することが大切じゃよ。実際に貯蔵及び取り扱われている危険物は，その大部分が第4類危険物じゃが，甲種の本試験ではそのような実情に関係なく各類から出題されるので，まずはその類の危険物が持つイメージを形成することが大切じゃ。

こうして覚えよう！

① **各類の性質** （4類は省略）
（危険物の分類をしていた）

さいこうの過　去の　時　期，事故　さ　え　無かった

さい	こう	の	過	去の	時	期	事故	さ	え
酸化性	固体	可燃性	固体	自然	禁水性	自己	酸化性	液体
1類		2類		3類		5類	6類	

- 1類 ⇒ 酸化性固体
- 2類 ⇒ 可燃性固体
- 3類 ⇒ 自然発火性および禁水性物質
- 4類 ⇒ 引火性液体
- 5類 ⇒ 自己反応性物質
- 6類 ⇒ 酸化性液体

② **各類の状態**
　固体のみは1類と2類，
　液体のみは4類と6類
⇒（危険物の本を読んでいたら）

固いひと　に
固体　1類　2類

駅で　無　視された
液体　6類　4類

③ **不燃性のもの**
　燃えない　イチ　ロー
　　　　　　　1類　6類
⇒　不燃性は1類と6類

各類の危険物の概要に関する問題と解説

【問題1】

危険物の類ごとに共通する性状について，次のうち正しいものはどれか。

(1) 第1類の危険物は可燃性であり，燃え方が速い。
(2) 第2類の危険物は，着火または引火の危険性のある液体である。
(3) 第3類の危険物は，水との接触により発熱し，発火する。
(4) 第4類の危険物は，いずれも静電気が蓄積しにくい電気の良導体である。
(5) 第5類の危険物は，酸素がない場所でも，加熱，衝撃等により発火，爆発する危険性がある。

(1) 第1類の危険物は**不燃性**です。
(2) 第2類の危険物は，可燃性の**固体**です。
(3) 第3類の危険物でも，**黄リンは水とは反応しません**。
(4) 多くの第4類危険物は，静電気が蓄積しやすい**電気の不良導体**です。

【問題2】

危険物の類ごとの一般的性状について，次のうち正しいものはどれか。

(1) 第1類の危険物は，いずれも酸化性の液体で，一般に不燃性の物質である。
(2) 第2類の危険物は，いずれも固体の無機物質で，酸化剤と接触すると爆発の危険性がある。
(3) 第3類の危険物は，いずれも可燃性の固体で，水と反応すると可燃性の気体を発生する。
(4) 第4類の危険物は，いずれも引火点を有する液体で，引火の危険性は引火点の高い物質ほど低く，引火点の低い物質ほど高い。
(5) 第6類の危険物は，可燃性のものは有機化合物であり，不燃性のものは無機化合物である。

解答

解答は次ページの下欄にあります。

(1) 第1類の危険物は，酸化性の**固体**です。
(2) 第2類の危険物でも，**引火性固体**は有機物です。
(3) 可燃性固体は第2類危険物で，第3類危険物は，自然発火性および禁水性の**液体**または**固体**です。また，すべてが水と反応するわけではなく，黄リンのように水と反応しないものもあります。
(5) 第6類の危険物は，**不燃性**の液体です。

【問題3】

危険物の類ごとの性状について，次のうち正しいものはどれか。

(1) 第1類の危険物は可燃性物質で，分子中に酸素を含有しているが，燃焼速度は遅い物質である。
(2) 第3類のほとんどの危険物は，空気中で自然発火するか，あるいは水と接触して発火，若しくは可燃性ガスを発生するかのいずれかの性質を有する。
(3) 第4類の危険物は，いずれも水に溶けない。
(4) 第5類の危険物は自己反応性の物質で，加熱等により急激に発熱，分解する。
(5) 第6類の危険物は酸化性の固体で，可燃物と接触すると酸素を発生する。

解説

(1) 第1類の危険物は，可燃性ではなく不燃性物質です。
(2) 第3類のほとんどの危険物は，空気中で自然発火し，または水と接触して発火，若しくは可燃性ガスを発生するという，「自然発火性と禁水性」の両方の危険性を有しています。従って，「いずれか」の部分が誤りです。
(3) たとえば，アルコール類や第1石油類であるアセトンなどは水に溶けるので，誤りです。
(5) 第6類の危険物は，酸化性の「液体」です。

【問題4】 特急 ★★

危険物の性状について，次のA～Eのうち誤っているものはいくつあるか。

―――――――――― 解答 ――――――――――

【問題1】…(5)　【問題2】…(4)

各類の危険物の概要に関する問題と解説　287

A　第1類の危険物は，一般に不燃性物質であるが，加熱，衝撃，摩擦などにより分解して酸素を放出するため，周囲の可燃物の燃焼を著しく促進する。
B　第2類の危険物は，いずれも着火または引火の危険性のある固体の物質である。
C　第4類の危険物は，ほとんどが炭素と水素からなる化合物で，一般に蒸気は空気より重く低所に流れ，火源があれば引火する危険性がある。
D　第5類の危険物は，いずれも可燃性の固体で，加熱，衝撃，摩擦等により発火し爆発する。
E　第6類の危険物は，いずれも酸化力が強い無機化合物で，腐食性があり皮膚を侵す。

(1)　1つ　　(2)　2つ　　(3)　3つ　　(4)　4つ　　(5)　5つ

　B　第2類の危険物は，着火または引火の危険性のある固体の物質なので，正しい。
　D　第5類の危険物は，可燃性の固体または**液体**です。「加熱，衝撃，摩擦等により発火し爆発する」という部分は正しい。
　（Dのみ誤り）

【問題5】

危険物の類ごとの性状について，次のA～Eのうち正しいものはいくつあるか。

A　第2類の危険物は，一般に酸化剤と混合すると，打撃などにより爆発する危険性がある。
B　第3類の危険物は，いずれも酸素を自ら含んでいる自然発火性の物質である。
C　第4類の危険物は，いずれも比重が1より大きく，酸素を含んでいる物質である。
D　第5類の危険物は，いずれも比重は1より大きい可燃性の固体で，空気中に長時間放置すると分解し，可燃性ガスを発生する。
E　第6類の危険物は，いずれも不燃性の液体で，多くは腐食性があり皮膚

解答

【問題3】…(4)

を侵す。

(1) 1つ　　(2) 2つ　　(3) 3つ　　(4) 4つ　　(5) 5つ

　B　第3類の危険物は，禁水性または自然発火性の物質であり，自身に酸素を含んでいるのは，第1類や第5類などの危険物です。

　C　B同様，酸素を含んでいるのは，第1類第5類などの危険物です。また，第4類の危険物には酢酸などのように比重が1より大きいものもありますが，ほとんどのものは比重が1より小さいので，誤りです。

　D　第5類の危険物は，比重が1より大きい，という部分は正しいですが，可燃性の固体だけではなく，液体もあるので誤りです。

（A，Eのみ正しい）

> ここでアルコールについて一言。
> 　第2類以降も同様じゃが，本試験では，「～はアルコールに溶ける。」「～はエタノールに溶けにくい」などという具合に，アルコールとエタノールが混在して出題されておる。
> 　一般的には，「エタノール＝アルコール」と解釈してもそう差し支えはないが，厳密には両者は異なるので（エタノールとエタノール以外のアルコールの性状が常に同じとは限らない），念のため。
> 　それと，頻繁に出てくる**有機溶剤**（**有機溶媒**ともいう）についても簡単に説明しておこう。有機溶剤の**溶剤**というのは，字のとおり，物を溶かす目的で用いられる液体のことで，主なものに，アルコール類（**メタノール**，**エタノール**など），**エーテル**（ジエチルエーテル），**アセトン・ベンゼン**，**トルエン**などがあるので，「有機溶剤などには溶ける。」とあれば，これらのものに溶けるんだな，と考えればよいじゃろう。

―――――解答―――――

【問題4】…(1)

コーヒーブレイク

＜合格のためのテクニックその２＞

　その１（P.266）では，テキストや問題集の選び方について説明しましたが，ここではそれらを使用しての学習方法についてアドバイスしてみたいと思います。

１，インプットとアウトプット

　本書には，各項目のタイトルの横に問題のページが表示してありますが，何のためにわざわざ表示してあるかというと，学習，すなわち，インプットしたらすぐにアウトプット，つまり，対応する問題を解いてもらいたかったからです。

　学んだ知識を確実に身につけるためには，時間を置かずにより多くの問題を解く……これが効率的な学習となり，合格へと一歩近づく，というわけです。

２，時には場所を変えてみよう。

　受験学習をする場合，自室で学習するのが一般的だと思いますが，時には，図書館などの公共スペースや，また，天気のいい日には公園のベンチなどで本を広げるのも気分転換になって効率的な学習といえるかもしれません。この本を手にされている方は，大部分が独学だと思いますが，時には回りに人がいるスペースで学習するのも，意外とはかどって効率が上がるものです。

３，短期合格をめざす場合

　甲種危険物試験には，「法令」「物理・化学」「危険物の性質」の３つの科目があります。

　もし，まる１日時間がとれるなら，たとえば，朝に「法令」をやり，昼に「物理・化学」，夜に「危険物の性質」をやる，という具合にすれば，短期間に甲種危険物試験の内容を一応のマスターすることが可能です。また，１つの科目を１日中やるよりは気分転換にもなり，学習スピードもはかどるのではないでしょうか。

　さらに，２や巻頭の合格大作戦でも紹介したように，その間に場所を変えると，より効率のアップがはかれます。つまり，朝は自室で「法令」をやり，昼は自転車で移動して公園のベンチなどで「物理・化学」をやり，夜は再び移動して図書館で「危険物の性質」をやる，という具合です。こうすると，自転車で移動している間に大脳の疲労が回復し，かつ，場所を変えることによる気分転換も加わるので，学習効率が上がる，というわけです。

解答

【問題５】…(2)

第1章　第1類の危険物

 学習のポイント

　第1類の危険物は，要するに**酸化剤（固体）**であり，自身は燃えませんが，混在する物質によっては非常に危険な存在となる危険物です。

　その第1類危険物ですが，やはり中心は水と激しく反応する**無機過酸化物**，それも**アルカリ金属**で，「注水消火は厳禁」というポイントを指摘するような出題がよくあります。

　また，**三酸化クロム**や**塩素酸塩類**，それも**塩素酸カリウム**に関する出題も多いので，その性状等を中心にして，よく把握しておく必要があるでしょう。

　そのほか，**過塩素酸アンモニウム**や**亜塩素酸ナトリウム**，**硝酸塩類**，**過マンガン酸カリウム**，**次亜塩素酸カルシウム**などもたまに出題されているので，性状等を中心に，把握しておく必要があります。

　（注）この第1類危険物は，類としての性状等が強いので，まず，**類としての性状等を覚えること**が重要です。個々の危険物については，その「類としての性状等」＋「その危険物のみの特徴」という具合に把握すれば，整理しやすくなります。

　従って，この第1類危険物については，他の類とは異なり，**類としての性質，貯蔵，取扱い方法，消火方法**を中心に記載してありますので，そのあたりに注意しながら学習をすすめてください。

　ここで，粉末（結晶）の色に関して前もって補足しておく。
　P.304の過酸化カルシウムのように，無色の粉末でも光線の具合で白色に見えたりするので，無色＝白色と考えてもらってもかまわんじゃろう。
　本試験でも，このあたりの情況を考慮したのか，「過酸化カルシウムは，無色または白色の粉末である。」という出題例があるので，このあたりに注意が必要じゃよ。

① 第1類の危険物に共通する特性

（注：以下の共通する特性は**非常に重要**です。1類の各危険物の特性は，これらの共通する特性以外のものしか原則的に表示していないので，何回も目を通して把握するよう，つとめてください。）

（1）共通する性状

第1類の危険物は<u>固体の酸化剤</u>で，自身は燃えないが酸素を含むので，他の可燃物の燃焼を促進させる物質であり，花火の原料として用いられるものが多い，ということをイメージしながら，学習していこう。

① 大部分は**無色の結晶**か，**白色の粉末**である。
② **不燃性**である（⇒**無機化合物**である）。
③ **酸素を含有**しているので，加熱，衝撃および摩擦等により分解して**酸素を発生**し（⇒**酸化剤になる**），周囲の可燃物の燃焼を著しく促進させる。
④ **アルカリ金属の過酸化物**（またはこれを含有するもの）は，水と反応すると発熱し**酸素を発生**する。(重要)
⑤ 比重は1より**大きく**，**水に溶ける**ものが多い。

（2）貯蔵および取扱い上の注意

<u>酸化されやすい物質</u>とは，要するに，燃えやすい<u>もの</u>であり，<u>可燃物</u>または有機物のことを指します。

① **加熱**（または**火気**），**衝撃**および**摩擦**などを避ける。
② **酸化されやすい物質**および**強酸**との接触を避ける。
③ **アルカリ金属の過酸化物**（またはこれを含有するもの）は，**水**との接触を避ける。(重要)
④ 容器は**密栓**して冷所に貯蔵する。
⑤ **潮解**しやすいものは，**湿気**に注意する。

（3）共通する消火の方法

自身に酸素があるので，二酸化炭素やハロゲン化物などによる窒息消火は不適切で，また，炭酸水素塩類の粉末も適応しません(アルカリ金属の過酸化物除く)。

酸化性物質（酸化剤）の分解によって酸素が供給されるので，**大量の水**で冷却して分解温度以下にすれば燃焼を抑制することができます（⇒同じ水系の**強化液**，**泡**のほか，**リン酸塩類の粉末消火剤**，**乾燥砂**も適応する）

ただし，**アルカリ金属***の過酸化物は禁水なので，初期の段階で**炭酸水素塩類の粉末消火器**や**乾燥砂**などを用い，中期以降は，大量の水を周囲のまだ燃えていない可燃物の方に注水し，延焼を防ぎます（*アルカリ土類金属も準じる）。

292　第3編　危険物の性質，並びにその火災予防，及び消火の方法

第1類に共通する特性の問題と解説

共通する性状 (本文P.292)

【問題1】

第1類の危険物の一般的な性状として，次のうち誤っているものはどれか。

(1) すべて，周囲の可燃物の燃焼を著しく促す作用のある可燃性物質である。
(2) ほとんどは無色の結晶か，又は白色の粉末である。
(3) 水と作用して，熱と酸素を発生するものがある。
(4) 酸化性の無機化合物である。
(5) 潮解性の物質は木材や紙などに染み込み，乾燥した場合は爆発の危険性がある。

解説

「周囲の可燃物の燃焼を著しく促す作用のある」までは正しいですが，第1類の危険物は，可燃性ではなく不燃性物質です。

【問題2】

第1類の危険物の性状について，次のうち誤っているものはどれか。

(1) 分解を抑制するため保護液に保存するものもある。
(2) 一般に不燃性の物質である。
(3) 加熱，衝撃および摩擦等によって分解し，酸素を発生する。
(4) 酸化されやすい物質と混合することは非常に危険である。
(5) 一般に比重は1より大きい物質である。

解説

分解を抑制するため保護液に保存するものがあるのは，灯油中に保存するナトリウムなどのような第3類の危険物です。

―― 解答 ――

解答は次ページの下欄にあります。

【問題3】
　第1類の危険物の性状について，次のうち正しいものはいくつあるか。
A　可燃物や有機物などの酸化されやすい物質との混合物は，加熱，衝撃および摩擦等により爆発する危険性がある。
B　きわめて引火しやすい物質である。
C　ほかの物質を酸化する酸素を分子構造中に含有し，加熱等により分解してその酸素を放出する。
D　自然発火性の物質である。
E　一般に，潮解性を有するものは少ない。
(1)　1つ　　(2)　2つ　　(3)　3つ　　(4)　4つ　　(5)　5つ

A　正しい。
B　第1類の危険物は，自身は燃焼しないので誤りです。
C　正しい。
D　自然発火性の物質は，第3類の危険物です。
E　第1類の危険物には，潮解性を有するものが多いので，誤りです。
従って，正しいのはAとCの2つということになります。

貯蔵および取扱い上の注意　(本文P.292)

【問題4】
　第1類の危険物に共通する貯蔵，取扱いの基準について，次のうち誤っているものはどれか。
(1)　分解を促す薬品類との接触を避ける。
(2)　火気との接近を避ける。
(3)　可燃物との接触を避ける。
(4)　分解を防ぐため，水分で湿らせておく。
(5)　強酸との接触を避ける。

アルカリ金属の過酸化物は，水と反応して酸素を放出するので，水分との接

――――――――解答――――――――
【問題1】…(1)　　【問題2】…(1)

触は厳禁です。

【問題 5】

第 1 類の危険物に共通する貯蔵，取扱いの基準について，次のうち誤っているものはどれか。
(1) 潮解しやすいものにあっては，湿気に注意をする。
(2) 加熱，衝撃および摩擦などを避ける。
(3) 容器を密封して冷所に保存する。
(4) 熱源，酸化されやすい物質とは隔離する。
(5) 火災が発生した場合に備え，二酸化炭素消火器を設置しておく。

第 1 類の危険物に二酸化炭素は不適応です。

なお，「吸湿した物質は，加熱して水分を乾燥させた後に貯蔵する。」という出題例もありますが，(2)より，×になります。

【問題 6】

第 1 類の危険物に共通する貯蔵，取扱いの基準について，次のうち正しいものはどれか。
(1) 第 2 類の危険物とは，少し離して貯蔵した。
(2) 有機物や還元性物質とは隔離した。
(3) 容器は金属，ガラス又はプラスチック製とし，酸素が発生した場合に備え，容器のふたをゆるめておいた。
(4) 酸化作用が強いので，還元剤と一緒に保存した。
(5) 保護液内で貯蔵する。

(1) 第 2 類の危険物（可燃物）とは一緒には貯蔵できないので，誤りです。
(2) 還元性物質とは，つまり，酸化されやすい物質のことであり，その還元性物質や有機物が第 1 類危険物と混合すると，加熱や衝撃などによって爆発する危険性があるので，接触しないようにする必要があります。

―― 解答 ――

【問題 3】…(2)　　【問題 4】…(4)

(3) 容器は**密封**（密栓）する必要があります。
(4) 還元剤と混合すると爆発の危険性があるので，誤りです。
(5) 第1類危険物に保護液中に保存するものはないので，誤りです。

共通する消火の方法（本文 P.292）

【問題7】

第1類危険物の火災の消火方法として，次のうち誤っているものはどれか。
(1) 窒息消火は，効果的ではない。
(2) アルカリ金属の過酸化物以外は，大量の水による冷却消火が効果的である。
(3) 液体のものは，乾燥砂を用いると効果的である。
(4) アルカリ金属の過酸化物は，水と反応して発熱するものがあるので，注意する必要がある。
(5) アルカリ金属の過酸化物の火災においては，水は使用せず，初期の段階では粉末消火剤や乾燥砂を用いて消火する。

解説

(1) 危険物自体に酸素を含有しているので，窒息消火しても燃焼時に分解して酸素を供給するので，窒息消火は効果的ではありません。
(2) 大量の水によって危険物の分解を抑制することができるので，正しい。
なお，「危険物の火災には消火剤として，いずれも水を使用する。」は×なので，要注意。
(3) 第1類の危険物は酸化性固体であり，液体ではないので，誤りです。

【問題8】

次に掲げる危険物にかかわる火災の消火方法について，誤っているものはどれか。
(1) 過酸化カリウム……………強化液消火器で消火した。
(2) 亜塩素酸ナトリウム……泡消火器で消火した。
(3) 過酸化ナトリウム………炭酸水素塩類の粉末消火器で消火した。
(4) 臭素酸カリウム…………霧状の水を放射する消火器で消火した。

解答

【問題5】…(5)　【問題6】…(2)

(5) 過酸化マグネシウム……乾燥砂で消火した。

(1) 過酸化カリウムと(3)の過酸化ナトリウムは，アルカリ金属の過酸化物なので，消火に水または水系の消火器（**強化液消火器**や**泡消火器**など）は"厳禁"です。従って，過酸化カリウムに水系の消火器である強化液消火器は適応しないので，誤りです。なお，火災時を想定した場合，過酸化カリウムのような<u>注水厳禁</u>の<u>無機過酸化物</u>と<u>注水消火</u>する<u>その他の第1類危険物</u>は<u>同時貯蔵しない方がよい</u>（⇒消火に困るため），ということは覚えておいてください（「過塩素酸ナトリウムと同時貯蔵しない方がよい危険物の組合せは……」という式での出題例あり）。

(2) 亜塩素酸ナトリウムは，1類の消火の原則である「大量の水」で消火します。泡消火器は，水系の消火器であり，適応するので正しい。

(3) 過酸化ナトリウムに適応するのは，炭酸水素塩類の粉末消火器や乾燥砂，膨張ひる石なので，正しい。

(4) 臭素酸カリウムも水または粉末消火剤を用いて消火するので，正しい。

(5) 過酸化マグネシウムに，注水は好ましくなく，乾燥砂をかけるか，あるいは，粉末消火器で消火をします。よって，正しい。

【問題9】
次に掲げる危険物に係る火災の消火について，水を用いることが適切でないものはいくつあるか。

過マンガン酸カリウム　　過酸化バリウム
過酸化ナトリウム　　　　塩素酸ナトリウム
二酸化鉛　　　　　　　　過塩素酸アンモニウム
過酸化マグネシウム　　　臭素酸カリウム

(1) 1つ　　(2) 2つ　　(3) 3つ　　(4) 4つ　　(5) 5つ

この問題も，「アルカリ金属の過酸化物に水は厳禁である」というポイントをターゲットにした問題です。ここで注意しなければならないのは，注水が不

解答

【問題7】…(3)

適応なのは，アルカリ金属の過酸化物のほか，マグネシウムやアルカリ土類金属のバリウムなども不適応ということです。

> **重要**
> 　第1類の危険物は原則として**注水**（泡消火器，強化液消火器含む）または**粉末消火器**で消火する。
> 　但し，**アルカリ金属の過酸化物**と**過酸化バリウム**（アルカリ土類金属の過酸化物）や**過酸化マグネシウム**などは注水不適応。
> 　⇒**炭酸水素塩類を使用する粉末消火器**か**乾燥砂**などで消火する。

　従って，8つの危険物からこれらの注水不適応の危険物を探せばよいわけです。というわけで，該当する危険物は，「過酸化バリウム，過酸化ナトリウム，過酸化マグネシウム」の3つとなります。

【問題10】

　第1類の危険物と木材等の可燃物が共存する火災の消火方法として，次のA～Eのうち誤っているものはいくつあるか。
　A　亜塩素酸塩類は注水を避けなければならない。
　B　亜塩素酸塩類は強酸の液体で中和し，消火する。
　C　無機過酸化物は注水を避け，乾燥砂をかける。
　D　過塩素酸は注水により消火する。
　E　硝酸塩類は二酸化炭素等で窒息消火するのが最も有効である。
　(1)　1つ　　(2)　2つ　　(3)　3つ　　(4)　4つ　　(5)　5つ

解説

　この問題も，「1類は原則注水」から確認すると，A，Bの亜塩素酸塩類も「原則注水」なので，A，Bとも誤りです。
　また，Cの無機過酸化物は注水を避け，**乾燥砂か炭酸水素塩類の粉末消火器**などを使用するので，正しい。
　Dの過塩素酸，Eの硝酸塩類も「原則注水」なので，Dは正しく，Eは誤りです。
　従って，誤っているのは，A，B，Eの3つとなります。

解答

【問題8】…(1)　　【問題9】…(3)　　【問題10】…(3)

❷ 第1類に属する各危険物の特性

　第1類危険物に属する物質は，消防法別表により次のように品名ごとに分けて分類されています（注：一部省略してあります）。
（注1：形状の「無」は無色，「白」は白色，㊲は結晶，㊽は粉末，㊲はオレンジ）
（注2：化学式や形状及び数値等については，一部，省略してあります。（第2類以降も同じ））

　　　　　　　　　　　（☆文献によって数値は若干異なります（以下同））

品名	物　質　名（○印は潮解性）	形状	比重	水溶性	エタノール	消火
① 塩素酸塩類	塩素酸カリウム（$KClO_3$） ○塩素酸ナトリウム（$NaClO_3$） 塩素酸アンモニウム（NH_4ClO_3） 塩素酸バリウム 塩素酸カルシウム	無白㊲ 無　㊲ 無　㊲	2.33 2.50 2.42	熱水溶 ○ ○ ○ ○	× 溶 △ × −	水系か粉末（リン酸）
② 過塩素酸塩類	過塩素酸カリウム（$KClO_4$） ○過塩素酸ナトリウム（$NaClO_4$） 過塩素酸アンモニウム（NH_4ClO_4）	無　㊲ 無　㊲ 無　㊲	2.52 2.03 1.95	○ ○ ○	× 溶 溶	水系か粉末（リン酸）
③ 無機過酸化物	○過酸化カリウム（K_2O_2） 過酸化ナトリウム（Na_2O_2） 過酸化カルシウム（CaO_2） 過酸化バリウム（BaO_2） 過酸化マグネシウム（MgO_2） （その他：過酸化リチウム，過酸化ルビジウム，過酸化セシウム，過酸化ストロンチウム）	橙　㊽ 黄白㊽ 無　㊽ 灰白㊽ 無　㊽	2.0 2.80	− ○ − − −	− × × − −	初期に砂か粉末（炭酸）（水は×）
④ 亜塩素酸塩類	亜塩素酸カリウム 亜塩素酸ナトリウム（$NaClO_2$） （その他：亜塩素酸銅，亜塩素酸鉛）	白　㊲	2.50	○	−	水系か粉末（リン酸）
⑤ 臭素酸塩類	臭素酸カリウム（$KBrO_3$） 臭素酸ナトリウム （その他：臭素酸バリウム，臭素酸マグネシウム）	無　㊲	3.30	○	△ ×	水系か粉末（リン酸）

太字の化学式はすべて「〜カリウム」という酸化性固体だが，K_2SO_4（硫酸カリウム）は酸化性固体（第1類）には含まれないので要注意！（化学式のみで出題）

品名	物質名（○印は潮解性）	形状	比重	水溶性	エタノール	消火
⑥類硝酸塩	硝酸カリウム（KNO_3）	無 結	2.11	○	溶	水系か粉末（リン酸）
	○硝酸ナトリウム（$NaNO_3$）	無 結	2.25	○	溶	
	○硝酸アンモニウム（NH_4NO_3）	白 結	1.73	○	溶	
⑦類ヨウ素酸塩	ヨウ素酸カリウム（KIO_3）	白 結粉	3.90	○	×	水系か粉末（リン酸）
	ヨウ素酸ナトリウム（$NaIO_3$）	無 結	4.30	○	×	
	（その他：ヨウ素酸カルシウム，ヨウ素酸亜鉛）					
⑧ン酸塩類過マンガ	過マンガン酸カリウム（$KMnO_4$）	黒紫 結	2.70	○	溶	水系か粉末（リン酸）
	（その他：過マンガン酸ナトリウム，過マンガン酸アンモニウム）					
⑨酸塩類重クロム	重クロム酸カリウム（$K_2Cr_2O_7$）	橙赤 結	2.69	○	×	水系か粉末（リン酸）
	重クロム酸アンモニウム（$(NH_4)_2Cr_2O_7$）	橙赤 結（オレンジ）	2.15	○	溶	
⑩定めるもの（9品名）その他のもので政令で	○三酸化クロム（CrO_3）	暗赤 結	2.70	○	溶	水系か粉末（リン酸）
	二酸化鉛（PbO_2）	暗褐 粉	9.40	×	×	
	亜硝酸ナトリウム				−	
	○次亜塩素酸カルシウム（$Ca(ClO)_2 \cdot 3H_2O$）	白 粉		○	×	
	炭酸ナトリウム過酸化水素付加物（$2Na_2CO_3 \cdot 3H_2O_2$）など	白 粉		○		

〈**1類に共通する特性**（要約したもの。次ページ以降で使用します。）〉

1類に共通する性状	比重は1より大きく，不燃性で，加熱，衝撃等により酸素を発生し，可燃物の燃焼を促進する。
1類に共通する貯蔵，取扱い方法	火気，衝撃，可燃物（有機物），強酸との接触をさけ，（金属，ガラス，プラスチック製等の容器を）密栓して冷所に貯蔵する。
1類共通の消火方法	水系消火剤または粉末（リン酸塩類）で消火する。

（1）塩素酸塩類 （問題 P.311）（この過塩素酸塩類もほぼ同じ性状）

　塩素酸塩類とは，塩素酸（$HClO_3$）のHが金属または他の陽イオンと置換した化合物のことをいいます。

　$\boxed{H}ClO_3 \Rightarrow \boxed{K}ClO_3$（塩素酸カリウム）

300　第3編　危険物の性質，並びにその火災予防，及び消火の方法

1．共通する性状 （注：主な危険物のみに共通する性状です。以下同じ）

1類に共通する性状 (P. 292)	比重は1より大きく，**不燃性**で，**加熱，衝撃**等により**酸素**を発生し，可燃物の燃焼を促進する。

・**可燃物**はもちろん，少量の**強酸**や**硫黄，赤リン**などと混合した場合や，「**単独**」でも，**衝撃，摩擦**または**加熱**によって**爆発**する危険性がある。

2．共通する貯蔵，取扱いの方法

1類に共通する貯蔵，取扱い方法	**火気，衝撃，可燃物**（有機物），**強酸**との接触をさけ，（金属，ガラス，プラスチック製等の容器を）**密栓**して**冷所**に貯蔵する。

3．共通する消火の方法

1類に共通する消火方法	**水系消火剤**または**粉末**（**リン酸塩類**）で消火する。

・初期消火には，水系の消火器（**泡消火器，強化液消火器**）や**粉末消火器**（リン酸塩類を使用するもの）も有効である。

4．各危険物の特性

表3（塩素酸バリウム，塩素酸カルシウムは下記＊に準じるが**水には溶ける**）

種　類	形　状	水溶性	特　徴
＊塩素酸カリウム（$KClO_3$）〈比重：2.33〉 （漂白剤，花火，マッチ等の原料）	無色の結晶又は**白色粉末**	水には溶けにくいが**熱水**には溶ける	1．強力な**酸化剤**で**有毒**である。 2．**アンモニア**（または塩化アンモニウム）との反応生成物は**自然爆発**することがある。 3．約400℃で分解を始める。 4．**アルコール**には溶けない。 5．**潮解性はない**。
塩素酸ナトリウム（$NaClO_3$）〈比重：2.50〉	無色の結晶	○	1．**潮解性**があるので湿気に注意する。 2．**アルコール**に溶ける。
塩素酸アンモニウム（NH_4ClO_3）〈比重：2.42〉	無色の結晶	○	1．高温で**爆発**する恐れがある。 2．**常温**でも**爆発**する危険性があるので**長期保存はできない**。 3．**アルコール**には溶けにくい。

第3編 危険物の性質、並びにその火災予防、及び消火の方法

2．第1類に属する各危険物の特性　301

（2）過塩素酸塩類  (問題 p.313)

過塩素酸は，塩素酸に比べて「過」という字が示すように，それより<u>Oが1つ多い</u> $HClO_4$ で表され，そのHが金属または他の陽イオンと置換した化合物のことを**過塩素酸塩類**といいます。

　　$\boxed{H}ClO_4 \Rightarrow \boxed{K}ClO_4$（過塩素酸カリウム）

> **1．共通する性状，2．共通する貯蔵，取扱いの方法，**
> **3．共通する消火の方法⇒いずれも塩素酸塩類と同じ。（⇒大量の水）**

　⇒**可燃物**はもちろん，少量でも強酸や硫黄，赤リンなどと混合した場合や，単独でも，**衝撃，摩擦**または**加熱**によって**爆発**する危険性がある。
　ただし，過塩素酸塩類には次のような特徴が加わります。

> **1．常温では塩素酸塩類より安定している。**
> **2．強酸化剤ではあるが，塩素酸塩類よりはやや弱い。**

4．各危険物の特性

表4　（注：○は水溶性，△は溶けにくい性質を表す。）

種類	形状	水溶性	特徴
過塩素酸カリウム （$KClO_4$）〈比重：2.52〉 （花火，マッチ等の原料）	無色の結晶又は白色の粉末	△	塩素酸カリウムと同じだが，爆発の危険性はやや低い。
過塩素酸ナトリウム （$NaClO_4$）〈比重：2.03〉		○	塩素酸ナトリウムと同じ。
過塩素酸アンモニウム （NH_4ClO_4）〈比重：1.95〉		○	・燃焼時に有毒ガスを発生するので危険性が高い。 ・約**150℃**で分解して酸素を発生

　塩素酸塩類，過塩素酸塩類は<u>「塩素酸カリウムが基準」</u>と考えると，整理しやすくなるじゃろう。
　また，「過塩素酸塩類は塩素酸塩類と同じ」，と考えておけばよいじゃろう。
　なお，上でもすでに説明してあるが，「過」塩素酸の「過」は塩素酸より酸素が多い物質であることを表し，「亜」塩素酸は少ない物質であることを表している，ということもついでに覚えておくとよいじゃろう。

（3）無機過酸化物 （問題 p.314）

まず，過酸化水素（H_2O_2）のように，分子内に O_2^{2-}（-O-O-）なる結合をもつ酸化物を**過酸化物**といいます。その過酸化水素の H_2 が取れて，代わりにカリウムやナトリウムなどの金属原子が結合した形の化合物を**無機過酸化物**といい，**アルカリ金属**と**アルカリ土類金属**に分類されています（下記3の1参照）。

$\boxed{H_2O_2}$ ⇒ $\boxed{K_2O_2}$（過酸化カリウム）

1．共通する性状

| 1類に共通する性状 (p.292) | 比重は1より大きく，**不燃性**で，**加熱**，**衝撃**等により**酸素**を発生し，可燃物の燃焼を促進する。 |

＋
・アルカリ金属の無機過酸化物は<u>水</u>と作用して**発熱**し，分解して**酸素**を発生する。
・アルカリ土類金属の無機過酸化物は，<u>加熱</u>により分解して**酸素**を発生する。

2．共通する貯蔵，取扱いの方法

| 1類に共通する貯蔵，取扱い方法 | **火気**，**衝撃**，**可燃物**（有機物），**強酸**との接触をさけ，（金属，ガラス，プラスチック製等の容器を）**密栓**して**冷所**に貯蔵する。 |

＋
水との接触を避ける（過酸化Naは白金を侵すので**白金るつぼ**は避ける）。

3．共通する消火の方法

1. **アルカリ金属**（**カリウム，ナトリウム**など）の無機過酸化物は，水と反応して発熱し，酸素を発生するので，**注水は厳禁**である。
   また，**アルカリ土類金属**（**カルシウム，バリウム**など）の無機過酸化物と**マグネシウム**はアルカリ金属ほど激しく反応はしないが，やはり**注水は避ける**。
2. 初期の段階で，**炭酸水素塩類の粉末消火器**や**乾燥砂**などを用い，中期以降は大量の水を危険物ではなく，隣接する可燃物の方に注水し，延焼を防ぐ。

4．各危険物の特性 表5（注：水溶性は○，空欄は水に不溶又は溶けにくい）

種　　類		形　状	水溶性	特　　　徴
（アルカリ金属）	過酸化カリウム （K_2O_2） 〈比重：2.0〉	オレンジ色の粉末		1．水と反応して**発熱**し，酸素と**水酸化カリウム**を発生する。 2．**吸湿性**が強く，**潮解性**がある。
	過酸化ナトリウム （Na_2O_2） 〈比重：2.80〉	黄白色の粉末	○	1．水と反応して**発熱**し，酸素と**水酸化ナトリウム**を発生する。 2．**吸湿性**が強い。
（アルカリ土類金属等）	過酸化カルシウム （CaO_2）	無色の粉末		**アルコール，エーテル**には溶けないが，**酸**には溶ける。
	過酸化マグネシウム （MgO_2）	無色の粉末		**加熱する**と酸素と酸化マグネシウムを発生する。
	過酸化バリウム （BaO_2）	灰白色の粉末		酸または**熱水**と反応して**酸素を発生**する（アルカリ土類中，最も安定）。

（4）亜塩素酸塩類 （問題 P.317）

　(1)の塩素酸塩類（P.300）は，$HClO_3$でしたが，この亜塩素酸は「亜」という字が示すように，それより O が1つ少ない $HClO_2$ で表され，その H が金属または他の陽イオンと置換した化合物のことを**亜塩素酸塩類**といいます。

$$\boxed{H}ClO_2 \Rightarrow \boxed{Na}ClO_2 （亜塩素酸ナトリウム）$$

　代表的な亜塩素酸ナトリウムは，1類に共通する性状や貯蔵及び取扱い方法（右ページの(6)参照）などのほか，次のような特徴があります。

表6

種　　類	形　状	水溶性	特　　　徴
亜塩素酸ナトリウム （$NaClO_2$） 〈比重：2.50〉	白色の結晶	○	1．**吸湿性**がある。 2．**無機酸**（塩酸，硫酸等），**有機酸**（シュウ酸，クエン酸等）とも反応する。 3．**直射日光や紫外線**で徐々に分解する。 〈貯蔵及び取扱い方法〉 ・**直射日光を避けて冷暗所**に貯蔵する。 〈消火方法〉 ・**多量の水**（強化液，泡含）または**粉末**（りん酸塩）を使用して消火する。

304　第3編　危険物の性質，並びにその火災予防，及び消火の方法

（5）臭素酸塩類

臭素酸（$HBrO_3$）のHが金属または他の陽イオンと結合した化合物のこと。

表7

種　　　類	形　状	水溶性	特　　　徴
臭素酸カリウム （$KBrO_3$） 〈比重：3.30〉	**無色の** 結晶性 粉末	○	1．**アルコール**には溶けにくい。 2．水溶液は強い**酸化性**を示す。 （その他，1類に共通する特性に同じ。）

（**臭素酸ナトリウム**は，**比重**，**性状**とも上記に準じる。なお，ともに「水溶液は**還元剤**である。」とあれば×になります⇒下線部は**酸化剤**です）

（6）硝酸塩類 （問題 P.318）

硝酸塩類とは，硝酸（HNO_3）のHが金属または他の陽イオンと置換した化合物のことをいいます。

　　　$\boxed{H}$ NO_3 ⇒ $\boxed{K}$ NO_3（硝酸カリウム）

次の1類の危険物に共通する特性のほか，下記の表のような特徴があります。

1類に共通する性状 （P.292）	比重は**1より大きく**，**不燃性**で，**加熱**，**衝撃**等により**酸素**を発生し，**可燃物の燃焼**を促進する。
1類に共通する貯蔵，取扱い方法	**火気**，**衝撃**，**可燃物**（有機物），**強酸**との接触をさけ，（金属，ガラス，プラスチック製等の容器を）**密栓**して**冷所**に貯蔵する。
1類に共通する消火方法	**大量の水**で消火する。

表8

種　　　類	形　　状	水溶性	特　　　徴
硝酸カリウム （KNO_3）〈比重：2.11〉	無色の結晶	○	1．**単独でも加熱で分解**し**酸素**を発生 2．**黒色火薬***の原料である。 （*硝酸カリウムと硫黄，木炭から作る最も古い火薬。）
硝酸ナトリウム （$NaNO_3$）〈比重：2.25〉	無色の結晶	○	1．**潮解性**がある。 2．反応性は硝酸カリウムよりも弱い。
硝酸アンモニウム （別名：**硝安**） （NH_4NO_3） 〈比重：1.73〉 （防水性の多層紙袋に貯蔵）	無色または白色の結晶	○	1．**吸湿性**および**潮解性**がある。 2．**単独でも急激な加熱や衝撃**により分解し**爆発**することがある。 3．約210℃で**亜酸化窒素**を生じる。 4．**アルカリ**と接触（混合）すると，（**アンモニア**）を発生する。 5．水に溶ける際，激しく**吸熱**する。 6．**アルコール**に溶ける。

2．第1類に属する各危険物の特性　305

(7) ヨウ素酸塩類 (問題 P.319)

　ヨウ素酸塩類とは，ヨウ素酸（HIO₃）のHが金属または他の陽イオンと置換した化合物のことをいい，**塩素酸塩類**や**臭素酸塩類**よりは**安定**した化合物です。

　　　　Ⓗ IO₃ ⇒ Ⓚ IO₃ （ヨウ素酸カリウム）

　1類の危険物に共通する特性のほか，次のような特徴があります。

表9

種　類	形　状	水溶性	特　徴
ヨウ素酸カリウム (KIO₃)〈比重：3.89〉	無色の結晶または結晶性粉末	○	1. 水溶液は**酸化剤**として作用する 2. エタノールには溶けない
ヨウ素酸ナトリウム (NaIO₃)〈比重：4.30〉	無色の結晶	○	同　　上

（注：「加熱により分解して<u>ヨウ素</u>を放出」は×（⇒1類は**酸素**を放出する））

(8) 過マンガン酸塩類  (問題 p.320)

　過マンガン酸塩類とは，過マンガン酸（HMnO₄）のHが金属または他の陽イオンと置換した化合物のことをいいます。

　　　　Ⓗ MnO₄ ⇒ Ⓚ MnO₄ （過マンガン酸カリウム）

　1類の危険物に共通する特性（次頁参照）のほか，次のような特徴があります。

表10

種　類	形　状	水溶性	特　徴
過マンガン酸カリウム (KMnO₄) 〈比重：2.70〉 （P.459過酸化水素の8を参照）	黒(暗)紫または赤紫色の結晶	○	1. **硫酸**を加えると**爆発**する。 2. 約200℃で分解し，酸素を発生する（光によっても分解する）。 3. **塩酸**と接触すると**塩素**を発生する。 4. 水に溶けると濃紫色を呈する。 5. アルコールやアセトンなどに溶ける。
過マンガン酸ナトリウム (NaMnO₄・3H₂O*) 〈比重：2.50〉	赤紫色の粉末	○	1. **潮解性**がある。 2. **硫酸**を加えると**爆発**する。

（*3H₂O：3水和物といい，水分子を3つ含む物質を表しています）

（9）重クロム酸塩類 （問題 P.321）

重クロム酸塩類とは，重クロム酸（$H_2Cr_2O_7$）の H が金属または他の陽イオンと置換した化合物のことをいいます。

$$\boxed{H}_2Cr_2O_7 \Rightarrow \boxed{(NH_4)}_2Cr_2O_7 \text{（重クロム酸アンモニウム）}$$

1類の危険物に共通する特性（下記参照）のほか，次のような特徴があります。

表11

種　類	形　状	水溶性	特　徴
重クロム酸カリウム（$K_2Cr_2O_7$）〈比重：2.69〉	**橙赤色*** の結晶	○	1．苦味があり**毒性が強い**。 2．**エタノール**には溶けない。
重クロム酸アンモニウム（$(NH_4)_2Cr_2O_7$）〈比重：2.15〉	**橙赤色**の結晶	○	1．**毒性が強い**。 2．**エタノール**によく溶ける。 3．加熱すると**窒素**を発生する。 （NH_4 の N より**窒素**が発生する。なお，1類なので同時に**酸素**も発生します）

（*橙赤色：オレンジ色がかった赤色）

〈**1類に共通する特性**（P.292）〉

1類に共通する性状	比重は**1より大きく**，**不燃性**で，**加熱**，**衝撃**等により**酸素を発生**し，可燃物の燃焼を促進する。
1類に共通する貯蔵，取扱い方法	**火気**，**衝撃**，**可燃物（有機物）**，**強酸**との接触をさけ，（**金属**，**ガラス**，**プラスチック製**等の容器を）**密栓して冷所**に貯蔵する。
1類に共通する消火方法	**水系消火剤**または**粉末**（**リン酸塩類**）で消火する。

（10）その他のもので政令で定めるもの （問題 P.322）

1．炭酸ナトリウム過酸化水素付加物

種　類	形　状	水溶性	特　徴
炭酸ナトリウム過酸化水素付加物（$2Na_2CO_3 \cdot 3H_2O_2$）（別名：過炭酸ナトリウム）	白色の粉末	○	1．加熱によって**熱分解**し，**酸素を発生**するので，**高温における取扱いには注意する**（⇒出題例あるので，要暗記）。 2．**漂白作用**と過酸化水素による**酸化力**を有する。

2．第1類に属する各危険物の特性　307

2. クロム，鉛またはヨウ素の酸化物

表12

種　類	形　状	水溶性	特　徴
三酸化クロム（CrO_3）〈比重：2.70〉 （別名，無水クロム酸または単に酸化クロムともいう）	暗赤色（あんせきしょく）の針状結晶	○	1. エタノール，エーテルに溶ける。 2. アルコール，エーテル，アセトンなどと接触すると，爆発的に発火する（⇒ これらのものと接触を避ける）。 3. 水と接触すると激しく発熱する。 4. 酸化性が強く，非常に有毒で，皮膚をおかす。 5. 潮解性がある。
二酸化鉛 （PbO_2）〈比重：9.40〉 （バッテリーの電極などに用いられ「過酸化鉛」ともいう。）	暗褐色の粉末		1. 水やアルコールには溶けない。 2. 日光が当たると，分解して酸素を発生する。 3. きわめて有毒である。 4. 電気の良導体である。

3. 次亜塩素酸塩類

表13

種　類	形　状	水溶性	特　徴
次亜塩素酸カルシウム三水塩（$Ca(ClO)_2 \cdot 3H_2O$） （別名：高度さらし粉といい，水道水の殺菌に用いられるさらし粉の高品質なもの。なお，次亜塩素酸カルシウムには，無水塩や二水塩，三水塩…など，多くの形がある。）	白色の粉末	○	1. 水と反応して塩化水素*と酸素を発生する。 2. 吸湿性がある。 3. 空気中では，次亜塩素酸を遊離するので，強い塩素臭がある。 4. 光や熱により急激に分解し，酸素を発生する。 5. 高度さらし粉は次亜塩素酸カルシウムを主成分とする酸化性物質で，可燃物との混合により発火や爆発する危険がある。 6. アンモニアと混合すると爆発することがある。

（＊塩化水素を塩素とした出題例があるので，注意！）

✳✳✳✳✳✳✳✳✳✳✳ 第1類危険物のまとめ ✳✳✳✳✳✳✳✳✳✳✳

(1) 不燃性で**強力な酸化剤**である。

(2) 比重が**1より大きい**。

(3) 色について（下線部は「覚え方」で使う部分です。）

原則，**無色**または**白色**の結晶（または**粉末**）

① **オレンジ系：過酸化カリウム，重クロム酸アンモニウム，重クロム酸カリウム**

> 覚え方
>
> | オレンジの | カカオ | と黒アン | 重かった。 |
> |---|---|---|---|
> | オレンジ | 過酸化 | 重クロム酸 | 重クロム酸 |
> | | カリウム | アンモニウム | カリウム |

② **赤色系：過マンガン酸カリウム（赤紫），過マンガン酸ナトリウム（赤紫）**
三酸化クロム（暗赤）

> 覚え方
>
> | 赤で | かまわんか | な？ | サンクス |
> |---|---|---|---|
> | 赤色 | 過マンガン酸カリウム， | ナトリウム | 三酸化クロム |

③ **その他：過酸化ナトリウム（黄白色**[*1]**），過酸化バリウム（灰白色**[*2]**），二酸化鉛（暗褐色**[*3]**）**

> 覚え方
> * 1　トンネルの黄色いナトリウム灯に照らされて傘をさしている光景をイメージして，黄白
> * 2　レントゲンの際に飲む白いバリウム液から，灰白色
> * 3　車のバッテリーの極板（二酸化鉛）から，暗褐色　と連想する。

(4) **加熱**すると**酸素を発生**する。

(5) **無機過酸化物（過酸化カリウム，過酸化ナトリウム）**は**水と反応**して**酸素を発生**する。

（注：酸素は**不燃性ガス**で1類は加熱や水との反応で**可燃性ガスは発生しない**ので注意！）

(6) ほとんどのものは**水に溶ける**。

（二酸化鉛，（過）塩素酸カリウム，過酸化カリウム，過酸化バリウム，は溶けない）

第3編

危険物の性質、並びにその火災予防、及び消火の方法

2．第1類に属する各危険物の特性　309

> 水に溶けないものの覚え方
> 扶養する兄さんの　　　演歌,　　　母さんカバー
> 不溶　二酸化鉛　　（過）塩素酸　過酸化カリウム，バリウム
> 　　　　　　　　　　カリウム

(7) アルコール（エタノール）に溶けないもの（主なもの）。

重クロム酸カリウム，ヨウ素酸ナトリウム，ヨウ素酸カリウム，二酸化鉛
塩素酸バリウム，（過）塩素酸カリウム，次亜塩素酸カルシウム，臭素酸ナ
トリウム

> 覚え方
> 19かの　　ような　　ヨカ　　兄さん,
> 重クロム酸　ヨウ素酸ナ　ヨウ素酸　二酸化鉛
> カリウム　　トリウム　　カリウム
> アルコール　買えん　　ば　　かり　　じゃ　　シュンとなる
> （過）塩素酸－バリウム－カリウム　次亜塩素酸　臭素酸
> 　　　　　　　　　　　　　　　　カルシウム　ナトリウム
> （過塩素酸のところは，塩素酸バリウム，塩素酸カリウム，過塩素酸カリ
> ウムと解釈してください。）

(8) 潮解性があるもの（主なもの）。

　ナトリウムとの化合物（塩素酸ナトリウム，過塩素酸ナトリウム，硝酸
ナトリウム，過マンガン酸ナトリウム）

　＋次亜塩素酸カルシウム＋過酸化カリウム＋三酸化クロム＋硝酸アンモニウム
（注：亜塩素酸ナトリウムにも潮解性がありますが，わずかしかないので，
省略しています）

> 朝会　じゃ！納豆　貸さんか。山菜と　醬油有んの？
> 潮解　次亜　ナト　過酸化カ　三酸　硝酸アン
> （朝会に遅れないように，朝食を急いでいるシーンです。）

(9) 消火方法

　大量の水を注水して冷却消火する。また，同じ水系の**強化液消火剤，泡消火
剤**のほか，**リン酸塩類の粉末消火剤，乾燥砂**も適応する。

　ただし，無機過酸化物（**過酸化カリウム，過酸化ナトリウム，過酸化カルシ
ウム，過酸化バリウム，過酸化マグネシウム**）は，**乾燥砂や粉末消火剤（炭酸
水素塩類）**で初期消火する。

　なお，**二酸化炭素消火剤とハロゲン化物消火剤**は第1類危険物の消火には適
応しない。

第1類に属する各危険物の問題と解説

塩素酸塩類（本文 P.300）

【問題1】

塩素酸カリウムの性状について，次のうち誤っているものはどれか。
(1) 強烈な衝撃や急激な加熱によって爆発する。
(2) 水に溶けにくい。
(3) アンモニアとの反応生成物は自然爆発することがある。
(4) 炭素粉との混合物は摩擦等の刺激によって爆発する。
(5) 加熱すると分解して，水素を発生する。

加熱すると分解して，水素ではなく（自身が含有している）**酸素**を発生します。

【問題2】

塩素酸カリウムの性状について，次のうち誤っているものはどれか。
(1) 無色の結晶又は白色の粉末である。
(2) 少量の濃硝酸の添加によって爆発する。
(3) 水酸化カリウム水溶液の添加によって爆発する。
(4) 硫黄や赤リンと混合したものは，加熱やわずかな刺激で爆発する危険性がある。
(5) 有毒である。

塩素酸カリウムは，少量の**強酸**（2の濃硝酸など）の添加によって爆発する危険性がありますが，水酸化カリウムのような強アルカリの添加では爆発は起こりません。

―― 解答 ――

解答は次ページの下欄にあります。

【問題3】

塩素酸カリウムの貯蔵及び取扱い方法について，次のうち誤っているものはどれか。
(1) 分解を促す薬品類との接触は避ける。
(2) 有機物や酸化されやすい物質との接触を避け，保護液中に保存する。
(3) 摩擦，衝撃を避ける。
(4) 容器は密栓して保管する。
(5) 換気のよい冷暗所に貯蔵する。

(2) 塩素酸カリウムの貯蔵及び取扱い方法については，有機物や酸化されやすい物質との接触を避けるのは正しいですが（爆発を防ぐため），保護液中に保存するのではなく，換気のよい冷暗所に密栓して貯蔵するので，誤りです。

【問題4】

塩素酸ナトリウムの性状について，次のうち誤っているものはどれか。
(1) 比重は1より大きい。
(2) 酸性液は強い酸化力をもつ。
(3) 加熱すると，分解して酸素を発生する。
(4) 水に溶けるがグリセリン，アルコールには溶けない。
(5) 可燃物と混合すると，加熱，摩擦の衝撃で爆発する。

塩素酸ナトリウムは，水やアルコールおよびグリセリンにも溶けます。

【問題5】

塩素酸ナトリウムについて，次のうち誤っているものはどれか。
(1) 300℃以上に加熱すると，分解して酸素を発生する。
(2) 潮解性があるので，注水による消火は避ける。
(3) 無色の結晶である。

解答

【問題1】…(5)　　【問題2】…(3)

(4) 換気のよい冷暗所に貯蔵する。
(5) 潮解性があるので，特に容器は密栓して保管する。

(2) 塩素酸ナトリウムには潮解性があるので，その点は正しいですが，他の第1類の危険物同様，注水消火が原則なので，誤りです。

過塩素酸塩類 （本文 P.302）

【問題6】 急行★

過塩素酸塩類の性状について，次のうち誤っているものはどれか。
(1) 赤りんまたは硫黄との混合物は，衝撃，加熱により爆発することがある。
(2) 比重が1より小さい結晶である。
(3) 過塩素酸塩類は，常温（20℃）では塩素酸塩類よりも安定である。
(4) 過塩素酸ナトリウムは，潮解性がある。
(5) 過塩素酸カリウムは，水に溶けにくい。

1，2，5，6類の危険物の比重は1より大きいので，(2)が誤りです。

【問題7】

過塩素酸塩類の性状として，次のうち正しいものはどれか。
(1) 過塩素酸カリウムは，塩素酸カリウムよりも不安定な危険物である。
(2) 過塩素酸アンモニウムは，常温では白色，又は無色の液体である。
(3) 過塩素酸ナトリウムは，燃焼性の強酸化剤である。
(4) 過塩素酸カリウムは水に溶けにくいが，過塩素酸ナトリウムは溶けやすい。
(5) 過塩素酸アンモニウムの消火には，霧状の水は適すが棒状の水は適さない。

(1) 過塩素酸塩類は，塩素酸塩類よりも安定した危険物です。
(2) よく出てきますが，第1類の危険物は液体ではなく固体です。

―――― 解答 ――――

【問題3】…(2) 　【問題4】…(4)

(3) 第1類の危険物は，燃焼性ではなく不燃性の危険物です。
(4) 正しい。
(5) 霧状の水，棒状の水とも適します。

【問題8】

過塩素酸アンモニウムの性状について，次のうち誤っているものはどれか。
(1) 水よりも重い。
(2) 水に溶けない。
(3) 無色または白色の結晶である。
(4) 加熱により分解し，有毒なガスが発生する。
(5) 摩擦や衝撃等により，爆発することがある。

――解説――

過塩素酸アンモニウムは，水やエタノールに溶けます。

無機過酸化物（本文 P.303）

【問題9】

無機過酸化物の一般的性状について，次のうち誤っているものはどれか。
(1) 有機物などと接触すると，衝撃や加熱によって爆発する危険性がある。
(2) 加熱すると分解して酸素を発生する。
(3) 水と作用して発熱し，分解して酸素を発生する。
(4) 一般に吸湿性が強い。
(5) アルカリ土類金属の無機過酸化物は，アルカリ金属の無機過酸化物に比べて水と激しく反応する。

――解説――

(5) 問題文は逆で，アルカリ金属の無機過酸化物の方が水と激しく反応します。

―― 解答 ――

【問題5】…(2)　【問題6】…(2)　【問題7】…(4)

【問題10】

無機過酸化物の性状として，次のA〜Eのうち正しいものはいくつあるか。
A　過酸化カリウムは，水に触れると分解して水素を発生する。
B　過酸化ナトリウムは，水に触れると酸素を発生し水酸化ナトリウムを生成する。
C　過酸化カルシウムは，酸に溶けて過酸化水素を発生する。
D　過酸化バリウムは，水に溶けにくい。
E　過酸化マグネシウムは，加熱すると分解して酸素を発生し，酸化マグネシウムとなる。
(1)　1つ　　(2)　2つ　　(3)　3つ　　(4)　4つ　　(5)　5つ

Aのみが誤りで，一般に，無機過酸化物が水に触れると分解して，水素ではなく**酸素**を発生します。

【問題11】

無機過酸化物に関する次のA〜Eの記述のうち，誤っているものはいくつあるか。
A　過酸化カリウムには，潮解性がある。
B　過酸化ナトリウムは，吸湿性の強い黄白色の粉末である。
C　過酸化カルシウムは，水に溶けにくい無色の粉末である。
D　過酸化カリウムは，吸湿性の強いオレンジ色の粉末である。
E　過酸化バリウムの火災時には，初期の段階では注水消火が適している。
(1)　1つ　　(2)　2つ　　(3)　3つ　　(4)　4つ　　(5)　5つ

誤っているのはEのみで，アルカリ金属の他，過酸化バリウムなどのアルカリ土類金属にも注水消火は厳禁です。

解答

【問題8】…(2)　　【問題9】…(5)

【問題12】

無機過酸化物の貯蔵及び取扱い方法として，次のうち誤っているものはどれか。
(1) 有機物との接触を避ける。
(2) 容器はガス抜き口を設けて，膨張による破損を避ける。
(3) 加熱や衝撃等を避ける。
(4) 乾燥状態で保管する。
(5) 冷暗所に貯蔵する。

解説

各類とも，容器は原則として**密栓**する必要があります（P.477の(9)の①参照）。

【問題13】

過酸化ナトリウムの貯蔵及び取扱い方法として，次のA〜Eのうち正しいものはいくつあるか。
A 可燃物と接触しないようにする。
B 加熱する場合は，水分及び火気のない部屋で行う。
C 異物が混入しないようにして貯蔵する。
D 直射日光を避け，乾燥した冷暗所で貯蔵する。
E 安定剤として，硫黄を混ぜて貯蔵する。
(1) 1つ　(2) 2つ　(3) 3つ　(4) 4つ　(5) 5つ

解説

A 正しい。
B 第1類の危険物に共通する「貯蔵及び取扱い上の注意」より，加熱は避けなければならないので，誤りです。
C 異物，特に有機物などの可燃物が混入すると，衝撃などによって爆発する危険性があるので，正しい。
D 正しい。
E Cより，硫黄などの可燃物を混ぜると爆発する危険性があるので，誤りです。

解答

【問題10】…(4)　【問題11】…(1)

従って，正しいのは，A，C，Dの3つとなります。

亜塩素酸塩類 （本文 P.304）

【問題14】
　亜塩素酸ナトリウムについて，次のうち誤っているものはどれか。
(1)　吸湿性のある，白色の結晶又は結晶性粉末である。
(2)　塩酸や硫酸などの無機酸などとは激しく反応するが，シュウ酸やクエン酸などの有機酸とはほとんど反応しない。
(3)　金属粉などの可燃物と混合すると，爆発する危険性がある。
(4)　直射日光や紫外線で徐々に分解する。
(5)　消火の際には多量の水で注水するのがよい。

　亜塩素酸ナトリウムは，<u>有機酸</u>，無機酸とも反応し，有毒なガスを発生します。

【問題15】
　亜塩素酸ナトリウムの性状について，次のうち誤っているものはどれか。
(1)　自然に放置した状態でも分解して少量の二酸化塩素を発生するため，特有な刺激臭がある。
(2)　鉄を腐食するが，その他の金属と接触しても腐食の恐れはない。
(3)　酸と混合すると有害なガスを発生する。
(4)　加熱により分解し，主として酸素を発生する。
(5)　毒性があり，体内に入ると危険である。

　亜塩素酸ナトリウムは，鉄のほか，銅や銅合金なども腐食させます。

―――― 解答 ――――

【問題12】…(2)　　【問題13】…(3)

硝酸塩類 （本文P.305）

【問題16】

　硝酸塩類に関する次の記述のうち，誤っているものはいくつあるか。

A　硝酸カリウムの消火には，不活性ガスの消火剤を用いるのが最もよい。
B　硝酸ナトリウムには潮解性がある。
C　硝酸カリウムは，赤りんやマグネシウム等と接触すると，発火する危険性がある。
D　硝酸アンモニウムを加熱すると，分解して亜酸化窒素を発生する。
E　硝酸ナトリウムは黒色火薬の原料である。

(1)　1つ　　(2)　2つ　　(3)　3つ　　(4)　4つ　　(5)　5つ

　A　硝酸カリウムの消火には，原則として1類の危険物に共通の，大量の水を用いるのが最もよいので，誤りです。
　B　正しい（P.473の(3)参照）。
　C　他の1類の危険物と同様，赤リンやマグネシウム等の可燃物と接触すると，発火する危険性があるので，正しい。
　D　正しい。
　E　黒色火薬の原料となるのは，硝酸ナトリウムではなく硝酸カリウムなので，誤りです。（黒色火薬⇒**硝酸カリウム**に硫黄と木炭を混ぜた最も古い火薬）
　従って，誤っているのはAとEの2つとなります。

【問題17】

　硝酸アンモニウムの性状として，次のうち誤っているものはどれか。

(1)　別名硝安といわれ，白色または無色で無臭の結晶である。
(2)　水に溶ける際は，激しく発熱する。
(3)　吸湿性がある。
(4)　容器は密栓して，冷所に貯蔵する。

解答

【問題14】…(2)　　【問題15】…(2)

(5) 加熱すると，有毒な一酸化二窒素を生じる。

(2) 硝酸アンモニウムは水溶性ですが，水に溶ける際は発熱ではなく，吸熱します。

(5) 正しい。なお，一酸化二窒素は前問のDにある亜酸化窒素のことです。

ヨウ素酸塩類 （本文 P.306）

【問題18】
　ヨウ素酸塩類に関する次のA〜Eの記述のうち，誤っているものはいくつあるか。
A　ヨウ素酸カリウムは，水に溶けない。
B　ヨウ素酸ナトリウムは，水やエタノールによく溶ける。
C　ヨウ素酸カリウムは，加熱によって分解し，酸素を発生する。
D　ヨウ素酸ナトリウムは，白色の結晶又は結晶性粉末である。
E　ヨウ素酸塩類を可燃物と混合させると，加熱や衝撃等によって爆発する危険性がある。
(1)　1つ　　(2)　2つ　　(3)　3つ　　(4)　4つ　　(5)　5つ

A　ヨウ素酸カリウムは水に溶けるので，誤りです。
B　ヨウ素酸ナトリウムは，水には溶けますがエタノールには溶けないので，誤りです。
C　1類は加熱によって分解し，酸素を発生するので，正しい。
D　ヨウ素酸ナトリウムは，無色の結晶です。
E　正しい。
従って，誤っているのは，A，B，Dの3つとなります。

―――― 解答 ――――

【問題16】…(2)

第1類に属する各危険物の問題と解説　319

過マンガン酸塩類 (本文P.306)

【問題19】 急行★

過マンガン酸カリウムについて，次のうち，誤っているものはどれか。
(1) 無色の結晶である。
(2) 約200℃で分解し，酸素を放出する。
(3) 水に溶けやすい。
(4) 可燃物と混合したものは，加熱，衝撃等により爆発する危険性がある。
(5) 濃硫酸と接触すると爆発する危険性がある。

過マンガン酸カリウムは，無色ではなく，**黒紫**または**赤紫色**の結晶です。

【問題20】

過マンガン酸カリウムについて，次のうち，誤っているものはいくつあるか。
A　常温（20℃）では安定であるが，加熱すると分解し，マンガン酸カリウム，酸化マンガン（Ⅳ），酸素を発生する。
B　光線にさらされると分解を始める。
C　塩酸と接触すると，有毒な塩素を発生する。
D　水に溶けた場合は，淡黄色を呈する。
E　酢酸やアセトンなどには，溶けない。
(1) 1つ　(2) 2つ　(3) 3つ　(4) 4つ　(5) 5つ

D　水に溶けた場合は，淡黄色ではなく**濃紫色**となります。
E　酢酸やアセトンは溶けます。
（DとEが誤り）

[類題…○×で答える]　空気中の湿気により加水分解し，マンガン酸カリウム，酸化マンガン（Ⅳ），酸素を発生する。（答は次ページ下）

解答

【問題17】…(2)　　【問題18】…(3)

320　第3編　危険物の性質，並びにその火災予防，及び消火の方法

重クロム酸塩類 (本文 P.307)

【問題21】

重クロム酸アンモニウムの性状について，次のうち誤っているものはどれか。
(1) 橙赤色針状の結晶である。
(2) 加熱により窒素ガスを発生する。
(3) 約185℃に加熱すると分解する。
(4) エタノールに溶けるが，水には溶けない。
(5) ヒドラジンと混触すると爆発することがある。

――――――――――――――――――――――――――――

重クロム酸アンモニウムは，水にもエタノールによく溶けます（P.473の(2)を参照）。

【問題22】

重クロム酸塩類について，次のうち誤っているものはいくつあるか。
A 重クロム酸アンモニウムを可燃物と混合すると，爆発することがある。
B 重クロム酸カリウムは，有毒で苦味がある化合物である。
C 重クロム酸アンモニウムを加熱すると，融解せずに分解を始める。
D 重クロム酸カリウムは，水やアルコールによく溶ける。
E 重クロム酸アンモニウムは，オレンジ色系の針状結晶である。
(1) 1つ　　(2) 2つ　　(3) 3つ　　(4) 4つ　　(5) 5つ

――――――――――――――――――――――――――――

A は第1類の危険物に共通する一般的性状であり，正しい。
D の重クロム酸カリウムは，水には溶けますが，アルコールには溶けません。
E 正しい。
従って，誤っているのはDの1つのみということになります。

―― 解答 ――

【問題19】…(1)　　【問題20】…(2)　　［前頁類題の答］× (⇒下線部の物質は加水分解ではなく，過マンガン酸カリウムを**加熱**した際に発生する)

その他のもので政令で定めるもの（本文 P.307）

【問題23】

三酸化クロムの性状について，次のうち誤っているものはどれか。
(1) 潮解性のある暗赤色の針状結晶である。
(2) 水を加えると腐食性の強い酸となる。
(3) 皮膚をおかす。
(4) 水，エタノールに溶ける。
(5) 空気中の湿気と反応して有毒な白煙を発する。

解説

三酸化クロムは水と反応して発熱しますが，**潮解性**があるので，空気中の湿気，すなわち水分を吸収して，水に溶けたような状態となります。

【問題24】

二酸化鉛の性状について，次のうち誤っているものはどれか。
(1) 毒性が強い。
(2) 暗褐色の粉末である。
(3) 日光に対しては安定である。
(4) 加熱により分解し，酸素を発生する。
(5) 水，アルコールには溶けない。

解説

二酸化鉛は，日光に対しては不安定で，日光が当たると分解して**酸素**を発生します。

【問題25】

次亜塩素酸カルシウムの性状について，次のうち誤っているものはどれか。
(1) 常温（20℃）では安定しているが，加熱すると分解して発熱し，塩素を放出する。

解答

【問題21】…(4)　【問題22】…(1)

(2) 水溶液は，熱，光などにより分解して酸素を発生する。
(3) 水と反応して塩化水素を発生する。
(4) アンモニアと混合すると，発火，爆発の危険性がある。
(5) 空気中では次亜塩素酸を遊離するため，塩素臭がある。

　1類の危険物は酸素を含有しているので，加熱や衝撃などにより分解して酸素を放出します。

【問題26】

次の文の（　）内に当てはまるものはどれか。
「高度さらし粉は（　）を主成分とする酸化性物質であり，可燃物との混合により発火または爆発する危険性がある。また水に溶け，容易に分解し酸素を発生する。」
(1) 重クロム酸ナトリウム
(2) 硝酸アンモニウム
(3) 過ヨウ素酸ナトリウム
(4) 次亜塩素酸カルシウム
(5) 臭素酸カリウム

　高度さらし粉の主成分は，次亜塩素酸カルシウムです。

解答

【問題23】…(5)　【問題24】…(3)　【問題25】…(1)　【問題26】…(4)

コーヒーブレイク

＜合格のためのテクニックその３＞

すきま時間を利用しよう。

すきま時間というのは，通勤電車に乗っているときの時間や昼休みのほんのわずかな時間，あるいは駅から自宅へ帰る際に公園などのベンチに座って本を広げる10分程度の時間などの，日常的にわずかに生じる時間のことをいいます。このわずかな時間を有効に活用すると，結構な成果が得られる可能性があるのです。

事実，通勤電車に乗っているわずかな時間を利用して国家試験の中でも難関の部類に入る試験に合格された例もあるのです。

人によっては，このすきま時間の方がかえって集中でき，学習がはかどる，という方もおられるくらいです。

従って，「仕事が忙しくてなかなか時間が取れなくて……」という方も一度，自分の「すきま時間」を再確認して，それを有効に利用されてみたらいかがでしょうか。

第2章　第2類の危険物

 学習のポイント

　第2類危険物は，**酸化されやすい**（着火しやすい）**固体の危険物**なので，特に**酸化剤**（第1類危険物や第6類危険物など）との接触には注意が必要な危険物です。
　その第2類危険物ですが，**赤リン，硫黄，金属粉**（アルミニウム粉，亜鉛粉とも），そして**マグネシウム**などが，その**性状**等を中心にしてよく出題されています。
　従って，**発生するガスの種類**や**水溶性，非水溶性**などの性状を中心にしてよく把握しておく必要があるでしょう。
　なお，この赤リンと第3類の危険物である黄リンとは同じ問題で並べて出題されることが多いので，両者の違いをよく把握しておく必要があります。
　そのほかの危険物については，まんべんなく，1問1問，たまに出題されている，という"感"があるので，学習の方も「まんべんなく」知識を整理しておく必要があるでしょう。

第2類は物質の数が第6類の次に少ないので，各物質のポイントを確実に把握して，得点源となるようにつとめるんじゃよ。

① 第2類危険物に共通する特性

（1）共通する性状

1．**固体**の**可燃性**物質である。
2．一般に比重は**1より大きい**。
3．一般的に**水には溶けない**。
4．**酸化されやすい**（燃えやすい）物質である。
5．**酸化剤**と混合すると，**発火**，**爆発**することがある。
6．燃焼の際，**有毒ガス**を発生するものがある。
7．**酸，アルカリ**に溶けて**水素**を発生するものがある。
8．微粉状のものは，空気中で**粉じん爆発**を起こしやすい。

（7のように，酸にもアルカリにも溶ける元素を**両性元素**といい，**アルミニウ
ム**や**亜鉛**などが該当します。）☞ **出た!**

（2）貯蔵および取扱い上の注意

1．**火気**（炎や**火花**など）や高温体との接触および**加熱**を避ける。
2．**酸化剤**との接触や混合を避ける。
3．一般に，**防湿**に注意して容器は**密封**（**密栓**）する。
4．**冷暗所**に貯蔵する。

5．その他
　・**鉄粉，金属粉**および**マグネシウム**（またはこれらのものを含有する物質）
　　は，**水や酸**との接触を避ける。
　・**引火性固体**にあっては，みだりに**蒸気**を発生させない。

（3）共通する消火の方法

1．一般的には，**水系の消火器**（強化液，泡など）で**冷却消火**するか，または
　乾燥砂などで**窒息消火**する。
2．注水により発熱や発火するもの（鉄粉，金属粉，マグネシウム粉など）や
　有毒ガスを発生するもの（硫化リン）には，**乾燥砂**などで**窒息消火**する。
　（引火性固体は，P.336，7の④参照）

326　第3編　危険物の性質，並びにその火災予防，及び消火の方法

第2類の危険物に共通する特性の問題と解説

【問題1】

第2類の危険物の性状について,次のうち誤っているものはどれか。
(1) 常温(20℃)で液状のものがある。
(2) いずれも酸化剤との接触は危険である。
(3) 比重は1より大きいものが多い。
(4) 燃焼の際,有毒ガスを発生するものがある。
(5) いずれも可燃性の物質である。

第2類危険物は可燃性の固体です。

【問題2】

第2類の危険物の性状について,次のうち誤っているものはどれか。
(1) 水と反応するものがある。
(2) 大部分のものは,無色または白色の固体である。
(3) 微粉状のものは,空気中で粉じん爆発を起こしやすい。
(4) 燃焼するときに有害なガスを発生するものがある。
(5) 酸化剤と混合すると,爆発することがある。

(1) 硫化リンなどが水と反応します。
(2) 「大部分が無色または白色」というのは,第1類の危険物に共通する性状です。
(4) 硫黄は燃焼して,有害な二酸化硫黄(亜硫酸ガス)を発生します。

【問題3】

第2類の危険物の性状について,次のA~Eのうち正しいものはいくつあるか。

解答は次ページの下欄にあります。

- A　いずれも固体の無機物質である。
- B　消火するのが困難なものがある。
- C　一般に水には溶けにくい。
- D　それ自体有毒なものがある。
- E　空気中の湿気により自然発火するものがある。

(1)　なし　　(2)　1つ　　(3)　2つ　　(4)　3つ　　(5)　4つ

　A　次ページの第2類に属する危険物のうち，①～⑥は無機物質ですが，⑦の引火性固体に有機物質が含まれているので，誤りです。

　他は，全て正しい。

（D⇒　硫化リン，E⇒　金属粉など）

【問題4】

　第2類の危険物に共通する火災予防の方法として，次のうち誤っているものはどれか。

- (1)　還元剤との接触又は混合を避ける。
- (2)　冷暗所に貯蔵する。
- (3)　火気又は加熱を避ける。
- (4)　引火性固体にあっては，みだりに蒸気を発生させない。
- (5)　一般に防湿に注意し，容器は密封する。

　第2類の危険物は可燃物なので，酸素を供給する物質，すなわち<u>酸化剤</u>と接触又は混合すると，衝撃等により爆発する危険性があります。

解答

【問題1】…(1)　　【問題2】…(2)　　【問題3】…(5)　　【問題4】…(1)

第2類に属する各危険物の特性

第2類危険物に属する品名,および主な物質は,次のようになります。

表1 (●第2類は非水溶性で,比重は1より大きい)(注:㊎は結晶,㊗は粉末,㊑は金属)

品名	主な物質名	化学式	形状	比重	発火点	融点	自然発火	粉じん爆発	消火
①硫化リン	三硫化リン	P_4S_3	黄㊎	2.03	100℃	173℃	と並んでいる1 2 3		砂粉末CO_2
	五硫化リン	P_2S_5	淡黄㊎	2.09		290℃			
	七硫化リン	P_4S_7	淡黄㊎	2.19		310℃			
②赤リン	赤リン	P	赤褐㊗	2.1〜2.3	260℃	600℃	△	○	水,砂
③硫黄	硫黄	S	黄㊐㊗	2.07	232〜360℃	113℃		○	水と土砂
④鉄粉	鉄粉	Fe	灰白㊗	7.86		1535℃	○		砂・金属消火剤
⑤金属粉	アルミニウム粉	Al	銀白㊗	2.7	550〜640℃	660℃	○	○	
	亜鉛粉	Zn	灰青㊗	7.14		419℃	○	○	
⑥マグネシウム	マグネシウム	Mg	銀白㊑	1.74		650℃	○	○	
⑦引火性固体	固形アルコール,ゴムのり,ラッカーパテ (消火:泡,CO_2,ハロゲン,粉末)								

(1) 硫化リン

 (問題 P.337)

硫化リンとは,硫黄とリンが化合した物質です。

表2 (注:五硫化リンは五硫化二リンともいいます)

三硫化リン (P_4S_3)	五硫化リン (P_2S_5)	七硫化リン (P_4S_7)
〈比重:2.03,融点:173℃〉	〈比重:2.09,融点:290℃〉	〈比重:2.19,融点:310℃〉

表3 (比重,融点,沸点とも三硫化リン<五硫化リン<七硫化リンの順になっている)

性状	貯蔵,取扱いの方法	消火の方法
1. 黄色又は淡黄色の結晶である。 2. 二硫化炭素,ベンゼンに溶けるが,三硫化リンのみ水には溶けない。 3. 三硫化リンは熱水,五硫化リンは水(冷水),七硫化リンは冷水,熱水により加水分解して,可燃性で有毒な硫化水素(H_2S)を発生する。 4. 燃焼すると,有毒ガス(亜硫酸ガスSO_2など)を発生する。 5. 粉じん爆発するおそれがある。	〈2類共通の貯蔵,取扱法〉 ⇒ 火気,加熱,酸化剤を避け,密栓して冷暗所に貯蔵する。 + 水や金属粉などと接触させない。	1. 水は厳禁(水系消火剤は硫化水素が発生するので使用は避ける。) 2. 乾燥砂(または粉末消火剤か二酸化炭素消火剤)で消火する。

(2) 赤リン (P)  (問題 P.339)

この赤リンは、古くからマッチや花火の材料として用いられており、第3類の危険物である黄リンとは、**同素体**(同じ原子からなる単体で性質が異なる物質どうし)です(赤リンは黄リンから作られるので、黄リンが混ざっていることがある)。

表4

性　状 〈比重：2.1〜2.3〉	貯蔵,取扱いの方法	消火の方法
1. **赤褐色**(または**赤茶色**, **赤紫色**)の粉末である。 2. 無臭で無毒である。 3. 水にも二硫化炭素にも溶けない。 4. 自然発火はしないが、不純物として黄リンを含んだものは**自然発火**の危険性がある。 5. 黄リンよりも不活性(安定)である。 6. 粉じん爆発するおそれがある。 7. 燃焼時に、有毒なリン酸化物を発生する。	〈2類共通の貯蔵,取扱い〉 ⇒ **火気,加熱,酸化剤**を避け、**密栓**して**冷暗所**に貯蔵する。	**注水**により冷却消火をするか、または乾燥砂で窒息消火する。

(3) 硫黄 (S)  (問題 P.340)

硫黄は、すべての元素の中で最も多くの同素体をもつ物質で、主な同素体に**斜方硫黄***、**単斜硫黄**、**ゴム状硫黄**、非晶形などがあります(＊単体か否かの出題あり)。

表5

性　状 〈比重：2.07〉〈融点：115℃〉	貯蔵,取扱いの方法	消火の方法
1. **黄色**の**固体**または**粉末**で、**無味**、**無臭**である。 2. **水には溶けない**が(⇒水に対して安定)、**二硫化炭素には溶ける**。 3. アルコール、ジエチルエーテルにはわずかに溶ける。 4. 燃焼すると、有毒な**二酸化硫黄**(SO_2：亜硫酸ガス)を発生する。 5. 粉末状のものが空気中に飛散すると、**粉じん爆発**する危険性がある。 6. 電気の**不良導体**なので、摩擦等により**静電気**を生じやすい。	〈2類共通の貯蔵,取扱い〉 ⇒ **火気,加熱,酸化剤**を避け、**密栓**して**冷暗所**に貯蔵する。 ＋（左の5と6から） 1. **空気中に飛散**させない。 2. **静電気対策**をする。	**水と土砂***により消火する。(粉末(リン酸塩類)、泡の各消火剤も有効である。) ＊硫黄は融点が低く、燃焼時に液状になりやすいので、土砂で拡散を防ぐ

なお、貯蔵の際は、「**塊状**の硫黄⇒**麻袋、わら袋**」、「**粉末状**の硫黄⇒**二層以上のクラフト紙、麻袋**」などの袋に入れて貯蔵します(⇒容器に入れなくてもよい)。
((1)の硫化リンと(3)の硫黄は**二硫化炭素に溶ける**が赤リンは溶けないので注意！)

（4）鉄粉（Fe）

特急 ★★ （問題 P.342）

　一般に鉄という場合，鉄板のように固まり状のものを思い浮かべますが，このような鉄の場合は，熱がなかなか内部まで浸透しにくいので，一般的にはなかなか燃えません。

　それに対して，鉄を粉末状にした**鉄粉**の場合は，空気（酸素）と接触する面積が増えるので（その他，熱伝導率が小さく熱が蓄積されやすいため），非常に燃えやすくなります。

表6

性　状 〈比重：7.86〉	貯蔵，取扱いの方法	消火の方法
1．**灰白色**の粉末である。 2．水，アルカリ（**水酸化ナトリウム**など）には**溶けない**。 3．酸に溶けて**水素**を発生する。 4．油のしみこんだものは**自然発火**することがある。 5．微粉状のものは，**粉じん爆発**する危険性がある。 6．**酸化剤**と混合したものは，加熱，衝撃により爆発することがある。 7．湿気により**酸化**し，**発熱**することがある。 8．**加熱**または**火との接触により発火**する危険がある。 9．鉄粉のたい積物について ・**空気を含むので熱が伝わりにくくなる**。 ・単位重量当たりの表面積が**小さい**ので，**酸化されにくい**（下線部出題例あり）。 ・**水分**を含むたい積物は，**酸化熱**を内部に蓄積し，**発火**することがある。	〈2類共通の貯蔵，取扱い〉 ⇒　**火気，加熱，酸化剤を避け，密栓して冷暗所**に貯蔵する。	**乾燥砂**（膨張ひる石，膨張真珠岩（パーライト）含む）か**金属用粉末消火剤**で消火する。（加熱したものに注水すると爆発する危険性があるので，**注水は厳禁！**）

注：鉄の粉すべてが危険物とみなされるのではなく，「53μmの網ふるいを通過するものが50%以上のもの」が対象となります（⇒53μmの網ふるいに50%以上通過するくらい小さな粒でないと危険物とはみなされない，ということ⇒P.28, 1の①）。

（*μm ＝ $\dfrac{1}{1,000}$ mm）

第3編

危険物の性質，並びにその火災予防，及び消火の方法

2．第2類に属する各危険物の特性　331

> ・ここで第2類危険物の色をまとめておきます（P.329の表参照）
>   ・**硫化リン**と**硫黄**は，同じ仲間で**黄色系**
>   ・**赤リン**は，そのまま**赤色**
>   ・**金属系**は，**白**が基本で，アルミニウムとマグネシウムのみ**銀色**が入る（亜鉛は個別に覚える）。

（5）金属粉  （問題P.344）

金属粉とは，アルカリ金属，アルカリ土類金属，鉄およびマグネシウム以外の金属の粉をいい，銅粉，ニッケル粉および150μmの網ふるいを通過するものが50％未満のものは除かれます。

1．アルミニウム粉（Al）

表7（色の着いた4～7は次の亜鉛粉と共通性状です）

性　状 〈比重：2.7〉〈融点：660℃〉	貯蔵，取扱いの方法	消火の方法
1．銀白色の粉末である。 2．燃焼すると，酸化アルミニウムを生じる。 3．水と反応して水素を発生する。 4．水には溶けないが，酸（塩酸，硫酸など）やアルカリ（水酸化ナトリウム）には溶けて水素を発生する。（⇒両性元素である） 5．空気中の水分やハロゲン元素と反応して自然発火することがある。 6．酸化剤と混合したものは，加熱，衝撃により発火することがある。 7．微粉状のものは，粉じん爆発する危険性がある。	〈2類共通の貯蔵，取扱い〉 ⇒　火気，加熱，酸化剤を避け，密栓して冷暗所に貯蔵する。 ＋ 水分やハロゲンとの接触を避ける。	乾燥砂か金属火災用粉末消火剤で消火する。 （注水は厳禁！）

（4⇒「酸と反応して，酸素を発生する。」は誤りなので，要注意！）

> ［例題］　高温下において，アルミニウム粉は二酸化炭素中で激しく燃焼する。
> 解説
> アルミニウム粉，マグネシウム，鉄粉は高温下では二酸化炭素中で燃焼します。
> （答）○

2．亜鉛粉（Zn）

表8

性状〈比重：7.14〉〈融点：419.5℃〉	貯蔵, 取扱いの方法	消火の方法
1．**灰青色**の粉末である。 2．硫黄と混合したものを加熱すると，**硫化亜鉛**を生じる。 3．アルミニウム粉よりも危険性は少ない。 4．水を含んだ**塩素**と接触すると**自然発火**する。 5．その他は，アルミニウム粉の性状4～7に同じ。	アルミニウム粉に同じ	アルミニウム粉に同じ

（6）マグネシウム

（問題 P.345）

　このマグネシウムは，金属粉などのように「粉」という文字が使われていませんが，「2mmの網ふるいを通過しない塊状のもの，および直径が2mm以上の棒状のものは除く。」とあり，塊状あるいは棒状のものは危険物の対象とはなりません。

表9

性状〈比重：1.74〉	貯蔵, 取扱いの方法	消火の方法
1．**銀白色**の軽い金属である。 2．水には溶けないが，希薄な酸には溶けて**水素**を発生する。 　（アルカリとは反応しない） 3．製造直後のものは，**酸化被膜**が形成（生成）されていないので，**発火**しやすい。 　一方，**常温（20℃）**では，**酸化被膜**が生成されているので，酸化が進行せず，**安定**である。 4．冷水とは徐々に，**熱水**とは激しく反応して**水素**を発生する。 5．空気中の水分と反応して**自然発火**することがある。 6．**酸化剤**と混合したものは，加熱，衝撃により**発火**することがある。 7．燃焼すると，**白光**を放って高温で燃え，**酸化マグネシウム**を生じる。	〈2類共通の貯蔵, 取扱い〉 ⇒ **火気, 加熱, 酸化剤を避け, 密栓して冷暗所に貯蔵する。** ＋ 水分や酸との接触を避ける。	乾燥砂か金属火災用粉末消火剤で消火する。 （注水は厳禁！）

2．第2類に属する各危険物の特性　333

（7）引火性固体 （問題 P.346）

　固形アルコールその他１気圧において引火点が40℃未満のものをいい，常温で可燃性蒸気を発生するので，常温でも引火する危険性の高い物質です。

1．共通する貯蔵，取扱いの方法

　２類に共通する貯蔵，取扱いの方法

> ⇒　**火気，加熱，酸化剤**を避け，**密栓**して**冷暗所**に貯蔵する。

2．共通する消火の方法

　⇒　**泡消火剤，二酸化炭素消火剤，ハロゲン化物消火剤，粉末消火剤**などを用いて消火する。

表10

種　類	形状	特　徴
固形アルコール	乳白色の寒天状	1．**メタノール**または**エタノール**を凝固剤で固めたものである。 2．**40℃未満**で可燃性蒸気を発生し，引火しやすい。 3．アルコールと同様の**臭気**がする。
ゴムのり	のり状の固体	1．**生ゴム**を（**ベンゼン**などに）溶かした接着剤である。 2．引火性蒸気を吸入すると，**頭痛，めまい，貧血**などを起こすことがある。 3．引火点が**10℃以下**なので，常温以下の温度で引火性蒸気を発生し，引火する危険がある。 4．水には**溶けない**。 5．**直射日光を避ける**（⇒日光により**分解する**ため）。
ラッカーパテ 引火点：**10℃** (注：引火点は含有成分により異なる) （プラモデル等に用いられる）	ペースト状の固体	1．**トルエン，酢酸ブチル，ブタノール**などを成分とした**下地修正塗料**である。 2．蒸気を吸入すると，**有機溶剤*中毒**となる。 3．**直射日光を避ける**（⇒日光により**分解する**ため）。

＊**有機溶剤**：物を溶かす目的で用いられる液体を**溶剤**といい，それが有機物のものを有機溶剤といいます（有機溶媒という場合もある）。

334　第３編　危険物の性質，並びにその火災予防，及び消火の方法

※※※※※※※※※※ 第2類危険物のまとめ ※※※※※※※※※※

1．比重は1より大きく（固形アルコールは除く），水には溶けない。
2．二硫化炭素に溶けるもの
　　硫化リン，硫黄。（＜覚え方＞⇒「硫」＋「硫」＝「二硫」）

3．発生するガスの種類

① 水素を発生するもの

鉄粉	酸（塩酸など）に溶けて水素を発生する
アルミニウム粉 亜鉛粉	水と反応，または酸（塩酸や硫酸）やアルカリ（水酸化ナトリウム）に溶けて水素を発生する
マグネシウム	熱水，希薄な酸に溶けて水素を発生する

　注）　鉄粉とマグネシウムはアルカリとは反応しません。

② 硫化水素を発生するもの

硫化リン	水または熱水と反応して硫化水素を発生する

③ 二酸化硫黄を発生するもの

硫黄，硫化リン	燃焼の際に二酸化硫黄を発生する

4．自然発火のおそれのあるもの

赤リン	黄リンを含んだ赤リンは，自然発火のおそれがある
鉄粉	油のしみた鉄粉は，自然発火のおそれがある
アルミニウム粉 亜鉛粉	空気中の水分やハロゲン元素などと接触すると，自然発火のおそれがある
マグネシウム	空気中の水分と接触すると，自然発火のおそれがある

5．引火点を有するもの⇒硫黄，引火性固体
6．粉じん爆発するおそれのあるもの
　　硫化リン，赤リン，硫黄，鉄粉，アルミニウム粉，亜鉛粉，マグネシウム

　　この粉じん爆発の防止対策については，本試験でもたまに出題されていますので，ここで，その防止対策についてまとめておきます。

＜粉じん爆発が起こりやすい条件＞
1．粒子が小さく比表面積（単位質量の表面積）が大きいほど，爆発しやすい。

2．温度が**高く**，湿度が**低い**ほど爆発しやすい（⇒<u>水分と爆発は関係がある</u>）。
3．濃度が爆発範囲内なら濃度が**高い**ほど爆発しやすい。
4．**最小着火エネルギー**，**爆発時の発生エネルギー**ともガス爆発より**大きい**。

＜粉じん爆発防止対策＞
1．粉じんが発生する場所では，**火気を使用しない**ようにする。
2．**接地する**などして，静電気が蓄積しないようにする。
3．電気設備を**防爆構造**にする。
4．**温度は低く，湿度は高く**する。
5．粉じんを取り扱う装置には，窒素等の**不活性ガス**を封入する。
6．外気を取り入れて**換気**を十分行い，粉じん濃度が燃焼範囲の**下限値未満**になるようにする（⇒「常に空気を循環させておく」という対策は誤り⇒粉じんどうしや粉じんと壁の摩擦で静電気が発生するおそれがあるため）。

```
┌─ 7．消火方法 ──────────────────────────┐
│ ① **注水消火**するもの                   │
│   ・赤リン，硫黄                         │
│ ② **金属火災用粉末消火剤**（**塩化ナトリウム**が主成分）により消火するもの │
│   ・鉄粉　アルミニウム粉　亜鉛粉　マグネシウム │
│ ③ **注水厳禁**なもの                     │
│   ・硫化リン　鉄粉　アルミニウム粉　亜鉛粉　マグネシウム │
│ ④ **二酸化炭素**が使用可能なもの         │
│   ・硫化リン，引火性固体                 │
│ ⑤ **引火性固体**は，泡，二酸化炭素，ハロゲン化物，粉末消火剤などで消火する。 │
└────────────────────────────────────────┘
```

　　この7の消火方法の覚え方じゃが，まず，③の注水厳禁なものを下のゴロ合わせで覚えておけば，①の注水消火するものは，それ以外のものから探せばよいので，おおよその見当がつくと思う。
　　また，②の金属火災用粉末消火剤じゃが，当然，金属粉等が対象なので，こちらは問題ないじゃろう。

　　　こうして覚えよう！

…注水厳禁なもの（③）

あ	**あ，**	**竜**(りゅう)	**馬**っ	**て**	**チュー**	嫌いだったのか…
亜鉛	アルミ	硫化リン	マグネシウム	鉄粉	注水	×

8．**乾燥砂**は第2類危険物の火災に有効である。

第2類に属する各危険物の問題と解説

硫化リン（本文P.329）

【問題1】
硫化リンの性状として，次のうち誤っているものはどれか。
(1) 黄色又は淡黄色の結晶である。
(2) 比重は1より小さく，水に浮く。
(3) 水又は熱湯と反応すると，可燃性で有毒な硫化水素を発生する。
(4) 燃焼すると有毒ガスを発生する。
(5) 金属粉と混合すると，自然発火する。

(2) 第2類の危険物の比重は，一般に1より大きいので，水に沈みます（ただし，固形アルコールの比重は1より小さいので，水に浮きます）。
(5) 硫化リンを酸化剤や金属粉と混合すると，自然発火の危険性があります。
＜覚え方……硫化リンと湯と水＞
七硫化リンは**湯**と**水** OK と覚え，あとは**三硫化リン**を「三硫は熱い」より**熱水**，残りの**五硫化リン**が「**水**」になる。

【問題2】
硫化リンの貯蔵又は取扱いについて，次のうち誤っているものはどれか。
(1) 容器のふたには，通気性のよいものを使用する。
(2) 火気や加熱を避ける。
(3) 水や酸化剤及び亜鉛粉などの金属粉等と接触しないようにする。
(4) 換気のよい冷暗所に貯蔵する。
(5) 衝撃や摩擦等を与えないように注意する。

一般に，第2類の危険物は（硫黄は除く），湿気（水分）を避けるため**密栓**

―― 解答 ――
解答は次ページの下欄にあります。

をして貯蔵します。従って，通気性があれば防湿効果がないので，(1)が誤りです。

【問題3】
　五硫化リンが水と反応して発生する有毒な気体は，次のうちどれか。
(1)　二酸化硫黄　　(2)　五酸化リン　　(3)　リン化水素
(4)　硫化水素　　　(5)　リン化水素と二酸化硫黄

――――――――――――――――――――――――――――――――

　硫化リンが水（三硫化リンは熱水）と反応すると，加水分解され，硫化水素を発生します。

【問題4】
　　硫化リンが加水分解されて発生するガスの性状について，次のうち誤っているものはどれか。
(1)　無色の気体である。
(2)　空気よりも重い。
(3)　毒性はほとんどない。
(4)　特異な悪臭を発する気体である。
(5)　空気と混合して引火，爆発する危険性がある。

――――――――――――――――――――――――――――――――

　前問の解説より，発生する気体は**硫化水素**です。
(1)，(2)　硫化水素は，無色で空気よりも重いので，正しい。
(3)　硫化水素は**有毒**な気体なので，誤りです。
(4)　特異な悪臭とは，腐卵臭のような臭気のことです。
(5)　硫化水素は**可燃性ガス**なので，正しい。

【問題5】
　　五硫化リンについて，次のうち誤っているものはどれか。
(1)　有毒で，常温（20℃）の水で容易に分解する。

――――――――――――――解答――――――――――――――

【問題1】…(2)　　【問題2】…(1)

(2) 空気中の湿気と反応すると，有毒ガスを発生する。
(3) 換気のよい冷暗所に保存する。
(4) 消火の際には，乾燥砂や不燃性ガスによる窒息消火が効果的である。
(5) 空気中で自然発火することがある。

　五硫化リンは，酸化剤や金属粉と混合すると自然発火の危険性がありますが，単独ではその危険性はないので，(5)が誤りです。
　なお，(4)の硫化リンの消火ですが，問題3や問題4からわかるように，水と反応すると硫化水素を発生するので，注水は避ける必要があります。
（五硫化リンは，「黄色」「特異臭」「常温の水で分解する」が出題ポイント！）

赤リン（本文P.330）

【問題6】 特急★

赤リンの性状について，次のうち誤っているものはどれか。
(1) 赤褐色の粉末で，粉じん爆発を起こすことがある。
(2) 反応性は，黄リンよりも不活性である。
(3) 自身の毒性は低いが，燃焼生成物には強い毒性がある。
(4) 約50℃で空気中で自然発火する。
(5) 比重は1より大きい。

　黄リンを含んでいる赤リンは自然発火の危険性がありますが，純粋なものは自然発火しません（約50℃で空気中で自然発火するのは，黄リンの方です）。

【問題7】 急行★

赤リンの性状について，次のA〜Eのうち正しいものはいくつあるか。
A　黄リンの同素体である。
B　特有の臭気を有している。
C　水に溶けにくいが，二硫化炭素によく溶ける。
D　常圧では約400℃で昇華する。

―――――解答―――――

【問題3】…(4)　　【問題4】…(3)

E　空気中でリン光を発する。
(1)　なし　　　(2)　1つ　　　(3)　2つ　　　(4)　3つ　　　(5)　4つ

　B　黄リンには不快臭がありますが，赤リンに臭気はありません。
　C　水にも二硫化炭素にも溶けません。
　E　リン光を発するのは黄リンの方であり，赤リンにはそのような性状はないので誤りです。
　従って，正しいのはA，Dの2つとなります。

【問題8】
　赤リンについて，次のうち誤っているものはどれか。
(1)　純粋なものは，空気中に放置しても自然発火しない。
(2)　空気に触れないように水中で貯蔵する。
(3)　燃焼時には，有毒なリン酸化物を発生する。
(4)　塩素酸カリウムとの混合物は，わずかの刺激で爆発する。
(5)　消火の際には，大量の水を用いて冷却消火をする。

(2)　水中貯蔵するのは，黄リンの方です。
(3)　リン酸化物とは，五酸化リンのことです。
(4)　塩素酸カリウムは酸化剤であり，第2類の危険物の共通する性状からもわかるように，酸化剤と混合すると，熱や衝撃により爆発する危険性があります。

硫黄　(本文 P.330)

【問題9】　特急★★
　硫黄の性状について，次のうち誤っているものはどれか。
(1)　電気の良導体であり，摩擦により静電気が発生しやすい。
(2)　黄色の固体又は粉末である。
(3)　発火しやすいので，炎，火花および高温体などとの接近を避ける。
(4)　高温で金属と反応して，硫化物を作る。

―――――――――― 解答 ――――――――――

【問題5】…(5)　　【問題6】…(4)

(5) 微粉が浮遊していると，粉じん爆発の危険性がある。

硫黄は電気の不良導体であるため，静電気が発生しやすく，貯蔵の際には静電気が発生しないように注意する必要があります。

【問題10】 急行★

硫黄の性状について，次のうち適当でないものはどれか。
(1) 燃焼すると，二酸化硫黄を生じる。
(2) 水より重い。
(3) 酸化剤と混合すると，発火しやすくなる。
(4) 斜方硫黄，単斜硫黄，非晶形，ゴム状硫黄などがある。
(5) 水や二硫化炭素にはよく溶ける。

硫黄は，二硫化炭素には溶けますが，水には溶けません。

【問題11】 特急★

硫黄の性状について，次のうち正しいものはどれか。
(1) 空気中において，約100℃で発火する。
(2) 固体のまま表面で燃焼して一酸化炭素の黄色煙を発生する。
(3) 酸に溶けて硫酸を生成する。
(4) 燃焼の際に発生するガスは有毒である。
(5) 水と接触すると，激しく発熱する。

(1) 硫黄の発火点は約360℃なので，100℃では発火しません。
(2) 一酸化炭素ではなく，人体に有害な二酸化硫黄（無色）を発生します。
(3) 硫酸は，二酸化硫黄から三酸化硫黄（SO_3：無水硫酸）を作り，水を加えて生成します。
(4) 燃焼の際に発生するガスは，(2)の有毒な二酸化硫黄なので，正しい。な

―― 解答 ――

【問題7】…(3)　　【問題8】…(2)

お，硫黄が燃焼する際は**青い炎**を出して燃焼します。

(5) 水と激しく反応して発熱するのは三酸化硫黄であり，硫黄は水とは反応しません。

【問題12】

硫黄について，次のうち誤っているものはどれか。
(1) 二硫化炭素に溶けやすい。
(2) きわめて不快な臭気（腐卵臭）を有する。
(3) 消火の際には，一般的に，大量の噴霧注水により一挙に消火する。
(4) 塊状の硫黄は，麻袋やわら袋などに入れて貯蔵する。
(5) 発火した場合には燃焼生成物が流動して燃焼面を拡大するので，水と土砂などを用いて消火する。

硫黄は，**無臭**，無毒（注：純粋なもの）なので，(2)が誤りです。

鉄粉　(問題 P.331)

【問題13】　急行★

鉄粉の性状について，次のうち誤っているものはどれか。
(1) 灰白色の粉末である。
(2) 空気中の湿気により酸化蓄熱し，発熱することがある。
(3) アルカリと反応して酸素を発生する。
(4) 微粉状のものは，発火する危険性がある。
(5) 一般的に，強磁性体である。

鉄粉は，アルカリではなく**酸**と反応して，**水素**を発生します。

【問題14】

鉄粉の一般的性状について，次のうち正しいものはいくつあるか。
A　乾燥した鉄粉は，小炎で容易に引火し白い炎をあげて燃える。

解答

【問題9】…(1)　　【問題10】…(5)　　【問題11】…(4)

B 希塩酸に溶けて水素を発生するが，水酸化ナトリウム水溶液にはほとんど溶けない。
C 鉄粉のたい積物は，単位重量当たりの表面積が大きいので，酸化されやすい。
D 燃焼すると酸化鉄になる。
E 空気中で酸化されやすく，湿気によってさびが生じる。

(1) 1つ　　(2) 2つ　　(3) 3つ　　(4) 4つ　　(5) 5つ

B 鉄粉は，酸に溶けて水素を発生しますが，水酸化ナトリウムなどのアルカリには溶けないので正しい。

C 鉄粉でも，浮遊状態にあるものは単位重量当たりの表面積が大きくなるので（浮遊状態にあるので，隣接する鉄の粒子どうしが離れていて，空気と接する部分が多いため），酸化されやすくなりますが，たい積物になると隣接する鉄の粒子どうしが密着しているので，空気と接する部分が小さくなります。従って，単位重量当たりの表面積が小さくなるので，酸化されにくくなります（誤り）。

D 燃焼すると酸化鉄（黒色または赤色の固体）になるので，正しい。

（Cのみ誤り）

【問題15】

鉄粉の火災の消火方法について，次のうち最も適切なものはどれか。

(1) 注水する。
(2) 乾燥砂や膨張真珠岩（パーライト）で覆う。
(3) 強化液消火剤を放射する。
(4) 二酸化炭素消火剤を放射する。
(5) 泡消火剤を放射する。

鉄粉の火災には，乾燥砂や膨張真珠岩（「ぼうちょうしんじゅがん」と読む。別名，パーライトともいい，真珠岩などの細い粒を高温で加熱して膨張さ

――――――――――――――解答――――――――――――――

【問題12】…(2)　　【問題13】…(3)

せた多孔質で軽量の粒子のこと）で覆う**窒息消火**が効果的です。

なお，最近の金属火災には**塩化ナトリウム**を主成分とする**金属火災用消火剤**も用いられてきており，塩化ナトリウムを主成分とする消火剤である以上，「**塩化ナトリウムと混合したものは，加熱，衝撃で爆発することがある。**」という出題は✕なので，注意してください（**アルミニウム粉**や**亜鉛粉**などの**金属粉**と混合した場合も同じ）。

金属粉 （本文 P.332）

【問題16】

アルミニウム粉の性状として，次のうち誤っているものはどれか。
(1) 銀白色の粉末で還元力が強く，クロムやマンガン等も還元する。
(2) 塩酸に溶けて発熱し，水素を発生する。
(3) 空気中に浮遊している場合は，粉じん爆発のおそれがある。
(4) 空気中の水分で自然発火することがある。
(5) 水に溶けて酸素を発生する。

アルミニウム粉は，水には溶けず，また，水と反応した場合は酸素ではなく**水素**を発生します。

【問題17】

アルミニウム粉の性状について，次のうち誤っているものはどれか。
(1) ハロゲン元素と接触すると発火する。
(2) 酸に溶けて酸素を発生するが，アルカリとは作用しない。
(3) 熱水と反応すると発熱し，水素を発生する。
(4) 亜鉛粉よりも危険性が大きい。
(5) 酸化剤と混合したものは，摩擦，衝撃等により発火する。

アルミニウム粉は，塩酸や硫酸などの酸だけではなく，水酸化ナトリウムなどのアルカリとも反応して，酸素ではなく**水素**を発生します。

解答

【問題14】…(4)　　【問題15】…(2)

【問題18】

亜鉛粉の性状について，次のうち誤っているものはどれか。
(1) 酸と反応すると，水素を発生する。
(2) 水分があれば，ハロゲンと容易に反応する。
(3) 高温では水蒸気を分解して水素を発生する。
(4) 水酸化ナトリウムの水溶液と反応して酸素を発生する。
(5) 硫黄と混合したものを加熱すると，硫化亜鉛を発生する。

【解説】

亜鉛粉は，アルミニウム粉とほぼ同じ性状を有するので，前問の解説より，「塩酸や硫酸などの酸だけではなく，<u>水酸化ナトリウム</u>などのアルカリとも反応して**水素**を発生する。」ので，(4)の酸素が誤りです。

【問題19】

亜鉛粉の性状について，次のうち誤っているものはどれか。
(1) 灰青色の金属である。
(2) 酸化剤と混合したものは，摩擦，衝撃等により発火することがある。
(3) 水分を含む塩素と接触すると，自然発火することがある。
(4) 火災の場合，大量の水によって消火する。
(5) 硫酸の水溶液と反応して水素を発生する。

【解説】

鉄粉や金属粉の火災に**水は厳禁**です。**乾燥砂**などを用いて消火します。

マグネシウム （本文 P.333）

【問題20】

マグネシウム粉の一般的性状について，次のうち誤っているものはどれか。
(1) 温水を作用させると，水素を発生する。
(2) 吸湿したマグネシウム粉は，発熱し発火することがある。
(3) 有機物と混合すると発火や爆発するおそれがあるが，無機物と混合した

解答

【問題16】…(5)　　【問題17】…(2)

ものは安定である。
(4) 空気中に浮遊していると，粉じん爆発を起こすことがある。
(5) マグネシウムと酸化剤の混合物は，発火しやすい。

たとえば，有機物で酸性物質でもある酢酸（有機酸）とマグネシウムが混合すると**水素**を発生し，発火や爆発する危険性があるので，前半は正しい。

しかし，無機物である酸化剤とマグネシウムなどの第2類の危険物を混合すると，衝撃等により，発火，爆発する危険性があるので，後半の「無機物と混合したものは安定である。」の部分が誤りです（注：(1)は「酸素を発生」なら×）。

【問題21】
マグネシウムの性状について，次のうち誤っているものはどれか。
(1) 製造直後のマグネシウム粉は，発火しやすい。
(2) マグネシウムの酸化皮膜は，更に酸化を促進する。
(3) 空気中の湿気により，自然発火することがある。
(4) 点火すると激しく燃焼し，また，二酸化炭素中でも燃焼する。
(5) 棒状のマグネシウムは，直径が小さい方が燃えやすい。

マグネシウムの表面が酸化皮膜で覆われると，空気と接触できなくなるので，酸化は進行しなくなります。

引火性固体 （本文P.334）

【問題22】
引火性固体について，次のうち誤っているものはいくつあるか。
A 引火性固体は，発生した蒸気が主に燃焼する。
B 引火性固体の引火点は40℃以上であり，常温（20℃）では引火しない。
C 常温（20℃）の空気中で徐々に酸化し，発熱する。
D ラッカーパテとは，トルエン，酢酸ブチル，ブタノールなどを成分とした下地修正塗料である。

―――― 解答 ――――

【問題18】…(4)　　【問題19】…(4)

E　ゴムのりとは，生ゴムをベンジンやベンゼン等に溶かした接着剤である。
(1)　1つ　　(2)　2つ　　(3)　3つ　　(4)　4つ　　(5)　5つ

B　引火性固体とは，1気圧において引火点が40℃未満のものをいい，常温(20℃)でも引火する危険性があります。
C　引火性固体は常温（20℃）でも蒸発はしますが，問題文のような性状はありません。
（B，Cが誤り）

【問題23】
固形アルコールについて，次のうち誤っているものはどれか。
(1)　メタノール又はエタノールを凝固剤で固めたものである。
(2)　常温（20℃）では，可燃性蒸気は発生しない。
(3)　密閉しないと蒸発する。
(4)　通風，換気のよい冷暗所に貯蔵する。
(5)　火気又は加熱を避けて貯蔵する。

前問でも解説しましたが，引火性固体は常温（20℃）でも可燃性蒸気を発生する危険性があるので，(2)が誤りです。

総合

【問題24】　急行★
第2類の危険物の性状について，次のうち誤っているものはどれか。
(1)　すべて可燃性である。
(2)　引火性を有するものがある。
(3)　熱水と反応して，リン化水素を発生するものがある。
(4)　燃焼の際に人体に有害なガスを発生するものがある。
(5)　酸にもアルカリにも溶けて，水素を発生するものがある。

―――― 解答 ――――

【問題20】…(3)　　【問題21】…(2)

(1) 第2類の危険物は可燃性の固体なので，正しい。
(2) 引火性固体は可燃性蒸気を発生し，引火性を有するので，正しい。
(3) 三硫化リンは熱水と反応して，リン化水素ではなく**硫化水素**を発生するので，誤りです。
(4) たとえば，硫黄は燃焼して有毒な**二酸化硫黄**（亜硫酸ガス）を発生するので，正しい。
(5) 金属粉は，酸にもアルカリにも溶けて，**水素**を発生するので，正しい。

【問題25】

次のうち，燃焼の際に有害な気体を発生するものはいくつあるか。

A 硫黄　　B アルミニウム粉　　C 硫化リン
D 鉄粉　　E マグネシウム

(1) 1つ　(2) 2つ　(3) 3つ　(4) 4つ　(5) 5つ

P.335，3の③より，硫黄，硫化リンは燃焼すると，有害な二酸化硫黄を発生します。

【問題26】

第2類の危険物の貯蔵又は取扱い方法として，次のうち適当でないものはどれか。

(1) 鉄粉，金属粉及びマグネシウム又はこれらを含有する物質と，水又は酸とは接触しないようにする。
(2) 酸化剤との接触や混合をさける。
(3) 引火性固体は，蒸気をみだりに発生させないようにする。
(4) 可燃性ガスが充満しないように，容器には通気孔を設けておく。
(5) 第1類の危険物とは，特に接触しないようにする。

第2類の危険物は第1類の危険物と同様，容器を密封して冷暗所に貯蔵して

解答

【問題22】…(2)　【問題23】…(2)　【問題24】…(3)

おきます。従って，(4)のような通気孔を設けては密封できないので，これが誤りです（通気孔を設けるのは，第5類のメチルエチルケトンパーオキサイドと第6類の過酸化水素です）。

【問題27】
　第2類の危険物の貯蔵又は取扱い方法として，次のうち適当でないものはどれか。
(1)　アルミニウム粉は，水分と接触しないようにする。
(2)　硫化リンは，酸化剤とは隔離して貯蔵する。
(3)　赤リンは粉じん爆発の危険性があるので，換気に注意して貯蔵する。
(4)　マグネシウムは，吸湿すると発熱して発火する危険性があるので，容器は密栓する必要がある。
(5)　硫黄は流動性があるので，大きめの容器に水を入れ，その中に貯蔵しておく。

(1)　鉄粉，**金属粉**，マグネシウムなどは，水分（および酸）と接触しないようにしなければならないので，正しい。
(2)　2類の危険物に共通する貯蔵，取扱い方法なので，正しい。
(4)　金属粉やマグネシウムなどは，空気中の水分によって発熱して発火する危険性があるので，容器は**密栓**する必要があり，正しい。
(5)　第2類の危険物に水中貯蔵しなければならない物質はないので，誤りです。

【問題28】

　次の第2類の危険物のうち，消火の際に水系（泡消火剤含む）の使用が不適切なものはいくつあるか。
「硫化リン，赤リン，硫黄，鉄粉，金属粉，マグネシウム，引火性固体」
(1)　1つ　　(2)　2つ　　(3)　3つ　　(4)　4つ　　(5)　5つ

水系の消火剤が厳禁なのは，**硫化リン，鉄粉，金属粉，マグネシウム**の4つで，**赤リン，硫黄**は注水消火が可能，**引火性固体**は泡消火剤の使用が可能です。

――――――――――――― 解答 ―――――――――――――
【問題25】…(2)　　【問題26】…(4)　　【問題27】…(5)　　【問題28】…(4)

コーヒーブレイク

＜合格のためのテクニックその４＞

〜マーカーを効率よく利用しよう〜

　私たちは何かを思い出そうとするとき，視覚を手がかりにすることが結構多いものです。たとえば，硝酸の性状を思い出そうとするときは，その硝酸が書かれているページの映像を思い出すことはないでしょうか？

　マーカーは，手がかりとなるその映像をパワーアップしてくれる有効なアイテムとなるのです。

　たとえば，極端な話，硝酸の書かれているページすべてを赤のマーカーで塗りつぶすと，それはもう強烈に映像として記憶に残るはずです。

　従って，「そういえば，あの赤のページのあの部分に書いてあったな。」などと思い起こすことができるのです。

　ただ，この場合注意しなければならないのは，ただ，やみくもにあちこちのページにマーキングするのではなく，「ここぞ！」と思う箇所のみにマーキングすることが重要です。というのは，マーキングはそのページに"個性"を創り出す手段であり，その"個性"があまり多いと，没"個性"になるからです。

　なお，マーキングの仕方ですが，一般的に行われているポイントにマーキング，というのではなく（それも必要ですが），たとえば，ページの上にあるタイトルや，表，あるいはゴロ合わせの部分などに赤や青などのマーキングをします。そして，その際，マーキングが鮮明なほど思い出せる確率がグッと高くなるので，できればよく目立つ色（金，銀，赤，青，緑，茶など）のみを使って，これは，と思う所のみにマーキングをしておけば，より思い出せる確率が高くなります。

第3章　第3類の危険物

 学習のポイント

　第3類の危険物は，**自然発火性**および**禁水性物質**であり，空気や水と接触するだけで直ちに危険性が生じるという，きわめて危険性の高い物質です。
　ただ，それらの中でも自然発火性のみ（⇒**黄リン**），あるいは禁水性のみの物質（⇒**リチウム**）があるので，それらに注意しておく必要があります。
　個別の危険物では，まず非常に危険性が高く，しかも効果的な消火方法もないという**アルキルアルミニウム**は，当然のごとく頻繁に出題されているので，性状はもちろん，貯蔵及び取扱い方法（火災予防上の注意）や消火に関する知識もよく把握しておく必要があるでしょう。
　また，**黄リン**も，その性状，貯蔵及び取扱い方法，消火方法ともよく出題されているので（アルキルアルミニウムよりも多い），最重要物質ということがいえるでしょう。
　そのほかでは，**リチウム**や**水素化ナトリウム**，**炭化カルシウム**なども比較的よく出題されているので，性状を中心にしてよく把握しておく必要があるでしょう。
　上記以外の危険物（注：本書で取り上げている第3類危険物のみ）については，幅広く，たまに1問，1問出題されている，といった傾向です。
　以上のポイントに注意しながら学習を進めていってください。

① 第3類の危険物に共通する特性

第3類の危険物は，**自然発火性物質**および**禁水性物質**であり，空気に触れるだけで**発火**したり，あるいは，水と接触するだけで**発火**（または**可燃性ガス**を**発生**）したりする物質を含む，非常に危険性が高い物質です。

- **自然発火性物質**⇒ 空気に触れるだけで**発火**
- **禁水性物質** ⇒ 水と接触するだけで**発火**または**可燃性ガスを発生**

まずは，「第3類の危険物は，すべて自然発火性と禁水性の両方の性質をもつ」と，まずは，強引に覚えよう。

つまり，第3類は水も空気もダメ。

ただし，リチウムと黄リンだけは例外ダ，と覚えるのです。

（1）共通する性状

1. 常温（20℃）では，**液体**または**固体**である。
2. 物質そのものは，**可燃性**のものと**不燃性**のものがある（リン化カルシウム，炭化カルシウム，炭化アルミニウムのみ不燃性）。
3. 一部の危険物（**リチウムは禁水性，黄リンは自然発火性**のみ）を除き，**自然発火性**と**禁水性**の両方の危険性がある。

- リチウム⇒ 禁水性のみ
- 黄リン ⇒ 自然発火性のみ
（その他の第3類⇒自然発火性＋禁水性）

4. 多くは，**金属**または**金属を含む化合物**である。

本文では，次ページのように，要点のみを記した，〈3類共通の貯蔵，取扱いの方法〉しか表示していませんので，〈3類に共通する貯蔵，取扱いの方法〉とあれば，右の(2)のことを差しているんだな，と理解しておいてください。

（2）貯蔵および取扱い上の注意

1. 自然発火性物質は，空気との**接触**はもちろん，**炎，火花，高温体との接触および加熱をさける**。
2. 禁水性物質は，**水**との接触をさける。
3. 容器は湿気をさけて**密栓**し，換気のよい**冷所**に貯蔵する。
4. 容器の**破損**や**腐食**に注意する。
5. 保護液に貯蔵するものは，保護液から危険物が**露出**しないよう，保護液の減少に注意する。

なお，危政令第26条より，「**黄リンその他水中に貯蔵する物品**と**禁水性物品**とは，同一の貯蔵所において貯蔵しないこと」という規定があるので，注意してください。

⇒黄リンと禁水性物品とは同時貯蔵できない。

(3) 共通する消火の方法

1. **水系の消火剤**（水，泡，強化液）は使用できない。
   （黄リンのみ注水消火可能）
2. **禁水性物質**（⇒黄リン以外の物質）は，**炭酸水素塩類**の**粉末消火剤**を用いて消火する（黄リンは×）。
3. **乾燥砂**（膨張ひる石，膨張真珠岩含む）は，すべての第3類危険物に使用することができる。
4. **二酸化炭素，ハロゲン化物**は適応しない

＜3類共通の貯蔵，取扱い法＞
（下線部は「こうして覚えよう」で使用する部分です）
⇒ 火と水をさけ（空気は物質によりさける必要がある），密栓して冷所に貯蔵する。

こうして覚えよう！

サルは，**ひ** と **み** を **見せ** **れ(い)** ばおそってくる。
　3類　　火　　水　　密栓　冷(所)

第3類の危険物に共通する特性の問題と解説

【問題1】
　第3類の危険物の品名に該当しないものは，次のうちどれか。
(1)　アルカリ土類金属
(2)　金属の塩化物
(3)　金属の水素化物
(4)　ナトリウム
(5)　アルミニウムの炭化物

P.357の表参照。

【問題2】
　第3類の危険物の品名に該当しないものは，次のA～Eのうちいくつあるか。
A　アルキルアルミニウム
B　硫黄
C　カリウム
D　カルシウム
E　赤リン
(1)　1つ　　(2)　2つ　　(3)　3つ　　(4)　4つ　　(5)　5つ

第3類の危険物の品名に該当しないものは，Bの硫黄（第2類の危険物）とEの赤リン（第2類の危険物）の2つです。

【問題3】　／◎◎＼急行★
　第3類の危険物の性状について，次のうち誤っているものはどれか。
(1)　常温（20℃）において，固体又は液体のものがある。

――――― 解答 ―――――

解答は次ページの下欄にあります。

354　第3編　危険物の性質，並びにその火災予防，及び消火の方法

(2)　自然発火性及び禁水性の両方の性質を有するものがある。
(3)　乾燥した常温（20℃）の空気中では，発火の危険性がないものもある。
(4)　ほとんどのものは，水との接触により可燃性ガスを発生し，発熱あるいは発火する。
(5)　物質自体は，不燃性である。

第3類の危険物には，不燃性のものもあれば可燃性のものもあります。

【問題4】
　第3類の危険物に関する貯蔵及び取扱い方法について，次のうち誤っているものはどれか。
(1)　貯蔵容器（金属製ドラム缶など）は密封する。
(2)　酸化剤との接触または混合を避ける。
(3)　保護液はすべて炭化水素を用いる。
(4)　通風および換気のよい冷所に貯蔵する。
(5)　自然発火性の物品は空気との接触はもちろん，炎，火花，高温体との接触，または加熱を避けて貯蔵及び取扱う。

第3類の危険物の保護液は，灯油などの炭化水素を用いるものもありますが，水を用いる黄リンや不活性ガスを用いるジエチル亜鉛などもあるので，(3)が誤りです。なお，**保護液中に貯蔵する理由**（⇒空気や水と接触すると発火するから）を選択する問題も出題されているので，注意してください。

【問題5】
　第3類の危険物の火災予防の方法として，次のうち正しいものはいくつあるか。
　A　雨天や降雪時の詰め替えは，窓を開放し，外気との換気をよくしながら行う。
　B　乾燥状態では自然発火の危険性があるので，湿度の高い場所に貯蔵する。
　C　ナトリウムと黄リンを同一の室に貯蔵する場合は，離して貯蔵する。

解答

【問題1】…(2)　　【問題2】…(2)

D　保護液に保存されている物品は，保護液の減少に注意し，危険物が保護液から露出しないようにする。
E　常に窒素などの不活性ガスの中で貯蔵し，または取り扱う必要がある。
(1) 1つ　　(2) 2つ　　(3) 3つ　　(4) 4つ　　(5) 5つ

　A　禁水性物質は，湿度などの**水分をさけて貯蔵**する必要があるので，雨天や降雪時の詰め替えは不適切です。
　B　禁水性の物品は，湿度（水分）を避けて貯蔵しなければならないので，誤りです。
　C　黄リンなどの**水中貯蔵物品**とナトリウムなどの**禁水性物品**とは，同一の貯蔵所で貯蔵できないので，誤りです（P.352,(2)　貯蔵および取扱い上の注意参照）。
　E　水素化ナトリウムのように，窒素などの**不活性ガス**の中で貯蔵するものもありますが，すべてがそうではなく，**灯油中**や**水中**で貯蔵するものもあるので，誤りです。なお，「自然発火性のものは，常温（20℃）の乾燥した**窒素ガス**の中でも発火することがある。」という出題例もありますが，誤りです。
　従って，正しいのは，Dのみとなります。

【問題6】　急行★

　すべての第3類の危険物火災の消火方法として次のうち有効なものはどれか。
(1)　噴霧注水する。
(2)　乾燥砂で覆う。
(3)　二酸化炭素消火剤を放射する。
(4)　泡消火剤を放射する。
(5)　ハロゲン化物消火剤を放射する。

　第3類の危険物には，水を使えない禁水性の物質があるので，(1)と(4)は×。また，不活性ガスやハロゲン化物が不適な物質もあるので，(3)と(5)も×。従って，(2)の乾燥砂が正解，ということになります（乾燥砂は殆どの危険物に有効⇒P.478③）。

―――――解答―――――
【問題3】…(5)　　【問題4】…(3)　　【問題5】…(1)　　【問題6】…(2)

第3類に属する各危険物の特性

第3類危険物に属する品名,および主な物質は,次のようになります。

表1

(注1:㊎は金属,㊐は液体,㊕は固体,㊧は結晶,㊵は粉末,㊸は不活性ガス⇒窒素等,△は必要に応じ,砂は乾燥砂,粉は粉末消火剤,金属は金属火災用粉末消火剤)
(注2:主な物質名の欄で品名と物質名が同じものは省略してあります。)

品名	主な物質名(●印のものは不燃性,他は可燃性)	化学式	形状(㊐は液体)	比重	自然発火性	禁水性	保護液*	消火
①カリウム	(品名と同じ)	K	銀白 ㊎	0.86	○	○	灯油	砂,金属
②ナトリウム	(品名と同じ)	Na	銀白 ㊎	0.97	○	○	灯油	金属
③アルキルアルミニウム	トリエチルアルミニウム		無 ㊐,㊕		○	○	㊸	粉,砂
④アルキルリチウム	ノルマルブチルリチウム	⇒P.359	黄褐 ㊐	0.84	○	○	㊸	粉,砂
⑤黄リン	(品名と同じ)	P	白,黄	1.82	○	×	水	水,土砂
⑥アルカリ金属(カリウム,ナトリウム除く)およびアルカリ土類金属	リチウム カルシウム バリウム	Li Ca Ba	銀白 ㊎ 銀白 ㊎ 銀白 ㊎	0.53 1.60 3.6	× 	○ ○ ○	灯油 灯油	砂
⑦有機金属化合物(アルキルアルミニウム,アルキルリチウム除く)	ジエチル亜鉛	$(Zn(C_2H_5)_2)$	無 ㊐	1.21	○	○	㊸	粉
⑧金属の水素化物	水素化ナトリウム 水素化リチウム	NaH LiH	灰 ㊧㊵ 白 ㊧	1.40 0.82	 	○ ○	㊸㊐ ㊸㊐	砂,ソーダ灰,消石灰
⑨金属のリン化物	●リン化カルシウム	Ca_3P_2	暗赤 ㊕㊵	2.51		○		砂
⑩カルシウムまたはアルミニウムの炭化物	●炭化カルシウム ●炭化アルミニウム	CaC_2 Al_4C_3	無白 ㊧ 無黄 ㊧	2.22 2.37		○ ○	△㊸ △㊸	砂 粉末
⑪その他のもので政令で定めるもの	トリクロロシラン	$SiHCl_3$	無 ㊐	1.34	○	○		砂,粉末
⑫前各号に掲げるもののいずれか含有するもの	(*保護液の灯油には,軽油,流動パラフィン,ヘキサンも含みます。また⑧の㊐は流動パラフィン,鉱油中を表します。)							

重要
- 自然発火性のみの危険物 ⇒ 黄リン
- 禁水性のみの危険物 ⇒ リチウム

(1) カリウム (K) とナトリウム (Na) (問題 P.367)

カリウム，ナトリウムとも「アルカリ金属」に属しています。
（カリウム，ナトリウムおよびリチウムについては比重と融点に要注意！）

カリウム (K) とナトリウム (Na)

表2

性　状 〈比重：カリウム⇒0.86, ナトリウム 0.97〉 〈融点：カリウム 63.2℃，ナトリウム 97.4℃〉	貯蔵，取扱いの方法	消火の方法
1. 水より**軽い銀白色**の柔らかい金属。 2. 水やアルコールと反応して発熱し，**水素を発生して発火**する。 　（ハロゲン(塩素)とも激しく反応する） 3. 吸湿性および潮解性を有する。 4. 空気中ではすぐに**酸化**される。 5. 化学的反応性や水分と接触した際の反応熱は，**カリウム**の方が大きい。 6. ナトリウムは，**酸，二酸化炭素**と激しく反応して発火，爆発する危険性がある。 7. 融点以上に加熱すると，「**カリウムは紫色**」，「**ナトリウムは黄色**」の炎を出して燃える。 8. 有機物に対して**還元作用**があり，**カリウム**の方がより強い。（イオン化傾向もカリウムの方が強い） （6．7．8．だけ性状が異なる）	〈3類共通の貯蔵，取扱い法〉 ⇒　火と水を避け，密栓して冷所に貯蔵する。 ＋ （空気中ではすぐに酸化されるので）**灯油**などの保護液＊に貯蔵して**空気を避ける**。 （＊軽油，流動パラフィン，ヘキサンなど） （注：P.352より Na や K 等の禁水性物質と黄リンは同時貯蔵できないので注意！）	**乾燥砂**（膨張ひる石，膨張真珠岩含む），**金属火災用粉末消火剤，乾燥炭酸ナトリウム**（ソーダ灰），**乾燥塩化ナトリウム，石灰**等で消火する。 （⇒**注水**および**ハロゲン化物，二酸化炭素，泡消火剤は厳禁**！……出題例あり！）。

(2) アルキルアルミニウム

アルキル基（脂肪族飽和炭化水素，つまり，アルカンから水素原子1個を取り除いたもの）がアルミニウム原子に1以上結合した化合物（有機金属化合物）の総称です（塩素などのハロゲンが結合したものも含む）。

アルキルアルミニウム    (問題 P.369)

アルキルアルミニウムは，物質により**固体または液体**のものがあり（いずれも**無色**），非常に危険性の高い物質です。

表3

性　　状	貯蔵，取扱いの方法	消火の方法
1．水とは爆発的に反応して可燃性ガス（**エチレン，エタン**など）を発生し，**発火，爆発**するおそれがある。また，**空気**とも接触するだけで急激に酸化されて**発火する危険性**がある。 2．水や空気との反応性は，**アルキル基の炭素数**または**ハロゲン数が多いものほど小さい**（⇒危険性が小さくなる）。 3．**アルコール，アミン類，二酸化炭素**と激しく反応するほか，**ハロゲン化物**とも激しく反応し，**有毒ガス**を発生する。 4．**ベンゼンやヘキサン**などで希釈すると，反応性が弱くなる。（⇒ベンゼン，ヘキサンのほか，**ヘプタン，ペンタン**とは反応しない（出題例あり）） 5．皮膚に触れると火傷を起こす。	1．水や空気との接触をさけるため，安全弁などを設けた**耐圧性の容器***に**不活性ガス（窒素やアルゴン**など）を注入し，完全に**密閉して冷暗所に貯蔵する。** （＊分解して容器内の圧力が上がり容器が破損するおそれがあるため）。 2．貯蔵または取り扱う際に，**ベンゼンやヘキサン**などで希釈すると危険性が軽減される。	1．火勢が小さい場合⇒**粉末消火剤（炭酸水素ナトリウム**など）で消火又は**乾燥砂等に吸収する。** 2．火勢が大きい場合⇒**消火は困難**であり，周囲に延焼しないよう，**乾燥砂（膨張ひる石，膨張真珠岩**含む）に吸収させて火勢を弱らせる。 （⇒**水系の消火剤は厳禁です！**） 　次の消火剤も不適ですリン酸塩の粉末消火剤ハロゲン化物消火剤泡消火剤

（3）アルキルリチウム

　アルキル基とリチウム原子が結合した化合物（有機金属化合物）の総称をアルキルリチウムといい，代表的なものに，黄褐色の液体である**ノルマルブチルリチウム**（$(C_4H_9)Li$）があり，他に，メチルリチウムとエチルリチウムがあります

ノルマルブチルリチウム（$(C_4H_9)Li$）

性　状＜比重：0.84＞	貯蔵，取扱い方法	消火の方法
1．**黄褐色の液体**である。 2．**水，アルコール，アミン類**のほか，**酸素や二酸化炭素**とも激しく反応する。 3．**ベンゼンやヘキサン**に溶ける。 4．空気と接触すると，**白煙**を生じ，やがて燃焼する。	アルキルアルミニウムに準じる	アルキルアルミニウムに準じる

第3編　危険物の性質、並びにその火災予防、及び消火の方法

2．第3類に属する各危険物の特性　359

（4）アルカリ金属およびアルカリ土類金属 （問題 P.371）

（注：アルカリ金属のカリウム，ナトリウムは個別の品目として指定されており，P.358に掲げてあるので，除きます）

アルカリ金属，アルカリ土類金属では，**リチウム**が重要です。まずは，このリチウムの特性を把握し，それ以外の主な物質であるバリウム，カルシウムの特性については，このリチウムに準ずるので，異なる部分だけ頭に入れればよいでしょう。

なお，いずれも**銀白色の柔らかい金属**です。

1．リチウム（Li）…禁水性のみ！

（注：粉末状のものは自然発火することもあるが，直ちに発火することはない。）

表4

性　状〈比重：0.53〉〈融点：180.5℃〉	貯蔵，取扱いの方法	消火の方法
1．固体金属中で，**最も軽い**。 2．固体金属中**最も比熱が大きい**。 3．水と反応して**水素を発生する**（高温ほど激しい）。 4．ハロゲン（**塩素**など）と激しく反応し，ハロゲン化物を生じる。 5．燃焼すると**深赤色の炎**を出し，酸化リチウム（有害）を生じる。	**灯油中**に入れて，「3類に共通する貯蔵，取扱いの方法」で貯蔵する。 ⇒「3類に共通する貯蔵，取扱いの方法」で貯蔵する。 ⇒火と水を避け，密栓して冷所に貯蔵する。	**乾燥砂**（膨張ひる石，膨張真珠岩含む）で消火する。 ⇒（注水は厳禁！）。

2．バリウム（Ba）の性状

（「消火の方法」はリチウムに同じ）

① 比重は3.6
② 水と激しく反応し，**水素**を発生して発火する（下線部⇒酸素の出題例あり）。
③ 燃焼すると，黄緑色の炎を出し，酸化バリウムとなる。👉**出た！**

3．カルシウム（Ca）の性状

（「貯蔵，取扱いの方法」「消火の方法」はリチウムに準じる）

① 比重は1.55で，強い**還元性**のある銀白色の金属結晶である。
② **水**（や酸）と反応して**水素を発生する**（高温ほど激しい）。👉**出た！**
③ 燃焼すると，橙赤色の炎を出し，酸化カルシウム（生石灰）を生じる。
④ 貯蔵の際は，金属製容器に入れて**密栓**し，**冷所**に貯蔵する。

(5) 黄リン (P)  (問題P.373)

（…自然発火性のみ！⇒水とは反応しない！）

表5

性　状 〈比重：1.82〉〈発火点：34～44℃〉	貯蔵，取扱いの方法	消火の方法
1．**白色**または**淡黄色**のろう状**固体**である。 2．**水**や**アルコール**に溶けないが，ベンゼンや二硫化炭素には溶ける。 3．空気中に放置すると**白煙**を生じて激しく燃焼し（⇒ **自然発火**する），**十酸化四リン**，（**五酸化二リン**，または**無水リン酸**ともいう）になる。 4．**ハロゲン**とも反応する。 （⇒ハロゲン化物消火剤はNG！） 5．暗所では**青白色**の光を発する。	〈3類共通の貯蔵，取扱い法（ただし，水は避けなくてよい）〉 ⇒ 火気を避け，密栓して冷所に貯蔵する。 ＋ 1．（酸化を防ぐため）pHが8～9程度の**弱アルカリ性**の水中で貯蔵する。 2．**禁水性物品**とは，同一の貯蔵所において貯蔵しないこと。	**水**（**噴霧注水**）や**泡消火剤**および**土砂**（**乾燥砂**含む）を用いて消火する。 ⇒（高圧注水は飛散するおそれがあるので避ける）。 また，**ハロゲン化物消火剤**も反応するので不適。

（この黄リンと第2類の硫黄とは混同しやすいので，「おリンさん」⇒黄リンは3類とのみ覚える⇒結果，硫黄は2類）

(6) 有機金属化合物

（注：アルキルアルミニウム，アルキルリチウムは別の品名として扱われ，P358に掲げてあるので除きます）

有機金属化合物とは，有機化合物の炭素原子に金属が結合したもので，代表的なものに次のジエチル亜鉛があります。

ジエチル亜鉛 （$Zn(C_2H_5)_2$）

表6

性　状 〈比重：1.21〉	貯蔵，取扱いの方法	消火の方法
1．**無色透明の液体**である。 2．**酸化**されやすく，空気中で**自然発火**する。 3．**水**，**アルコール**，**酸**とは激しく反応し，エタンガスなどの炭化水素ガスを発生する。 4．ジエチルエーテル，ベンゼンに溶ける。	〈3類共通の貯蔵，取扱い法〉 ⇒ 火と水を避け，密栓して冷所に貯蔵する。 ＋ **不活性ガス中で貯蔵**し，容器は完全密封する。	**粉末消火剤**で消火する。 ⇒（**水系の消火剤は厳禁**！また，ハロゲン化物消火剤も有毒ガスを発生するので**使用厳禁**です）。

（7）金属の水素化物 (問題 P.375)

水素と他の元素が化合したものを水素化物といい，そのうち金属と化合したものを金属の水素化物といいます。

1．水素化ナトリウム（NaH）

表7

性　状 〈比重：1.40〉	貯蔵，取扱いの方法	消火の方法
1．灰色の結晶である。 2．水と激しく反応して**水素**を発生し，**自然発火**するおそれがある（空気中の湿気でも自然発火する）。 3．アルコール，酸と反応する。 4．二硫化炭素やベンゼンに溶けない。 5．高温にすると，**水素**と**ナトリウム**に分解する。 6．**還元性**が強く（還元剤に使用），**金属酸化物，塩化物**から**金属**を**遊離**する。 7．乾燥した空気中や鉱油中では安定	〈3類共通の貯蔵，取扱い法〉 ⇒ 火と水を避け，密栓して冷所に貯蔵する。 ＋ 1．空気との接触を避ける。 2．容器に窒素を封入するか，または，**流動パラフィン**や**鉱油中**に保管し，**酸化剤**や**水分**との接触をさける。	乾燥砂，消石灰，ソーダ灰，などで窒息消火する。 ⇒（水系の消火剤は厳禁！）。

2．水素化リチウム（LiH）

比重0.82の**白色の結晶**で，性状等は水素化ナトリウムに準じます。

（8）金属のリン化物 (問題 P.376)

リンと他の元素が化合したものをリン化物といい，そのうち金属と化合したものを金属のリン化物といいます（この金属のリン化物を「第2類」とした出題例がある）。

リン化カルシウム（Ca_3P_2）

表8

性　状 〈比重：2.51〉〈融点：1600℃以上〉	貯蔵，取扱いの方法	消火の方法
1．**暗赤色**の結晶性粉末または塊状固体で，**不燃性**である。 2．エタノール，エーテルに溶けない。 3．**加熱**または**水**，**弱酸**と反応して，毒性の強い無色で可燃性の**リン化水素**（ホスフィン）を発生。（自身は不燃性だが，このリン化水素の性状で自然発火性となる）	〈3類共通の貯蔵，取扱い法〉 ⇒ 火と水を避け，密栓して冷所に貯蔵する。 ＋ 空気との接触を避ける。	乾燥砂を用いて消火する ⇒（水系の消火剤は厳禁！）。

なお，リン化水素は燃えると有毒な**十酸化四リン**（五酸化二リン）になるので要注意！

（9）カルシウムおよびアルミニウムの炭化物

(問題 P.377)

炭化物とは，炭素と金属との化合物のことをいいます。

1．炭化カルシウム（CaC_2）

（別名，カーバイトともいう）

表9

性　状 〈比重：2.22〉	貯蔵，取扱いの方法	消火の方法
1．無色または**白色**（市販品は**灰色**）の結晶で**不燃性**である。 2．水と反応して，**可燃性**の（空気より軽い）アセチレンガスと，水酸化カルシウム（消石灰）を生じる。 　（$CaC_2 + 2H_2O \rightarrow C_2H_2 + Ca(OH)_2$） 3．高温では**還元性**が強くなり，多くの酸化物を還元する。 4．**吸湿性**がある。 5．高温では**窒素**ガスと反応する。	〈3類共通の貯蔵,取扱い法〉 ⇒　火と水を避け，密栓して冷所に貯蔵する。 ＋ 必要に応じて**不活性ガス**（**窒素**など）を封入する。	**乾燥砂**か**粉末消火剤**を用いて消火する。 （⇒水系の消火剤は**厳禁**！）。

2．炭化アルミニウム（Al_4C_3）

表10

性　状 〈比重：2.37〉	貯蔵，取扱いの方法	消火の方法
1．純粋なものは**無色透明**の結晶であるが，通常は不純物のため，**黄色**を呈している。 2．自身は**不燃性**である。 3．高温では**還元性**が強くなり，多くの酸化物を還元する。 4．水と反応して，**可燃性**の（空気より軽い）**メタンガス**を発生し，水酸化アルミニウムとなる。	炭化カルシウムに同じ	炭化カルシウムに同じ

[例題]　次のような性状を有する危険物は第何類か。
「灰色の結晶で，高温で分解して水素を発生する。また，水とも激しく反応して水素を発生し，その反応熱により自然発火のおそれがある。酸化剤との混触により，発熱，発火する危険性がある。」　　　　　（答は次頁下）

2．第3類に属する各危険物の特性　363

(10) その他のもので政令で定めるもの

トリクロロシラン (SiHCl₃) (問題 P.378)

表11

性　状 〈比重：1.34〉〈引火点：−14℃〉	貯蔵，取扱いの方法	消火の方法
1. **無色**で揮発性の強い液体である。 2. **刺激臭**がある。 3. **水**と反応して**塩化水素**を発生する（⇒塩化水素が水に溶けた**塩酸**は多くの金属を溶かします）。 4. 酸化剤と混合すると，爆発的に反応する。 5. 引火点が低く，燃焼範囲が**広い**ので（1.2〜90.5 vol％），引火の危険性が高い。	〈3類共通の貯蔵，取扱い法〉 ⇒ 火と水を避け，密栓して冷所に貯蔵する。 ＋ **酸化剤**を近づけない。	**乾燥砂**（膨張ひる石，膨張真珠岩含む）や粉末，二酸化炭素消火剤を用いて消火する。 （⇒**水系の消火剤は厳禁！**）。

「（第3類危険物は）いずれも**無臭**である。」という出題例がありますが，上のトリクロロシランにもあるように，**刺激臭**のあるものもあり，×になるので，注意してください。

なお，下記に炎色反応についてまとめました（出題例が少ないので参考資料です）。
＜炎色反応（アルカリ金属等を炎に入れた場合に炎中で示す色）について＞

・ナトリウム：黄色　　・カルシウム：橙赤色　　・バリウム：黄緑色
・リチウム　：赤色　　・カリウム　：紫色

覚え方については，一般に「リアカー無き…」というゴロ合わせが知られていますが，次のようなゴロ合わせを作りましたので，抵抗の無い方はどうぞ（銅とストロンチウムは省略してあります）。

　　　南　　紀　の　バテ　　ぎみ　　軽い　　父さん
　　ナトリウム→黄色　　バリウム→黄緑色　カルシウム→橙赤

　　　リ　　　アカー借りに　　村へ　（行ったとさ）
　　リチウム　→　赤　カリウム　→　紫

［前頁例題の答：第3類
　（下線部より水素化Naが該当）］

❈❈❈❈❈❈❈❈❈❈❈ 第3類危険物のまとめ ❈❈❈❈❈❈❈❈❈❈❈

1．比重は1より大きいものと小さいものがある。

比重が1より小さいもの（主なもの）を覚える。

⇒ カリウム，ナトリウム，ノルマルブチルリチウム，リチウム，水素化リチウム

2．色

・金属（ナトリウム，カリウムなど）は**銀白色**
・カルシウム系は白か**無色**（リン化カルシウムは**暗赤色**）
・アルキルアルミニウム，ジエチル亜鉛，炭化アルミニウムなどは**無色**

3．発生するガスの種類

① 水と反応して**水素**を発生するもの
カリウム，ナトリウム，リチウム，バリウム，カルシウム，水素化ナトリウム，水素化リチウム

② 水と反応して**リン化水素**を発生するもの
リン化カルシウム

③ 水と反応して**アセチレンガス**を発生するもの
炭化カルシウム

　　　覚え方⇒　アセかきの　タカシ
　　　　　　　アセチレン　炭化カルシウム

④ **水と反応してメタンガスを発生するもの**
炭化アルミニウム

　　　覚え方⇒（タクシーの）
　　　メーターが高いアルよ
　　　　　メタン　　炭化アルミ

⑤ 水と反応して**塩化水素**を発生するもの
トリクロロシラン（覚え方⇒P.474参照）

⑥ 水（酸，アルコール）と反応して**エタンガス**を発生するもの
ジエチル亜鉛，アルキルアルミニウム

⑦ 加熱により**水素**を発生するもの
アルキルアルミニウム
（その他，エタン，エチレン，塩化水素等も発生する）

2．第3類に属する各危険物の特性　365

4．ハロゲン（塩素など）と反応するもの

カリウム，ナトリウム，リチウム，バリウム（注：ハロゲン化物との反応と混同しないように）

5．液体のもの

アルキルアルミニウム，アルキルリチウム，トリクロロシラン，ジエチル亜鉛

＜こうして覚えよう！＞

駅 を	歩く	鳥		さん	には	会えん
液体	アルキル	トリクロロ，	（ジエチル）	3類		亜鉛

6．不燃性のもの

リン化カルシウム，炭化カルシウム，炭化アルミニウム（その他は**可燃性**）

7．保護液等に貯蔵するもの

① **灯油，軽油，流動パラフィン中**に貯蔵するもの
　　ナトリウム，カリウム

② **不活性ガス（窒素やアルゴンなど）中**に貯蔵するもの
　　アルキルアルミニウム，ノルマルブチルリチウム，
　　ジエチル亜鉛，水素化ナトリウム，水素化リチウム

③ **水中**に貯蔵するもの
　　黄リン（注：第4類の二硫化炭素も水中貯蔵です）

②，③より「保護液は全て炭化水素」という出題は×

8．消火方法

原則として**乾燥砂**（膨張ひる石，膨張真珠岩含む）で消火し，**注水は厳禁**である。

＜例外＞

① 注水消火するもの：**黄リン**

② 粉末消火剤が有効なもの：ジエチル亜鉛，炭化カルシウム，炭化アルミニウム，トリクロロシラン

③ 消火が困難なもの：アルキルアルミニウム，ノルマルブチルリチウム

④ **二酸化炭素，ハロゲン化物**は適応しない。

第3類に属する各危険物の問題と解説

カリウム（本文P.358）

【問題1】
　カリウムの性状として，次のうち誤っているものはどれか。
(1) 銀白色の柔らかい金属である。
(2) 比重は1より小さく，密度が水より小さいので水に浮く。
(3) 腐食性が強い。
(4) 常温（20℃）で水と接触すると，酸素を発生して発火する。
(5) 水素とは，高温で反応する。

カリウムは水と激しく反応しますが，酸素ではなく水素を発生します。

【問題2】
　カリウムの性状について，次のうち誤っているものはどれか。
(1) 炎の中に入れると，炎に特有の色がつく。
(2) 空気中の水分と反応して発熱し，自然発火することがある。
(3) 原子は1価の陰イオンになりやすい。
(4) やわらかく，融点は100℃より低い。
(5) 有機物に対して強い還元作用がある。

(1) カリウムを炎の中に入れると，紫色を出して燃焼します。
(3) カリウムはアルカリ金属であり，周期表の1族に属し，原子価は1価の陰イオンではなく1価の陽イオン（＋1）になりやすい物質です。

【問題3】
　カリウムについて，次のうち誤っているものはどれか。
(1) 空気に触れるとすぐに表面から酸化されるので，水中に貯蔵する。

――― 解答 ―――

解答は次ページの下欄にあります。

(2) 火気や加熱を避けて貯蔵する。
(3) 室温においては，灯油と反応することはない。
(4) 換気のよい冷暗所に貯蔵する。
(5) 潮解性を有する物質である。

(1) カリウムは，空気との接触を避けるため，水中ではなく**灯油中**に貯蔵します。

(2)，(4)は第3類に共通する貯蔵，取扱い方法です。

ナトリウム（本文P.358）

【問題4】 急行★

ナトリウムの性状について，次のうち誤っているものはどれか。
(1) 水よりも軽い。
(2) 水と激しく反応する。
(3) 融点は，約98℃である。
(4) 燃える時は，紫色の炎を出す。
(5) 酸化されやすい金属である。

(1)(2)(5)は，前問のカリウムと共通する性状であり，このあたりは確実に押さえておく必要があるでしょう。

さて，(4)のナトリウムが燃焼する際の色ですが，紫色ではなく**黄色**の炎をあげて燃焼をします（紫色はカリウム）。

【問題5】

ナトリウムの性状として，次のうち誤っているものはいくつあるか。
A 常温（20℃）では固体で，銀白色の柔らかい金属である。
B エタノールと反応すると，発熱して酸素を発生する。
C 空気中では表面がすぐに酸化される。
D 化学的反応性は，カリウムより劣る。

解答

【問題1】…(4)　【問題2】…(3)

E 二酸化炭素の環境下では安定である。
(1) 1つ　(2) 2つ　(3) 3つ　(4) 4つ　(5) 5つ

B　ナトリウムは，水やアルコールと反応して発熱しますが，酸素ではなく**水素**を発生します。

E　ナトリウムやカリウムは**還元作用**の強い物質で，酸化力の強いハロゲン（=酸化剤である第6類のハロゲン間化合物の構成元素）とは激しく反応し，また，**二酸化炭素**とも激しく反応します。
（B, Eが誤り）

アルキルアルミニウムとアルキルリチウム　(本文P.358)

【問題6】 特急★

アルキルアルミニウムの性状について，次のうち誤っているものはどれか。
(1) 空気中で自然発火する。
(2) アルキル基の炭素数が多くなると発火の危険性が高まる。
(3) 水，アルコールと反応してアルカンを生成する。
(4) ヘキサン，ベンゼン等の炭化水素系溶媒に可溶であり，これらに希釈したものは反応性が低減する。
(5) アルキル基をハロゲン元素で置換すると危険性は低下する。

(1) 空気と接触すると，急激に酸化されて発火する危険性があるので，正しい。
(2) 空気や水と接した場合の発火の危険性は，アルキル基（$CH_3-(CH_2)_n$）の炭素（C）数が多くなるほど逆に小さくなるので，誤りです。
(3)〜(5) 正しい。なお，(4)の**ヘキサン**，**ベンゼン**等の**希釈剤**の名称などを問う出題例があるので，注意してください。

【問題7】 急行★

アルキルアルミニウムの性状として，次のうち誤っているものはいくつあるか。

===解答===

【問題3】…(1)　【問題4】…(4)

A アルキル基とアルミニウムの化合物であり，すべてハロゲンを含んでいる。
B 水とは，激しく反応して発火する。
C ハロゲン数の多いものは，空気や水との反応性が大きくなる。
D 危険性を低減するため，ベンゼンやヘキサンなどで希釈して取扱われることが多い。
E 一般に無色の液体で，空気に触れると急激に酸化される。

(1) 1つ　(2) 2つ　(3) 3つ　(4) 4つ　(5) 5つ

A **塩素**などのハロゲンを含むものもありますが，すべてではありません。
C アルキルアルミニウムは，炭素数やハロゲン数の多いものほど反応性は逆に**小さく**なります。（A，Cが誤り）

【問題8】

アルキルアルミニウムの貯蔵，取扱いについて，次のうち誤っているものはどれか。

(1) 空気と接触すると発火するので，水中に貯蔵する。
(2) 身体に接触すると皮膚等をおかすので，保護具を着用して取扱う。
(3) 高温においては分解するので，加熱を避ける。
(4) 自然分解により容器内の圧力が上がり容器が破損するおそれがあるので，ガラス容器では長期間保存しない方がよい。
(5) 一時的に空になった容器でも，容器内に付着残留しているおそれがあるので，窒素など不活性のガスを封入しておく。

(1) アルキルアルミニウムは，空気だけではなく水とも激しく反応するので，水中ではなく窒素などの不活性ガス中で貯蔵します。

【問題9】

アルキルアルミニウムの消火方法として，次のうち正しいものはいくつあるか。

解答

【問題5】…(2)　【問題6】…(2)

A　ハロゲン化物消火剤を放射する。
B　乾燥砂に吸収させる。
C　泡消火剤を放射する。
D　リン酸塩類等を使用する粉末消火剤を放射する。
E　膨張ひる岩で燃焼物を囲む。

(1)　1つ　　(2)　2つ　　(3)　3つ　　(4)　4つ　　(5)　5つ

A　ハロゲン化物消火剤を放射すると，有毒ガスを発生するので不適当です。
B　正しい。
C　アルキルアルミニウムに水系の消火剤は厳禁なので，誤りです。
D　粉末消火剤を使用する場合，**炭酸水素ナトリウム**等を含む粉末消火剤を用いる必要があるので，誤りです。
E　正しい。
従って，適切なのはB，Eの2つとなります。

【問題10】

ノルマルブチルリチウムの性状について，次のうち誤っているものはどれか。

(1)　常温（20℃）では赤褐色の結晶である。
(2)　空気と接触すると白煙を生じ，燃焼する。
(3)　貯蔵容器には，不活性ガスを封入する。
(4)　水，アルコールと激しく反応する。
(5)　ベンゼン，ヘキサンに溶ける。

ノルマルブチルリチウムの性状について考える場合は，前問のアルキルアルミニウムに準じて考えればいいので，(2)～(5)は正しいというのがわかると思いますが，(1)に関しては，赤褐色の結晶ではなく黄褐色の液体なので，誤りです。

アルカリ金属およびアルカリ土類金属　(本文 P.360)

―――――― 解答 ――――――

【問題7】…(2)　　【問題8】…(1)

【問題11】
　リチウムの性状について，次のうち誤っているものはどれか。
(1)　銀白色の軟らかい金属である。
(2)　ハロゲンとは激しく反応し，ハロゲン化物を生ずる。
(3)　すべての金属中で，一番軽い。
(4)　常温で水と反応し，水素を発生する。
(5)　空気に触れると直ちに発火する。

　一般に，第3類の危険物は，自然発火性と禁水性の両方の性状を有していますが，このリチウムには自然発火性の性状はなく（⇒自然発火性の試験において一定の性状を示さない，ということ。なお，粉末状の場合は常温で発火することがあります。）**禁水性**の性状のみなので，(5)が誤りです。

【問題12】
　リチウムについて，次のうち誤っているものはどれか。
(1)　高温で燃焼して酸化物を生じる。
(2)　水とは，ナトリウムよりも激しく反応する。
(3)　カリウムやナトリウムより比重が小さい。
(4)　深紅色または深赤色の炎を出して燃える。
(5)　火災の場合，水を使用することはできない。

(1)　正しい。
(2)　リチウムは水とは激しく反応しますが，アルカリ金属では"別格扱い"のカリウムやナトリウムよりは反応性は低いので，誤りです。
(3)　前問の(3)にも出てきましたが，リチウムはすべての金属中で一番軽い，つまり，比重が一番小さいので，当然カリウムやナトリウムよりも比重は小さくなり，正しい。
(4)　正しい。
(5)　リチウムは禁水性の物質なので，正しい。

――――――――――――― 解答 ―――――――――――――

【問題9】…(2)　　【問題10】…(1)

【問題13】
　バリウムについて，次のうち誤っているものはどれか。
(1)　水とは，常温（20℃）では反応しないが，高温では激しく反応して水素を発生する。
(2)　ハロゲンとは常温（20℃）で激しく反応する。
(3)　黄緑色の炎を出して燃える。
(4)　水素とは高温で反応し，水素化バリウムを生じる。
(5)　消火の際は，乾燥砂等を用いて窒息消火する。

　バリウムは常温（20℃）でも水と反応し，**水素**と**水酸化バリウム**を発生します。

黄リン（本文P.361）

【問題14】 特急 ★
　黄リンの性状について，次のうち誤っているものはどれか。
(1)　比重が1より大きく，猛毒性を有する固体である。
(2)　発火点が約50℃と低い，自然発火性の物質である。
(3)　無機物とはほとんど反応しない。
(4)　不快臭がある。
(5)　酸化されやすい。

　黄リンは，無機物である酸化剤とは激しく反応して発火する危険性があるので，(3)が誤りです。

【問題15】 急行 ★
　黄リンの性状について，次のうち誤っているものはどれか。
(1)　淡黄色の固体である。
(2)　水とは激しく反応する。
(3)　酸化されやすく，空気中に放置すると徐々に発熱し，約50℃で発火する。

―――― 解答 ――――

【問題11】…(5)　　【問題12】…(2)

(4) 燃焼すると，五酸化二リンになる。
(5) 暗所では青白色の光を発する。

　黄リンは，自然発火性の物質ではありますが，他の第3類の危険物のように禁水性ではなく，水とは反応しません。

【問題16】 特急★★

　次の文の（　）内のA〜Cに入る語句の組み合わせとして，正しいものはどれか。
「黄リンは反応性に富み，空気中で（A）して五酸化リンを生じる。このため（B）の中に保存される。また，（C）であり，空気を断って約250℃に熱すると赤リンになる。」

	A	B	C
(1)	分解	水	無毒
(2)	自然発火	水	無毒
(3)	自然発火	アルコール	有毒
(4)	分解	アルコール	無毒
(5)	自然発火	水	有毒

　この黄リンと赤リンを説明した文章問題はよく出題されています。
　さて，正解は，「黄リンは反応性に富み，空気中で（自然発火）して五酸化リンを生じる。このため（水）の中に保存される。また，（有毒）であり，空気を断って約250℃に熱すると赤リンになる。」となります。

【問題17】 急行★

　黄リンの性状等として，次のうち正しいものはいくつあるか。
A　二硫化炭素に溶ける。
B　赤リンに比べて安定している。
C　白色又は淡黄色のロウ状の固体である。

解答

【問題13】…(1)　　【問題14】…(3)

D 水にはよく溶ける。
E 自然発火を抑制するため，固形状のものは粉末にして貯蔵する。
(1) なし　(2) 1つ　(3) 2つ　(4) 3つ　(5) 4つ

A 黄リンは，ベンゼンや二硫化炭素に溶けるので，正しい。
B 黄リンは，赤リンに比べて不安定なので，誤りです。
C 正しい。
D 黄リンは水にはほとんど溶けないので，誤りです。
E 誤り。粉末状の方が固形状のものより自然発火しやすいので，取り扱う際は注意が必要です。
従って，正しいのは，A，Cの2つということになります。

【問題18】

黄リンの消火方法として，次のうち適切でないものはいくつあるか。
A 高圧で注水する。
B 泡消火剤で放射する。
C 二酸化炭素消火剤やハロゲン化物消火剤で放射する。
D 乾燥砂で覆う。
E 噴霧注水を行う。
(1) 1つ　(2) 2つ　(3) 3つ　(4) 4つ　(5) 5つ

黄リンの火災には，噴霧注水（高圧注水は飛散するので×），乾燥砂，泡消火剤，粉末消火剤などを放射して消火するので，AとCが不適切です。

金属の水素化物（本文P.362）

【問題19】

水素化ナトリウムの性状について，次のうち誤っているものはどれか。
(1) 水と爆発的に反応して，水素を発生する。
(2) 常温（20℃）では粘性のある液体である。

解答

【問題15】…(2)　【問題16】…(5)

(3) 高温でナトリウムと水素に分解する。
(4) 鉱油中では安定である。
(5) 還元性が強く，酸化剤と混合すると加熱や摩擦等により発火する。

水素化ナトリウムは，液体ではなく灰色の**結晶性粉末**です。

【問題20】
　水素化リチウムの性状について，次のうち誤っているものはどれか。
(1) 水よりも軽い。
(2) 空気中の湿気により自然発火するおそれがある。
(3) 高温でリチウムと水素に分解する。
(4) 酸化性が強い。
(5) 水と反応して水素を発生する。

水素化リチウムは，水素化ナトリウム同様，**還元性**の強い物質です。

金属のリン化物（本文P.362）

【問題21】
　リン化カルシウムの性状について，次のうち誤っているものはどれか。
(1) 水よりも重い。
(2) 暗赤色の結晶である。
(3) 乾いた空気中で，容易に自然発火する。
(4) 火災の際に，有毒な酸化物が生じる。
(5) 水と反応して，可燃性の気体が発生する。

(1) リン化カルシウムの比重は2.51なので，水より重く，正しい。
(2) リン化カルシウムは暗赤色の結晶性粉末または固体なので，正しい。
(3) リン化カルシウムは自然発火性（および禁水性）の物質ですが，それ

【問題17】…(3)　　【問題18】…(2)

は，空気中の湿気などの**水分**と反応して（猛毒で）自然発火性のリン化水素を発生するからであり，湿気のない乾いた空気中では自らは不燃性なので，誤りです。

(4) 正しい。
(5) (3)の解説より，正しい。

カルシウムおよびアルミニウムの炭化物 （本文P.363）

【問題22】

炭化カルシウムの性状等について，次のうち誤っているものはどれか。

(1) 一般に流通しているものは，不純物として硫黄，リン，窒素，けい素等を含んでいる。
(2) 乾燥した空気中では常温（20℃）において酸素と化合し，酸化カルシウムとなる。
(3) 通常は灰色または灰黒色の塊状の固体である。
(4) 水と作用して発生する可燃性気体は無色の気体で空気より軽く，爆発範囲は極めて広い。
(5) 高温では還元性を有し，多くの酸化物を還元する。

解説

(1) 炭化カルシウムの純品は，無色（または白色）ですが，一般に流通しているものは，硫黄やリンなどの不純物を含んでいるので，灰黒色の固体です。
(2) 炭化カルシウムは不燃性なので，常温（20℃）では酸素と化合せず，誤りです。なお，酸化カルシウムとは生石灰のことです。
(3) (1)の解説参照。
(4) 炭化カルシウムは水と作用して**アセチレンガス**を発生し，水酸化カルシウム（Ca(OH)$_2$ ＝（消石灰）となります。そのアセチレンガスは，無色の気体で空気より軽く，爆発範囲も広い（2.5〜81 vol%）ので正しい。

なお，「水と反応して**可燃性の気体を生じ，その気体の燃焼生成物が水酸化カルシウム水溶液を白濁させる物質はどれか。**」という出題例もありますが，結論からいうと，上記下線部より，**炭化カルシウム（CaC$_2$⇒化学式で出題されている）**が正解になります。というのは，下線部の気体はアセチレンであ

解答

【問題19】…(2)　【問題20】…(4)　【問題21】…(3)

り，アセチレンの燃焼式は，$2C_2H_2 + 5O_2 \rightarrow \underline{4CO_2} + 2H_2O$ で，気体の燃焼生成物は**二酸化炭素**ということになります。二酸化炭素は水酸化カルシウム水溶液（$Ca(OH)_2$）と反応すると不溶性の炭酸カルシウム（$CaCO_3$）になり，溶液を白濁させます。

(5) 正しい。

【問題23】

　　炭化カルシウムの性状等について，次のうち誤っているものはどれか。
(1) 吸湿性がある。
(2) それ自体は不燃性である。
(3) 純粋なものは，常温（20℃）において無色又は白色の正方晶系の結晶である。
(4) 水と反応して発熱する。
(5) 比重は1より小さい。

炭化カルシウムは水より重く，その比重は2.22となっています。

トリクロロシラン （本文P.364）

【問題24】

　　トリクロロシランについて，次のうち誤っているものはどれか。
(1) 常温（20℃）において，無色の液体である。
(2) 水と混合すると，加水分解して水素を発生する。
(3) 引火点が非常に低く，揮発性が高い。
(4) 消火の際は，乾燥砂などにより窒息消火するのがよい。
(5) 貯蔵，取扱いの際は，水分や火気及び酸化剤との接触をさける。

トリクロロシランが水と反応すると，加水分解して塩化水素（HCl）を発生します。

　　　　　　　　　　　　　　　解答

【問題22】…(2)　　【問題23】…(5)　　【問題24】…(2)

第4章　第4類の危険物

 学習のポイント

　問題の内容そのものに関しては，乙種4類とほとんど同レベルですが，ただ，乙種4類ではあまり出題されていないような物質も出題されているので，幅広い知識が必要となります。
　たとえば，**ガソリン**や**アルコール類（2-プロパノール**に関する出題がよくあるので要注意！）などは乙種4類と同じく頻繁に出題されていますが，そのほか，乙種4類ではあまり見かけなかった，**ピリジン**（第1石油類）や**キシレン**（第2石油類），**アニリン**（第3石油類）といった物質などが，たまにではありますが，出題されています。
　また，逆に，乙種4類では頻繁に出題されている**灯油，軽油，重油**などは，甲種では乙種ほど出題頻度は高くありません。しかし，これらの物質は，第4類危険物の中でも重要な位置を占める危険物であることには変わりないので，やはりマークをすべき危険物であるとは言えるでしょう。
　そのほか，**第4類危険物の一般的性状**に関する出題や，また消火方法として水溶性液体用泡消火剤でなければならない危険物，つまり**一般の泡消火剤が不適当な危険物**に関する出題も多いので，このあたりに注意しながら学習を進めていけばよいでしょう。
　なお，平成12年に姫路で発生した**アクリル酸**（第2石油類）の爆発事故以降，**アクリル酸**の出題が目立つので注意して下さい。

　なお，ここで，本来は法令の分野になるかもしれませんが，第4類危険物＝引火性液体の定義を示しておきます
● 「引火性液体とは，液体（**第3石油類，第4石油類**及び**動植物油類**にあっては，1気圧において，温度**20℃**で液状であるものに限る。）であって，引火の危険性を判断するための政令で定める試験において**引火性を有するもの。**」
　（太字の部分を空白にして，選択肢から選ばせる問題が出題されているので，「第3石油類」「第4石油類」「動植物油類」「20℃」は必ず覚えてください。）

❶ 第4類の危険物に共通する特性

第4類危険物は引火性の液体であり，引火点によって7つの品名に分類されています。

（1）共通する性状

① 常温で**液体**である。
② **引火しやすい**（引火点，沸点が低いものほど，より引火しやすく危険です）。
　☆ たとえ引火点以下でも，**霧状**にすると引火する危険性があります。
③ 一般に水より**軽く**（＝液比重が1より小さい）水に**溶けない**ものが多い。
④ 蒸気は空気より**重い**（蒸気比重が1より大きい）ので**低所に滞留**しやすい。
⑤ 一般に電気の**不良導体**なので（注：アルコールなどの水溶性液体には導電性のものがある），**静電気が発生しやすい**（発生した静電気が蓄積すると火花放電により引火する危険性がある）。

（2）貯蔵および取扱い上の注意

① **火気**や**加熱**などをさける（たとえ引火しにくい液体であっても，加熱により引火しやすくなるので）。
② 容器は空間容積を確保して**密栓**をし，直射日光を避け**冷所**に貯蔵する（空間容積を確保するのは液温上昇による体膨張を考慮して。また冷所に貯蔵するのは，液温が上がると引火の危険性が生じるので）。
③ 通風や換気を十分に行い，発生した蒸気は屋外の**高所**に排出する（地上に降下する間に薄められるので）。
④ 可燃性蒸気が滞留するおそれのある場所では，**火花を発生する機械器具**などを使用せず，また電気設備は**防爆性能**のあるものを使用する。

乙4を受けた経験のある方なら，まず，同じレベルだと思っても差し支えないでしょう。
ただ，乙4の試験ではあまり出題されなかったキシレン，クロロベンゼン，2-プロパノール，トルエンなどの性状に関する出題があるので，より"守備範囲"は広くとっておく必要があるでしょう。

（3）共通する消火の方法

詳細は，P.273の表を参照してください。

4類の消火に効果的な消火方法は**窒息消火**または**抑制消火**で，消火剤としては，次のとおりになります。
- 霧状の強化液
- 泡消火剤
- 二酸化炭素消火剤
- ハロゲン化物消火剤
- 粉末消火剤

逆にいうと，次の消火剤が4類の消火には不適当となります。

- 棒状，霧状の水
- 棒状の強化液

水溶性危険物の消火
⇒水溶性液体用泡消火剤（耐アルコール泡）を使用する。

なお，アルコールなどの水溶性危険物（水に溶けるもの）には，一般の泡消火剤ではなく，**水溶性液体用泡消火剤（耐アルコール泡）**を使用します。
（水溶性危険物に普通泡を用いると，泡が溶けて消えてしまい，窒息効果が得られないため。）

第4類の危険物に共通する特性の問題と解説

共通する性状（本文P.380）

【問題1】

第4類の危険物の一般的な性状について，次のうち誤っているものはどれか。

(1) 発火点，引火点とも低いほど危険性が大きく，また，燃焼点が引火点より低いものはない。
(2) いずれも引火点を有する液体または気体で，火気などにより引火しやすい。
(3) 蒸気比重は1より大きいため，可燃性蒸気は低所に滞留しやすい。
(4) 一般に電気の不良導体で，静電気が蓄積されやすく，静電気の火花で引火することがある。
(5) 衝撃，摩擦等により，発火や爆発の危険性がある。

解説

(1) P.252～253参照
(2) 第4類危険物は引火性液体であり，気体の危険物はありません。

【問題2】

第4類の危険物の一般的な性状として，次のうち正しいものはどれか。

(1) 一般に自然発火しやすい。
(2) 水溶性のものは水で希釈すると引火点が低くなる。
(3) 水溶性のものが多い。
(4) いずれも沸点は水より低い。
(5) 流動性が高く，火災になった場合に拡大する危険性がある。

解説

(1) 第4類危険物で自然発火の危険性があるのは，動植物油類の乾性油だけ

―― 解答 ――

解答は次ページの下欄にあります。

であり，一般的にはその危険性はないので，誤りです。

(2) 水で希釈すると引火点は逆に高くなるので，誤りです。

(3) 第4類危険物は水に溶けないもの，すなわち，非水溶性のものが多いので，誤りです。

(4) たとえば，灯油の沸点は145～270℃であり，重油の沸点は300℃なので，100℃よりも高いものもあり，誤りです。

(5) 正しい。

【問題3】
　第4類危険物の一般的な性質として，次のうち正しいものはどれか。
(1) 熱伝導率が高いので蓄熱し，自然発火しやすい。
(2) 導電率が高いので，静電気が蓄積されやすい。
(3) 沸点が低いものほど，引火の危険性が高い。
(4) 燃焼範囲の下限値が高いものほど，危険性も高くなる。
(5) 発火点が高いものほど，火源がなくても発火しやすくなる。

(1) 前問の(1)より，第4類危険物は動植物油類を除き自然発火はしません。
　また，熱伝導率は**低い**ほど（つまり，熱が伝わりにくいほど）蓄熱しやすいので，この点でも誤りです。

(2) 第4類危険物は，導電率（電気の伝わりやすさ）の**低い不良導体である**がゆえに，静電気が蓄積されやすいので，誤りです。

(3) 沸点や引火点が低いものほど，蒸気が発生しやすくなるので，引火の危険性も高くなり，正しい。

(4) 燃焼範囲の下限値が高い，ということは，可燃性蒸気の濃度が濃くないと（空気中により多くの可燃性蒸気が含まれないと）引火しない，ということであり，危険性は逆に**低く**なります。

(5) 発火点が高いということは，**より高温にならないと発火しない**ということであるので，**発火しにくく**なります。

貯蔵および取扱い上の注意（本文P.380）

─────────── 解答 ───────────

【問題1】…(2)　　【問題2】…(5)

【問題4】

　第4類の危険物の貯蔵，取扱いの注意事項として，次のうち誤っているものはどれか。
(1)　容器は日光の直射を避け，冷所に貯蔵する。
(2)　静電気が発生するおそれがある場合は，接地等をして静電気が蓄積しないようにする。
(3)　発生する蒸気は，なるべく屋外の低所に排出する。
(4)　ホースや配管などで送油する際は，静電気の発生を抑えるため流速を出来るだけ遅くする。
(5)　引火点の低い危険物を取り扱う場合には，人体に帯電した静電気を除去する。

　第4類危険物の蒸気は空気より**重い**ので**低所**に滞留しやすく，床に沿って遠くまで流れていくおそれがあります。
　従って，屋外の**高所**に排出することによって，地上に降下する間に希釈させて低所に滞留するのを防ぎます。

【問題5】

　第4類危険物に共通する火災予防および取扱い上の注意について，次のうち誤っているのはどれか。
(1)　火花や高熱を発する場所に接近させない。
(2)　静電気の発生を防止するため，貯蔵場所の湿度を低く保つ。
(3)　可燃性蒸気が滞留するおそれのある場所では，機械器具等を使用しない。
(4)　容器からの液体や蒸気の漏れには十分注意する。
(5)　液温が上昇すると引火の危険性が大きくなる。

　静電気の発生および帯電を防止するためには，湿度を**高く**保つことによって静電気が空気中の水分に逃げるようにする必要があります。

解答

【問題3】…(3)

384　第3編　危険物の性質，並びにその火災予防，及び消火の方法

【問題6】
　引火性液体を取り扱う場合，静電気に起因する火災等の事故防止対策として，次のうち適切でないものはどれか。
(1)　流速を制限するなどして静電気の発生を抑制する。
(2)　人体が帯電しないよう絶縁性の大きい靴を使用する。
(3)　加湿器等により室内の湿度を高める。
(4)　除電器の使用などにより積極的に除電を行う。
(5)　帯電した電荷が十分に減衰するための静置時間を確保する。

絶縁性の大きい靴を使用すると，人体に帯電した静電気が大地に逃げないので，人体に蓄積し，静電火花により発火する危険性があります。

共通する消火の方法　(本文P.381)

【問題7】　急行★
　第4類の危険物の火災に対する消火効果について，次のうち誤っているのはどれか。
(1)　粉末消火剤は効果的である。
(2)　二酸化炭素消火剤は効果的である。
(3)　泡消火剤は効果的である。
(4)　棒状に放射する強化液消火剤は効果的である。
(5)　ハロゲン化物消火剤は効果的である。

第4類危険物の火災に効果的な消火剤は，「泡消火剤，二酸化炭素消火剤，霧状の強化液，粉末消火剤，ハロゲン化物消火剤」です。逆に言うと，第4類危険物の火災，つまり油火災に不適応な消火剤は，**水**と**棒状に放射する強化液消火剤**です。従って，(4)が誤りです。

【問題8】
　アセトン，エタノールなどの火災に水溶性液体用泡消火剤以外の一

解答
【問題4】…(3)　　【問題5】…(2)

第4類の危険物に共通する特性の問題と解説　385

般的な泡消火剤を使用した場合は効果的でない。その理由として，次のうち正しいものはどれか。
(1) 泡が重いため沈むから。
(2) 泡が燃えるから。
(3) 泡が乾いて飛ぶから。
(4) 泡が固まるから。
(5) 泡が消えるから。

アセトンやアルコールなどの水溶性危険物（水に溶けるもの）に一般的な泡消火剤を使用すると，その泡が溶かされて（破壊されて）消えてしまい，泡による窒息効果が得られないので，水溶性液体用泡消火剤（特殊泡または耐アルコール泡ともいう）を用います。

【問題9】 急行★

泡消火剤には，水溶性液体用泡消火剤とその他の一般的な泡消火剤がある。次に示すA～Fの危険物の火災に際して，一般の泡消火剤の使用が適切でないものはいくつあるか。

A　アセトン　　　B　キシレン　　　C　アセトアルデヒド
D　二硫化炭素　　E　ガソリン　　　F　酸化プロピレン

(1) 1つ　　(2) 2つ　　(3) 3つ　　(4) 4つ　　(5) 5つ

前問の解説より，一般的な泡消火剤の使用が不適当なものは，水溶性危険物です。
水溶性危険物の主なものを挙げると，次のようになります。
「アセトン，アセトアルデヒド，アルコール類，酸化プロピレン，酢酸，エーテル，エチレングリコール，グリセリン，ピリジン」などです。

解答

【問題6】…(2)　　【問題7】…(4)

こうして覚えよう！

水に溶けるもの（水溶性のもの）

<u>ア</u>ルコール，<u>ア</u>セトアルデヒド，<u>ア</u>セトン，<u>エ</u>ーテル（少溶），<u>エ</u>チレングリコール，<u>酢</u>酸，<u>酸</u>化プロピレン，<u>グ</u>リセリン，<u>ピ</u>リジン

> **ア**！ **エ** **サ**！ と **グ** **ッ** **ピー** が 言いました
> 〜アの付くもの※ 〜エの付くもの 〜酸の付くもの 〜グリセリン 〜ピリジン

（※アニリン除く）

従って，Aのアセトン，Cのアセトアルデヒド，Fの酸化プロピレンの3つということになります。

解答

【問題8】…(5)　　【問題9】…(3)

第4類に属する各危険物の特性

第4類危険物に属する品名および主な物質は，次のようになります。

表2 主な第4類危険物のデーター覧表
○：水に溶ける △：少し溶ける ×：溶けない

品名	物品名	水溶性	アルコール	引火点℃	発火点℃	比重	沸点℃	燃焼範囲vol%	液体の色
特殊引火物	ジエチルエーテル	△	溶	−45	160	0.71	35	1.9〜36.0	無色
	二硫化炭素	×	溶	−30	90	1.30	46	1.3〜50.0	無色
	アセトアルデヒド	○	溶	−39	175	0.80	21	4.0〜60.0	無色
	酸化プロピレン	○	溶	−37	449	0.80	35	2.8〜37.0	無色
第一石油類	ガソリン	×	溶	−40以下	約300	0.65〜0.75	40〜220	1.4〜7.6	オレンジ色（純品は無色）
	ベンゼン	×	溶	−11	498	0.88	80	1.3〜7.1	無色
	トルエン	×	溶	4	480	0.87	111	1.2〜7.1	無色
	メチルエチルケトン	△	溶	−9	404	0.80	80	1.7〜11.4	無色
	酢酸エチル	△	溶	−4	426	0.9	77	2.0〜11.5	無色
	アセトン	○	溶	−20	465	0.80	56	2.15〜13.0	無色
	ピリジン	○	溶	20	482	0.98	115.5	1.8〜12.8	無色
アルコール類	メタノール	○	溶	11	385	0.80	65	6.0〜36.0	無色
	エタノール	○	溶	13	363	0.80	78	3.3〜19.0	無色
第二石油類	灯油	×	×	40以上	約220	0.80	145〜270	1.1〜6.0	無色,淡紫黄色
	軽油	×	×	45以上	約220	0.85	170〜370	1.0〜6.0	淡黄色,淡褐色
	キシレン	×	溶	33	463	0.88	144	1.0〜6.0	無色
	クロロベンゼン	×	溶	28	593	1.1	132	1.3〜9.6	無色
	酢酸	○	溶	39	463	1.05	118	4.0〜19.9	無色
第三石油類	重油	×	溶	60〜150	250〜380	0.9〜1.0	300		褐色,暗褐色
	クレオソート油	×	溶	74	336	1以上	200		暗緑色
	アニリン	△	溶	70	615	1.01	184.6	1.3〜11	無色,淡黄色
	ニトロベンゼン	×	溶	88	482	1.2	211	1.8〜40	淡黄色,暗黄色
	エチレングリコール	○	溶	111	398	1.1	198		無色
	グリセリン	○	溶	177	370	1.26	290		無色

（1）特殊引火物 （問題 P.403）

　特殊引火物とは，**ジエチルエーテル，二硫化炭素**のほか，1気圧において発火点が**100℃以下**のもの，または引火点が**−20℃以下**で沸点が**40℃以下**＊のものをいいます。（＊二硫化炭素は46℃だが発火点が100℃以下なので特殊引火物になる）

共通する性状 ⇒ 　無色透明の液体で引火点，沸点が非常に低く，燃焼範囲が広い。

表3

種　類	性　　状	貯蔵，取扱いおよび消火方法
ジエチルエーテル（$C_2H_5OC_2H_5$）〈比重：0.71〉 引火点 ⇒ −45℃ 発火点 ⇒ 160℃ 燃焼範囲 ⇒1.9〜36 vol% （＊「爆発性の過酸化物」はこの物質とアセトアルデヒドのみ）	1．水にはわずかしか溶けないが，アルコールには溶ける。 2．揮発性が強く，**甘い刺激臭**がある。 3．**引火点が第4類の中で最も低く，燃焼範囲も広い**ので引火しやすい。 4．蒸気には**麻酔性**がある。 5．空気と長く接触したり，日光にさらされたりすると**爆発性の過酸化物**＊を生じ，加熱，衝撃などにより**爆発する**危険性がある（⇒空気に触れないよう密閉容器に入れて貯蔵する）。	「4類共通の貯蔵，取扱い法」 ⇒ **火気，日光を避け，換気**して蒸気を高所に排出し，容器を密栓して冷所に貯蔵する。 ＋**不活性ガス**を封入して貯蔵 ―――＜消火方法＞――― 「4類共通の消火方法」 ⇒ **水と棒状の強化液以外**を用いる。 （ただし，泡消火剤は**耐アルコール泡**を使用する）
二硫化炭素（CS_2）〈比重：1.30〉 引火点 ⇒ −30℃以下 発火点 ⇒ 90℃ 燃焼範囲 ⇒1.3〜50 vol%	1．**水より重い**。 2．水には溶けないが，**エタノール，エーテルには溶ける**。 3．**発火点が第4類の中で最も低い**（90℃）。 4．蒸気は**有毒**である。 5．燃焼すると青い炎を上げ，有毒な**二酸化硫黄**＊＊（SO_2：亜硫酸ガス）を発生する。	同　　上 　ただし，水より重く，水に溶けないので，液面に，または容器そのものに水を張って水没貯蔵し，蒸気が発生するのを防ぐ。 ―――＜消火方法＞――― 「4類共通の消火方法」 ⇒ **水と棒状の強化液以外**を用いる。 ＋ （水より重いので）大量の水で覆うことによる窒息消火も可能。

（＊＊**硫化水素**という出題例あり⇒当然×）

第3編

危険物の性質、並びにその火災予防、及び消火の方法

2．第4類に属する各危険物の特性　389

表4

種　類	性　　状	貯蔵，取扱いおよび消火方法
アセトアルデヒド（CH_3CHO）〈比重：0.78〉 引火点 ⇒ −39℃ 発火点 ⇒ 175℃ 燃焼範囲 ⇒4.0〜60 vol% ＊「二酸化炭素」という出題例がある（⇒×）。	1.　水に溶け，アルコール，エーテルにも溶ける。 2.　沸点が非常に低く（20℃⇒第4類中最も低い），揮発性が高いので，きわめて引火しやすい。 3.　熱や光で分解し，メタンと一酸化炭素＊になる。 4.　蒸気は有毒で，特有の刺激臭がある。 5.　酸化すると，酢酸になる。 　　$2\,CH_3CHO + O_2$ 　　$\rightarrow 2\,CH_3COOH$ 6.　空気と接触し加圧すると，爆発性の過酸化物をつくることがある。 7.　還元性が強く（自身は酸化される），酸化されると酢酸になる。	「4類共通の貯蔵，取扱い法」 ⇒　火気，日光を避け，換気して蒸気を高所に排出し，容器を密栓して冷所に貯蔵する。 ＋ 不活性ガスを封入して貯蔵する。＊ 　　───＜消火方法＞─── 　水に溶けるので，水による消火が可能であるが，泡消火剤は耐アルコール泡を使用する。 　その他は「4類共通の消火方法」 ⇒　水と棒状の強化液以外を用いる。 に同じ。
酸化プロピレン（CH_3CHOCH_2）〈比重：0.83〉 引火点 ⇒ −37℃ 発火点 ⇒ 449℃ 燃焼範囲 ⇒2.8〜37.0 vol%	1.　水に溶け，アルコール，エーテルにも溶ける。 2.　酸やアルカリ，鉄などと接触すると重合反応を起こし，発熱して発火，爆発する危険性がある。 3.　蒸気に刺激性はないが，有毒である。	同　　上 （不活性ガスを封入して貯蔵する。）＊ 　　───＜消火方法＞─── 同　　上 （酸化プロピレンもアセトアルデヒドと同様，水溶性なので，泡消火剤は耐アルコール泡を使用する。）

＊「貯蔵タンクに注入するときにあらかじめタンク内の空気を**不活性**の気体に置換しておく必要がある危険物はどれか」という出題例があります。
（⇒上記の危険物などを答えればよい）

（２）第１石油類 (問題 P.406)

第１石油類とは，**アセトン**，**ガソリン**のほか，１気圧において引火点が**21℃未満***のものをいいます。（*引火点は**常温（20℃）以下**なので注意！）

☆　なお，石油類には第１石油類から第４石油類までありますが，いずれも**非水溶性**（水に溶けない）と**水溶性**（水に溶ける）に分けられています。

1．非水溶性

表５

種　類	性　　状	貯蔵，取扱い及び消火方法
ガソリン 〈比重：0.65〜0.75〉 （蒸気比重：3〜4） 引火点 　⇒ －40℃以下 発火点 　⇒　約300℃ 燃焼範囲 　⇒ 1.4〜7.6 vol％ 沸点 　⇒ 40〜220℃	1．組成は，炭素数が4〜10程度の炭化水素混合物である。 2．用途により**自動車用ガソリン**，工業用ガソリン，航空機用ガソリンに分けられ，自動車用ガソリンはオレンジ色に着色されている（**純品は無色透明**）。 3．水より軽く水に溶けない。 4．蒸気は空気の3〜4倍重く（＝蒸気比重が3〜4），**低所に滞留しやすい。** （蒸気比重は**空気が基準**⇒「水蒸気が基準」という出題有り（⇒×）） 5．第1類や第6類の危険物と混触すると，発火する危険性がある（酸化性があるので）。 6．蒸気を吸入すると，頭痛やめまいを起こす。	「4類共通の貯蔵，取扱い法」 ⇒　**火気，日光を避け，換気して蒸気を高所に排出し，容器を密栓して冷所に貯蔵する。** ＋ 電気の不良導体であるため**静電気**が発生しやすく，詰め替え作業などの際には注意が必要。 ――――＜消火方法＞―――― 「4類共通の消火方法」 ⇒　水と棒状の強化液以外を用いる。

―― こうして覚えよう！ ――

ガソリンの引火点，発火点および燃焼範囲
　ガソリンさんは　　始終　　石になろうとしていた
　　　　30（０）　　　40　　　1.4〜7.6
　　　　（発火点）　（引火点）（燃焼範囲）

（「ガソリンの燃焼範囲は，14〜76 vol％」という出題例あり⇒当然×）

表6　（いずれも無臭ではないので注意）

種　類	性　状	貯蔵，取扱い及び消火方法
ベンゼン (C_6H_6) 〈比重：0.88〉 別名：ベンゾール 引火点⇒−11℃ 発火点⇒498℃ 燃焼範囲⇒ 1.3〜7.1vol%	1．無色透明の液体である。 2．水より軽く水に溶けない。 3．アルコール，エーテル等の有機溶剤には溶ける。 4．芳香臭がある。 5．蒸気は有毒である。 その他，ガソリンに準じる。 （注：ベンジンはベンゼンとは全く別のものです。）	ガソリンと同じ ベンゼン 化学でのベンゼンの出題ポイント ・全ての原子は同一平面上にあり，炭素間の結合の長さは全て同じ。 ・付加反応より置換反応の方が起こりやすい。
トルエン ($C_6H_5CH_3$) 〈比重：0.87〉 別名：トルオール	ベンゼンと同じ （毒性はベンゼンより少ない） （引火点⇒4℃，発火点⇒480℃，燃焼範囲⇒1.2〜7.1vol%）	ガソリンと同じ
ヘキサン（ノルマルヘキサン） ($CH_3(CH_2)_4CH_3$) 〈比重：0.7〉	ベンゼンに準じる。 （引火点⇒−20℃以下，発火点⇒225℃，燃焼範囲⇒1.1〜7.5vol%）	ガソリンと同じ （注：シクロヘキサンも非水の第1石油類です）
酢酸エチル ($CH_3COOC_2H_5$) 〈比重：0.9〉	ベンゼンに準じるが，水には少し溶ける。（引火点⇒−4℃，発火点⇒426℃，燃焼範囲⇒2.0〜11.5vol%）	ガソリンと同じ
エチルメチルケトン （メチルエチルケトン） ($CH_3COC_2H_5$) 〈比重：0.8〉	ベンゼンに準じるが、水には少し溶ける。 （注：P.429のエチルメチルケトンパーオキサイドと混同しないように）	ガソリンと同じ

[例題]　次の性状を有する危険物は，次のうちどれか。

a　無色透明でジエチルエーテルに溶ける。

b　水に溶けない。

c　芳香臭がある。

d　引火点は4℃である。

(1)　ガソリン　　(2)　アニリン　(3)　エタノール

(4)　トルエン　　(5)　アセトアルデヒド

解説 --

　a，b，cは，上記の表のベンゼン，トルエン，ヘキサンが該当しますが，dの引火点よりトルエンが正解です。　　　　　　　　（答）(4)

2. 水溶性

表7

種　類	性　状	貯蔵, 取扱い及び消火方法
アセトン (CH₃COCH₃) 〈比重：0.79〉 引火点⇒－20℃ 発火点⇒465℃ 燃焼範囲⇒ 2.15～13.0 vol% (有機溶剤として用いられている)	1. **無色透明**の液体である。 2. 水より**軽く**水に**溶ける**。 3. アルコール，エーテル等にも溶ける。 4. **エーテル臭**がある。 5. **揮発**しやすい。 $$\begin{bmatrix} & H & O & H \\ & | & \| & | \\ H-&C-&C-&C-H \\ & | & & | \\ & H & & H \end{bmatrix}$$ （構造式は出題例あり）	「4類共通の貯蔵，取扱い法」 ⇒ 火気，日光を避け，換気して蒸気を高所に排出し，容器を密栓して冷所に貯蔵する。 ――――＜消火方法＞―――― 「4類共通の消火方法」 （下記参照）」と同じであるが，泡消火剤は**耐アルコール泡**を用いる。
ピリジン (C₅H₅N) 〈比重：0.98〉	1. **無色透明**の液体である。 2. 水より**軽く**水に**溶ける**。 3. アルコール，エーテル等にも溶ける。 4. 蒸気は**有毒**である。	同　　上

〈4類共通の消火方法〉

⇒ **水と棒状の強化液以外**を使用する。

　前項のベンゼン，トルエンおよび第2石油類のキシレン（P.397）は，その頭文字をとって**BTX**と呼ばれ，揮発性の毒性有機化合物として，**室内空気汚染の原因物質**とされているんじゃ。この3つを比較した次のような出題例がたまにあるので，注意するんじゃよ。

[問題] 引火点は B＞T＞X の順である。

（答）　×。正しくは，X＞T＞B の順（⇒P.388の表参照）

（3）アルコール類 (問題P.409)

　炭化水素は炭素(C)と水素(H)が結合した化合物の総称ですが、その水素（H）が**水酸基(ヒドロキシ基＝OH)**に置き換わった化合物を**アルコール**といいます。

　アルコール類は、その分子中のOH基（水酸基）の数によって、**1価アルコール**，**2価アルコール**といい、OH基が2個以上のものは**多価アルコール**といいます。

　このうち、消防法の対象となるのは、1分子を構成する炭素原子数（⇒1分子内にある炭素原子の数）が**1個から3個までの飽和1価アルコール**です。

　　　従って、炭素数が4個の**1－ブタノール**（⇒P.397），5個の**1－ペンタノール**はアルコール類には含まれません（⇒**第2石油類**になる）

「**飽和と不飽和について**」
　⇒　炭素原子どうしがすべて**単結合**のみで結合しているものを**飽和化合物**といい、二重結合や三重結合も含むものを**不飽和化合物**という。

　なお、炭素数が**増加**するほど**蒸気比重**は**大きく**なるので、**引火点**，**沸点**は高くなりますが（⇒**危険性は低下**）、**水溶性は低下**します（水に溶けにくくなる）。

表8（アルコールの上限値、下限値を比較する出題あり）

種　類	性　　状	貯蔵，取扱い及び消火方法
メタノール（メチルアルコール） ／急行＼★ （CH₃OH） 〈比重：0.80〉 〈蒸気比重：1.1〉 引火点 　⇒　11℃ 発火点 　⇒　385℃ 燃焼範囲 　⇒6.0〜36 vol% 沸点 　⇒　65℃	1．アルコール臭のある**無色透明**の液体である。 2．引火点は**常温以下**である（⇒常温で引火する危険性がある）。 3．揮発性が大きい（沸点が100℃以下）。 4．**水や有機溶剤**（エタノール，ジエチルエーテルなど）に**よく溶ける**。 5．燃焼時の炎の色は淡く、認識しにくい。 6．**有毒**である。（飲み下すと失明したり死亡することがある） 7．燃焼範囲がエタノールより広い（⇒**危険性が大きい**）	「4類共通の貯蔵，取扱い法」 ⇒　火気，日光を避け，換気して蒸気を高所に排出し，容器を密栓して冷所に貯蔵する。 ＋ ――＜消火方法＞―― 「4類共通の消火方法」 ⇒　水と棒状の強化液以外を使用する。 と同じであるが，水溶性なので，泡消火剤は**耐アルコール泡**（水溶性液体用泡消火剤）を用いる。

表9

種　類	性　　状	貯蔵，取扱い及び消火方法
エタノール （エチルアルコール） (C_2H_5OH) 〈比重：0.80〉（蒸気比重：1.6） 引火点 　⇒ 13℃ 発火点 　⇒ 363℃ 燃焼範囲 　⇒ 3.3～19 vol％ 沸点 　⇒ 78℃	メタノールに同じ（ただし，麻酔性はあるが**毒性はない**） なお，エタノールを酸化するとアセトアルデヒドになり，さらに酸化すると**酢酸**になる。 （注：蒸気比重は，メタノール，エタノールより下の2つのプロパノールの方が**重い**ので要注意）	メタノールに同じ
n－プロピルアルコール （1－プロパノール） (C_3H_7OH) 〈比重：0.8〉 引火点：23℃ 燃焼範囲：**2.1～13.7 vol％**	メタノールに同じ（有毒である。ただし，蒸気比重はメタノールより**大きい**） （注：沸点は97.2℃）	メタノールに同じ
イソプロピルアルコール （2－プロパノール） (($CH_3)_2CHOH$) 〈比重：0.79〉 引火点：12℃ 燃焼範囲：**2.0～12.7 vol％**	同　　上 （上記1－プロパノールとこの2－プロパノールは，同じ分子式C_3H_8Oの**異性体**です。） （注：沸点は82℃）	（注：似た名称のものに1－ブタノール，2－ペンタノールがありますが，いずれも第2石油類なので要注意⇒出題例あり） 同　　上

注1）アルコール類は，当然，石油類ではないので，水溶性，非水溶性の区別はありません。（⇒アルコール類は**水溶性**です！）
注2）アルコール含有量が60％未満の水溶液はアルコール類には含まれません。

アルコール類では，圧倒的にメタノールの出題率が高いので，アルコール＝メタノールとして，まずは把握しておけばよいじゃろう。
　他のアルコール類の特性は殆どメタノールと同じなので，例えば2－プロパノールの性状を問われた際はメタノールに準じて答えれば，そう間違う事もないじゃろう。

【参考資料】　（注：変成アルコールはアルコール類に含まれる）
　エタノールに変性剤（メタノールなど）を加えて飲用できないようにしたアルコールを**変性アルコール**といい，工業用や消毒用として用いられています。

（4）第2石油類 (問題P.412)

第2石油類とは，**灯油，軽油**その他1気圧において，引火点が21℃以上70℃未満*のものをいいます。（*常温では原則として引火しない）

1．非水溶性

表10

種　類	性　状	貯蔵，取扱い及び消火方法
灯油と軽油 （灯油と軽油は引火点などの物性値が多少異なるだけで，性状等はほとんど同じです） 〈比重：両者とも約0.8〉 引火点 　⇒　灯油が40℃以上 　　　軽油が45℃以上 発火点 　⇒　約220℃ 燃焼範囲 　⇒　灯油が1.1～6 vol% 　　　軽油が1.0～6 vol%	1．液体の色 ・灯油：無色または淡（紫）黄色 　・軽油：淡黄色または淡褐色 2．水やアルコールには溶けない。 3．引火点からもわかるように，両者とも常温（20℃）では引火しない。 4．霧状にしたり，布にしみこませると，空気と接触する面積が増えるので，危険性が増す。 5．液温が引火点以上になると，ガソリンと同じくらい引火しやすくなるので，非常に危険である。 6．電気の不良導体であるため**静電気**が発生しやすい。	「4類共通の貯蔵，取扱い法」 ⇒　火気，日光を避け，換気して蒸気を高所に排出し，容器を密栓して冷所に貯蔵する。 ――＜消火方法＞―― 「4類共通の貯蔵，取扱い法」 ⇒　水と棒状の強化液以外を使用する。

―― こうして覚えよう！ ――

灯油と軽油の引火点と発火点
灯油を知れば，　**ふつう**は　**仕事**はかどる
　40（灯油の引火点）　220（発火点）　45（軽油の引火点）

表11

種　類	性　　状	貯蔵，取扱い及び消火方法
クロロベンゼン 急行★ (C_6H_5Cl) 〈比重：1.11〉 引火点 　⇒ 28℃ 発火点 　⇒ 593℃ 燃焼範囲 ⇒1.3〜9.6	1．**石油臭のある無色透明の液**体である。 2．水より**重く**，水に溶けない。 3．アルコール，エーテルには溶ける。 4．霧状にしたり，布にしみこませると，空気と接触する面積が増えるので，危険性が増す。 5．液温が引火点以上になると，ガソリンと同じくらい引火しやすくなるので，非常に危険である。 6．電気の**不良導体**であるため静電気が発生しやすい。	「4類共通の貯蔵，取扱い法」 ⇒ **火気，日光**を避け，**換気**して蒸気を高所に排出し，容器を密栓して冷所に貯蔵する。 ——＜消火方法＞—— 「4類共通の消火方法」 ⇒ 水と棒状の強化液以外を使用する。
キシレン 急行★ ($C_6H_4(CH_3)_2$) 〈比重：0.9〉 （オルト，メタ，パラの**3種類の異性体**がある） 引火点 　⇒ 27〜33℃	同　　上 （ただし，**芳香臭**があり，水より**軽い**） （注：ごくまれに出題されるが共通の性状で解ける問題がほとんど）	同　　上
n－ブチルアルコール （1－ブタノール） （$CH_3(CH_2)_3OH$） 〈比重：0.8〉 引火点 　⇒ 37℃ 発火点 　⇒ 343℃	同　　上 （ただし，水より軽く水に溶ける） （注：炭素数が4なので<u>アルコール類ではない</u>）	同　　上

第3編

危険物の性質、並びにその火災予防、及び消火の方法

2．第4類に属する各危険物の特性　397

2．水溶性

表12

種　類	性　　状	貯蔵，取扱い及び消火方法
酢酸 急行★ (CH₃COOH) 〈比重：1.05〉 引火点 　⇒　39℃ (冬季に固まるから氷酢酸という)	1．**刺激臭のある無色透明の液体**である。 2．**水よりやや重く，水に溶ける**。 3．**常温では引火しない**。 4．**アルコール，エーテルにも溶ける**。 5．**酸味**があり，食酢は酢酸の3〜5％の水溶液である。 6．水溶液は**弱酸性**を示し，**腐食性が強い*有機酸**である。 7．約**17℃以下**になると凝固する。 8．エタノールと反応して**酢酸エチル**を生成する。	「4類共通の貯蔵，取扱い法」 ⇒　火気，日光を避け，換気して蒸気を高所に排出し，容器を密栓して冷所に貯蔵する。 ――――＜消火方法＞―――― 「4類共通の消火方法（右ページ参照）」と同じであるが，水溶性なので，泡消火剤は**耐アルコール泡**を用いる。
アクリル酸 (CH₂=CHCOOH) 〈比重：1.06〉	1．**重合しやすく**，重合熱が大きいので発火・爆発のおそれがある。また，**高温ほど重合反応が速く**なり，**暴走反応**を起こすおそれがある**。 2．**融点が14℃**なので，凍結しないよう，**密栓して冷暗所**に貯蔵する。 その他，酢酸と同じ	・**重合防止剤**を加えて貯蔵する。 その他は酢酸に同じ 　**重合の暴走例⇒「低温で凝固していたアクリル酸をハンドヒーターを用いて部分的に溶融させ溶融液をくみ出す作業を繰り返したら爆発した。」(⇒出題例あり)

（*有機酸について，…参考資料）
　この有機酸というのは，要するに酸性を示す有機化合物のことを言うんじゃ。
　有機化合物は，生物を構成している主要な要素なんじゃが，有機酸は，いわば「動植物の生命活動によって産み出される酸」という言い方ができるじゃろう。たとえば，クエン酸やリンゴ酸などの果物の酸がそうじゃ。
　なお，この有機酸は，COOH基（カルボキシル基）を1つ以上もっていることからカルボン酸とも言うので，念のため。（⇒　無機酸の方は，炭素を含まない酸性物質で，塩酸や硫酸などがある。）

（5）第3石油類 （問題P. 415）

第3石油類とは，**重油，クレオソート油**のほか，1気圧において温度20℃で液状であり，かつ，引火点が**70℃以上200℃未満**のものをいいます。

1．非水溶性

表13

種　類	性　　状	貯蔵，取扱い及び消火方法
重油 〈比重：**0.9～1.0**〉 引火点 　⇒　約60～150℃ ・3種は70℃～ ・灯油や軽油より少し高い 発火点 　⇒　約250～380℃	1．日本産業規格では1種（A重油），2種（B重油），3種（C重油）に分類されている。 2．**褐色**，または**暗褐色**の液体で**粘性**がある。(A重油→B重油→C重油の順に粘性大) 3．一般に**水よりやや軽く**，水や熱湯にも溶けない。 4．不純物として含まれる硫黄は燃えると有毒な**二酸化硫黄亜硫酸ガス SO_2**になる。 5．**分解重油**＊は自然発火することがある。 （＊＊） 6．加熱しない限り引火の危険性は小さいが，いったん燃え始めると**燃焼温度が高い**ので，消火が大変困難となる。 7．**霧状**にしたり，布にしみこませると火がつきやすくなるので危険。	**「4類共通の貯蔵，取扱い法」** ⇒　**火気，日光**を避け，換気して蒸気を高所に排出し，容器を**密栓**して**冷所**に貯蔵する。 ――――＜消火方法＞―――― **「4類共通の消火方法」** ⇒　**水**と**棒状の強化液**以外を使用する。 ＊**分解重油**：ナフサ（粗製ガソリン）を分解してガソリンを得る際に出来る副産物
クレオソート油 〈比重：**1.0以上**〉 〈**引火点**：74℃〉 （コールタールを分留する際にでき，**木材**の**防腐材**に使われる）	1．**黄色**または**暗緑色**の液体である。 2．**水より重く**，水に溶けない。 3．**アルコール**には溶ける。 4．その他，重油の（＊＊）に同じ。	同　　　　上

第3編

危険物の性質、並びにその火災予防、及び消火の方法

2．第4類に属する各危険物の特性　399

表14

種　類	性　状	貯蔵，取扱い及び消火方法
アニリン (C₆H₅NH₂) 〈比重：1.01〉	1．無色または淡黄色の液体である＊。 2．水よりやや重く，水に溶けにくい。 出た！ (水溶液は弱塩基性) 3．光や空気により変色する。 4．特異臭がある。 出た！ 5．その他，重油の（＊＊）に同じ。	重油に同じ (注：化学で，エーテル混合液にNaClやHClを加えて分離操作した後，エーテル層に含まれる物質は？という出題あり⇒答はニトロベンゼン)
ニトロベンゼン (C₆H₅NO₂) 〈比重：1.2〉	1．無色または淡黄色の液体である。 2．水より重く，水に溶けにくい。 3．特有の臭気（芳香臭）がある。 4．その他，重油の（＊＊）に同じ。	

（＊純粋なアニリンは無色だが空気中で酸化されて淡黄色になる）

2．水溶性

表15

種　類	性　状	貯蔵，取扱い及び消火方法
エチレングリコール (C₂H₄(OH)₂) 〈比重：1.1〉 (車の不凍液に用いられている⇒重要)	1．甘みのある無色無臭の液体である。 2．水よりやや重く，水に溶けやすい。（水溶液は弱酸性） 3．エタノールには溶けるが，二硫化炭素，ベンゼン，ガソリン，軽油等には溶けない。 4．その他，重油の（＊＊）に同じ。	重油に同じ
グリセリン (C₃H₅(OH)₃) 〈比重：1.26〉	・3価のアルコールで，ナトリウムと反応して水素を発生する。その他，エチレングリコールに同じ。	重油に同じ

　この第3石油類をはじめとして，第4石油類，動植物油類などは，非常に出題例の少ない分野じゃが，まれに，アニリンの性状を問う問題が出題されたりしているので，基礎的な知識は把握しておく必要があるじゃろう。
　また，重油は乙4の方では，毎回のように出題されている重要な危険物じゃが，甲種では今イチ"お呼び"が少ない危険物となっておる。

400　第3編　危険物の性質，並びにその火災予防，及び消火の方法

（6）第4石油類と動植物油類 （問題 P.418〜419）

1. **第4石油類**とは，**ギヤー油やシリンダー油**のほか，1気圧において温度 20℃で液状であり，かつ，引火点が**200℃以上250℃未満**のものをいいます。

2. **動植物油類**とは，**動物の脂肉**等または**植物の種子**，もしくは**果肉**から抽出 したものであって，1気圧において引火点が**250℃未満**のものをいいます。

表16

種　　類	性　　　状	貯蔵，取扱い及び消火方法
第4石油類 （潤滑油，可塑剤， 切削油など）	重油に準じる （注：冒頭1の2品以外は同じ製品名であっても引火点が200℃未満のものは第3石油類となる。）	重油に同じ
動植物油類 （*水より軽く，比重は約0.9で水に不溶。なお純粋なものは重油と異なり無色透明である。）	重油に準じる*ほか，次のような注意が必要である。 ・アマニ油などの****ヨウ素価**の高い（＝不飽和脂肪酸が多い＝乾きやすい）**乾性油**は空気中の**酸素**と反応しやすく，その際発生した熱（酸化熱）が蓄積して発火点に達すると**自然発火**を起こす危険がある（注：乾性油には乾きやすい順から，**乾性油，半乾性油，不乾性油**があります）。	同　　　上

<動植物油類のヨウ素価**について>

ヨウ素価とは，油脂100gが吸収するヨウ素のグラム数をいい，不飽和脂肪酸が多いほど，また脂肪酸の不飽和度（二重結合などの不飽和結合の数のこと）が高いほど**大きな値**となります。

その不飽和脂肪酸の二重結合は化合しやすい性質をもっているため，不飽和脂肪酸が多い**ヨウ素価の高い乾性油**は，空気中の酸素と結合しやすくなり，その結果，**酸化熱**を発生し，その酸化熱が**自然発火**の発火原因になります。

（この文章に近い形での出題例があります。）

不飽和脂肪酸が多い（＝　脂肪酸の不飽和度が高い　＝　ヨウ素価が大きい）
⇒酸化しやすい。⇒自然発火

小 ◀	── ヨウ素価 ──	▶ 大（自然発火しやすい）
100以下	100超〜130未満	130以上
不乾性油	半乾性油	乾性油
（ヒマシ油，オリーブ油など）	（ゴマ油，ナタネ油など）	（**アマニ油，キリ油**など（⇒ヨウ素価大⇒重要！））

第3編
危険物の性質，並びにその火災予防，及び消火の方法

＊＊＊＊＊＊＊＊＊ 第4類危険物のまとめ ＊＊＊＊＊＊＊＊＊

（注）主な危険物のみです（出題例が少ないものは省略しています）。

1．比重が1より大きいもの（水より重いもの）

二硫化炭素，クロロベンゼン，酢酸，クレオソート油，アニリン，ニトロベンゼン，エチレングリコール，グリセリン

こうして覚えよう！

（エーテルと区別するため「グ」を付けた）

水	えグッと	沈んだ	黒い	ニン	ニ	ク	兄さん	さ	ぐる
エチレングリコール	水より重い	クロロベンゼン	二硫化	ニトロベンゼン	クレオソート	アニリン	さく酸	グリセリン

2．水に溶けるもの（水溶性のもの）（ゴロ合わせはP.387参照）

アルコール，アセトアルデヒド，酢酸，エーテル（少溶），エチレングリコール，グリセリン，ピリジン，アセトン，酸化プロピレン

3．常温（20℃）で引火の危険性がないもの

第2石油類以降（第2石油類，第3石油類，第4石油類，動植物油類）

⇒ 逆にいうと，「特殊引火物と第1石油類およびアルコール類」は常温で引火する危険性があります。

4．液体に色が付いているもの（無色透明でないもの）

ガソリン（オレンジ色），灯油（無色，淡（紫）黄色），軽油（淡黄色，淡褐色），重油（褐色，暗褐色），クレオソート油（黄色，暗緑色），アニリン（無色，淡黄色），ニトロベンゼン（無色，淡黄色）

5．重合反応を起こすもの

酸化プロピレン（特殊引火物），スチレン（第2石油類非水溶性），**アクリル酸**（第2石油類水溶性）

（事故事例の問題で，重合の暴走が原因の出題があれば，この3つを思い出す）

6．不活性ガスを貯蔵して封入するもの

・アセトアルデヒド，酸化プロピレン

第4類に属する各危険物の問題と解説

特殊引火物（本文 P.389）

【問題1】
　　ジエチルエーテルの性状として，次のうち誤っているものはどれか。
(1) ジエチルエーテルの引火点は，第4類危険物の中では最も低く，発火点も極めて低い部類に入る。
(2) 水より軽い。
(3) 蒸気は空気よりわずかに軽く，麻酔性がある。
(4) 揮発性の強い無色透明の液体である。
(5) 水にはわずかしか溶けない。

(1) ジエチルエーテルの引火点は−45℃で，第4類危険物の中では最も低く，また，発火点も160℃と，第4類危険物の中では極めて低い部類に入るので，正しい。
(2) ジエチルエーテルの比重は0.71なので水より軽く，正しい。
(3) 第4類危険物の蒸気は空気より**重い**ので，誤りです（麻酔性があるというのは，正しい。）
(4) 正しい。
(5) 正しい。

【問題2】　急行★
　　ジエチルエーテルは，空気と長く接触し，日光にさらされたりすると，加熱，摩擦または衝撃により爆発することがあるが，その理由として，次のうち正しいものはどれか。
(1) 発火点が著しく低下するから。
(2) 燃焼範囲が広くなるから。
(3) 可燃性の水素ガスを発生するから。
(4) 爆発性の過酸化物が生じるから。

── 解答 ──

解答は次ページの下欄にあります。

(5) 液温が上昇して引火点に達するから。

　ジエチルエーテルは，空気と長く接触し，日光にさらされたりすると，爆発性の過酸化物が生じ，加熱や衝撃などにより爆発する危険性があります。

【問題3】
　　二硫化炭素の性状について，次のうち誤っているものはどれか。
(1)　水より軽く，水に溶けない。
(2)　アルコール，ジエチルエーテルに溶ける。
(3)　蒸気は有毒である。
(4)　無色透明の液体である。
(5)　沸点が低いので，揮発しやすい。

(1)　二硫化炭素の比重は1.30であり，水より重いので，誤りです。
(4)　一部を除き，第4類危険物の殆どは無色透明なので，正しい。
(5)　二硫化炭素の沸点は46℃と水より低く，揮発しやすいので，正しい。

【問題4】　　急行★
　　二硫化炭素について，次のうち正しいものはどれか。
(1)　発生する蒸気は有毒であるが，燃焼時に発生するガスには特に毒性はない。
(2)　蒸気の発生を抑制するため，貯蔵の際は表面に水を張る。
(3)　引火点が第4類危険物のなかでは最も低いので，貯蔵の際は火気には特に注意が必要である。
(4)　消火の際は，粉末消火剤や泡消火剤などを用い，水の使用は厳禁である。
(5)　水に溶けやすく，アルコール，ジエチルエーテルにも溶ける。

(1)　燃焼時に発生するガスは二酸化硫黄（亜硫酸ガス：SO_2）であり，有毒

――――――――――解答――――――――――

【問題1】…(3)

なので，誤りです。
(2) 二硫化炭素は水より**重く**水に**溶けない**ので，貯蔵の際は表面に水を張って蒸気の発生を抑えます。
(3) 引火点ではなく，<u>発火点</u>が第4類危険物のなかでは最も低いので，貯蔵の際は火気には特に注意する必要があります。
(4) 二硫化炭素は水より重いので，燃焼物の表面を水で覆うことによる窒息消火が可能で，水を使用することができるため，誤りです。
(5) 水には溶けないので，誤りです。

〔[類題] 発火点が約90℃，水より重い，水に不溶の第4類危険物は？〕

【問題5】
アセトアルデヒドについて，次のうち誤っているものはどれか。
(1) 無色透明の液体である。
(2) 水に溶けやすく，また，アルコール，エーテルにも溶けやすい。
(3) 消火の際は，粉末消火剤，二酸化炭素消火剤のほか，一般の泡消火剤も有効である。
(4) 沸点が非常に低く，引火点も低いので，揮発しやすい。
(5) 貯蔵する際は，不活性ガスを封入して冷所に保存する。

アセトアルデヒドは水溶性なので，一般の泡消火剤を用いると泡が消えてしまい，窒息効果が得られないので，**水溶性液体用泡消火剤**を用います。

【問題6】
酸化プロピレン（プロピレンオキシド）の性状について，次のうち正しいものはどれか。
(1) 常温（20℃）では引火しない。
(2) 無味無臭である。
(3) 100℃で自然発火する。
(4) 黄色の不揮発性液体である。
(5) 水，エタノールと混ざり合う。

―― 解答 ――
【問題2】…(4)　【問題3】…(1)　【問題4】…(2)　[類題]の(答)…二硫化炭素

(1) 酸化プロピレンの引火点は，－37℃であり，常温（20℃）では引火するのに十分な可燃性蒸気が存在しているので，誤りです。
(2) 特有な臭気（エーテル臭）があるので，誤りです。
(3) 酸化プロピレンの発火点は449℃であり，100℃では自然発火しないので，誤りです。
(4) 酸化プロピレンは**無色透明**の揮発性液体なので，誤りです。
(5) 酸化プロピレンは，水，エタノールと混ざり合うので，正しい。

第1石油類 （本文P.391）

【問題7】 特急★★

ガソリンの性状等について，次のうち誤っているものはどれか。
(1) ガソリンは，自動車ガソリン，航空ガソリンおよび工業ガソリンの3種に分けられる。
(2) 蒸気は，空気より重い。
(3) 水より軽く水に溶けない。
(4) 流動，摩擦等により静電気が発生する。
(5) 純度の高いものは，無色，無臭である。

(2) 第4類危険物の蒸気は空気より重いので，正しい。
(3) 一般的に，第4類危険物は水より軽く水に溶けないので，正しい。
(5) ガソリンは，純度の高いものは無色（自動車用は**オレンジ色**に着色されている）ですが，臭気の方は無臭ではなく特有の石油臭があります。

【問題8】 特急★★

自動車ガソリンの性状について，次のうち誤っているものはどれか。
(1) ガソリンの組成は，炭素数2～21程度の炭化水素混合物である。
(2) 電気の不良導体で流動等により静電気が発生しやすい。
(3) 第1類の危険物と混触すると，発火する危険性がある。

解答

【問題5】…(3)　　【問題6】…(5)

406　第3編　危険物の性質，並びにその火災予防，及び消火の方法

(4) 振動などで帯電し爆発することがある。
(5) 燃焼範囲は、おおむね1～8 vol%である。

ガソリンの組成は、炭素数が4～10程度の炭化水素混合物です。

【問題9】 特急★★

ガソリンの性状について、次のA～Eのうち正しいものはいくつあるか。
A 発火点が二硫化炭素より低いので、きわめて発火しやすい。
B 第6類の危険物と混触すると、発火する危険性がある。
C 自動車ガソリンや航空ガソリンの着色は、特に定められているわけではない。
D 燃えやすく、沸点まで加熱すると発火する。
E 引火点が低いので、自然発火しやすい。
(1) なし　　(2) 1つ　　(3) 2つ　　(4) 3つ　　(5) 4つ

A 二硫化炭素の発火点は、第4類危険物の中でも最も低く90℃であり、ガソリンの発火点（約300℃）の方が高いので、誤りです。
B 第1類や第6類の危険物のような**酸化剤**と混触すると、発火する危険性があるので、正しい。
C 灯油などと区別するため、自動車ガソリンは**オレンジ色**に着色されています。
D 燃えやすい、というのは正しいですが、ガソリンの沸点は40～220℃であり、発火点はそれよりも高い（約300℃）ので、発火はしません。
E ガソリンは自然発火しないので、誤りです。
従って、正しいのはBだけなので、1つとなります。

解答

【問題7】…(5)

第4類に属する各危険物の問題と解説　407

【問題10】

　ベンゼンの性状について，次のうち誤っているのはどれか。
(1)　芳香臭のある無色透明の液体である。
(2)　揮発性があり，蒸気は空気より重い。
(3)　アルコール，エーテルなどの有機溶剤によく溶ける。
(4)　蒸気に毒性はない。
(5)　水には溶けない。

　ベンゼンの蒸気は有毒です。

【問題11】

　トルエンの性状について，次のうち誤っているものはどれか。
(1)　無色の液体である。
(2)　水によく溶ける。
(3)　揮発性があり，蒸気は空気より重い。
(4)　アルコール，ベンゼン等の有機溶剤に溶ける。
(5)　特有の芳香臭がある。

　トルエンは，水には溶けません。

【問題12】

　ベンゼンとトルエンについて，次のうち誤っているのはどれか。
(1)　ともに芳香臭のある無色透明の液体である。
(2)　ともに蒸気は空気より重い。
(3)　引火点はベンゼンの方が低い。
(4)　ともに水には溶けないが，アルコールなどにはよく溶ける。
(5)　ともに蒸気は有毒であるが，毒性はトルエンの方が強い。

解答

【問題8】…(1)　　【問題9】…(2)

(3) 引火点はベンゼンが-10℃,トルエンが4℃なのでベンゼンの方が低く,正しい。
(5) ともに蒸気は有毒ですが,毒性はベンゼンの方が強いので誤りです。

【問題13】
アセトンの性状について,次のうち誤っているのはどれか。
(1) 揮発しやすい。
(2) アルコール,エーテルに溶ける。
(3) 水より軽い。
(4) 水に溶けない。
(5) 無色で特有の臭気がある液体である。

アセトンは,ガソリンやベンゼンなどの非水溶性液体ではなく,水溶性(水に溶ける)なので,(4)が誤りです。

アルコール類 (本文 P.394)

【問題14】
メタノールの性状について,次のうち誤っているものはどれか。
(1) 常温(20℃)で引火する。
(2) 無色透明の液体で,水や多くの有機溶剤とよく混ざり合う。
(3) 深紅の明るい炎と白煙をあげて燃える。
(4) 飲み下した場合には,失明したり,死ぬことがある。
(5) 燃焼範囲は,6.0〜36 vol%で,エタノールより広い。

メタノールに限らず,一般的にアルコール類の燃焼時の炎は青白く認識しにくいので,「白煙をあげて燃える」ことはありません。

解答

【問題10】…(4)　【問題11】…(2)　【問題12】…(5)

【問題15】
　メタノールの性状について，次のうち正しいものはどれか。
(1)　沸点は水より高いがジエチルエーテルよりは低い。
(2)　エタノールより炭素数が多い。
(3)　水より軽く，水と任意の割合で混ざる。
(4)　無色無臭である。
(5)　エタノールより毒性は低い。

(1)　メタノールの沸点は65℃であり，水の沸点（1気圧で100℃）より低く，また，ジエチルエーテルの沸点（35℃）よりは高いので，誤りです。
(2)　メタノールは C̲H₃OH であり，エタノールは C̲₂H₅OH なので，エタノールより炭素数（C）が少なく，誤りです。
(3)　メタノールの比重は0.79であり，水や有機溶剤とはよく混ざります。
(4)　無臭ではなく，芳香（アルコール臭）があるので，誤りです。
(5)　毒性はメタノールの方が強いので，誤りです。

【問題16】　急行★
　メタノールとエタノールに共通する性状について，次のうち誤っているものはどれか。
(1)　引火点は常温（20℃）より高い。
(2)　沸点は100℃未満である。
(3)　飽和1価アルコールである。
(4)　ナトリウムと反応して水素を発生する。
(5)　蒸気比重は1－プロパノールや2－プロパノールより小さい。

　メタノールの引火点は11℃であり，エタノールの引火点は13℃なので，どちらも常温（20℃）より低くなっています。なお，(4)は酸素だと×なので注意。なお，(4)のメタノールの反応は，2 CH₃OH + 2 Na → 2 CH₃ONa + H₂↑ です。

―――――――――――――― 解答 ――――――――――――――

【問題13】…(4)　　【問題14】…(3)

引火点が常温（20℃）以下ということは，常温で引火する危険性があるということであり，また，沸点も水より低いのでそれだけ揮発性があり，危険性の高い危険物ということがわかるじゃろう。

【問題17】 急行★

2－プロパノール（イソプロピルアルコール）の性状について，次のうち正しいものはどれか。

(1) 無色，無臭で粘性がある。
(2) 水より軽く，蒸気は空気より重い。
(3) －30℃では固体である。
(4) 水には溶けるが，エタノール，エーテルには溶けない。
(5) 常温（20℃）では引火しない。

この問題は，第4類に共通する性状を覚えていれば，わりとすんなり答えが出せます。すなわち，第4類危険物は，一般的に「水より**軽く**，蒸気は空気より**重い**」ということで，(2)が正解ということになります。

(1) アルコール類には，特有の臭気（アルコール臭）があるので，誤りです。

(3) 2－プロパノールの融点は，－89.5℃です。つまり，－89.5℃の時点ですでに固体から液体になっているので，それより温度の高い－30℃では当然，液体である，ということになります。

(4) アルコール類は，水やエタノール，エーテルなどによく溶けるので，誤りです（メタノール，2－プロパノールの共通性状としても出題されている⇒答は×）。

(5) 2－プロパノールの引火点は12℃であり，常温（20℃）より低いので，常温で引火します。

解答

【問題15】…(3)　　【問題16】…(1)

第2石油類 (本文P.396)

【問題18】
　　灯油の性状として，次のうち正しいものはどれか。
(1)　発火点は100℃以下である。
(2)　引火点はガソリンより低く，常温では引火しない。
(3)　無色または淡（紫）黄色の液体で，霧状になって空気中に浮遊する場合は，危険性が大きくなる。
(4)　水とは一定の割合で溶ける。
(5)　布などにしみ込ませると，火が着きにくくなる。

(1)　灯油と軽油の発火点はともに約**220℃**なので，誤りです。
(2)　灯油の引火点は**40℃以上**，ガソリンの引火点は**−40℃以下**なので，ガソリンより**高く**，誤りです（「常温では引火しない」は正しい）。
(3)　霧状にすると，空気（酸素）と接する部分が大きくなり，それだけ危険性が大きくなるので，正しい。
(4)　灯油および軽油は，ほとんどの第4類危険物同様，**水には溶けない**ので，誤りです。
(5)　布などにしみ込ませると，(3)と同じく，**空気（酸素）と接する部分が大きくなる**ので火が着きやすくなり，誤りです。

【問題19】
　　軽油の性状について，次のうち誤っているのはどれか。
(1)　淡黄色または淡褐色の液体である。
(2)　ディーゼル油とも呼ばれている。
(3)　水より軽い。
(4)　ガソリンが混合されたものは引火の危険性が高くなる。
(5)　引火点は常温（20℃）より低い。

解答

【問題17】…(2)

412　第3編　危険物の性質，並びにその火災予防，及び消火の方法

軽油の引火点は45℃以上で，常温（20℃）より高いので，(5)が誤りです。

【問題20】

灯油と軽油に共通する性状として，次のうち誤っているのはどれか。
(1) ガソリンが混ざると引火しやすくなる。
(2) 水より軽く，水に溶けない。
(3) 静電気が蓄積されやすい。
(4) 霧状にすると引火しやすくなる。
(5) 発火点はガソリンより高い。

灯油と軽油の発火点は，ともに約220℃であり，ガソリンの発火点は約300℃なので，ガソリンより低くなっています。

【問題21】 急行★

クロロベンゼンの性状について，次のうち，正しいものはどれか。
(1) 水より軽い。
(2) 引火点は常温（20℃）より高い。
(3) 水と任意の割合で混ざる。
(4) 蒸気は空気より軽い。
(5) 無色無臭の液体である。

クロロベンゼンは第2石油類であり，第2石油類の定義は，「第2石油類とは，灯油，軽油その他1気圧において，引火点が21℃以上70℃未満のもの」となっています。従って，第2石油類の引火点は常温（20℃）より高いので，(2)が正しい。

【問題22】

キシレンの性状等について，次のA～Eのうち，正しいものはいくつあるか。
A　常温（20℃）では，淡黄色の液体である。

───── 解答 ─────

【問題18】…(3)　　【問題19】…(5)

B 3種類の異性体がある。
C 引火点は20℃以下である。
D 芳香臭がある。
E 水に溶けにくく，比重は1より小さい。

(1) 1つ　　(2) 2つ　　(3) 3つ　　(4) 4つ　　(5) 5つ

A 無色透明の液体なので，誤りです。
B オルト，メタ，パラの3種類の異性体があるので，正しい。
C オルト，メタ，パラとも，引火点は常温（20℃）より高いので，誤りです。
D 正しい。
E 水に溶けにくく，比重は1より小さいので，正しい。
従って，正しいのは，B，D，Eの3つということになります。

【問題23】

酢酸の性状について，次のうち正しいものはどれか。

(1) 水より軽く，水溶液は弱い酸性を示す。
(2) 蒸気は空気より軽い。
(3) 強い腐食性がある有機酸で，皮膚に触れると火傷を起こす。
(4) 水とは任意の割合で溶解するが，アルコール，エーテルには溶けない。
(5) 常温（20℃）で容易に引火する。

(1) 酢酸は，第4類危険物では数少ない「水より重い危険物」です。
(2) 第4類危険物の蒸気は空気より**重い**ので，誤りです。
(4) 水のほか，アルコール，エーテルにも溶けるので，誤りです。
(5) 酢酸の引火点は39℃であり，常温（20℃）では引火しません。

【問題24】

酢酸と酢酸エチルに共通する性状は，次のうちどれか。

(1) 水に溶けやすい。

━━━━━━━━━ 解答 ━━━━━━━━━

【問題20】…(5)　　【問題21】…(2)

(2) 無臭の液体である。
(3) 無色透明である。
(4) 引火点は20℃以上である。
(5) 融点は0℃以上である。

(1) 酢酸エチルは、水にはわずかしか溶けません（⇒P 388, 392参照）。
(2) 酢酸には**刺激臭**，酢酸エチルには**芳香臭**があります。
(4) 酢酸の引火点は**39℃**ですが、酢酸エチルは－4℃です。
(5) 酢酸の融点は**16.7℃**ですが、酢酸エチルは－83.6℃です。

【問題25】
　アクリル酸の貯蔵，取扱いについて，次のうち誤っているものはいくつあるか。
A　刺激臭のある無色の液体で、引火点は常温（20℃）より高い。
B　容器は，ステンレス鋼管または内面をポリエチレンでライニングしたものを用いる。
C　融点がおよそ14℃と高いことを利用して，通常，凍結させて保管する。
D　熱，光，過酸化物，鉄さびなどにより重合が加速されるので，重合防止剤を加えて貯蔵する。
E　水には溶けるが，エタノール，ジエチルエーテルには溶けない。
(1)　1つ　　(2)　2つ　　(3)　3つ　　(4)　4つ　　(5)　5つ

C　凍結しないようにして**密栓**して**冷暗所**に貯蔵します。
E　水のほかエタノール，ジエチルエーテルにもよく溶けます。
（C，Eが誤り）

第3石油類 (本文P.399)

【問題26】
　重油の性状について，次のうち誤っているのはどれか。

―― 解答 ――

【問題22】…(3)　　【問題23】…(3)

(1) 日本産業規格ではA重油，B重油，C重油に分類されている。
(2) 不純物として含まれる硫黄は，燃焼すると有毒ガスとなる。
(3) 無色の液体である。
(4) 加熱しない限り引火の危険性は小さいが，いったん燃え始めると液温が高くなり，消火が大変困難となる。
(5) 引火点は，一般に70℃以上である。

(3) 重油は，無色ではなく**褐色**または**暗褐色**の液体です。
(5) A重油とB重油の引火点は**60℃以上**となっています。

【問題27】
　重油の性状について，次のうち正しいものはどれか。
(1) 冷水には溶けないが温水には溶ける。
(2) 一般に常温（20℃）では，引火の危険性は低い。
(3) ガソリンや灯油とは混ざらない。
(4) 液温が引火点以下だと，どんな状態でも引火することはない。
(5) 揮発性が高いので引火に対しての注意が必要である。

(1) 重油は，冷水にも温水にも溶けないので，誤りです。
(2) 重油の引火点は60〜150℃なので，常温（20℃）では引火の危険性は低く，正しい。
(3) 重油はガソリンや灯油と同じく，原油から得られる**炭化水素の混合物**であり，混ざり合うので，誤りです。
(4) 液温が引火点以下でも<u>霧状</u>にすると引火しやすくなるので，誤りです。
(5) 重油の沸点は300℃以上なので，揮発性が<u>低く</u>，誤りです。

【問題28】
　アニリンの性状について，次のうち誤っているものはどれか。
(1) 無色で特異な臭気を有する液体である。

解答

【問題24】…(3)　　【問題25】…(2)

416　第3編　危険物の性質，並びにその火災予防，及び消火の方法

(2) 光や空気により変色する。
(3) ベンゼンやエーテルに溶けるが，水には溶けにくい。
(4) 水溶液は弱酸性である。
(5) さらし粉水溶液により変色し，赤紫色になる。

　アニリンの水溶液は，弱酸性ではなく弱塩基性を示します。
（⇒　アニリン（$C_6H_5NH_2$）には，アミノ基（$-NH_2$）があり，このアミノ基が分子内にあると，塩基性を示すことが多い。）
　なお，このアニリンに二クロム酸水溶液を加えると，黒色の染料が得られるので，参考まで。

　甲種の試験には，この問題のように，かなり深い知識まで問うような問題が出題されているのは確かじゃが，ほかの分野で正解を"稼ぎ"，合格ラインを突破すればよいので落ち込まないように。

【問題29】
　クレオソート油について，次のうち誤っているものはどれか。
(1) 黄色又は暗緑色で，粘性のある液体である。
(2) 特有の臭気がある。
(3) 水より軽い。
(4) アルコール，ベンゼンなどには溶けるが，水には溶けない。
(5) 蒸気は有毒である。

　クレオソート油の液比重は第4類では少数派の1.0以上であり，水より**重い**ので，(3)が誤りです。
　なお，クレオソート油は，重油と同じく引火点が高いので，加熱しない限り引火の危険性は小さいですが，いったん燃え始めると液温が高くなり，消火が大変困難となります。

―――― 解答 ――――

【問題26】…(3)　　【問題27】…(2)

（注：(1)は資料によっては「黄色又は暗褐色となっている場合もあります」

【問題30】
　グリセリンの性状等について，次のうち誤っているものはどれか。
(1)　蒸気は空気より重い。
(2)　吸湿性を有する。
(3)　無色無臭である。
(4)　水よりも重い液体である。
(5)　ガソリン，軽油によく溶ける。

　グリセリンは水やエタノールにはよく溶けますが，ガソリンや軽油には溶けません。

第4石油類（本文P.401）

【問題31】
　第4石油類について，次のうち誤っているものはどれか。
(1)　ギヤー油やシリンダー油などが該当する。
(2)　水には溶けず，粘性が高い。
(3)　潤滑油，切削（せっさく）油類の中に該当するものが多く見られる。
(4)　引火点は，第1石油類より低い。
(5)　粉末消火剤の放射による消火は，有効である。

(2)　第4石油類は，重油と同じく水には溶けず，粘性が高いので，正しい。
(3)　潤滑油，切削油類の他には，可塑剤，焼入油，電気絶縁油なども第4石油類です。
(4)　第1石油類の引火点は21℃未満であり，第4石油類の引火点は200℃以上250℃未満なので，第1石油類より高く，誤りです。
(5)　粉末消火剤は第4類危険物の火災（油火災）に有効なので，正しい。

―― 解答 ――

【問題28】…(4)　　【問題29】…(3)

418　第3編　危険物の性質，並びにその火災予防，及び消火の方法

動植物油類（本文 P. 401）

【問題32】
　　動植物油類の中で乾性油などは，自然発火することがあるが，次のうち最も自然発火を起こしやすい状態にあるものはどれか。
(1)　ガラス製容器に入れて長期間，直射日光にさらされている。
(2)　金属容器に入ったものが長期間，倉庫に貯蔵されている。
(3)　種々の動植物油が同一場所に大量に貯蔵されている。
(4)　水が混入したものが屋外に貯蔵されている。
(5)　ぼろ布にしみ込んだものが長期間，通風の悪い所に積んである。

　動植物油類には，乾きやすい油とそうでないものがあり，乾きやすいものから順に乾性油，半乾性油，不乾性油と分けられています。
　このうち**乾性油**は，**ヨウ素価**（乾きやすさを表すもの）が**高く**，空気中の酸素と反応しやすいので，その際に発生した熱（酸化熱）が蓄積すると**自然発火**を起こす危険性があります。
　従って，乾性油のしみ込んだものを長期間，通風の悪い所に積んでおくと，空気中の酸素と反応して自然発火を起こす危険があるので，(5)が正解です。
　なお，この場合，換気が悪い方が自然発火しやすくなるので，注意が必要です。

【問題33】
　　次のうち，非水溶性物質どうしの組合せのものは，いくつあるか。
　A　エタノール，酢酸　　　　B　アセトン，グリセリン
　C　二硫化炭素，軽油　　　　D　メタノール，重油
　E　アセトアルデヒド，ベンゼン
(1)　1つ　　(2)　2つ　　(3)　3つ　　(4)　4つ　　(5)　5つ

　非水溶性物質どうしは，Cのみです（⇒P. 388参照）。

―――――解答―――――

【問題30】…(5)　　【問題31】…(4)

コーヒーブレイク

＜合格のためのテクニックその5＞

〜自分流の"虎の巻"を作ってみよう〜

　本書には市販の問題集をはるかに上回る数の問題が挿入されています。

　その問題を何回も解いていくと，自分の苦手な箇所が自然とわかってくるものです。その部分を面倒臭がらずにノートにまとめておくと，知識が整理されるとともに，「すきま時間」で活用できたり，また，受験直前の知識の再確認などに利用できるので，特に暗記が苦手な方にはおすすめします。

解答

【問題32】…(5)　　【問題33】…(1)

第5章 第5類の危険物

 学習のポイント

　第5類危険物は，自身に酸素供給源を含有しているということで，**燃焼速度が速く**，しかも非常に**消火が困難**な物質です。
　従って，それだけ注目度も高く，甲種危険物試験では，その共通する性状等とともに，比較的よく出題されています。
　中でも**過酸化ベンゾイル**については，よく出題されているので，その**性状**のほか，**貯蔵及び取扱い方法**などを確実に把握しておく必要があるでしょう。
　また，**ニトロセルロース**についても同じくよく出題されているので，**性状等**を中心にしてよく把握しておく必要があります。
　次に，**硝酸エステル類**については，**硝酸エチル**の性状に関する出題のほか，「硝酸エステル類に属する物質」について問う出題もよくあります。従って，同じ「ニトロ」という名称が付されていても，ニトロ化合物に属するのか，あるいは，硝酸エステル類に属するものであるかを確実に把握しておく必要があるでしょう。
　ピクリン酸については，たまに出題されている程度ですが，これも**性状等**を中心によく把握しておく必要があるでしょう。
　その他では，**ジアゾジニトロフェノール**，**硫酸ヒドラジン**などもたまに出題されているので，同じく**性状等**を中心によく把握しておく必要があるのと，また，一般のテキストや資料では触れられていないものも見受けられますが，**硫酸ヒドロキシルアミン**については，その**貯蔵，取扱い方法**に関する出題がたまにあるので，これについてもよく把握しておく必要があるでしょう。

注意：エチルメチルケトンパーオキサイドは，別名メチルエチルケトンパーオキサイドともいい，本試験では両者で出題されているので，本書でも両者を併用しております。
●エチルメチルケトンパーオキサイド＝メチルエチルケトンパーオキサイド

第5類の危険物に共通する特性

第5類危険物は，自身の内部に酸素を含む**自己反応性**の物質です。

（1）共通する性状

① 可燃性の**固体**または**液体**である。
② 水より**重い**（比重が1より大きい。）
③ 分子内に**酸素**を含有している**自己反応性物質**である
　（⇒ 可燃物と酸素供給源が共存している）。
④ **有機の窒素化合物**が多い。
　（⇒ 化学式にCやNを含むものが多い）
⑤ 燃焼速度がきわめて**速い**。
⑥ **加熱，衝撃**または**摩擦**等により，発火，爆発することがある。
⑦ **自然発火**を起こすことがある（ニトロセルロースなど）。
⑧ **引火性**を有するものがある（硝酸エチルなど⇒ P.436）。
⑨ **水とは反応しない**（⇒ 注水消火が可能）。
⑩ 金属と反応して，**爆発性の金属塩**を生じるものがある。
（④のCやN，⑦，⑧，⑩は「全て」ではないので要注意）

注）③アジ化ナトリウムは例外です（酸素を含まない）。

第5類の危険物は，自身の内部に**可燃物と酸素**という燃焼の3要素のうちの2つが共存する，きわめて危険性が高い危険物で，非常に燃焼しやすく，消火が困難なので，甲種危険物試験でも，その共通する性状を問う問題がよく出題されています。

（2）貯蔵および取扱い上の注意

① **火気**や**加熱**などを避ける。
② **密栓**して**通風**のよい**冷所**に貯蔵する。
③ **衝撃，摩擦**などを避ける。
④ 分解しやすい物質は，特に**室温，湿気，通風**に注意する。
⑤ **乾燥**させると危険な物質があるので，注意する。

第5類危険物は，**可燃物と酸素供給源**が共存しているため，二酸化炭素や粉末消火剤による**窒息消火**は効果がありません。

（3）共通する消火の方法

第5類の危険物は，爆発的に燃焼するため，消火は困難（特に多量の場合は非常に困難）ですが，アジ化ナトリウム以外は**水系**（**大量の水**や**泡消火剤**など）の消火剤で消火します（⇒ **二酸化炭素，ハロゲン化物，粉末**は不可）。

第5類の危険物に共通する特性の問題と解説

共通する性状

【問題1】

第5類の危険物に共通する性状として，次のうち誤っているものはどれか。
(1) 引火点を有するものがある。
(2) 水と反応して水素を発生する。
(3) 比重は1より大きい。
(4) 分子内に可燃物と酸素供給源が共存している。
(5) 可燃性物質であり，燃焼速度がきわめて速い。

解説

第5類危険物は水とは反応しません（水と反応して水素を発生するもの⇒P.474の(4)の「水と反応するもの」の水素の欄参照）。

【問題2】

第5類の危険物の一般的性状について，次のうち誤っているものはどれか。
(1) 長時間のうちに自然発火するものがある。
(2) 長時間のうちに重合が進み，次第に性質が変化していくものが多い。
(3) 有機の窒素化合物が多い。
(4) 加熱や衝撃により着火し，爆発するものが多い。
(5) 内部（自己）燃焼を起こしやすい。

解説

(2) 第4類危険物の酸化プロピレンには重合しやすい性質がありますが，第5類危険物には，一般的にこのような性状はないので，誤りです。
(3) 有機の窒素化合物が多いとは，要するに，化学式に炭素（C ⇒ 有機）や窒素（N）を含むものが多いということであり，正しい。

― 解答 ―

解答は次ページの下欄にあります。

【問題3】

第5類の危険物に共通する性状として，次のうち正しいものはどれか。
(1) 無機化合物である。
(2) 金属と反応して，爆発性の金属塩を生じる。
(3) 可燃性の固体で，いずれも炭素と窒素を含む。
(4) 自己反応性物質なので，発火や爆発を起こしやすい。
(5) 加熱や衝撃には，比較的安定している。

解説

(1) 第5類危険物には有機化合物が多いので，誤りです。
(2) 金属と反応して，爆発性の金属塩を生じるものもありますが，すべてがそうではないので，誤りです（問題文の表現では，第5類の危険物がすべてそのような性質がある，というように解釈されるので誤りとなるわけです）。
(3) 第5類の危険物は，可燃性の固体または液体で，また，P.422，(1)の④より，炭素と窒素を含むものは多いですが，全てではないので誤りです。
(5) 加熱や衝撃により，発火，爆発する危険性があるので，誤りです。

共通する貯蔵及び取扱い方法 （本文P.422）

【問題4】

第5類の危険物に共通する貯蔵，取扱いの技術上の基準について，次のうち誤っているものはどれか。
(1) 湿気をさけ，できるだけ乾燥した状態で貯蔵する。
(2) 火気又は加熱などを避ける。
(3) 通風や換気のよい冷所に貯蔵する。
(4) 危険物の温度が分解温度を超えないように注意して貯蔵する。
(5) 加熱，衝撃または摩擦を避けて取り扱う。

解説

(1) 分解しやすいものは湿気などに注意する必要はありますが，過酸化ベンゾイルやピクリン酸などのように，乾燥した状態を避けて貯蔵しなければならない物質もあるので，誤りです。

解答

【問題1】…(2)　【問題2】…(2)

【問題5】

第5類の危険物に共通する貯蔵，取扱いの注意事項として，次のA～Eのうち正しいものはいくつあるか。
A 廃棄する場合は，できるだけひとまとめにして土中に埋没する。
B 分解しやすい物質は，特に室温，湿気，通風に注意する。
C 容器の破損や容器からの漏洩に注意する。
D 容器は，密栓しないでガス抜き口を設けたものを使用する。
E 断熱性の良い容器に貯蔵する。
(1) 1つ　(2) 2つ　(3) 3つ　(4) 4つ　(5) 5つ

解説

A まとめずに廃棄する必要があります。
D 第5類危険物には，メチルエチルケトンパーオキサイドのように，容器にガス抜き口を設けて通気性をもたせるものもありますが，一般的には密栓して貯蔵します。
E エチルメチルケトンパーオキサイドのように分解しやすいものは，蓄熱しないよう，通気性のよい容器に貯蔵する必要があるので，誤りです。
（B，Cが正しい）

【問題6】

第5類の危険物の貯蔵，取扱いにおいて，金属との接触を特に避けなければならないものは，次のうちどれか。
(1) トリニトロトルエン
(2) ニトログリセリン
(3) セルロイド
(4) 硝酸エチル
(5) ピクリン酸

ピクリン酸は，金属と作用して爆発性の金属塩を生じるので，特に金属との接触を避ける必要があります。

解答

【問題3】…(4)　　【問題4】…(1)

消火方法（本文P.422）

【問題7】

第5類の危険物の消火について，次のうち誤っているものはどれか。
(1) 一般に，酸素を含有しているので，窒息消火は効果がない。
(2) 泡消火設備で消火する。
(3) 危険物が多量に燃えている場合は，消火が非常に困難となる。
(4) ハロゲン化物消火設備は効果的である。
(5) スプリンクラー設備で消火するのは効果がある。

第5類の危険物にハロゲン化物消火設備は効果がないので，(4)が誤りです。

なお，第5類の危険物は，燃焼速度がきわめて速いため，消火が非常に困難な物質ですが，一般的には**大量の水**か**泡消火剤**によって消火します。

【問題8】 急行★

第5類の危険物（金属のアジ化物を除く）の火災に共通して消火効果が期待できる消火設備は，次のA～Eのうちいくつあるか。

A ハロゲン化物消火設備　　D 二酸化炭素消火設備
B 水噴霧消火設備　　　　　E 屋外消火栓設備
C 粉末消火設備

(1) 1つ　(2) 2つ　(3) 3つ　(4) 4つ　(5) 5つ

前問の解説より，第5類の危険物の消火には，一般的に**水系の消火設備**が適応するので，BとEの2つということになります。なお，具体的な物質名を出して「過酢酸，ヒドロキシルアミン……のいずれにも適応する消火方法は？」という出題もありますが，答えは同じく，**水系の消火設備**です。

解答

【問題5】…(2)　　【問題6】…(5)　　【問題7】…(4)　　【問題8】…(2)

コーヒーブレイク

＜合格のためのテクニックその６＞

〜受験をシュミレーションしてみよう。〜

　本書には，ほぼ本試験の内容に匹敵する模擬テストが巻末にありますが，その前に，いかにして本試験が行われるかをシュミレーションしておくと，より，本試験対策としては万全といえるのではないかと思います。

　そこで，集合時間を９時30分，試験開始を10時，会場をＡ大学として，本試験をシュミレーションしてみます。

１，最寄の駅に到着し，受験生らしき人々の流れに乗ってＡ大学の校門に到着すると，立て看板や壁の張り紙などに受験する教室番号などが書いてあるので，自分の教室を確認して校内に入ります。

２，教室に入ると，また，黒板あたりにどの受験番号の人がどの机に坐るか，というのが張り紙などで表示してあるので，それにしたがって着席をします。

　なお，この場合，できれば９時くらいまでには教室内に入りたいものですが，試験場によっては，まれに集合時間まで入室できないところもあります。

３，時間（試験場によって異なり，９時30分の所もあれば９時40〜45分位の所もある）になると試験官が問題用紙を抱えて教室に入ってきて，試験の説明を始めます（試験上の注意事項のほか，問題用紙や解答カードへの記入の仕方などの説明）。従って，それまでにトイレなどは済ませておきたいものです。

４，10時になると，「それでは，試験を開始します」という，試験官の合図で試験が始まります。初めて受験する人は少し緊張するかもしれませんが，時間は十分あるので，ここはひとつ冷静になって一つ一つ問題をクリアしていきましょう。

５，35分経過すると，「それでは試験開始から35分経過しましたので，途中退出を認めます。」と試験官が告知します。

　乙種の場合は，結構な人の数がこの35分で途中退出をしますが，さすがに甲種の場合は，ほとんどないのが一般的です。

　それでも時間が経つにつれて途中退出者が出てくるので，ここはそれらに影響されずにマイペースを貫きたいところです。

　そして，途中退出しない場合は，２時間30分経った12時30分になると，試験官の「はい，では試験を終了いたします。」という告知で試験終了，退出…という具合にして試験が終了するわけです。

第３編
危険物の性質、並びにその火災予防、及び消火の方法

第５類の危険物に共通する特性の問題と解説　427

❷ 第5類に属する各危険物の特性

第5類危険物に属する品名および主な物質は，次のようになります。

表1
(㊥は結晶、㊙は固体、㊗は粉末、㊝は溶ける。△は少溶。)

品　名	物 質 名（化 学 式） （△は液体，●印は無機化合物）	形状	比重	引火点	水溶性	アルコール	消火
①有機過酸化物	過酸化ベンゾイル（(C₆H₅CO)₂O₂）	白㊥	1.33		×	㊝	水系
	△エチルメチルケトンパーオキサイド (CH₃C₂H₅CO₂)₂)	無液	1.12	72℃		㊝	
	△過酢酸（CH₃COO₂H）	無液	1.15	41℃	○	㊝	
②硝酸エステル類	△硝酸エチル（C₂H₅NO₃）	無液	1.11	10℃	△	㊝	困難
	△硝酸メチル（CH₃NO₃）	無液	1.22	15℃	×	㊝	
	△ニトログリセリン（C₃H₅(ONO₂)₃）	無液	1.6		△	㊝	
	ニトロセルロース([(C₆H₇(ONO₂)₃]n)	無㊙	1.7		×		水系
③ニトロ化合物	ピクリン酸（C₆H₂(NO₂)₃OH）	黄㊥	1.77	207℃	○	㊝	水系
	トリニトロトルエン(C₆H₂(NO₂)₃CH₃)	黄㊥	1.65		×	㊝	(難)
④ニトロソ化合物	ジニトロソペンタメチレンテトラミン (C₅H₁₀N₆O₂)	淡黄 ㊗			△	△	水系
⑤アゾ化合物	アゾビスイソブチロニトリル	白㊗			△		水系
⑥ジアゾ化合物	ジアゾジニトロフェノール(C₆H₄N₄O₅)	黄㊗	1.63		△	㊝	困難
⑦ヒドラジンの誘導体	●硫酸ヒドラジン（NH₂NH₂・H₂SO₄）	白㊥	1.37		温水○		水系
⑧ヒドロキシルアミン	●ヒドロキシルアミン（NH₂OH）	白㊥	1.20		○		水系
⑨ヒドロキシルアミン塩類	●硫酸ヒドロキシルアミン (H₂SO₄・(NH₂OH)₂)	白㊥	1.90		○		水系
	●塩酸ヒドロキシルアミン (HCl・NH₂OH)	白㊥	1.67		○	△	
⑩その他のもので政令で定めるもの	●アジ化ナトリウム（NaN₃）	無㊥	1.85		○		砂
	硝酸グアニジン（省略）	白㊥	1.44		○	㊝	水系

(注：「第5類の沸点は100℃以下」という出題がありますが×です⇒ピクリン酸は255℃)

（1）有機過酸化物 (問題 P.437)

　　有機過酸化物とは，<u>過酸化水素（H₂O₂）の1個または2個の水素原子を</u><u>(有機原子団で) 置換した化合物</u>で，分子中の酸素・酸素結合（−O−O−）の結合力は**弱い**ので，非常に**分解**しやすい性質があります。

表 2

種　類	性　状	貯蔵，取扱いおよび消火方法
過酸化ベンゾイル（過酸化ジベンゾイルともいう） 🚃 急行★ $((C_6H_5CO)_2O_2)$ 〈比重：1.33〉 発火点 ⇒　125℃ （*アミン類：アンモニアの水素を炭化水素量で置換した化合物）	1. **白色**で**無臭**の**結晶**である。 2. **水**には**溶けない**が（⇒水とは**反応しない**），**有機溶媒**には**溶ける**。 3. **強力**な**酸化作用**がある。 4. **光**によって**分解**される。 5. **加熱**や**衝撃，摩擦**等によっても**分解**する。 6. **乾燥**すると**危険性**が増す。 7. 常温（20℃）では**安定**しているが，**加熱**すると100℃前後で**分解**し，**有毒ガス**を発生する（**自然発火**する恐れあり）。 8. **酸**（濃硫酸や硝酸など）や**アルコール**などの**有機物**および**アミン類***と**接触**すると，**分解**して**爆発**するおそれがある。	「5類共通の貯蔵，取扱い法」 ⇒　**火気，衝撃，摩擦**等を避け，**密栓**して**換気**のよい**冷所**に貯蔵する。 ＋ 1. **日光**に当てない。 2. **湿らせる**などして**乾燥させないこと**（**自然発火，爆発**するため）。 3. **強酸**や**有機物**と接触しないようにする。 ――＜消火方法＞―― 「5類共通の消火方法」 ⇒　**水系**（**大量**の**水**か**泡消火剤**）
エチルメチルケトンパーオキサイド $(CH_3C_2H_5CO_2)_2)$ 🚃 急行★ 〈比重：1.12〉 引火点 ⇒　72℃ （注：メチルエチルケトンパーオキサイドともいう）	1. **無色透明**の**液体**である。 2. **特有の臭気**がある**油状**（＝**粘性**がある）の液体である。 3. **水**には**溶けない**が，**ジエチルエーテル**には**溶ける**。 4. **引火性**がある。 5. **鉄，ぼろ布，アルカリ**等と接触すると，著しく**分解**が促進される。 6. **日光**によって**分解**される。 7. **加熱**や**衝撃，摩擦**等によっても**分解**する。 8. **高純度**のものは**危険性**が高いので，市販品は**ジメチルフタレート****などの**希釈剤**で50～60％に**希釈**されている。	過酸化ベンゾイルに同じであるが，**容器**は**密栓せず**，**通気性**をもたせる（**内圧上昇**によって**分解**が促進されるのを防ぐため）。 （注：P.392のエチルメチルケトンと混同しないように。） （**フタル酸ジメチルともいう）
過酢酸 (CH_3COO_2H) 〈比重：1.15〉 引火点 ⇒　41℃ 発火点 ⇒　200℃	1. **無色透明**の**液体**で**水**や**アルコール，エーテル**によく**溶ける**。 2. **有毒**で**強い刺激臭**の**強酸化剤** 3. **引火性**がある（⇒空気と混合して，**引火性，爆発性**の気体を生成）。 4. **加熱**すると**分解**して**刺激性**の**煙**と**ガス**を発生し，110℃で**爆発**する（⇒出題例あり）。 5. 多くの**金属**を侵し，また，**皮膚，粘膜**を**刺激**する。 6. **摩擦，衝撃**等により**分解**する。	過酸化ベンゾイルに準じる。（**ステンレス鋼製ドラム缶**や**ガラスびん**で貯蔵する）

第3編

危険物の性質、並びにその火災予防、及び消火の方法

2．第5類に属する各危険物の特性　429

（2）硝酸エステル類 （問題 P.441）

　硝酸エステル類とは，硝酸（HNO_3）の水素原子（H）をアルキル基で置き換えた化合物の総称です。

　エステル：酸（A−OH）とアルコール（R−OH）から水がとれて結合したもの（または，カルボン酸〈カルボキシル基−COOH−をもつ有機化合物〉とアルコールの縮合*によって生じる化合物）。
　　　　　このエステルが生成する反応を**エステル化**といいます。
　＊縮合：2つ以上の分子が結合する際に，水などの小さな分子が取れて結合する反応のこと

表3

種　類	性　　状	貯蔵，取扱い及び消火方法
硝酸エチル（$C_2H_5NO_3$）〈比重：1.11〉（蒸気比重：3.1） 引火点⇒　10℃ 沸点⇒　87.2℃	1．**無色透明**の液体である。 2．**引火性**がある。 3．**水より重く水に少し溶ける**。 4．**アルコールには溶ける**。 5．**芳香臭，甘味**がある。	「5類共通の貯蔵，取扱い法」 ⇒　**火気，衝撃，摩擦等**を避け，**密栓**して**換気のよい冷所に貯蔵**する。 ＋ **日光に当てない**。 ———＜消火方法＞——— 消火は困難である。
硝酸メチル（CH_3NO_3）〈比重：1.22〉（蒸気比重：2.7） 引火点⇒　15℃ 沸点⇒　66℃	同　　　上 （ただし，**水には溶けないが**，アルコールのほか，ジエチルエーテルには溶ける。）	同　　　上

＜第5類の引火点について＞
・引火点が常温（20℃）より低いのは，**硝酸エチルと硝酸メチル**だけ！

430　第3編　危険物の性質，並びにその火災予防，及び消火の方法

ニトロセルロース，ニトログリセリンとも「ニトロ」という名称が付いていますが，ニトロ化合物ではなく**硝酸エステル類**なので，間違わないように！

表4

種　類	性　　状	貯蔵，取扱い及び消火方法
ニトログリセリン ($C_3H_5(ONO_2)_3$) 〈比重：1.6〉 （ダイナマイトの原料）	1. **無色の油状液体**である。 2. **甘味**があり**有毒**である。 3. **水**にはほとんど**溶けない**が，**有機溶剤**には**溶ける**。 4. **加熱，衝撃**および**凍結**（8℃で凍結し，液体よりも危険）などによって爆発する危険性がある。 5. 漏出した場合は**水酸化ナトリウム（カセイソーダ）のアルコール溶液**で，拭き取る（分解して非爆発性になる）。	「5類共通の貯蔵，取扱い法」 ⇒　**火気，衝撃，摩擦等**を避け，**密栓**して換気のよい**冷所**に貯蔵する。 ―――＜消火方法＞――― 燃焼が爆発的なので，消火は**困難**である。
ニトロセルロース $[C_6H_7O_2(ONO_2)_3]_n$ 急行★ 〈比重：1.7〉 （別名，硝化綿ともいい，セルロースを濃硫酸と濃硝酸の混合液に浸けて得られる，きわめて可燃性の大きい物質で，ラッカーや火薬などに用いられている。なお，ニトロセルロースと樟脳から**セルロイド**が生成されます。）	1. **無色（または白色）無臭の綿状の固体**である。 2. **水やアルコール**に**溶けない**が，**有機溶剤**には**溶ける**。 3. **窒素含有量**が多いほど爆発する危険性が大きくなる。 4. **窒素含有量（硝化度という）の大小**によって**強綿薬（強硝化綿）**と**弱綿薬（弱硝化綿）**に分けられる。 5. 強綿薬はジエチルエーテルとアルコールの混液に溶けないが，弱綿薬は溶ける。 6. **弱硝化綿**をジエチルエーテルとアルコールに溶かしたものがラッカー等の原料となる**コロジオン**である。 7. （精製が悪く酸が不純物として残っている場合）**加熱，衝撃**および**日光**などによって**自然分解**し，**自然発火**することがある。	「5類共通の貯蔵，取扱い法」 ⇒　**火気，衝撃，摩擦等**を避け，**密栓**して換気のよい**冷所**に貯蔵する。 ＋ 1. 乾燥が進むと自然発火する危険性があるので，**保護液（アルコールや水など）を含ませて湿潤な状態にして貯蔵**する。 2. 日光に当てない。 ―――＜消火方法＞――― **大量注水**や**水系の消火剤**で消火する。

＜硝酸エステル類の覚え方＞
エステの　　　**セール**　　**め**　　　　**ぐりに**　　　　**えっちらおっちら**
エステル　　ニトロセルロース　メチル　（ニトロ）グリセリン　エチル（硝酸エチル）

（3）ニトロ化合物 （問題P.444）

　有機化合物内の水素（H）を**ニトロ基（－NO₂）で置き換える**ことを**ニトロ化**といいますが，その結果生じた化合物を**ニトロ化合物**といいます。

表5

種　類	性　　状	貯蔵，取扱い及び消火方法
ピクリン酸 🚂～ **急行**★ [$C_6H_2(NO_2)_3OH$] （別名：トリニトロフェノール） 〈比重：1.77〉 引火点 ⇒**207℃** 発火点 ⇒320℃	1. **黄色の結晶で引火性がある。** 2. **無臭で苦味があり有毒である。** 3. **水やアルコール，ジエチルエーテル**などに溶ける。 4. **酸性のため金属と反応して爆発性の金属塩**となる。 5. 急激に熱すると**発火，爆発**するおそれがある。 6. **乾燥すると，危険性が増加する。** 7. **衝撃，摩擦等**により，発火，爆発の危険性がある（**アルコールやよう素，硫黄，ガソリン**などと混合したものはより激しく**発火，爆発**の危険性がある）。	「5類共通の貯蔵,取扱い法」 ⇒ **火気，衝撃，摩擦**等を避け，**密栓して換気のよい冷所に貯蔵する。** ＋ 1. 金属や酸化されやすい物質（**硫黄**など）との接触を避ける。 2. **乾燥させた状態で貯蔵，取扱わない**（⇒水に湿らせて貯蔵）。 ——＜消火方法＞—— **大量注水で消火する**（一般に消火は困難である）。
トリニトロトルエン （別名：**TNT**） [$C_6H_2(NO_2)_3CH_3$] 〈比重：1.65〉 発火点 ⇒230℃	1. **淡黄色の結晶**である。 2. **ピクリン酸よりはやや安定**である。 3. **水には溶けない**が，熱すると**アルコール，ジエチルエーテル**などに溶ける。 4. **金属とは反応しない。** （この点がピクリン酸と異なる！） 5. 急激に熱すると発火，爆発するおそれがある。 6. **衝撃，摩擦等**により，発火，爆発の危険性がある。	「5類共通の貯蔵,取扱い法」 ⇒ **火気，衝撃，摩擦**等を避け，**密栓して換気のよい冷所に貯蔵する。** ＋ 固体よりも熱で**溶融**したものの方が衝撃に対して敏感なので，取り扱う際には注意する。 ——＜消火方法＞—— ピクリン酸に準じる。

＜ピクリン酸とトリニトロトルエンに共通する性状＞
① **発火点が200℃より高い。**（100℃未満の出題あり）　②分子中に**ニトロ基が3個**ある。③水に溶けないが**アルコール，ジエチルエーテルに溶ける。**
● 異なるところ⇒　**ピクリン酸は金属と反応するがトリニトロトルエンは反応しない。**

432　第3編　危険物の性質，並びにその火災予防，及び消火の方法

（4）ニトロソ化合物 （問題 P.446）

　ニトロソ基（−NO）を有する有機化合物の総称で，一般的に不安定で衝撃，摩擦等により爆発する危険性があります。

表6

種　類	性　　状	貯蔵，取扱い及び消火方法
ジニトロソペンタメチレンテトラミン [$C_5H_{10}N_6O_2$] 　この物質については，ごくまれにしか出題されていないので，"お急ぎの方"は飛ばしてもかまいません。	1．淡黄色の**粉末**である。 2．**水，ベンゼン，アルコール**および**アセトン**などにわずかに溶けるが，ベンジン，ガソリンには溶けない。 3．加熱すると分解して窒素や**アンモニア，ホルムアルデヒド**等を生じる。 4．**衝撃，摩擦**等により爆発する危険性がある。 5．**強酸**に接触すると，爆発的に分解し，**発火する**危険性がある。	「５類共通の貯蔵，取扱い法」 ⇒　**火気，衝撃，摩擦等**を避け，**密栓**して換気のよい**冷所**に貯蔵する。 ――――＜消火方法＞―――― **大量注水**など水系の消火剤で消火する。

（5）ジアゾ化合物 （問題 P.446）

　ジアゾ化合物とは，ジアゾ基（＝N_2）をもつ化合物のことをいいます。

表7

種　類	性　　状	貯蔵，取扱い及び消火方法
ジアゾジニトロフェノール [$C_6H_2N_4O_5$] 〈比重：1.63〉	1．**黄色**の不定形**粉末**である。 2．**水**にはほとんど**溶けない**が，**アルコール**や**アセトン**などの**有機溶剤**には**溶ける**。 3．光に当たると**褐色**に変色する。 4．**衝撃，摩擦**等により爆発する危険性がある。 5．加熱すると，爆発的に分解する。 6．常温では水中で起爆しない。 7．燃焼現象は**爆ごう**を起こしやすい。	「５類共通の貯蔵，取扱い法」 ⇒　**火気，衝撃，摩擦等**を避け，**密栓**して換気のよい**冷所**に貯蔵する。 ＋ **水中**や水とアルコールとの混合液中に貯蔵する。 ――――＜消火方法＞―――― 一般に消火は困難である。

（＊爆ごう：爆発の際に火炎が音速を超える速さで伝わる現象）

2．第5類に属する各危険物の特性　433

（6）その他 （問題 P. 447）

　アゾ化合物，ヒドラジンの誘導体，ヒドロキシルアミン塩類，金属のアジ化物については，品名ごとに分けず，まとめて表示します。

表8

種　　類	性　　　状	貯蔵，取扱い及び消火方法
アゾ化合物 アゾビスイソブチロニトリル [[C(CH$_3$)$_2$CN]$_2$N$_2$]	1．白色の結晶性粉末 2．水に溶けにくいがアルコール，エーテルには溶ける。 3．融点以上に加熱すると，急激に分解し（発火はしない）シアン化水素＊と窒素を発生する。（＊青酸ガス，シアンガスともいう）	「5類共通の貯蔵，取扱い法」 ⇒　火気，衝撃，摩擦等を避け，密栓して換気のよい冷所に貯蔵する。 ───＜消火方法＞─── 大量注水で消火する。
ヒドラジンの誘導体 硫酸ヒドラジン [NH$_2$NH$_2$·H$_2$SO$_4$] 〈比重：1.37〉 （＊遊離：原子や原子団が化合物から結合が切れて分離すること。）	1．白色の結晶である。 2．冷水やアルコールには溶けないが，温水には溶ける。 3．還元性が強く，酸化剤とは激しく反応する。 4．水溶液は酸性を示す。 5．融点以上で分解して，アンモニア，二酸化硫黄，硫化水素および硫黄を生成するが発火はしない。 6．アルカリと接触するとヒドラジンを遊離＊する。	1．直射日光をさける。 2．火気をさけて冷所に貯蔵する。 3．酸化剤やアルカリと接触させない。 ───＜消火方法＞─── 大量注水で消火する。 （消火の際は，防じんマスクなどの保護具を着用する。）
ヒドロキシルアミン ヒドロキシルアミン [NH$_2$OH] 〈比重：1.2〉	1．白色の結晶である。 2．水，アルコールによく溶ける。 3．潮解性がある。 4．裸火や高温体と接触するほか，紫外線によっても爆発する危険性がある。 5．蒸気は空気より重く，また，眼や気道を強く刺激する。	1．裸火や高温体との接触を避ける。 2．冷暗所に貯蔵する。 ───＜消火方法＞─── 大量注水で消火する。 （消火の際は，防じんマスクなどの保護具を着用する。）

[例題] シアン化水素（青酸ガス）を発生するものは？　　（答は次ページ下）

ヒドロキシルアミン塩類 **硫酸ヒドロキシルアミン** [$H_2SO_4 \cdot (NH_2OH)_2$] 〈比重：1.9〉 *「貯蔵，取扱い方法」 に要注意！	1．**白色の結晶**である。 2．**潮解性**がある。 3．**水に溶ける**が，**エタノール**には溶けない。 4．水溶液は**強い酸性**を示し，**金属を腐食**させる。 5．強い**還元剤**であり，**酸化剤**と接触すると激しく反応し，**爆発する危険性**がある。 6．**アルカリ存在下では爆発的に分解**する。	1．**乾燥状態を保つ**。 2．水溶液は**鉄製容器に貯蔵せず**（腐食するので）**ガラス製容器**などに貯蔵する（クラフト紙袋に入って流通することもある）。 3．**火気，高温体**と接触しないようにして冷所に貯蔵する。 ———＜消火方法＞——— **大量注水**で消火する。 （消火の際は，**防じんマスク**などの**保護具**を着用する。）

表9

種　類	性　　状	貯蔵，取扱い及び消火方法
金属のアジ化物 **アジ化ナトリウム**（NaN_3） 〈比重：1.85〉 （* 銀，銅， 鉛，水銀など）	1．**無色の板状結晶**である。 2．**水に溶ける**がエタノールには溶けにくく，**エーテル**には溶けない。 3．加熱すると，**約300℃で分解して窒素と金属ナトリウム**を生じる（金属ナトリウムは第3類の禁水性物質になるので，**注水厳禁**となる。）。 4．自身に爆発性はないが，**酸**と接触すると，**有毒で爆発性のアジ化水素酸を発生**する。 5．水があると，**重金属***と反応して衝撃に敏感で爆発性の**アジ化物を生じる**。 6．**二硫化炭素や臭素**とは激しく反応する。	「5類共通の貯蔵，取扱い法」 1．**直射日光をさけ，換気のよい冷所**に貯蔵する。 2．**酸や金属粉**（特に重金属）と接触させない。 3．**鉄筋コンクリート**の床を地盤面より高く造る。 ———＜消火方法＞——— **乾燥砂**等で消火する。 **（注水は厳禁！⇒性状の3）** 第5類では，このアジ化ナトリウムだけが**注水厳禁**です。
硝酸グアニジン （$CH_6N_4O_3$） 〈比重：1.44〉 〈融点：215℃〉	1．**無色または白色の結晶**である。 2．**有毒**である。 3．**水，アルコールに溶ける**。 4．急激な加熱，衝撃により**爆発するおそれ**がある。 5．**可燃性物質と混触すると発火するおそれ**がある。	1．加熱，衝撃を避ける。 2．**可燃物や引火性物質とは隔離**して貯蔵する。 ———＜消火方法＞——— **大量注水**により消火する。

前ページ［例題］の（答）アゾビスイソブチロニトリル

2．第5類に属する各危険物の特性　435

✳✳✳✳✳✳✳✳✳✳ 第5類危険物のまとめ ✳✳✳✳✳✳✳✳✳✳

1. 比重は1より大きい。

2. 自己燃焼しやすい（自身に酸素を含有しているので）

3. 水溶性

 水に溶けないものが多い（ピクリン酸，過酢酸，アジ化ナトリウム，硝酸グアニジンなどは水に溶け（硝酸エチルは少溶），硫酸ヒドラジンは温水には溶ける）。

4. 色

 ほとんど無色（または白色）であるが，ニトロ化合物（ピクリン酸，トリニトロトルエン），ニトロソ化合物，ジアゾ化合物は黄色か淡黄色。

5. 形状

 固体のものが多いが，次のものは液体である。

 メチルエチルケトンパーオキサイド，ニトログリセリン，過酢酸，硝酸メチル，硝酸エチル

 ┌───┐
 │ ＜覚え方（液体のもの）＞ │
 │ ゴツイ 駅の 大きい グリーンの 傘は， 小3の子の傘 │
 │ 5類 液体 オキサイド グリセリン 過酢酸 硝酸 │
 └───┘

6. ほとんどのものは有機化合物である（アジ化ナトリウム，硫酸ヒドラジン，硫酸ヒドロキシルアミンなどは無機化合物）。

7. 引火性があるもの

 硝酸エチル，硝酸メチル，メチルエチルケトンパーオキサイド，過酢酸，ピクリン酸（硝酸エチル，硝酸メチルの引火点は常温より低いので注意）（覚え方は下線部の順に⇒イカした照明の大きな傘にピックリ）

8. 自然発火性を有するもの

 過酸化ベンゾイル，ニトロセルロース

9. 強い酸化作用があるもの

 過酸化ベンゾイル，メチルエチルケトンパーオキサイド，過酢酸，硝酸グアニジン

10. 燃焼速度が速く，消火が困難である。

11. 消火の際は，一般的には水や泡消火剤を用いるが，アジ化ナトリウムには注水厳禁（☞出た！：注水消火できないもの⇒アジ化ナトリウム）である。

12. メチルエチルケトンパーオキサイドの容器は通気性を持たせる（その他の危険物は密封する）。

13. 乾燥させると危険なもの（湿らせた状態で貯蔵するもの）

 過酸化ベンゾイル，ピクリン酸，ニトロセルロース

436　第3編　危険物の性質，並びにその火災予防，及び消火の方法

第5類に属する各危険物の問題と解説

有機過酸化物（本文 P.428）

【問題1】 急行★

第5類の有機過酸化物について，次のうち誤っているものはどれか。

(1) 過酸化水素の1個または2個の水素原子を，有機原子団で置換した化合物である。
(2) 分子中に酸素・酸素結合（−O−O−）を有する化合物で，結合力は非常に強い。
(3) 熱，光あるいは還元性物質により容易に分解し，遊離ラジカルを発生する。
(4) 衝撃，摩擦等に対してきわめて不安定である。
(5) 自己反応性物質であるが，引火点を有するものもある。

(1) 有機過酸化物は，過酸化水素（H_2O_2）の1個または2個の水素原子(H)を有機原子団（または有機の遊離基）で置換した化合物であり，正しい。

(2) 分子中に酸素・酸素結合（−O−O−）を有する化合物というのは正しいですが，結合力は**弱く**（⇒ **不安定で危険**），(3)の問題文にもあるとおり，容易に分解して遊離ラジカル（遊離基）を発生するので，誤りです。

(3) (2)で説明したように，有機過酸化物の（−O−O−）の結合力は弱く，**低い温度**でも容易に分解して遊離ラジカルを発生します。従って，正しい。

(4) 有機過酸化物は，加熱，衝撃，摩擦等に対してきわめて不安定で，分解，爆発する危険性があるので，正しい。

(5) メチルエチルケトンパーオキサイドのように，引火点を有するものもあるので，正しい。

【問題2】 特急★★

過酸化ベンゾイルの性状について，次のうち誤っているものはどれか。

───── 解答 ─────

解答は次ページの下欄にあります。

(1) 無味無臭の化合物である。
(2) 光によって分解される。
(3) 水, アルコールに溶ける。
(4) 発火点が非常に低く, 衝撃や摩擦等により爆発的に分解する。
(5) 強力な酸化作用を有している。

(3) 過酸化ベンゾイルに限らず, ほとんどの第5類危険物は水には溶けないので, 誤りです(有機溶剤には溶けます)。
(4) 過酸化ベンゾイルの発火点は125℃と, 他の第5類危険物に比べても低く, 衝撃や摩擦等により爆発的に分解しやすいので, 正しい。

【問題3】 特急★

過酸化ベンゾイルの性状等について, 次のうち誤っているものはどれか。
(1) 着火すると, 有毒な黒煙を発生する。
(2) 特有の臭気を有する無色油状の液体である。
(3) 油脂, ワックス, 小麦粉等の漂白に用いられる。
(4) 粉じんは眼や肺を刺激する。
(5) 酸によって分解が促進される。

(2) 過酸化ベンゾイルは, 白色または無色の結晶(固体)で, 臭気は特にない(無臭)ので, 誤りです。
(5) 過酸化ベンゾイルは, 濃硫酸や硝酸などの強酸と接触すると分解が促進され, 発火, 爆発のおそれがあるので, 正しい。

【問題4】

過酸化ベンゾイルの貯蔵, 取扱いについて, 次のうち正しいものはいくつあるか。
A 衝撃に対し敏感で爆発しやすいため, 振動や衝撃を与えないようにする。

解答

【問題1】…(2)

B 容器は密栓する。
C 水と徐々に反応して酸素を発生するため,乾燥状態で貯蔵し,取り扱う。
D 高濃度のものほど,爆発の危険性が高いので,注意する。
E 日光により分解が促進されるため,直射日光を避けて冷所に貯蔵する。
(1) 1つ　　(2) 2つ　　(3) 3つ　　(4) 4つ　　(5) 5つ

A 過酸化ベンゾイルは,加熱,衝撃,摩擦等に対して敏感で,分解によって爆発する危険性があるので,正しい。
B 一般に,第5類の危険物の容器は**密栓**して貯蔵するので,正しい。
C 第5類の危険物は水とは反応しないので,誤りです。
また,過酸化ベンゾイルは,乾燥状態のものほど衝撃,摩擦等により爆発する危険性があり,**乾燥状態を避ける**必要があるので,この点でも誤りです。
D 正しい。
E 過酸化ベンゾイルは,日光によって分解が促進されるので,直射日光を避けて冷所に貯蔵する必要があり,正しい。
従って,正しいのは,A,B,D,Eの4つとなります。

【問題5】

メチルエチルケトンパーオキサイドの性状として,次のうち誤っているものはどれか。
(1) 無色透明で,特有の臭気がある。
(2) ぼろ布,鉄さび等と接触すると著しく分解が促進されるが,アルカリ性物質とは反応しない。
(3) 比重は1より大きい。
(4) 光によって分解する。
(5) 引火性物質である。

メチルエチルケトンパーオキサイドは,ぼろ布,鉄さび等のほか,アルカリ性物質などと接触しても著しく分解が促進されます。

―――――――――― 解答 ――――――――――

【問題2】…(3)　　【問題3】…(2)

【問題6】 急行★

過酸化ベンゾイルとエチルメチルケトンパーオキサイドについて，次のうち正しいものはどれか。

(1) エチルメチルケトンパーオキサイドは，自然分解する性質があるが，100℃程度の温度では影響されない。

(2) 過酸化ベンゾイルは，硫酸，硝酸のような強酸と接触すると激しく分解するが，アミン類とは反応しない。

(3) エチルメチルケトンパーオキサイドを貯蔵する際は，容器に収納して密栓し，冷暗所に貯蔵する。

(4) 過酸化ベンゾイルは白い粉末で特異臭を有し，衝撃，摩擦などによって爆発するが，ピクリン酸やトリニトロトルエンなどに比較すると，感度は鈍い。

(5) エチルメチルケトンパーオキサイドは，純品は極めて危険であるので，市販品はフタル酸ジメチル等で希釈してある。

(注：エチルメチルケトンパーオキサイドは，メチルエチルケトンパーオキサイドの別名です。エチルとメチルの順番が入れ換わっただけですが，本問の名称での出題例があるので，知識として知っておいた方がよいでしょう。)

(1) エチルメチルケトンパーオキサイドは，40℃以上になると分解が促進されるので，誤りです。

(2) 過酸化ベンゾイルは，硫酸，硝酸のほか，アミン類とも反応し，分解，爆発する危険性があるので，誤りです。

(3) エチルメチルケトンパーオキサイドを貯蔵する際は，内圧の上昇を防ぐため，容器のフタには通気性を持たせる必要があるので，誤りです。

(4) 過酸化ベンゾイルは白い粉末（結晶）ですが，特異臭はなく無臭なので，誤りです。

(5) エチルメチルケトンパーオキサイドは，純品は極めて危険であり，市販品はフタル酸ジメチル（＝※<u>可塑剤</u>：〈材料に柔軟性を与えたり加工をしやすくするために添加する物質のこと〉でジメチルフタレートの別名）等で50～60%に希釈してあるので，正しい。

───────── 解答 ─────────

【問題4】…(4)　【問題5】…(2)

440　第3編　危険物の性質，並びにその火災予防，及び消火の方法

硝酸エステル類（本文P.430）

【問題7】
　硝酸エステル類に属する物質は，次のうちどれか。
(1)　トリニトロトルエン
(2)　トリニトロフェノール（ピクリン酸の別名）
(3)　ジニトロベンゼン
(4)　ニトログリセリン
(5)　ジニトロクロロベンゼン

ニトログリセリンが硝酸エステル類であり，それ以外の物質はすべてニトロ化合物です（⇒P.430，431の物質名は覚えておこう）。

【問題8】　特急★★
　硝酸エチルの性状として，次のうち誤っているものはどれか。
(1)　甘味のある無色透明の液体である。
(2)　水より軽い。
(3)　引火点は常温（20℃）より低い。
(4)　蒸気は空気より重い。
(5)　水にはわずかに溶ける。

第5類危険物の比重は1より大きいので，水に沈みます。

【問題9】
　硝酸エチルについて，次のうち正しいものはどれか。
(1)　水には溶けるが，アルコールには溶けない。
(2)　無色無臭の粉末である。
(3)　窒息消火が効果的である。
(4)　沸点は水よりも低い。

解答

【問題6】…(5)

(5) 窒素量の多い，難燃性の化合物である。

(1) アルコールや有機溶剤にもよく溶けるので，誤りです。
(2) 無臭ではなく，硝酸メチルとともに**芳香臭**のある**液体**です。なお，「魚の腐ったような臭い」という出題例もありますが，当然，×です。
(3) 一般に，第5類の危険物には窒息消火は効果がないので，誤りです。
(4) 硝酸エチルの沸点は87.2℃なので，水よりも低く（1気圧で100℃），正しい。
(5) 硝酸エチルは難燃性ではなく可燃性の危険物なので，誤りです。

【問題10】

次の文の下線部A～Dのうち，正しいものはどれか。
「ニトロセルロースは，別名，硝化綿ともいい，セルロースを<u>A濃硫酸と濃塩酸</u>の混合液に浸けて得られる，きわめて可燃性の大きい<u>Bニトロ化合物</u>である。その浸漬時間などにより硝化度（窒素含有量）が大きいものと小さいものが得られ，硝化度が大きいものを強硝化綿（薬），小さいものを弱硝化綿（薬）という。爆発の危険性はこの硝化度が<u>C小さい</u>ものほど大きくなる。なお，<u>D弱硝化綿</u>をジエチルエーテルとアルコールに溶かしたものがラッカー等の原料となるコロジオンである。」
(1) AとC　　(2) B　　(3) BとD　　(4) CとD　　(5) D

まず，Aの「濃硫酸と濃塩酸」は「濃硫酸と濃硝酸」の誤り。
Bも，ニトロ化合物ではなく**硝酸エステル類**なので，誤り。
Cは，硝化度が「大きい」ものほど爆発の危険性が大きくなるので，これも誤りとなります。
従って，結局，正しいのは，Dの弱硝化綿のみとなります。

[類題]「綿状の固体で，加熱，衝撃に対し敏感で自然分解のおそれがあり，燃焼速度は極めて大きく，水分やアルコールを含ませ，湿綿状態で保存すると，より安全となる。」この物質名は？　　　　　　（解答は次ページ下）

―――――――――――― 解答 ――――――――――――

【問題7】…(4)　　【問題8】…(2)

【問題11】

ニトロセルロースの性状等について，次のうち誤っているものはどれか。
(1) 水や有機溶剤によく溶ける。
(2) 窒素含有量が多いほど危険性が大きくなる。
(3) 加熱，衝撃および打撃などにより発火することがある。
(4) 燃焼速度がきわめて速い。
(5) 乾燥状態で貯蔵すると危険である。

解説

ニトロセルロースは有機溶剤には溶けますが，水には溶けません。

【問題12】

ニトロセルロースについて，次のうち正しいものはどれか。
(1) 強綿薬はエタノールに溶けやすい。
(2) 日光によって分解し，自然発火することがある。
(3) 火災に際しては，窒息消火が効果的である。
(4) 注水消火は厳禁である。
(5) 特有の臭気がある。

解説

(1) 強綿薬ではなく弱綿薬の方なので，誤りです。
(2) ニトロセルロースは，加熱，衝撃，摩擦等のほか，日光によっても分解して，自然発火する危険性があるので，正しい。
(3)(4) ニトロセルロースの火災には窒息消火は効果がなく，(4)の注水消火が効果的なので，両者とも誤りです。
(5) ニトロセルロースは無臭なので，誤りです。

【問題13】 急行★

ニトロセルロースに関する，次の文中の（　）内に当てはまる語句として，正しいものはどれか。

──────── 解答 ────────
【問題9】…(4)　【問題10】…(5)　（前頁［類題］の答…ニトロセルロース）

第5類に属する各危険物の問題と解説　443

「ニトロセルロースを乾燥状態で保存すると，加熱や衝撃，あるいは日光の直射によって自然発火を起こすおそれがある。このため，貯蔵に際しては，湿潤剤として，アルコールや（　）などで浸して冷所に貯蔵する必要がある。」
(1)　水　　　(2)　灯油　　　(3)　トルエン
(4)　メチルエチルケトン　　　(5)　ベンゼン

ニトロセルロースは，アルコールや水などに浸して，湿潤な状態にして貯蔵します。なお，「混合すると発火や爆発の危険性が低下する組合せは？」という問題で，「エタノールとニトロセルロース」の組合せが正解となった出題例が過去にありました。

ニトロ化合物　（本文P.432）

【問題14】　急行★

ピクリン酸の性状について，次のうち誤っているものはどれか。
(1)　無臭である。
(2)　熱水に溶ける。
(3)　急熱すると爆発する。
(4)　乾燥状態では，安定である。
(5)　酸性であって金属や塩基と塩を作る。

ピクリン酸と過酸化ベンゾイルは，乾燥状態では不安定で危険性が増します。

【問題15】　急行★

ピクリン酸について，次のうち誤っているものはどれか。
(1)　苦味があり，有毒である。
(2)　水より重い透明の液体である。
(3)　トリニトロフェノールとも呼ばれる。
(4)　消火の際は，大量注水により消火する。

解答

【問題11】…(1)　　【問題12】…(2)

(5) ガソリンやアルコールなどと混ざると，爆発の危険性が大きくなる。

ピクリン酸は，液体ではなく黄色の結晶（固体）です。

【問題16】 急行★

トリニトロトルエンの性状について，次のうち誤っているものはどれか。
(1) 淡黄色の結晶である。
(2) 日光に当たると茶褐色に変色する。
(3) TNTとも呼ばれる。
(4) 金属と作用して金属塩を生じる。
(5) 水には溶けない。

トリニトロトルエンの性状はピクリン酸と似ていますが，ピクリン酸が金属と反応するのに対し，トリニトロトルエンは反応しません。

【問題17】

トリニトロトルエンの性状等について，次のうち誤っているものはどれか。
(1) 酸化されやすいものと混在すると，打撃等により爆発することがある。
(2) 爆発した際の燃焼速度は，きわめて速い。
(3) ピクリン酸よりも不安定である。
(4) 急熱すると，発火又は爆発することがある。
(5) 熱したものは，アルコールに溶ける。

トリニトロトルエンは，非常に爆発の危険性のある危険物ですが，ピクリン酸よりはやや安定しています。

解答

【問題13】…(1) 【問題14】…(4)

第5類に属する各危険物の問題と解説 445

ニトロソ化合物（本文P.433）

【問題18】
　天然ゴムや合成ゴムなどの起泡剤として用いられるジニトロソペンタメチレンテトラミンの性状について，次のうち誤っているものはどれか。
(1)　淡黄色の粉末である。
(2)　急激に加熱すると分解し，窒素を発生する。
(3)　水，アセトン，ベンゼンなどにわずかに溶ける。
(4)　酸性溶液中では安定している。
(5)　衝撃または摩擦によっても，爆発することがある。

　ジニトロソペンタメチレンテトラミンは，酸に接触すると爆発的に分解するので，酸性溶液中では不安定です。
　なお，この物質の名前は長いので，ジ（2を表す），ニトロソ，ペンタ（5を表す），メチレン，テトラミンと区分して読めば"舌をかまずに"読めるのではないかと思います。

ジアゾ化合物（本文P.433）

【問題19】
　ジアゾジニトロフェノールの性状について，次のうち誤っているものはどれか。
(1)　黄色の粉末である。
(2)　光により変色する。
(3)　水に容易に溶ける。
(4)　加熱すると，爆発的に分解する。
(5)　摩擦や衝撃により，容易に爆発する。

　この物質についてもあまり出題はされていませんが，出題例があるので，主

解答

【問題15】…(2)　　【問題16】…(4)　　【問題17】…(3)

な特徴については把握しておいた方がいいでしょう。

さて、ジアゾジニトロフェノールの性状では、(2)の「光により変色する。」、(4)の「加熱すると、爆発的に分解する。」のほか「水にはほとんど溶けない。」、「水中などに貯蔵する（⇒乾燥させて貯蔵するは×）」が大きなポイントです。

従って、(3)が誤りです。

なお、前問同様、「ジアゾ、ジ、ニトロ、フェノール」と区切れば読みやすいでしょう。

その他 （本文P.434）

【問題20】

ヒドラジンの誘導体である硫酸ヒドラジンの性状について、次のうち誤っているものはどれか。
(1) 皮膚や粘膜を刺激する。
(2) 還元性が強い。
(3) 水溶液はアルカリ性を示す。
(4) 酸化剤とは激しく反応する。
(5) アルカリと接触するとヒドラジンを遊離する。

硫酸ヒドラジンの水溶液はアルカリ性ではなく、酸性を示します。

【問題21】

硫酸ヒドラジンについて、次のうち誤っているものはどれか。
(1) 無色透明の液体である。
(2) 融点以上で分解して、アンモニア、二酸化硫黄、硫化水素および硫黄を生成する。
(3) 冷水には溶けないが、温水には溶ける。
(4) 日光を避けて貯蔵する。
(5) 消火の際は、大量注水が適している。

解答

【問題18】…(4)　【問題19】…(3)

硫酸ヒドラジンは，液体ではなく白色の結晶です。

> 硫酸ヒドラジン
> ⇒ 水溶液は酸性で，還元性の強い白色結晶

【問題22】 特急 ★

硫酸ヒドロキシルアミンの貯蔵，取扱いについて，次のうち誤っているものはどれか。
(1) 粉塵の吸入を避ける。
(2) アルカリ性物質が存在すると，爆発的な分解が起こる場合がある。
(3) クラフト紙袋に入った状態で流通することがある。
(4) 取り扱いは，換気のよい場所で行い，保護具を使用する。
(5) 水溶液は，ガラス製容器に貯蔵してはならない。

硫酸ヒドロキシルアミンの水溶液は**強酸性**で**金属を腐食**させるので，金属製容器以外に貯蔵します。従って，ガラス製容器に貯蔵することもできるので，(5)が誤りです。

【問題23】 特急 ★

硫酸ヒドロキシルアミンの貯蔵，取り扱いの注意事項として，次のうち正しいものはいくつあるか。
A 潮解性があるため，容器は密封して貯蔵する。
B 湿潤な場所に貯蔵する。
C 安定剤には，酸化剤が使用される。
D 酸化剤や高温体と接触しないようにする。
E 消火の際は大量の水で注水消火するが，その際，必ず空気呼吸器その他

解答

【問題20】…(3)　【問題21】…(1)

の保護具を着用し，風下で作業をしない。
(1) 1つ　　(2) 2つ　　(3) 3つ　　(4) 4つ　　(5) 5つ

　B　乾燥した場所に貯蔵します。
　C　硫酸ヒドロキシルアミンは強い**還元剤**であり，酸化剤と接触すると激しく反応して爆発する危険性があるので，安定剤として使用することはできません。よって，誤りです。
　D　正しい。なお，高温になる場所も避けて貯蔵します。
　E　硫酸ヒドロキシルアミンの蒸気は，目や気道を強く刺激し，体内に入ると死に至ることもあります。従って，消火作業の際には，必ず空気呼吸器その他の保護具を着用する必要があるので，正しい。
（A，D，Eが正しい）。

【問題24】

アジ化ナトリウムについて，次のうち誤っているものはどれか。
(1) 水に溶けにくい無色の板状結晶である。
(2) 加熱すると，分解して窒素と金属ナトリウムを生じる。
(3) 酸により，有毒で爆発性のアジ化水素酸を発生する。
(4) 水より重い。
(5) 火災時には，注水による消火は厳禁である。

アジ化ナトリウムは，水に溶け<u>やすい</u>無色の板状結晶です。

【問題25】

アジ化ナトリウムを貯蔵し，取り扱う施設を造る場合，次のA〜Eの構造および設備のうち，アジ化ナトリウムの性状に照らして適切なもののみを組み合わせたものはどれか。
A　換気設備を設置する。
B　強化液消火剤を放射する大型の消火器を設置する。

―― 解答 ――

【問題22】…(5)

C　酸等の薬品と共用する鋼鉄製大型保管庫を設置する。
　D　屋根に日の差し込む大きな天窓を造る。
　E　鉄筋コンクリートの床を地盤面より高く造る。
　(1)　AとC　　(2)　AとE　　(3)　BとC
　(4)　BとD　　(5)　CとE

　A　正しい。
　B　アジ化ナトリウムに水系の消火剤は不適当なので、誤りです。
　C　酸と接触すると、有毒で爆発性のアジ化水素酸を発生するので、酸等の薬品と共用する施設を設置するのは、不適当です。
　D　アジ化ナトリウムは、直射日光を避けて貯蔵する必要があるので、不適当です。
　E　アジ化ナトリウムに限らず、危険物施設の床は雨水の浸入を防いだり、あるいは空気より重い可燃性蒸気の滞留を防ぐため、地盤面より高く造るように定められており、正しい。
　従って、適切なものはA、Eとなるので、(2)が正解となります。

【問題26】

　次の内、アジ化ナトリウムと混合して爆発する危険性のあるものは、いくつあるか。
　A　水銀　　B　銅　　C　二硫化炭素　　D　水　　E　鉛
　(1)　1つ　(2)　2つ　(3)　3つ　(4)　4つ　(5)　5つ

　アジ化ナトリウムは、酸や二硫化炭素、重金属（銀、銅、鉛、水銀）、と反応して衝撃に敏感な化合物を生成し、爆発する危険性があるので、Dの水以外の4つということになります。
　なお、上記のように、アジ化ナトリウムは金属と反応して爆発するおそれがあるので、「金属のさじでアジ化ナトリウムに触れたら爆発した」という出題があれば、正解になります。

解答

【問題23】…(3)　　【問題24】…(1)　　【問題25】…(2)　　【問題26】…(4)

第6章　第6類の危険物

　甲種危険物試験では，平均して各類の物質が2問程度出題されています。
　ということは，物質の数が少ない第6類においては，それぞれの物質の出題頻度が他の類に比べて高い，ということになります。
　従って，非常にポイントがしぼりやすい部分でもあるので，確実にその内容は把握しておく必要があります。
　さて，その各物質について出題傾向を見ていくと，次のようになります。
　まず，非常によく出題されている**過塩素酸**ですが，その**液体の色**について問う問題が結構多いので，「**発煙硝酸**以外の第6類危険物は**無色**」という"法則"を確実に覚えておく必要があります。また，当然，酸化力が強いということもキーポイントですが，「水と反応して発熱する」「イオン化傾向の小さな金属までも溶解する」あたりがポイントとなるので，そのあたりを確実に把握しておく必要があるでしょう。
　次に**過酸化水素**ですが，これもよく出題されていますが，「性状」と「貯蔵，取扱い方法」が半々か，あるいは「貯蔵，取扱い方法」の方が多く出題されているような印象を受けます。
　従って，「性状」では「非常に分解しやすく，常温でも水と酸素に分解する」，「貯蔵，取扱い方法」では，「安定剤を用いる」「漏れた際は多量の水で洗い流す」あたりがキーポイントとなるので，これらを十分把握しておく必要があります。
　硝酸についても，「性状」だけではなく，「貯蔵，取扱い方法」もよく出題されています。
　「性状」については，「腐食性」，「加熱，日光あるいは金属粉などと反応して窒素酸化物を発生する」，そして「硝酸と接触して発火するもの」あたりが重要ポイントとなります。
　また，「貯蔵，取扱い方法」では「腐食性の強い硝酸を貯蔵する際の容器について」がキーポイントです（その他は，「第6類危険物に共通する貯蔵，取扱い方法」から出題されています）。

最後に**ハロゲン間化合物**ですが，三フッ化臭素や五フッ化臭素が個々にごく
たまに，出題されることもありますが，それよりも「ハロゲン間化合物の一般
的性状」を問う問題の方がよく出題されています。

従って，ハロゲン間化合物の性状をよく把握してから，三フッ化臭素や五フ
ッ化臭素などの個々の性状を学習すればよいでしょう（時間的余裕のない方は
思い切って"飛ばす"のも受験の１つのテクニックではありますが……）。

① 第6類の危険物に共通する特性

第6類危険物は**酸化性**の液体（**強酸化剤**）であり，自身は**不燃性**の危険物です（火源があっても燃焼しないので注意！）。

さあ，いよいよ最後の危険物です。

この第6類危険物は，他の類に比べて危険物の数も多くないので，わりと把握しやすいのではないかと思いますが，ただ，硝酸については，濃硝酸と希硝酸の混同をねらった出題が多いので，両者の区別をしっかりと把握しておく必要があります。

なお，危険物の数が少ないとはいえ，出題数は他の類と同じで，おおむね毎回2問ずつ出題されているので，数が少ないからといって"気を抜かない"よう，ラストスパートしましょう。

(1) 共通する性状

① **不燃性**で，水よりも**重い**（比重が1より大きい）。
② 一般に水に**溶けやすい**。
③ 水と激しく反応し，**発熱**するものがある。
④ **還元剤**とはよく反応する。
⑤ **無機化合物**（炭素を含まない）である。
⑥ **強酸化剤**なので，**可燃物，有機物**と接触すると**発火**させることがある。
⑦ **腐食性**があり，皮膚を侵し，また，蒸気は**有毒**である。

(2) 貯蔵および取扱い上の注意

① **可燃物，有機物，還元剤**との接触を避ける。
② 容器は**耐酸性**とし，密栓＊して**通風**のよい冷暗所に貯蔵する（＊過酸化水素は例外⇒密栓しない）。
③ **火気，直射日光**を避ける。
④ 水と反応するものは，水と接触しないようにする。
⑤ 取扱う際は，**保護具**を着用する（皮膚を腐食するため）。

(3) 共通する消火の方法

① 燃焼物（第6類危険物によって発火，燃焼させられている物質）に適応する消火剤を用いる。
② **乾燥砂**や**粉末**（リン酸塩類）は第6類すべてに有効である。
③ **二酸化炭素，ハロゲン化物，粉末消火剤**（炭酸水素塩類のもの）は適応しないので，使用を避ける。

なお流出した場合は，**乾燥砂**をかけるか，あるいは**中和剤**で中和させる。

第6類の危険物に共通する特性の問題と解説

共通する性状

【問題1】

第6類の危険物の性状について，次のうち誤っているものはどれか。

(1) 常温（20℃），1気圧（$1.013×10^5$ Pa）において液体であり，かつ，不燃性の危険物である。
(2) いずれも無機化合物である。
(3) 腐食性が強いものが多い。
(4) 強酸化剤であるが，高温になると還元剤として作用する。
(5) 水と激しく反応し，発熱するものがある。

解説

(1) 自身は不燃物なので，「(硝酸などの)蒸気に火気を近づけたら引火した」という出題があれば誤りなので，注意してください。

(4) 第6類危険物は，強酸化剤ですが，高温になっても還元剤としては作用しません。

【問題2】

第6類の危険物に共通する性状として，次のうち正しいものはいくつあるか。

A 加熱すると刺激性のガスを発生するものがある。
B 発煙性を有する。
C 液体の比重は1よりは小さい。
D いずれも無色，無臭である。
E 有機物などに接触すると発火させる危険性がある。

(1) 1つ　　(2) 2つ　　(3) 3つ　　(4) 4つ　　(5) 5つ

解説

A 過塩素酸は加熱すると刺激性の有毒ガスである塩化水素を発生するので

解答

解答は次ページの下欄にあります。

454　第3編　危険物の性質，並びにその火災予防，及び消火の方法

正しい。

B 過塩素酸のように発煙性を有するものもありますが，すべてではないので，誤りです。

C 第6類危険物の比重は1より大きいので，誤りです。

D ほとんど無色ですが，発煙硝酸のようにそうでないものもあり（赤系の色），また，無臭ではなく，ほとんどのものは刺激臭があるので，誤りです。

E 第6類の危険物は，有機物または可燃物などに接触すると発火させる危険性があるので，正しい。

従って，正しいのはAとEの2つとなります。

火災予防，消火の方法

【問題3】

第6類の危険物の火災予防，消火の方法として，次のうち誤っているものはどれか。
(1) 酸化力が強く，可燃物や有機物および還元剤との接触を避ける。
(2) 火気や日光の直射を避けて貯蔵する。
(3) 自己燃焼性があり，不安定で衝撃，摩擦等により爆発するので，取扱いには十分注意する。
(4) 貯蔵する容器は，耐酸性のものを使用する。
(5) 一般に水系の消火剤を使用するが，水と反応するものは避ける。

解説

(3) この問題文は第5類危険物に関する説明であり，第6類危険物にはそのまま当てはまらないので，誤りです（⇒第6類に自己燃焼性はない）。

【問題4】

第6類の危険物の火災予防，消火の方法として，次のうち誤っているものはいくつあるか。
A 大量にこぼれた場合は，水酸化ナトリウムの濃厚な水溶液で中和する。
B 薄めた水溶液の方が，金属に対する腐食性が強くなるものがある。
C 容器には通気孔を設けること。

解答

【問題1】…(4)　　【問題2】…(2)

D 消火の際は，衣服に付着しないように保護具を着用する。
E 水系消火剤の使用は，適応しないものがある。

(1) 1つ　(2) 2つ　(3) 3つ　(4) 4つ　(5) 5つ

A 水酸化ナトリウムは**強塩基**で，中和の際に多量の熱が発生するので不適切です（P.458下の注の③にあるとおり，**消石灰**（水酸化Ca）や**ソーダ灰**（炭酸Na）などで中和する）。

B P.460，性状4より，希硝酸が該当するので，正しい。

C 第6類危険物の容器で通気孔を設けるのは，**過酸化水素**のみであり，そのほかのものは，密封する必要があるので，誤り。

（A，Cが誤り。）

【問題5】

危険物の性状に照らして，第6類のすべての危険物の火災に対し有効な消火方法は，次のうちいくつあるか。

A ハロゲン化物消火剤を放射する。
B 乾燥砂で覆う。
C 霧状の強化液消火剤を放射する。
D 膨張真珠岩（パーライト）で覆う。
E 二酸化炭素消火剤を放射する。

(1) 1つ　(2) 2つ　(3) 3つ　(4) 4つ　(5) 5つ

第6類の危険物の火災には，一般にCの強化液消火剤等の**水系の消火剤**やDの膨張真珠岩等を含む**乾燥砂**などを用いますが，Cの強化液消火剤は，フッ化臭素，フッ化ヨウ素が水系が厳禁なので，「すべて」という条件に当てはまらず，不適です。

また，「ハロゲン化物消火剤（⇒**A**）」「二酸化炭素消火剤（⇒**E**）」「粉末消火剤（炭酸水素塩類を含むもの）」も第6類危険物には適応しないので，結局，第6類のすべての危険物の火災に対し有効な消火方法は，B，Dの2つということになります。

解答

【問題3】…(3)　【問題4】…(2)　【問題5】…(2)

第6類に属する各危険物の特性

第6類危険物に属する品名および主な物質は，次のようになります。

表1
(液は液体，結は結晶，粉は粉末，砂は乾燥砂)

品 名	物質名（品名と物質名が同じものは省略）	化学式	形状	比重	水溶性	単独爆発	消火
①過塩素酸	（品名と同じ）	$HClO_4$	無液	1.77	○	○	水
②過酸化水素	（品名と同じ）	H_2O_2	無液	1.50	○	○	水
③硝酸	（品名と同じ）	HNO_3	無液	1.50	○		（＊）
④その他のもので政令で定めるもの	フッ化塩素 三フッ化臭素 五フッ化臭素 五フッ化ヨウ素	 BrF_3 BrF_5 IF_5	 無液 無液 無液	 2.84 2.46 2.30			粉 (リン酸) ・ 砂

（＊：燃焼物に適応した消火剤）

第6類危険物は，**不燃性**で比重が1より大きい

(イラスト：岡山の読者，久保田塩三氏提供)

（１）過塩素酸  （問題 P.463）

過塩素酸は，有毒できわめて**不安定な強酸化剤**です。

表２

種 類	性 状	貯蔵，取扱い及び消火方法
過塩素酸 (HClO₄) 〈比重：1.77〉 (＊水素より イオン化傾向 の大きい金 属)	1．**無色で刺激臭のある油状の液体**である。 2．水溶液は**強酸性**を示し多くの金属＊と反応して**水素**を発生する。 3．水に溶けやすいが，水と接触すると音を発して発熱する（発火はしない）。 4．**空気中で強く発煙**する。 5．強力な酸化作用があり，アルコールなどの有機物と接触すると，**発火**あるいは**爆発**する危険性がある。 6．**不燃性**ではあるが，加熱をすると（**塩化水素** HCl や**塩素** Cl₂ を発生して）**爆発**する。 7．無水物は，**亜鉛**のほか，**イオン化傾向の小さな銀や銅**とも反応して酸化物を生じる。 8．**腐食性**を有し，皮膚に触れた場合，激しい**薬傷**を起こす。	「６類共通の貯蔵，取扱い法」 ⇒ **火気，日光，可燃物等**を避け，耐酸性の容器を**密栓**して通風のよい場所で貯蔵，取り扱う。 ＋ **腐食性**があるので，**鋼製**の容器に収納せず，**ガラスびん**などに入れて，通風のよい冷暗所に貯蔵する。 なお，**爆発的に分解して変色**することがあるので，定期的に点検をする。 ――＜消火方法＞―― **大量注水**で消火する。

この過塩素酸は，１類の過塩素酸塩類と何かとまぎらわしいんじゃが，１類の過塩素酸塩類は，あくまでもこの過塩素酸の水素原子（H）が金属（または他の陽イオン）と置き換わった塩（エン：酸の水素原子を金属イオンなどで置き換えたもの）なので，そのあたりを間違えないようにするんじゃよ。

注意：過塩素酸が流出した場合は，①**可燃物を除去**する。②**土砂や乾燥砂等**で過塩素酸を覆って吸い取り，流出面積が拡大するのを防ぐ。③**大量の水や強化液消火剤**で希釈し，消石灰（水酸化 Ca）やソーダ灰（炭酸 Na），チオ硫酸ナトリウムなどをかけて**中和**し，大量の水で洗い流す…などの処置を行いますが，「ぼろ布にしみ込ませる。」「おがくずで吸い取る。」は **NG** です！（⇒硝酸の場合も基本的に同じ処置をする。⇒出題例あり）

(2) 過酸化水素　特急★★　(問題 P.465)

過酸化水素は，水素の過酸化物であり，有毒できわめて**不安定な強酸化剤**です。

表3

種類	性状	貯蔵，取扱い及び消火方法
過酸化水素 (H_2O_2) 〈比重：1.50〉 (過酸化水素は相手を酸化して水になります。 $2H_2O_2 \rightarrow 2H_2O + O_2$)	1. **無色**で**刺激臭**のある**粘性**（油状）の液体である。 2. **水**や**アルコール**などには**溶ける**が，**石油，ベンゼン**などには**溶けない**。 3. 水溶液は**弱酸性**である。 4. **強力な酸化作用**がある。 5. **有機物**や**可燃物**（エタノールなど）および**金属粉**（銅，クロム，マンガン，鉄）と接触すると，**発火**あるいは**爆発**する危険性がある。 6. **加熱**によっても，**発火**あるいは**爆発**する危険性がある。 7. **塩基性**の**アンモニア**と接触すると，**爆発**する危険性がある。 8. **熱**または**日光**により分解し*，**酸素**を発生して**水**になる（濃度50%以上のものは常温でも水と酸素に分解する）。 9. きわめて不安定な物質であり，一般的に，**尿酸**や**リン酸**，**アセトアニリド**などが**安定剤**として用いられている。 10. 相手が過マンガン酸カリウムやニクロム酸カリウムなどの**強力な酸化剤**の場合は，**還元剤**として働く。	「6類共通の貯蔵，取扱い法」 ⇒ **火気，日光，可燃物等**を避け，**耐酸性の容器**を**密栓せず，通風のよい場所**で貯蔵，取り扱う （下線部のみ他の6類と異なります⇒**密栓せず通気孔を設ける**）。 ＋ 漏えいしたときは**多量の水**で洗い流す。 ───＜消火方法＞─── **大量注水**で消火する。 （⇒8の＊：その他，銅の微粒子や二酸化マンガン，過酸化マグネシウムも分解を促進し酸素を発生する⇒出題例あり）

消毒液のオキシドール（オキシフル）は，過酸化水素の**3％水溶液**です。

［例題……○×で答える。］
　過酸化水素水にリン酸を加えると反応速度は小さくなる。

（答）（⇒9より，リン酸は安定剤のため○
　　　（P.188の反応速度としての出題例あり）

(3) 硝酸  ★★ (問題P.467)

硝酸は，アンモニア（NH₃）の酸化によって得られる**腐食性**の強い**有毒な強酸化剤**です。

表4

種類	性状	貯蔵，取扱い及び消火方法
硝酸 (HNO₃) 〈比重：1.50以上〉 (硝酸は，一般的にはその水溶液のことを硝酸といい，濃度が低いものを**希硝酸**，濃いものを**濃硝酸**といいます。) 注）硝酸は**塩酸，硫酸**（以上強酸）や**二酸化炭素**と接触しても発火爆発はしません	1. **無色**（純品）または**黄褐色**の**液体**である。 2. **水に溶けて発熱**し，水溶液は**強い酸性**を示す。 3. **金属と接触**すると，金属を溶かして腐食させ（ただし，**金，白金**などを除く），硝酸塩を生じる。（水素よりイオン化傾向の小さな銀や銅などの金属をも溶かすことが可能であるが**金と白金は溶かせず**腐食しない） 4. **鉄やニッケル，アルミニウム**などは，希硝酸には**溶かされ腐食するが，濃硝酸**には**不動態皮膜**（酸化皮膜）を作り溶かされない。 5. **加熱**または**日光**（あるいは金属粉との接触）などにより分解して**黄褐色**となり，**酸素**と有毒な**窒素酸化物**（**二酸化窒素**）を発生する。 6. **二硫化炭素，アルコール，アミン類，ヒドラジン，濃アンモニア水**などと混合すると，**発火または爆発**する。 7. **有機物**（**紙，木材**，かんなくず等）と接触すると，**発火，爆発**する危険性がある。 8. **アンモニア**と接触すると，**爆発**する危険性がある。 9. **湿った空気中**で**発煙**する。	「6類共通の貯蔵，取扱い法」 ⇒ **火気，日光，可燃物等**を避け，**耐酸性の容器**を**密栓**して**通風のよい場所**で貯蔵，取扱う。 ＋ 1. **金属粉との接触**を避ける。 2. ほとんどの金属を腐食させるので，比較的安定な**ステンレスやアルミニウム製***（**希硝酸は不可**）の容器を使用する*（⇒**銅や鉛**の容器は×）。 （***ガラス製や陶器**も可能だが，これらで大きな容器は作れないので，実際はこの2つの容器が一般的に使われている） ───＜消火方法＞─── 1. **水や泡**（水溶性液体用泡消火器）などで消火する（基本的には**燃焼物に適応した消火剤を用いる**）。 2. 流出した際は，**土砂**をかけて流出を阻止するか**水で洗い流す**，あるいは，**炭酸ナトリウム**（ソーダ灰），**水酸化カルシウム**（消石灰）で**中和**させる（⇒P.458下の注意）。
発煙硝酸 (HNO₃) 〈比重：1.52以上〉	同上 （ただし，**赤色**または**赤褐色**の液体で，**硝酸よりも酸化力が強い**。)	同上

・5 の分解式⇒**4 HNO₃→4 NO₂＋2 H₂O+O₂**（係数の和を求める出題例あり）

（4）ハロゲン間化合物 （問題 P.470）

　ハロゲン間化合物とは，2種のハロゲンが結合した化合物のことをいいます。
（ハロゲン：周期表第17族に属するフッ素や塩素，臭素などの元素の総称）

1．性状

① フッ化物は，一般的に**無色**で**揮発性**および**発煙性**の液体である。

② 強力な**酸化剤**である。

③ **水**と激しく反応して**フッ化水素**を発生するものが多い。

④ **可燃物や有機物**と接触すると，**自然発火**し爆発的に燃焼することがある。

⑤ 多数の**フッ素原子**を含むものほど反応性に富み，ほとんどの金属，非金属と反応して（酸化させて）**フッ化物**をつくる（下線部⇒酸化物の出題例あり）。

2．貯蔵及び取扱い上の注意

① **水**や**可燃物**と接触させない。また，容器は**密栓**する。

② **ガラス製容器**は使用しない（腐蝕するため⇒**ポリエチレン製**等を使用）

3．消火方法

　粉末消火剤（**リン酸塩類**）または**乾燥砂**（その他，**ソーダ灰**，**石灰**も有効）で消火する。（水と激しく反応するので**注水は厳禁！**）

表5

種　類	性　　状
三フッ化臭素 （BrF$_3$） 〈比重：2.84〉	ハロゲン間化合物の性状 　　　＋ 1．空気中で**発煙**する。 2．低温で固化する（融点が8.8℃であるため） 3．水とは激しく反応して有害ガス（フッ化水素）を発生する。
五フッ化臭素 （BrF$_5$） 〈比重：2.46〉	ハロゲン間化合物の性状 　　　＋ 1．沸点が低いので（41℃），**気化しやすい**。 2．三フッ化臭素より反応性に富む。 3．水とは激しく反応して有害ガス（フッ化水素）を発生する。
五フッ化ヨウ素 （IF$_5$） 〈比重：3.2〉	ハロゲン間化合物の性状 　　　＋ 1．水とは激しく反応して有害ガス（フッ化水素）を発生する。 2．ガラスを侵すので容器として使用できない。

第3編

危険物の性質、並びにその火災予防、及び消火の方法

2．第6類に属する各危険物の特性　461

❊❊❊❊❊❊❊❊ 第6類危険物のまとめ ❊❊❊❊❊❊❊❊

1．不燃性で強力な酸化剤である。

2．比重は1より大きい。

3．過塩素酸，硝酸は強酸性，過酸化水素は弱酸性
　（注：過塩素酸と硝酸は「強酸」かつ「強酸化力」の物質です）

4．いずれも刺激臭があり，発煙硝酸以外は無色である。

5．水に溶けやすい（ハロゲン間化合物は除く）。

6．水と反応して発熱するもの
　過塩素酸，三フッ化臭素，五フッ化臭素，硝酸（高濃度の場合）

7．加熱により酸素を発生するもの（⇒過塩素酸以外）
　過酸化水素，硝酸（発煙硝酸）

8．単独でも加熱，衝撃，摩擦等により爆発する危険性があるもの
　過塩素酸，過酸化水素

9．三フッ化臭素，五フッ化臭素，五フッ化ヨウ素は，水と反応してフッ化水素を発生する。

10．過酸化水素のみ容器に通気性を持たせる(その他の危険物は密封する)。

11．消火剤について

第6類に適応する消火剤	・水系の消火剤（フッ化臭素，フッ化ヨウ素は除く） ・乾燥砂等（膨張真珠岩などを含む） ・粉末（リン酸塩類）
第6類に適応しない消火剤	・二酸化炭素 ・ハロゲン化物 ・粉末（炭酸水素塩類）

462　第3編　危険物の性質，並びにその火災予防，及び消火の方法

第6類に属する各危険物の問題と解説

過塩素酸（本文 P.458）

【問題1】 特急★

過塩素酸の性状として，次のうち誤っているものはどれか。
(1) 褐色の流動しやすい液体である。
(2) 加熱すると塩素などを発生して爆発の危険性がある。
(3) 蒸気は眼や器官を刺激する。
(4) 水と激しく作用して発熱する。
(5) 塩酸より酸化性が強い。

過塩素酸は褐色ではなく，**無色**で**油状**（＝**流動しにくい**）の液体です（第6類危険物は「発煙硝酸以外は**無色**」を思い出そう！）。

【問題2】 特急★

過塩素酸の性状について，次のうち誤っているものはどれか。
(1) それ自体は不燃性であるが，加熱すると爆発する。
(2) 常温（20℃）では強酸化剤であるが，加熱すると還元性を示す。
(3) 有機物などと混合すると火災や爆発の危険性がある。
(4) 空気中で激しく発煙する。
(5) 無水物は銅，亜鉛等と激しく反応して酸化物を生じる。

過塩素酸は強酸化剤であり，加熱したからといって還元剤にはなりません。

【問題3】 特急★

過塩素酸の性状について，次のうち誤っているものはどれか。
(1) 無色の発煙性液体である。
(2) おがくずなどと接触すると，自然発火することがある。

解答

解答は次ページの下欄にあります。

(3) 水中に滴下すれば音を発し，発熱する。
(4) 可燃性で，腐食性がある。
(5) アルコール，エーテルなどの可燃性有機物と発火，爆発することがある。

過塩素酸は第6類の危険物であり，第6類危険物は可燃性ではなく**不燃性**です（腐食性がある，というのは正しい）。

【問題4】 急行★

過塩素酸の性状について，次のうち正しいものはどれか。
(1) 比重は1より小さい。
(2) 黄褐色で粘性のある液体である。
(3) 鉄や亜鉛とは反応するが，イオン化傾向の小さな銀や銅などとは反応しない。
(4) 水にはほとんど溶けない。
(5) 加熱すると分解して有毒ガスを発生する。

(1) 第6類危険物の比重は1より大きいので，誤りです。
(2) 過塩素酸は**無色**の液体です（粘性のある，というのは正しい）。
(3) 過塩素酸はイオン化傾向の小さな銀や銅などとも激しく反応するので，誤りです。
(4) 過塩素酸をはじめ，第6類危険物は水に**溶けやすい**ので，誤りです。
(5) 加熱すると分解して有毒ガス（塩化水素）を発生するので，正しい。

【問題5】 急行★

過塩素酸の貯蔵，取扱いについて，次のうち誤っているものはどれか。
(1) 通風のよい乾燥した冷暗所に貯蔵する。
(2) 火気との接触を避ける。
(3) 可燃物と離して貯蔵する。

解答

【問題1】…(1)　　【問題2】…(2)

(4) 漏出時は，アルカリ液で中和する。
(5) 通気口を設けた金属製容器に貯蔵する。

過塩素酸は**有機物，可燃物**をはじめ**金属**とも反応するので，金属製容器ではなく，ポリエチレンやガラス容器などに貯蔵する必要があります。
また，通気口は設けず，容器は密封する必要があります。

過酸化水素 （本文 P.459）

【問題6】 特急 ★

過酸化水素の性状について，次のうち誤っているものはどれか。
(1) 熱や日光により分解する。
(2) 無色で，水より重い液体である。
(3) 金属粉と反応して分解する。
(4) 濃度の高いものは，引火性がある。
(5) 水と任意の割合で混合する。

第6類危険物は，引火性液体ではなく不燃性の液体です。

【問題7】 特急 ★

過酸化水素の性状について，次のうち誤っているものはどれか。
(1) 高濃度のものは油状の液体である。
(2) 強力な酸化剤であるが，還元剤として使用されることもある。
(3) リン酸や尿酸などの添加により，分解が促進される。
(4) きわめて不安定な物質であり，常温（20℃）でも酸素と水に分解する。
(5) 濃度の高いものは，皮膚，粘膜をおかす。

過酸化水素は，(4)の記述にあるとおり，きわめて不安定な物質であり，常温（20℃）でも徐々に酸素と水に分解するので，市販品には，**リン酸や尿酸など**

―――――― 解答 ――――――

【問題3】…(4)　【問題4】…(5)

の安定剤を添加してあります（安定剤に**アンモニア**は使わないので，注意！）。
従って，「分解が促進される」という(3)が誤りです。
なお，(2)は，他の物質に**水素**を与える反応のときに還元剤となります。

【問題8】
　過酸化水素の性状について，次のうち正しいものはどれか。
(1)　熱や光により，容易に水素と酸素に分解する。
(2)　水と混合すると，上層に過酸化水素，下層に水の2層に分離する。
(3)　分解を防止するため，オキシフルなどの安定剤を加える。
(4)　きわめて分解しやすい物質であるが,常温（20℃）ではその危険性はない。
(5)　鉄や銅と接触すると，激しく反応して分解する。

(1)　過酸化水素は熱や光により分解しますが，水素ではなく**水**と酸素に分解します。
(2)　過酸化水素は，水によく溶けるので，上層と下層の2層に分離することはありません。なお，その他，**アルコール**，**ジエチルエーテル**にも溶けますが**石油エーテル**，ベンゼンには溶けません（下線部注：ジエチルエーテルと石油エーテルは別の物質です。）
(3)　市販品には，**尿酸**や**リン酸**などの**安定剤**が加えられていますが，オキシフルは過酸化水素の3％水溶液であり，安定剤ではないので誤りです。
(4)　常温（20℃）でも，徐々に分解され酸素を発生するので，誤りです。
(5)　正しい。なお，「**過酸化水素に赤リンを混ぜハンマーで衝撃を与えると爆発する**」は○です。　　　　　（赤リンは第2類可燃性固体のため）

【問題9】
　過酸化水素の貯蔵，取扱いについて，次のうち不適当なものはどれか。
(1)　貯蔵するときは弱アルカリ性にして分解を防ぐようにする。
(2)　分解が促進する金属粉末や金属酸化物等の混入を防ぐ。
(3)　漏えいしたときは，多量の水で洗い流す。
(4)　貯蔵容器はガス抜き口栓付きのものを使用する。

解答
【問題5】…(5)　　【問題6】…(4)　　【問題7】…(3)

(5) 鉄粉や銅粉と接触しないようにする。

(1) 過酸化水素をアルカリ性にすると，分解しやすくなるので，誤りです。

【問題10】 急行★

過酸化水素の貯蔵，取扱いについて，次のうち誤っているものはどれか。
(1) 日当たりのよい場所を避け，冷暗所に貯蔵する。
(2) 濃度の高いものは，皮膚や粘膜を腐食するので注意する。
(3) 光や温度の上昇を避け，分解を防ぐ。
(4) 可燃物から離して貯蔵する。
(5) 高濃度のものは，空気と反応しやすいので，貯蔵する際は容器を密栓する。

第6類危険物を貯蔵する際は，一般的には容器を密封（密栓）しますが，過酸化水素の場合は分解ガスが発生するので，容器を密封せず通気口を設けます。

硝酸 （本文P.460）

【問題11】 特急★★

硝酸の性状について，次のうち誤っているものはどれか。
(1) 無色透明の液体で，湿った空気中では発煙する。
(2) 98％以上の硝酸を発煙硝酸といい，濃硫酸より酸化力が強い。
(3) 二硫化炭素，アミン類，ヒドラジンなどと混合すると，発火または爆発する。
(4) 銅や銀と反応してこれを溶かし，腐食させる。
(5) 濃硝酸は鉄やアルミニウムの表面に不動態皮膜を作りにくい。

この問題は，一般的な常識で考えると，希硝酸では溶かされないが濃硝酸で

解答

【問題8】 …(5)　　【問題9】 …(1)

は溶かされる，と考えてしまいますが，鉄やアルミニウムなどの場合はその逆になります。

【問題12】
　硝酸の性状について，次のうち誤っているものはどれか。
(1)　アセトンやアルコールなどと混合すると，発火または爆発することがある。
(2)　酸化力が強く，銅，銀などのイオン化傾向の小さな金属とも反応して水素を発生する。
(3)　水と任意の割合で混合する。
(4)　木材等の可燃物に接すると発火させる。
(5)　濃硝酸をタンパク質水溶液に加えて加熱すると黄色になる。

(2)「酸化力が強く，銅，銀などのイオン化傾向の小さな金属とも反応して」までは正しいですが，水素ではなく**窒素酸化物（二酸化窒素）**を発生するので，誤りです。

【問題13】
　硝酸の性状について，次のうち誤っているものはどれか。
(1)　濃硝酸は，金，白金を腐食させる。
(2)　加熱または日光によって分解し，その際に生じる二酸化窒素によって黄色または褐色を呈する。
(3)　加熱すると，分解して二酸化窒素と酸素を発生する。
(4)　硫化水素，アニリン等に触れると発火させる。
(5)　人体に触れると薬傷を生じる。

硝酸は金属を腐食させ，特に**濃硝酸**は，水素よりイオン化傾向の小さな金属とも反応して腐食させますが，金や白金などはその例外で，腐食させることはありません。

―――――――――――――――解答―――――――――――――――

【問題10】…(5)　　【問題11】…(5)

[類題] (2)の反応式は次のとおりであるが，(A)(B)(C)の係数を答えよ。
　(A) HNO₃ → (B) NO₂ + (C) H₂O + O₂

解説 --------
P.183の未定係数法より，次のようになります。
4 HNO₃ → 4 NO₂ + 2 H₂O + O₂

【問題14】

硝酸と接触すると発火または爆発の危険性があるものとして，次のうち誤っているものはどれか。
(1) アミン類　　(2) 二酸化炭素　　(3) 紙
(4) アルコール　(5) 木綿布

解説

硝酸と接触すると発火または爆発の危険性があるものとしては，「アルコール，アミン類，アセチレン，二硫化炭素，ヒドラジン類，濃アンモニア水，リン化水素，そして有機物（木くず，紙など）」などが挙げられます。
従って，(2)の二酸化炭素が誤りで，正しくは，二硫化炭素です。

[類題] 硝酸と接触すると発火または爆発の危険性があるものとして，次のうち誤っているものはいくつあるか。
　アセチレン，塩酸，二硫化炭素，リン化水素，無水酢酸，硫酸
　(1) 1つ　(2) 2つ　(3) 3つ　(4) 4つ　(5) 5つ

解説 --------
硫酸と塩酸は硝酸と同じく強酸なので，硝酸とは反応しません。他は，上の解説参照。
(答) (2)

【問題15】

硝酸の貯蔵及び取扱いについて，次のうち適切でないものはどれか。
(1) 分解して発生する二酸化窒素を吸い込まないようにする。
(2) 腐食性があるので，ステンレス鋼製の容器による貯蔵は避ける。
(3) 還元性物質との接触を避ける。
(4) 直射日光を避け，冷暗所に保存する。

―― 解答 ――

【問題12】…(2)　　【問題13】…(1)

(5) 硝酸自体は燃焼しないが，強い酸化性があるので，可燃物から離して貯蔵する。

硝酸はほとんどの金属を腐食させるので，比較的安定な**ステンレスやアルミニウム製**の容器を使用する必要があります（ガラス製や陶器製も可）。

【問題16】
硝酸の流出事故における処理方法について，次のうち適当でないものはどれか。
(1) ぼろ布やおがくずにしみ込ませる。
(2) 大量の乾燥砂で流出を防ぐ。
(3) 強化液消火剤（主成分 K_2CO_3 水溶液）を放射して水で希釈する。
(4) 直接，大量の水で希釈する。
(5) ソーダ灰（無水炭酸ナトリウム）で中和する。

硝酸が流出した場合は，(2)～(5)のような処理が必要になりますが，(1)のように，ぼろ布などにしみ込ませると発火する危険性があるので，誤りです（⇒有機物，可燃物と接触すると，発火する危険性がある）。

ハロゲン間化合物（本文P.461）

【問題17】 急行★
ハロゲン間化合物の一般的性状について，次のうち誤っているものはどれか。
(1) 2種のハロゲンからなる化合物の総称である。
(2) 多数のフッ素原子を含むものは特に反応性に富む。
(3) フッ化物の多くは無色の揮発性で発煙性の液体である。
(4) 多くの金属や非金属を酸化してハロゲン化物を生じる。
(5) 水に溶けやすいことから，火災時には水系の消火剤が有効である。

解答

【問題14】…(2)

ハロゲン間化合物は，水に溶けず，また，水とは激しく反応するので，火災時に水系の消火剤は不適当です。

【問題18】 急行★

ハロゲン間化合物の性状等について，次のうち誤っているものはどれか。
(1) 強力な酸化剤である。
(2) 2種のハロゲンが電気陰性度の差によって互いに結合しており，この差が大きいほど不安定になる。
(3) 水と反応しやすい。
(4) 金属とは反応しない。
(5) 単独では発火しない。

P.461のハロゲン間化合物の「1．性状」の⑤より，ハロゲン間化合物は，ほとんどの金属，非金属と反応して**フッ化物**をつくるので，(4)が誤りです。

【問題19】 急行★

ハロゲン間化合物にかかわる火災の消火方法として次のうち最も適切なものはどれか。
(1) 膨張ひる石（バーミキュライト）で覆う。
(2) 水溶性液体用泡消火剤を放射する。
(3) ハロゲン化物消火剤を放射する。
(4) 霧状の水を放射する。
(5) 強化液消火剤を放射する。

問題17の解説より，ハロゲン間化合物は水と激しく反応するので，火災時に水系の消火剤は不適当であり，粉末消火剤または乾燥砂等（膨張真珠岩，膨張

解答

【問題15】…(2)　　【問題16】…(1)　　【問題17】…(5)

ひる石などを含む）を用います。

【問題20】

三フッ化臭素の性状について，次のうち誤っているものはどれか。
(1) 水より沸点が低いので，揮発しやすい。
(2) 空気中では発煙する。
(3) 水とは激しく反応する。
(4) ほとんどの金属，非金属と反応してフッ化物をつくる。
(5) 0℃では固体である。

(1) 三フッ化臭素の沸点は126℃であり，水より沸点が高いので，誤りです。
(5) 三フッ化臭素の融点は8.8℃なので（⇒ 8.8℃まで温めないと液体にならない），それより低い0℃では固体となります。

【問題21】

五フッ化臭素の性状について，次のうち誤っているものはどれか。
(1) ほとんどすべての元素，化合物と反応する。
(2) 沸点が低く，揮発性のある液体である。
(3) 反応性は，三フッ化臭素より低い。
(4) ほとんどの金属，非金属と反応してフッ化物をつくる。
(5) 水と激しく反応してフッ化水素を発生する。

ハロゲン間化合物は，(4)にあるとおり，ほとんどの金属，非金属と反応してフッ化物をつくったりしますが，その反応性は，フッ素原子が多いほど激しくなります。

従って，反応性は五フッ化臭素の方が三フッ化臭素より<u>高い</u>，ということになるので，(3)が誤りです。

なお，(5)のフッ化水素の水溶液は，腐食性が強くガラスを侵すので，「**ハロゲン間化合物にガラス製容器は使用不可**」も重要ポイントです。

解答

【問題18】…(4)　　【問題19】…(1)　　【問題20】…(1)　　【問題21】…(3)

✳︎✳︎✳︎✳︎✳︎✳︎✳︎✳︎✳︎✳︎✳︎✳︎✳︎✳︎ **全体のまとめ** ✳︎✳︎✳︎✳︎✳︎✳︎✳︎✳︎✳︎✳︎✳︎✳︎✳︎✳︎

　これで１類から６類まですべて終了しましたが、これだけ多くの危険物の性質などをすべて覚えるというのは、なかなか大変だと思います。

　そこで同じ性状のものをできるだけまとめて覚えた方が、暗記に要する労力は、はるかに少なくなるはずです。

　というわけで、本書では、次のように、共通する性状等を示しているものをピックアップしてまとめてみましたので、個々の危険物の問題を解く際にも、大いに利用して下さい。（注：主な物質のみです）

⑴　比重が１より大きいもの（第２類の固形アルコールは除く）

第１類危険物，第２類危険物，第５類危険物，第６類危険物	
+	
第３類危険物	リチウム，ノルマルブチルリチウム，水素化リチウム，ナトリウム，カリウム以外のもの
第４類危険物	二硫化炭素，クロロベンゼン，酢酸，クレオソート油，アニリン，ニトロベンゼン，エチレングリコール，グリセリン

⑵　水に溶ける（または溶けやすい）もの

第１類危険物	（ただし，塩素酸カリウム，過塩素酸カリウム，および無機過酸化物などは，一般に水に溶けにくい）
第４類危険物	アルコール，アセトアルデヒド，酢酸，エーテル（少溶），エチレングリコール，グリセリン，ピリジン，アセトン，酸化プロピレン
第５類危険物	ピクリン酸，過酢酸，硫酸ヒドラジン（温水のみに溶ける），硫酸ヒドロキシルアミン，アジ化ナトリウム，ヒドロキシルアミン，硝酸グアニジン
第６類危険物	（ただし，ハロゲン間化合物は除く）

⑶　潮解性があるもの（主なもの）。

第１類危険物	ナトリウム系（塩素酸ナトリウム，過塩素酸ナトリウム，硝酸ナトリウム，過マンガン酸ナトリウム）＋過酸化カリウム＋硝酸アンモニウム＋三酸化クロム
第３類危険物	カリウム，ナトリウム（⇒カリウム系，ナトリウム系は，まず，潮解性を吟味する）

全体のまとめ　473

(4) ガスを発生するもの (出題例あり)

水と反応するもの (⇒消火に水は使えない (次亜塩素酸塩類は除く))

発生するガス		ガスを発生する物質
酸素	第1類危険物	アルカリ金属の無機過酸化物 (過酸化カリウム, 過酸化ナトリウム) (注:発熱を伴う)
硫化水素	第2類危険物	硫化リン (三硫化リンは熱水, 五硫化リンは水, 七硫化リンは水, 熱水両方)
水素 (出題例あり!)	第2類危険物	金属粉 (アルミニウム粉, 亜鉛粉), マグネシウム
	第3類危険物	カリウム, ナトリウム, リチウム, バリウム, カルシウム, 水素化ナトリウム, 水素化リチウム, 水素化カルシウム
リン化水素	第3類危険物	リン化カルシウム (「水素を発生」という出題あり⇒×)
アセチレンガス	第3類危険物	炭化カルシウム (「水素を発生」という出題あり⇒×)
塩化水素	第1類危険物	次亜塩素酸塩類
	第3類危険物	トリクロロシラン
フッ化水素	第6類危険物	三フッ化臭素, 五フッ化臭素, 五フッ化ヨウ素
メタンガス	第3類危険物	炭化アルミニウム
エタンガス	第3類危険物	ジエチル亜鉛 (ジエチル亜鉛はアルコール, 酸とも反応してエタンガスを発生する)

（演歌のトリ　じゃ演奏しよう　塩化水素　トリクロ　次亜塩素）

加熱または燃焼によって発生するもの

発生するガス		ガスを発生する物質
酸素	第1類危険物	第1類危険物を加熱すると発生する
	第6類危険物 (*酸化窒素も発生)	過酸化水素, (発煙)硝酸*を加熱または日光により発生
二酸化硫黄	第2類危険物	硫黄と硫化リンが燃焼する際に発生する
水素等	第3類危険物	アルキルアルミニウムを加熱すると発生する
シアン化水素(青酸ガス)と窒素	第5類危険物	アゾビスイソブチロニトリルを融点以上に加熱すると発生する (シアンガスでの出題例がある)。

[例題] 水に入れると水素を発生するものは, 次のうちいくつあるか。

ナトリウム, 亜鉛, 赤リン, カリウム, 黄リン, 硫黄, リチウム, カルシウム

解説 --

上記, 水素の欄より, 赤リン, 黄リン, 硫黄以外の5つです。(答) 5つ

その他
① 酸（塩酸など）に溶けて水素を発生するもの（詳細は P.335 参照）

| 第2類危険物 | 鉄粉，アルミニウム粉，亜鉛粉，マグネシウム |

（覚え方⇒ <u>エサ</u>　<u>あ</u>　<u>まっ</u>　<u>て</u>　<u>ある</u>？）
　　　　　塩酸　亜鉛　マグネシウム　鉄　アルミ

② 酸と反応してアジ化水素酸（⇒液体です）を発生するもの

| 第5類危険物 | アジ化ナトリウム |

 こうして覚えよう！

水素を発生するもの（前頁(4)の水素と その他 の①）

水素を発生するっ　<u>て</u>　<u>ま</u>　<u>あ</u>，　<u>か</u>　<u>な</u>　<u>り</u>，
　　　　　　　　　鉄　マグネシウム　アルミニウムと亜鉛　カリウム　ナトリウム　リチウム

　　　　　　　　<u>バ</u>　<u>カ</u>　<u>な</u>　　　　<u>り</u>
　　　　　　　　バリウム　カルシウム　(水素化)ナトリウム　(水素化)リチウム

(5) 自然発火のおそれのあるもの

第2類危険物	赤リン（黄リンを含んだもの），鉄粉（油のしみたもの），アルミニウム粉と亜鉛粉（水分，ハロゲン元素などと接触），マグネシウム（水分と接触）
第3類危険物	（ただし，リチウムは除く）
第4類危険物	乾性油（動植物油類）
第5類危険物	ニトロセルロース（加熱，衝撃および日光）

（「4類，5類，6類には自然発火するものがある。」の出題例あり⇒6類には無いので×）

(6) 引火性があるもの

| 第2類危険物 | 引火性固体 |
| 第5類危険物 | メチルエチルケトンパーオキサイド，過酢酸，硝酸エチル，硝酸メチル，ピクリン酸 |

(7) 粘性のあるもの（油状の液体のもの）

| 第5類危険物 | ニトログリセリン，メチルエチルケトンパーオキサイド |
| 第6類危険物 | 過酸化水素，過塩素酸 |

(8) 色のまとめ(主なもの。なお，下記以外の物質は無色ですが，例外もあります。)

色	物　質	状態	類別
白色	次亜塩素酸カルシウム	粉末	1類
	黄リン（または淡黄色）	ロウ状（固体）	3類
	水素化リチウム	結晶	3類
	過酸化ベンゾイル	結晶	5類
	硫酸ヒドラジン，硫酸ヒドロキシルアミン	結晶	5類
灰白色	過酸化バリウム	粉末	1類
	鉄粉	粉末	2類
灰色	水素化ナトリウム	結晶	3類
	炭化カルシウム（純品は無色）	結晶	3類
灰青色	亜鉛粉	粉末	2類
銀白色	アルミニウム粉	粉末	2類
	マグネシウム	金属結晶	2類
	ナトリウム，カリウム	金属	3類
	リチウム，カルシウム，バリウム	金属結晶	3類
オレンジ色	過酸化カリウム	粉末	1類
橙赤色	重クロム酸カリウム，重クロム酸アンモニウム	結晶	1類
暗赤色	三酸化クロム	針状結晶	1類
	リン化カルシウム	結晶性粉末	3類
赤紫色	過マンガン酸カリウム，過マンガン酸ナトリウム	結晶	1類
赤褐色	赤リン	粉末	2類
黄色	三硫化リン	結晶	2類
	硫黄	固体	2類
	炭化アルミニウム（純品は無色）	結晶	3類
	クレオソート油	液体	4類
	ピクリン酸	結晶	5類
淡黄色	五硫化リン，七硫化リン	結晶	2類
	軽油（または淡褐色），アニリン（または無色）	液体	4類
	トリニトロトルエン	結晶	5類
黄白色	過酸化ナトリウム	粉末	1類
褐色	重油	液体	4類
黒褐色	二酸化鉛	粉末	1類

⑼ 貯蔵，取扱い方法

基本的に，加熱，火気，衝撃，摩擦等を避け，密栓して冷暗所に貯蔵する。

① 密栓しないもの（容器のフタに通気孔を設ける）

第5類危険物	エチルメチルケトンパーオキサイド
第6類危険物	過酸化水素

② 水との接触をさけるもの（⇒P.474の水と反応するもの）

第1類危険物	アルカリ金属の過酸化物
第2類危険物	硫化リン，鉄粉，金属粉，マグネシウム
第3類危険物	（ただし，黄リンは除く）
第6類危険物	三フッ化臭素，五フッ化臭素，五フッ化ヨウ素

③ 特に直射日光をさけるもの

第1類危険物	亜塩素酸ナトリウム，過マンガン酸カリウム，次亜塩素酸カルシウム
第2類危険物	ゴムのり，ラッカーパテ（以上，引火性固体）
第4類危険物	ジエチルエーテル，アセトン
第5類危険物	メチルエチルケトンパーオキサイド，ニトロセルロース，アジ化ナトリウム
第6類危険物	過酸化水素，硝酸（発煙硝酸含む）

④ a 遮光性の被覆，b 防水性の被覆，で覆わなければならない危険物（⇒P.66）

a	第1類，自然発火性物品，特殊引火物，第5類，第6類
b	第1類のアルカリ金属の過酸化物（含有物含む），第2類の鉄粉，金属粉，マグネシウム（以上，いずれも（含有物含む），禁水性物品（⇒雨水の浸透を防ぐため）

⑤ 乾燥させると危険なもの（⇒湿らせた状態で貯蔵）

第5類危険物	過酸化ベンゾイル，ピクリン酸，ニトロセルロース

⑥ 第3類危険物で保護液などに貯蔵するもの（一部他の類を含む）

灯油中に貯蔵するもの	ナトリウム，カリウム，リチウム
不活性ガス（窒素等）中に貯蔵するもの	アルキルアルミニウム，ノルマルブチルリチウム，ジエチル亜鉛，水素化ナトリウム，水素化リチウム（第4類のアセトアルデヒド，酸化プロピレン等も同じ）
水中に貯蔵するもの	黄リン（4類の二硫化炭素も水中貯蔵する）
エタノールに貯蔵するもの	第5類のニトロセルロース

全体のまとめ　477

⑦　重合の暴走反応を起こす危険物

アクリル酸，酸化プロピレン，スチレン

⑽　**消火方法**（下線部は出題例あり）

①　注水消火するもの

第1類危険物	（ただし，アルカリ金属の過酸化物等は除く）
第2類危険物	赤リン，<u>硫黄</u>
第3類危険物	黄リン
第5類危険物	（ただし，アジ化ナトリウムを除く。また，消火困難なものが多い。）
第6類危険物	過塩素酸，過酸化水素，硝酸（発煙硝酸含む）

②　注水が不適当なもの（＝P. 474，⑷の水と反応するもの）

第1類危険物	アルカリ金属の過酸化物（過酸化カリウム，過酸化ナトリウムなど）
第2類危険物	硫化リン，鉄粉，<u>アルミニウム粉</u>，<u>亜鉛粉</u>，マグネシウム
第3類危険物	（ただし，黄リンは注水可能）
第4類危険物	全部
第5類危険物	アジ化ナトリウム（火災時の熱で金属ナトリウムを生成し,その金属ナトリウムに注水すると水素を発生するため）
第6類危険物	三フッ化臭素，五フッ化臭素，五フッ化ヨウ素

③　乾燥砂（膨張ひる石，膨張真珠岩含む）はすべての類の危険物の消火に適応する（ただし，第3類危険物のアルキルアルミニウム，アルキルリチウムは初期消火のみ）。

④　ハロゲン化物消火剤が不適当な主なもの（有毒ガスを発生するため）

第3類危険物	アルキルアルミニウム，ノルマルブチルリチウム，ジエチル亜鉛

⑤　粉末消火剤について

● **炭酸水素塩類**の粉末のみ使用可能（<u>リン酸塩類は不可</u>）

⇒・第1類の**アルカリ金属，アルカリ土類金属**の消火（P. 303の3）

　・第3類の**禁水性物質**（黄リン除く⇒P. 353の⑶）

● **リン酸塩類**の粉末のみ使用可能（<u>炭酸水素塩類は不可</u>）

⇒・第1類の**アルカリ金属，アルカリ土類金属以外**の消火

● 第6類のハロゲン間化合物（**フッ化臭素，フッ化ヨウ素**）。

模擬テスト

(注) 模擬テスト内で使用する略語は次の通りです。
　　法　　令…………消防法，危険物の規制に関する政令又は
　　　　　　　　　　　危険物の規制に関する規則
　　法………………消防法
　　政　　令…………危険物の規制に関する政令
　　規　　則…………危険物の規制に関する規則
　　製造所等………製造所，貯蔵所又は取扱所
　　市町村長等……市町村長，都道府県知事又は総務大臣
　　免　　状…………危険物取扱者免状
　　所有者等………所有者，管理者又は占有者
　　　　　（本試験でもこの注意書きは書かれてあります。）

模擬テスト

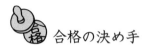 合格の決め手    ガンバルゾ！

　この模擬試験は，最新の数多くのデータから，より本試験に近い形に編集して作成してありますので，実力試験としては，最適な内容になっています。
　従って，出来るだけ本試験と同じ状況を作って解答をしてください。
　具体的には，①　時間を2時間30分きちんとカウントする。②　これは当然ですが，参考書などを一切見ない。③　見本の解答カード（P.505）を使用して，その解答番号に印を入れる。……などです。
　これらの状況を整えて，「実際の本試験だ！」と"暗示"をかけて取り組んでください。なお，解答作業中には，たいてい，すぐには解けない難問がでてくると思います。その際は，とりあえず何番かの答えにマークを付けて，問題番号の横に「？」マークでも書いておき，すべてを解答した後でもう一度その問題を解く，というようにしておいた方が時間を有効に使うことができます。
　すぐに解ける問題であっても，また，難問であっても得点は同じです。
　従って，確実に点数が取れる問題から先にゲットしていくことが合格への近道となるのです。

＜新着試験情報＞次のような問題が出題されているので注意してください。
　(1)　直径が1cmの粒子を分解して1μmにしたら，表面積は何倍になるか。⇒　$1cm = 10^{-2}m$　$1\mu m = 10^{-6}m$　半径をr，直径をDとすると，表面積は$4\pi r^2 = 4\pi(D/2)^2 = \pi D^2$より，**直径の2乗に比例する***。
　$10^{-2}m$を$10^{-6}m$に分解すると，10^{-4}倍となるので，上記*より，**粒子1個の表面積は$(10^{-4}倍)^2 = 10^{-8}$倍**となる。一方，体積は，$4/3\pi r^3$…より，**直径の3乗に比例する**ので，粒子1個の体積は$(10^{-4}倍)^3 = 10^{-12}$倍となる。
　よって，粒子数は10^{12}個となるので，全体の表面積は，10^{-8}に10^{12}を掛けたものだから，10^4（**10,000倍**）となる。
　　　（結果的に，$10^{-2}m \Rightarrow 10^{-6}m$で$10^4$倍）
　(2)　NAS電池（ナトリウム硫黄電池）
　　　負極に**液体ナトリウム**，正極に**液体硫黄**を用い，約300℃の高温で動作する電池で，鉛蓄電池と比べて同じ体積で3倍のエネルギーを蓄えることができ，充放電も2,000回以上繰り返し使える電池である。

〈危険物に関する法令〉

【問題1】 法別表第1に定める第4類の危険物の品名について，次の文の（A），（B）にあてはまる数値の組み合わせとして，正しいものはどれか。

「特殊引火物とは，ジエチルエーテル，二硫化炭素その他1気圧において，発火点が100℃以下のもの又は引火点が（A）℃以下で，沸点が（B）℃以下のものをいう。」

	（A）	（B）
(1)	20	40
(2)	0	20
(3)	−20	40
(4)	−30	20
(5)	−40	40

【問題2】 耐火構造の隔壁で完全に区分された5室を有する同一の屋内貯蔵所において，次に示す危険物をそれぞれの室に貯蔵する場合，法令上，この屋内貯蔵所は指定数量の何倍の危険物を貯蔵していることになるか。

赤リン――――――――――500 kg
硫黄――――――――――――400 kg
過酸化水素――――――――600kg
酸化プロピレン―――――――1,000 ℓ
硝酸――――――――――――1,200 kg

(1) 22倍　　(2) 25倍　　(3) 30倍
(4) 33倍　　(5) 35倍

【問題3】 法令上，製造所等を仮使用しようとする場合，市町村等への承認申請の内容として，次のうち正しいものはどれか。

(1) 屋外貯蔵所の変更の許可を受け，その工事中に許可された品名及び数量の危険物を貯蔵するため，変更部分の仮使用の申請をした場合

(2) 屋内貯蔵所の一部変更の許可を受け，その工事期間中及び完成検査を受けるまでの間，変更工事に係る部分以外の部分について，仮使用の申請をした場合

(3) 屋外タンク貯蔵所の一部変更の許可を受け，その工事が終了したので，完成検査を受けるまでの間，工事終了部分について，仮使用の申請をした

模擬テスト　481

場合

(4) 給油取扱所の一部変更の許可を受け，その工事中であるが，完成検査前検査に合格した専用タンクについて，仮使用の申請をした場合

(5) 一般取扱所の一部変更の許可を受け，完成検査の結果不良箇所があり不合格になったので，不良箇所以外の部分について，仮使用の申請をした場合

【問題4】 製造所等の維持，管理に関する次の下線部分（A）〜（D）のうち，法令上，誤っているものはどれか。

「製造所等の（A）所有者等は，製造所等の位置，構造及び設備が技術上の基準に適合するように維持しなければならない。

（B）市町村長等は，製造所等の位置，構造及び設備が技術上の基準に従っていないと認めるときは，製造所等の（C）危険物取扱者の資格を有する者に対し，技術上の基準に適合するように，これらを（D）修理し，改造し，又は移転すべきことを命ずることができる。」

(1) A，E (2) B，D (3) C
(4) C，D (5) D

【問題5】 法令上，危険物の取扱作業の保安に関する講習に関する次の記述のうち，誤っている箇所はどれか。

「製造所等において危険物の取扱作業に従事している危険物取扱者は，その取扱作業に従事し始めた日から（A）2年以内，その後は，講習を受けた日以後における最初の4月1日から（B）3年以内に受講しなければならない。

ただし，従事し始めた日から過去（C）1年以内に免状の交付か講習を受けた者は，その交付や講習の日以後における最初の4月1日から（D）3年以内に受講すればよい。」

(1) A (2) A，C (3) A，D
(4) B，D (5) C，D

【問題6】 法令上，危険物保安監督者の業務について，次のうち誤っているものはいくつあるか。

A 危険物の取扱作業の保安に関し，必要な監督業務を実施すること。

B 製造所等の位置，構造又は設備の変更その他法に定める諸手続に関する業務を行うこと。

482 第4編 模擬テスト

C　危険物の取扱作業の実施に関し，当該作業に立ち会っている危険物取扱者に対し，予防規程等の保安に関する規定に適合するように必要な指示を与えること。

D　危険物保安監督者が法に違反したときは，直ちに解任を命ぜられる。

E　危険物の取扱作業に関して保安の監督をする場合は，誠実にその業務を行わなければならない。

(1)　1つ　　(2)　2つ　　(3)　3つ　　(4)　4つ　　(5)　5つ

【問題7】　法令上，製造所等において予防規程に定めなければならない事項に該当しないものは，次のうちどれか。

(1)　補修等の方法に関すること。

(2)　危険物の保安に関する業務を管理する者の職務及び組織に関すること。

(3)　危険物保安監督者が旅行，疾病その他の事故によって，その職務を行うことができない場合にその職務を代行する者に関すること。

(4)　施設の工事における火気の使用若しくは取扱いの管理又は危険物等の管理等安全管理に関すること。

(5)　危険物施設において火災が発生した場合，当該施設が火災及び消火で受けた損害調査に関すること。

【問題8】　次のA〜Eの製造所等のうち，当該製造所等の建築物その他の工作物の周囲に，法令上，一定の空地を保有しなくてもよいものの組み合わせは，いくつあるか。

A　給油取扱所，屋内タンク貯蔵所，地下タンク貯蔵所

B　製造所，屋外タンク貯蔵所，一般取扱所

C　一般取扱所，販売取扱所，屋外貯蔵所

D　製造所，給油取扱所，屋外タンク貯蔵所

E　屋内タンク貯蔵所，移動タンク貯蔵所，給油取扱所

(1)　1つ　　(2)　2つ　　(3)　3つ　　(4)　4つ　　(5)　5つ

【問題9】　次の文の（　）内に当てはまる語句または数値として，次のうち正しいものはどれか。

「移動タンク貯蔵所には，（A）を（B）個以上設置する必要がある」

	A	B
(1)	第3種消火設備	1

模擬テスト　483

(2)　第4種消火設備　　　　　1

(3)　第4種消火設備　　　　　2

(4)　第5種消火設備　　　　　1

(5)　第5種消火設備　　　　　2

【問題10】　法令上，屋外貯蔵タンクに危険物を注入するとき，あらかじめタンク内の空気を不活性の気体と置換しておかなくてもよいものは，次のうちどれか。

(1)　アルキルアルミニウム　　　(2)　アルキルリチウム

(3)　酸化プロピレン　　　　　　(4)　アセトアルデヒド

(5)　ジエチルエーテル

【問題11】　危険物を運搬する場合の技術上の基準として，法令上，次のうち誤っているものはいくつあるか。

A　運搬容器は収納口を上方又は横方に向けて積載しなければならない。

B　液体の危険物は，内容積の98％以下の収納率であって，かつ，55℃の温度において漏れないように十分な空間容積を有すること。

C　指定数量以上の危険物を車両で運搬する場合は，危険物取扱者の乗車が義務づけられている。

D　危険物は運搬容器の外部に危険物の品名，数量等を表示して積載しなければならない。

E　特殊引火物を運搬する場合は，運搬容器を日光の直射から遮るため遮光性の被覆で覆わなければならない。

(1)　なし　　(2)　1つ　　(3)　2つ　　(4)　3つ　　(5)　4つ

【問題12】　法令上，製造所等に設ける消火設備の設置基準について，次のうち正しいものはどれか。

(1)　危険物については，指定数量の100倍を1所要単位とすること。

(2)　電気設備に対する消火設備は，電気設備を設置する場所の面積50㎡ごとに，1個以上設けること。

(3)　移動タンク貯蔵所には，第4種の消火設備と第5種の消火設備をそれぞれ1個以上設けること。

(4)　地下タンク貯蔵所には，第5種の消火設備を2個以上設けること。

(5)　第5種の消火設備は，原則として防護対象物の各部分から1つの消火設

備に至る歩行距離が30 m 以下となるように設けること。

【問題13】 法令上，製造所等における地下埋設タンク等及び地下埋設規則に定める漏れの点検について，次のうち正しいものはどれか。
(1) 二重殻タンクの内殻についても，漏れの点検を行う必要がある。
(2) 点検の記録の保存期間は，1年間である。
(3) 点検は，危険物取扱者又は危険物施設保安員で漏洩の点検方法に関する知識及び技能を有する者が行うことができる。
(4) 点検は，タンク容量3,000 ℓ 以上のものについて行わなければならない。
(5) 点検を実施した場合は，その結果を消防長又は消防署長に報告しなければならない。

【問題14】 法令上，一定数量以上の危険物貯蔵し，又は取り扱う場合，警報設備のうち自動火災報知設備を設けなければならない旨の規定が設けられている製造所等は，次のうちどれか。
(1) 屋外貯蔵所　　　(2) 移送取扱所
(3) 地下タンク貯蔵所　　　(4) 屋内貯蔵所
(5) 第2種販売取扱所

【問題15】 次の屋外貯蔵タンク（岩盤タンク及び特殊液体危険物タンク以外のもの）を同一の防油堤内に設置する場合，この防油堤の必要最小限の容量として，次のうち正しいものはどれか。
・1号タンク……ガソリン200kℓ
・2号タンク……灯油1,000kℓ
・3号タンク……重油800kℓ
・4号タンク……軽油600kℓ
(1) 220kℓ　　　(2) 660kℓ　　　(3) 1,100kℓ
(4) 1,660kℓ　　　(5) 2,600kℓ

〈物理学及び化学〉

【問題16】 下表から考えて，次の記述で誤っているものはどれか。（圧力の単位は気圧）

	水	酸　素	水　素	アンモニア	二酸化炭素
臨界温度	374℃	－118℃	－240℃	132℃	31℃
臨界圧力	217.6	49.8	12.8	111.3	72.8

(1)　水は366℃では，液体の状態のときもある。

(2)　水の温度が100℃のときは，217.6気圧以下の圧力でも液化することができる。

(3)　水素や酸素は，二酸化炭素に比べると液化しやすい物質である。

(4)　アンモニアは，142℃では気体である。

(5)　アンモニアが132℃のときは，111.3気圧以上の圧力をかけると液化しやすい。

【問題17】　**物質の単体，化合物，混合物について，次のうち正しいものはどれか。**

(1)　単体は，純物質でただ1種類の元素のみからなり，通常の元素名とは異なる。

(2)　化合物のうち，無機化合物は酸素，窒素，硫黄などの典型元素のみで構成されている。

(3)　化合物は，分解して2種類以上の別の物質に分けることができない。

(4)　混合物は，混ざり合っている純物質の割合が異なっても，融点や沸点などが一定で，固有の性質を持つ。

(5)　気体の混合物は，その成分が必ず気体であるが，溶液の混合物は必ずしもその成分がすべて液体であるとは限らない。

【問題18】　**炭素の一般的性状等について，次のうち誤っているものはどれか。**

(1)　炭素の同素体には，ダイヤモンドやグラファイトのほか，無定形炭素やカーボンナノチューブなどがある。

(2)　炭素は，常温において化学的に安定で，有機化合物を構成している主要な元素である。

(3)　一般的に，原子価は4価である。

(4)　すす，木炭およびカーボンブラックの主成分は無定形炭素である。

(5)　炭素は，常温において酸素と化合し，一酸化炭素や二酸化炭素となる。

【問題19】　**次に揚げる物質のうち，分子内にカルボキシル基を含むものはいくつあるか。**

486　第4編　模擬テスト

安息香酸　　マレイン酸　　フタル酸　　サリチル酸　　ピクリン酸

(1)　1つ　　(2)　2つ　　(3)　3つ　　(4)　4つ　　(5)　5つ

【問題20】　気体状態の化合物１ℓを完全燃焼させたところ，同温同圧の酸素２ℓを消費した。この化合物に該当するものとして，次のうち正しいものはどれか。ただし，いずれも理想気体として挙動するものとする。

(1)　アセトン　　(2)　アセチレン　　(3)　ジメチルエーテル

(4)　酢酸　　　　(5)　アセトアルデヒド

【問題21】　過酸化水素水42.5ｇが完全に水と酸素に分離した。この発生した酸素を捕集したところ，標準状態で11.2ℓであった。この過酸化水素水中の過酸化水素の質量パーセント濃度は次のうちどれか。

ただし，過酸化水素の分子量は，34とする。

(1)　26.3%　　(2)　33.0%　　(3)　50.0%

(4)　80.0%　　(5)　100.0%

【問題22】　次の反応式のうち，酸化，還元反応でないものはどれか。

A　　$Fe + H_2SO_4 \rightarrow H_2 + FeSO_4$

B　　$SO_2 + 2 H_2S \rightarrow 3 S + 2 H_2O$

C　　$MnO_2 + 4 HCl \rightarrow MnCl_2 + Cl_2 + 2 H_2O$

D　　$NaCl + AgNO_3 \rightarrow AgCl + NaNO_3$

E　　$2 KI + Cl_2 \rightarrow 2 KCl + I_2$

F　　$2 K_4 [Fe (CN)_6] + Cl_2 \rightarrow 2 K_3 [Fe (CN)_6] + 2 KCl$

(1)　A, C　　(2)　B　　(3)　C, E　　(4)　D　　(5)　F

【問題23】　次に掲げる物質のうち，分子内にカルボニル基を含むものはいくつあるか。

エチルメチルケトン，グリセリン，ジエチルエーテル，トルエン，プロピルアルコール

(1)　1つ　　(2)　2つ　　(3)　3つ　　(4)　4つ　　(5)　5つ

【問題24】　次の③の熱化学方程式は，①と②の熱化学方程式を利用して，一酸化炭素が不完全燃焼した時の反応熱を求めたものである。（　）内に入る数値として，正しいものは次のうちどれか。

$$C+O_2 = CO_2（気）+394\,kJ\cdots\cdots\cdots\cdots\cdots\cdots\cdots①$$
$$C+CO_2 = 2\,CO（気）-162\,kJ\cdots\cdots\cdots\cdots\cdots②$$
$$CO + 1／2\,O_2 = CO_2（気）+（\quad）kJ\cdots\cdots\cdots③$$

(1)　55 kJ

(2)　111 kJ

(3)　139 kJ

(4)　278 kJ

(5)　556 kJ

【問題25】　**燃焼の一般的事項について，次のうち誤っているものはどれか。**

(1)　周囲の温度が高いほど燃焼は起きやすい。

(2)　活性化エネルギーが小さいほど，燃焼は起きやすい。

(3)　内部（自己）燃焼する物質は，燃焼速度が速い。

(4)　酸素の供給量が十分な場合は，物質の燃焼する温度が高くなり燃焼速度は速くなる。

(5)　気体の燃焼速度は，その濃度が燃焼範囲の上限値に近いほど速い。

〈危険物の性質並びにその火災予防及び消火の方法〉

【問題26】　**危険物の類ごとの性状について，次のA～Eのうち，誤っているものはいくつあるか。**

A　第1類の危険物は，一般に，不燃性物質であるが，他の物質を酸化する酸素を物質中に含有している。

B　第3類の危険物は，空気または水との接触によって，発火または可燃性ガスを発生する危険性を有する固体または液体である。

C　第4類の危険物は，発火点を有し，発火点の高いものほど発火の危険性が高い。

D　第5類の危険物は，いずれも可燃性の固体で，比重は1より大きく，分子内に燃焼に必要な酸素を含有している。

E　第6類の危険物は，可燃性のものは有機化合物であり，不燃性のものは無機化合物である。

(1)　1つ　　(2)　2つ　　(3)　3つ　　(4)　4つ　　(5)　5つ

【問題27】　**第5類の危険物に共通する性状について，次のうち正しいものはどれか。**

488　第4編　模擬テスト

⑴　いずれも窒素または酸素を含有している。

⑵　自然発火の危険性はない。

⑶　いずれも水に溶ける。

⑷　水と接触すると発熱する。

⑸　いずれも固体である。

【問題28】　第6類の危険物に共通する性状として，次のうち正しいものはどれか。

⑴　不燃性の液体である。

⑵　赤褐色を帯びた液体である。

⑶　常温（20℃）で可燃性の有毒ガスを発生する。

⑷　いずれも熱等によって分解されるが，日光によっては分解されない。

⑸　可燃物と混合すると爆発する。

【問題29】　次の危険物の性状に照らして，水による消火方法が最も適切なものはどれか。

⑴　アルキルアルミニウム　　⑵　五硫化リン　　⑶　ニトロセルロース

⑷　過酸化バリウム　　　　　⑸　ベンゼン

【問題30】　次のうち，水による消火ができないものはいくつあるか。

㈧　赤リン

㈨　金属粉

㈩　過酸化ナトリウム

㈣　硫黄

㈤　カリウムなどの第3類危険物（黄リン除く）

㈥　アジ化ナトリウム

⑴　1つ　　⑵　2つ　　⑶　3つ　　⑷　4つ　　⑸　5つ

【問題31】　過酸化ベンゾイルについて，次のうち誤っているものはどれか。

⑴　水より重い。

⑵　日光によって分解が促進されるので，直射日光を避けて冷所に貯蔵する。

⑶　水と反応して白煙を生じる。

⑷　濃硫酸や硝酸などの強酸と接触すると分解が促進され，発火，爆発のお

それがある。

(5) 消火の際は，大量の水や泡消火剤を用いるのがよい。

【問題32】　三酸化クロムの性状等について，次のうち誤っているものはどれか。

(1) 深赤色または暗赤色の針状の結晶である。

(2) 加熱すると約250℃で分解し酸素を放出する。

(3) 非常に有毒で，酸化性の強い物質である。

(4) 水との接触を避け，ジエチルエーテル中に保管する。

(5) エタノール，アセトンなどと接触すると爆発的に発火する。

【問題33】　次の文の下線部分（Ａ）〜（Ｆ）のうち，誤っているもののみを掲げているものはどれか。

　「アルキルアルミニウムは，一般にアルキル基とアルミニウムを有する化合物をいうが，(A) これにはすべてハロゲンが含まれている。

　この化合物のうち低分子量のものは，常温（20℃）で液体のものが多く，また空気に触れると発火するものがある。

　しかし，(B) 水とは反応しない。空気に触れることによる発火の危険性は，一般に (C) 炭素数が増加するに従って低下する。(D) 皮膚に付着すると激しい火傷を起こす。

　消火には (E) 注水消火が適するが，(F) ハロン1301，二酸化炭素等による消火は適さない。」

(1) （A）と（B）と（E）

(2) （A）と（C）と（F）

(3) （A）と（D）と（F）

(4) （B）と（C）と（E）

(5) （B）と（D）と（E）

【問題34】　炭化カルシウム（カーバイド）について次の（　）内のＡ〜Ｃに入る語句の組み合わせとして正しいものはどれか。

　「純品は常温（20℃）で無色透明な結晶だが，一般に流通しているものは不純物を含み（Ａ）を呈していることが多い。高温では強い（Ｂ）がある。また水と作用して発熱し，可燃性の（Ｃ）を発生する。」

	A	B	C
(1)	灰色	還元性	アセチレン
(2)	褐色	酸化性	エチレン
(3)	灰色	還元性	エチレン
(4)	褐色	酸化性	アセチレン
(5)	灰色	酸化性	アセチレン

第4編

模擬テスト

【問題35】　水素化ナトリウムの性状について，次のうち誤っているものはどれか。
(1)　比重は1より大きい。
(2)　灰色の粉末である。
(3)　空気中の湿気で自然発火することがある。
(4)　加熱によりナトリウムと水素に分解することがある。
(5)　酸化性が強く，金属塩化物，金属酸化物から金属を遊離する。

【問題36】　ニトロセルロースを強綿薬と弱綿薬と分けて呼ぶことがあるが，この相違について，次のうち正しいものはどれか。
(1)　水分の含有量による相違
(2)　固さによる相違
(3)　含有窒素量による相違
(4)　分子量による相違
(5)　ニトロ化するときの温度による相違

【問題37】　次の文中の（　）内のA～Cに該当する語句の組み合わせとして，正しいものはどれか。
　「アルミニウム粉は（A）の金属粉であり，酸，アルカリに溶けて（B）を発生する。また，湿気や水分により（C）することがあるので，取扱いには注意が必要である。」

	A	B	C
(1)	灰青色	酸素	自然発火
(2)	銀白色	水素	自然発火
(3)	灰青色	酸素	熱分解
(4)	銀白色	水素	熱分解
(5)	灰青色	水素	自然発火

模擬テスト　491

【問題38】 過酢酸の性状に関する次のA～Dについて，正誤の組み合わせとして，正しいものはどれか。

A　加熱すると爆発する。

B　有毒で粘膜に対する刺激性が強い。

C　アルコール，エーテルには溶けない。

D　空気と混合して，引火性，爆発性の気体を生成する。

	A	B	C	D
(1)	×	○	○	×
(2)	○	×	○	×
(3)	○	×	×	×
(4)	×	○	×	○
(5)	○	○	×	○

注：表中の○は正，×は誤を表すものとする。

【問題39】 ガソリンの代替エネルギーとしてメタノールが使用されることがあるが，両者について誤っているものはどれか。

(1)　ガソリンの組成は炭素数4～10程度の炭化水素混合物である。

(2)　メタノールの炎は青白くて見えづらいため，消火の際には注意が必要である。

(3)　蒸気はガソリンの方が重く，低所に滞留しやすい。

(4)　メタノールの方が温暖化ガスの排出を削減する効果が高い。

(5)　ガソリンよりもメタノールの方が燃焼範囲が狭いため，窒息消火がより有効である。

【問題40】 過塩素酸の性状について，次のうち誤っているものはどれか。

(1)　無水物は鉄や銅と激しく反応して酸化物を生成する。

(2)　水と接触すると発熱する。

(3)　銀，銅などのイオン化傾向の小さな金属も溶解する。

(4)　腐食性を有している。

(5)　赤褐色で刺激臭のある液体である。

【問題41】 硫酸ヒドロキシルアミンの性状等について，次のA～Eのうち，正しいものを組合わせたものはどれか。

A　酸化剤や金属粉と接すると激しく反応するが，アルカリに対しては安定である。

492　第4編　模擬テスト

B　粉じんが舞い上がり空気と混合すると，粉じん爆発のおそれがある。

C　水溶液の貯蔵には金属（鉄，銅）製の容器が適している。

D　エーテルやアルコールによく溶ける。

E　高温面や炎に触れると有毒ガスが発生するおそれがある。

(1)　AとC

(2)　AとD

(3)　BとD

(4)　BとE

(5)　CとE

【問題42】　**過酸化ナトリウムの貯蔵または取扱いについて，次のA～Eのうち誤っているものはいくつあるか。**

A　異物が混入しないようにする。

B　乾燥状態で保管する。

C　安定剤として，少量の硫黄を加えて保管する。

D　有機物との接触を避ける。

E　ガス抜き口を設けた容器に貯蔵する。

(1)　1つ　　(2)　2つ　　(3)　3つ　　(4)　4つ　　(5)　5つ

【問題43】　**過酸化水素の貯蔵，取扱いについて，次のうち誤っているものはどれか。**

(1)　安定剤として，アルカリを加え分解を抑制する。

(2)　安定剤には，尿酸を用いることもある。

(3)　日光の直射を避ける。

(4)　濃度の高いものは，皮膚や粘膜を腐食するので注意が必要である。

(5)　漏れたときは，多量の水で洗い流す。

【問題44】　**亜鉛粉の性状について，次のうち誤っているものはどれか。**

(1)　水を含むと酸化熱を蓄積し，自然発火することがある。

(2)　濃硝酸と混合したものは，加熱，摩擦等によって発火する。

(3)　軽金属に属し，高温に熱すると赤色光を放って発火する。

(4)　粒度が小さいほど，燃えやすくなる。

(5)　2個の価電子をもち，2価の陽イオンになりやすい。

【問題45】 混合しても，発火または爆発の危険がない組み合わせは次のうちどれか。

(1) 硝酸とメタノール

(2) 過酸化水素と金属粉

(3) ナトリウムと灯油

(4) 塩素酸カリウムと赤リン

(5) 過マンガン酸カリウムとグリセリン

模擬テストの解答と解説

【問題 1 】 解答 (3)

【問題 2 】 解答 (5)

解説 指定数量の倍数は，第 2 類の危険物である赤りんと硫黄が**100kg**，第 6 類の危険物である過酸化水素と硝酸が**300kg**，そして，第 4 類危険物の特殊引火物である酸化プロピレンが**50ℓ**となっています。従って，それぞれ倍数を計算すると，赤リン⇒500 kg／100kg＝ **5** ，硫黄⇒400 kg／100 kg ＝ **4** ，過酸化水素⇒600kg／300 kg＝ **2** ，酸化プロピレン⇒1,000 ℓ／50 ℓ ＝**20**，硝酸⇒1,200 kg／300kg＝ **4** ，となるので，倍数の合計は，**5 ＋ 4 ＋ 2 ＋20＋ 4 ＝35倍**，となります。

【問題 3 】 解答 (2)

解説 本文の問題でも解説しましたが，ポイントは，「完成検査を受ける前」と「変更工事に係る部分<u>以外</u>の部分」そして「市町村長等」です。

【問題 4 】 解答 (3)

解説 （C）は，「製造所等の**所有者等**に対し，」となります。

【問題 5 】 解答 (2)

解説 Aは 1 年以内，Cは 2 年以内が正解。

【問題 6 】 解答 (2)

解説 BとDが誤りです（Dは，絶対的に解任を命ずるのではなく，「解任することが<u>できる</u>」となっています）。

【問題 7 】 解答 (5)

解説 予防規程は危険物施設についての保安に関する定めであり，(5)のように，損害調査に関することは含まれていないので誤りです。

【問題 8 】 解答 (2)

解説 保有空地が必要な施設は

第 4 編

模擬テストの解答と解説

「製造所，**屋内貯蔵所**，屋外貯蔵所，屋外タンク貯蔵所，**一般取扱所**，**簡易タンク貯蔵所**（**屋外**に設置したもの），移送取扱所（地上設置のもの）」（下線部は保安距離が必要な施設）なので，これらが含まれていない組合わせが正解となります。

それぞれを確認すると，AとEが3つともこれらに含まれていないので，2つが正解となります（下の簡易タンクは上の波線部分参照）。

【問題9】 解答 (5)

解説　移動タンク貯蔵所には，第5種消火設備（自動車用消火器）を2個以上設置する必要があります。

【問題10】 解答 (5)

解説　次の危険物を，貯蔵タンク（屋内貯蔵タンク，屋外貯蔵タンク，移動貯蔵タンクなど）に注入するときは，あらかじめタンク内の空気を**不活性の気体**と置換しておく必要があります。

「・アルキルアルミニウム・アルキルリチウム・アセトアルデヒド・酸化プロピレン」など。

従って，(5)のジエチルエーテルがこれらに含まれておりません。

【問題11】 解答 (3)

解説　A 「横方」の部分が誤りです。

C 移送の場合は危険物取扱者の乗車が義務づけられていますが，運搬の場合は義務づけられていないので，誤りです。

（A，Cの2つが誤り）

【問題12】 解答 (4)

解説　(1) 危険物については，指定数量の**10倍**を1所要単位とします。

(2) 電気設備に対する消火設備は，電気設備を設置する場所の面積100㎡ごとに，1個以上設ける必要があります。

(3) 移動タンク貯蔵所には，第5種の消火設備を2個以上設ける必要があります。

(5) 第4種の消火設備が30m以下で，第5種の消火設備が20m以下となっています。

【問題13】 解答 (3)

解説 (1) 次のタンク等については，漏れの点検が不要です。

・二重殻タンクの**内殻**

・二重殻タンクの強化プラスチック製の外殻とタンクの間に**漏れを検知する液体**が満たされているもの

・危険物の**微小な**＊**漏れを検知**する措置が講じられているもの（＊単に漏れ検知する措置だけなら，3年に1回実施しなければならない。）

(2) 点検の記録の保存期間は**3年間**です（注：移動貯蔵タンクは10年間）。

(4) そのような数値の規定はないので，誤りです。

(5) 報告する義務はありません。

【問題14】 解答 (4)

解説 移動タンク貯蔵所以外で指定数量の倍数が10倍以上の製造所等には警報設備が必要ですが，「**製造所，一般取扱所，屋内貯蔵所，屋外タンク貯蔵所，屋内タンク貯蔵所，給油取扱所**」には，その警報設備のうち，自動火災報知設備を設置する必要があります。

【問題15】 解答 (3)

解説 防油堤の容量は，タンク容量の110％以上必要ですが，同一の防油堤内にタンクが2つ以上ある場合は，最大のタンク容量の110％以上の容量が必要となります。

従って，本問では2号タンクの灯油の1,000kℓが最大のタンク容量となるので，その110％以上，すなわち，1,100kℓ以上の容量が必要となります。

〈物理及び化学〉

【問題16】 解答 (3)

解説 水素や酸素は，二酸化炭素に比べると臨界温度が非常に低いので，液化しにくい物質です。

(1) 366℃は水の臨界温度以下なので，液体である場合もあります。

(2) 100℃は水の臨界温度以下なので，臨界圧力の217.6気圧以下の圧力でも液化することができます。

(4) 142℃はアンモニアの臨界温度以上の温度なので，液体ではなく，気体の状態になります。

第4編 模擬テストの解答と解説

模擬テストの解答と解説　497

(5) 132℃はアンモニアの臨界温度なので，臨界圧力以上を加えると，液化
します。

【問題17】　解答　(5)

解説
(1) 単体は，カリウム（K）などのように，通常の元素名と同じです。
(2) 無機化合物は典型元素のみではなく，ほとんどの元素から構成されてい
ます。
(3) 化合物は，分解して2種類以上の別の物質に分けることができるので誤
りです。
(4) 混合物は，混ざり合っている純物質の割合が異なると，融点や沸点など
も異なるので，誤りです。
(5) たとえば，空気の成分は酸素や窒素など，必ず気体だけですが，溶液の
混合物，たとえば，食塩水は固体の食塩と液体の水からなるように，液体
のみに限りません。

【問題18】　解答　(5)

解説　炭素は，常温ではなく，**高温**において酸素と化合し，一酸化炭素や二
酸化炭素となります。
(1) 無定形炭素とは，黒鉛の微小な結晶が不規則に集まったものをいい，該
当するものには木炭やススなどがあります。

【問題19】　解答　(4)

解説　カルボキシル基は（COOH）であり，次のように，ピクリン酸以外に
はカルボキシル基があります。
　　安息香酸……C_6H_5COOH，　　マレイン酸……$C_2H_2(COOH)_2$
　　フタル酸……$C_6H_4(COOH)_2$　サリチル酸……$C_6H_4(OH)COOH$
　　なお，ピクリン酸……$C_6H_2(OH)(NO_2)_3$はニトロ基（NO_2）のついたニ
トロ化合物です。

【問題20】　解答　(4)

解説　化合物1ℓを燃焼させるのに2ℓの酸素を消費するということは，倍
の体積の酸素が必要，ということです。従って，1 molを燃焼させるのに
必要な酸素量は2 molということになります。

従って，P. 221～222の問題18，19の解答にある反応式を参考にして，それぞれの反応式を作成した場合，2倍の酸素量，すなわち，2 O_2 となるのは，(4)の酢酸（$CH_3COOH + 2 O_2 → 2 CO_2 + 2 H_2O$）となります。

なお，本問は 2 ℓ の酸素を消費する化合物の問題ですが，4 ℓ の酸素を消費する化合物の場合は，下の反応式より，(1)のアセトン（CH_3COCH_3）が正解になります（⇒出題例あり）。　$CH_3COCH_3 + 4 O_2 → 3 CO_2 + 3 H_2O$

第4編 模擬テストの解答と解説

【問題21】 解答 (4)

解説 質量パーセント濃度 $= \dfrac{溶質の質量 (g)}{溶液の質量 (g)} \times 100$〔%〕より，溶液の質量は 42.5 g なので，あとは溶質の質量 (g) を求めればよいことになります。

反応式は次のようになり，mol 数の割合は下に記したようになります。

$$2 H_2O_2 \quad → \quad 2 H_2O \quad + \quad O_2↑$$

2 mol　　　　　　　2 mol　　　　　　1 mol

酸素が11.2 ℓ ということは，1 mol（22.4 ℓ）の半分，つまり，0.5 mol になります。従って，上式の比率より，過酸化水素も 2 mol の半分，つまり，1 mol（34 g）が溶液中にあった，ということになります。よって，

$$質量パーセント濃度 = \dfrac{溶質の質量 (g)}{溶液の質量 (g)} \times 100〔\%〕$$

$$= \dfrac{34}{42.5} \times 100 = 80\% \quad となります。$$

【問題22】 解答 (4)

解説
A　Fe の酸化数は 0 ⇒ ＋2 で**酸化**，H は ＋1 ⇒ 0 で**還元**。

B　2 H_2S の S は － 2 ⇒ 0 で**酸化**，SO_2 の S は ＋ 4 ⇒ 0 で**還元**。

C　Mn の酸化数は ＋4 ⇒ ＋2 で**還元**，Cl は － 1 ⇒ 0 と**酸化**。

D　Na の酸化数は ＋1 ⇒ ＋1，Cl は － 1 ⇒ － 1　といずれも変化なし。

E　I の酸化数は － 1 ⇒ 0 で**酸化**，Cl は 0 ⇒ － 1 で**還元**。

F　Fe は ＋2 ⇒ ＋3 で**酸化**，Cl は 0 ⇒ － 1 で**還元**

【問題23】 解答 (1)

解説 カルボニル基とは，炭素原子と酸素原子間に二重結合のある官能基（＞C＝O）のことで，このカルボニル基に水素原子が 1 個結合した化合物がアルデヒド，2 個の炭化水素基が結合した化合物がケトンとなります。

模擬テストの解答と解説　499

（このケトンに含まれるカルボニル基を特にケトン基という）

さて，それぞれの構造式を示すと，

$$CH_3-\overset{\overset{\displaystyle O}{\|}}{C}-CH_2-CH_3$$
エチルメチルケトン

$$\begin{array}{l} CH_2OH \\ | \\ CHOH \\ | \\ CH_2OH \end{array}$$
グリセリン

$$CH_3$$
トルエン

$$\begin{array}{c} H\ H \quad\quad H\ H \\ |\ \ | \quad\quad\ |\ \ | \\ H-C-C-O-C-C-H \\ |\ \ | \quad\quad\ |\ \ | \\ H\ H \quad\quad H\ H \end{array}$$
ジエチルエーテル

$$C_3H_7-OH$$
プロピルアルコール

以上より，分子内にカルボニル基 $>C=O$ を含むものは，エチルメチルケトン（別名，メチルエチルケトン）の１つになります。

【問題24】 解答 (4)

解説 ①－②より

$$O_2-CO_2=CO_2-2\,CO+556\,kJ \quad （2\,CO を左辺に移項）$$
$$2\,CO+O_2=2\,CO_2+556\,kJ \quad （両辺を2で割ると）$$
$$CO+1/2\,O_2=CO_2+278\,kJ \quad となります。$$

【問題25】 解答 (5)

解説 気体の燃焼速度は，燃焼範囲の下限値や上限値に近いほど**遅く**なります。

〈危険物の性質並びにその火災予防及び消火の方法〉

【問題26】 解答 (3)

解説 　A，B　正しい。
　C　発火点の高いものほど発火の危険性は低いので，誤りです。
　D　第5類の危険物は，可燃性の固体または液体なので，誤りです（他は正しい）。
　E　第6類の危険物は，不燃性であり，可燃性のものはないので，誤りです。
　　従って，誤っているものは，C，D，Eの3つということになります。

【問題27】 解答 (1)

解説 　(1)　第5類危険物には窒素化合物が多いですが，その窒素か酸素をい

500　第4編　模擬テスト

ずれかは含有しているので，正しい。

(2) ニトロセルロースのように，自然発火を起こす危険物もあるので，誤りです。

(3) 第5類危険物には，水に溶けるものもあれば溶けないものもあるので，誤りです。

(4) 第5類危険物は水とは反応しないので，誤りです。

(5) 第5類危険物は，可燃性の固体または液体なので，誤りです。

【問題28】 解答 (1)

解説 (2) 第6類危険物のほとんどは無色であり，赤褐色なのは発煙硝酸のみです。

(3) 硝酸のように，常温（20℃）でも二酸化窒素（有毒）を発生するものもありますが，すべての第6類危険物に共通する性状ではないので，誤りです。

(4) 過酸化水素のように日光によって分解されるものもあるので，誤りです。

(5) 第6類危険物は，可燃物や有機物との接触をさける必要がありますが，混合したからといって必ずしも爆発するわけではないので，誤りです。

【問題29】 解答 (3)

解説 一般的に，原則注水消火なのは，1類，2類，5類，6類の危険物です。

(1) アルキルアルミニウムは，第3類の禁水性物質であるので，注水消火は厳禁です。

(2) 五硫化リンは，第2類の危険物ではありますが，注水により硫化水素を発生するので，不適です。

(3) ニトロセルロースは，第5類の危険物であり，注水消火による冷却消火が最も効果的なので，これが正解となります。

(4) 過酸化バリウムは第1類の危険物ですが，アルカリ土類金属に注水消火は不適です。

(5) ベンゼンは，第4類第1石油類の引火性液体なので，注水消火は不適です。

【問題30】 解答 (4)

解説 （B）の金属粉，（C）の過酸化ナトリウム（アルカリ金属の過酸化

模擬テストの解答と解説　501

物），（E）の黄リン除く第3類危険物，（F）のアジ化ナトリウム（第5類危険物）の4つです（P.478の②，注水が不適当なもの参照）。

【問題31】 解答 (3)
解説 第5類の危険物は，水とは反応しないので，誤りです。

【問題32】 解答 (4)
解説 第1類の危険物で，保護液中に保存するものはありません。

【問題33】 解答 (1)
それぞれ次のようになります。
（A）⇒ これにはハロゲンと結合しているものも含む。
（B）⇒ 水とは激しく反応し，
（E）⇒ 注水は厳禁で，

【問題34】 解答 (1)
解説 正解は，次のようになります。
「純品は常温（20℃）で無色透明な結晶だが，一般に流通しているものは不純物を含み（灰色）を呈していることが多い。高温では強い（還元性）がある。また水と作用して発熱し，可燃性の（アセチレン）を発生する。」

【問題35】 解答 (5)
解説 (1) 水素化ナトリウムの比重は1.40で正しい。
(5) 水素化ナトリウムは金属塩化物，金属酸化物から遊離するのは正しいですが「酸化性が強く」というのは誤りで「還元性が強く」が正解となります。

【問題36】 解答 (3)
解説 ニトロセルロースは，その窒素含有量の大小により，強綿薬（強硝化綿）と弱綿薬（弱硝化綿）と分けて呼ぶことがあります。
（窒素含有量が約13%以上のものを強綿薬（強硝化綿），約10〜12.7%のものを弱綿薬（弱硝化綿）と分けています。）

【問題37】 解答 (2)
解説 正解は，「アルミニウム粉は（銀白色）の金属粉であり，酸，アルカ

502 第4編 模擬テスト

リに溶けて（**水素**）を発生する。また，湿気や水分により（**自然発火**）することがあるので，取扱いには注意が必要である。」となります。

【問題38】 解答 (5)

解説　誤っているのはＣのみで，過酢酸（第5類危険物）は水のほか，アルコール，エーテルにも溶けます。

【問題39】 解答 (5)

解説　ガソリンが1.4〜7.6 vol%，メタノールが6.0〜36.0 vol%です。

【問題40】 解答 (5)

解説　過塩素酸は赤褐色ではなく，刺激臭のある**無色**の液体です（第6類の危険物は，発煙硝酸を除いて無色の液体です）。

【問題41】 解答 (4)

解説

A　硫酸ヒドロキシルアミンは，**アルカリ**存在下では爆発的に分解します。

C　金属を腐食させるので，ガラス製などの容器に入れて貯蔵します。

D　水には溶けますが，エーテルやアルコールには溶けません。

E　高温面や炎に触れると，窒素酸化物や硫黄酸化物などの有毒ガスを発生します。

【問題42】 解答 (2)

解説　過酸化ナトリウムは第1類の無機過酸化物であり，Ｃ，Ｅの2つが誤りです。

C　硫黄などの可燃物を混ぜると爆発する危険があるので，誤りです。

E　水分の侵入をさけるため，容器は密栓する必要があるので，誤りです。

【問題43】 解答 (1)

解説　過酸化水素（第6類危険物）をアルカリ性にすると，分解しやすくなるので，誤りです。

【問題44】 解答 (3)

解説　亜鉛粉（第2類危険物）を高温に熱すると，赤色光ではなく**緑青色**の

第4編　模擬テストの解答と解説

模擬テストの解答と解説　503

炎を放って燃焼し，酸化亜鉛を生じます。

(2) 第2類の危険物に共通する性質より，濃硝酸のような酸化剤と混合したものは，加熱，摩擦等によって発火するので，正しい。

【問題45】 解答 (3)

解説 混合した場合に，発火，爆発する危険があるのは，主に次のような組み合わせの場合です。

① 酸化性物質（⇒ 第1類と第6類）と還元性物質（第2類と第4類）
② 強酸と酸化性塩類（塩素酸塩類，過塩素酸塩類，過マンガン酸塩類）
③ 水と激しく反応して発火するもの……など。

従って，まず，(1)は，6類と4類，(2)は，6類と2類，(4)は，1類と2類，(5)は，1類と4類なので，いずれも，①より，発火または爆発の危険がある組み合わせとなります。

しかし，(3)は，3類と4類なので，上記に当てはまらず，また，ナトリウムは吸湿性があるので，逆に灯油中に貯蔵するので，これが発火または爆発の危険がない組み合わせ，ということになります。

読者の皆様方へご協力のお願い

小社では，常に本シリーズを新鮮で，価値あるものにするために不断の努力を続けております。つきましては，今後受験される方々のためにも，皆さんが受験された「試験問題」の内容をお送り願えませんか（1問単位でしか覚えておられなくても構いません）。

試験の種類，試験の内容（特に物理化学）について，また受験に関する感想を書いてお送りください。

お寄せいただいた情報に応じて薄謝を進呈いたします。
ご住所，お名前，電話番号，受験の場所をご記入の上お送りください。
個人情報は，他の目的での使用は致しませんので，ご安心ください。
何卒ご協力お願い申し上げます。

〒546－0012
大阪市東住吉区中野2－1－27
　　　㈱弘文社　編集部宛

henshu1@kobunsha.org
FAX：06(6702)4732

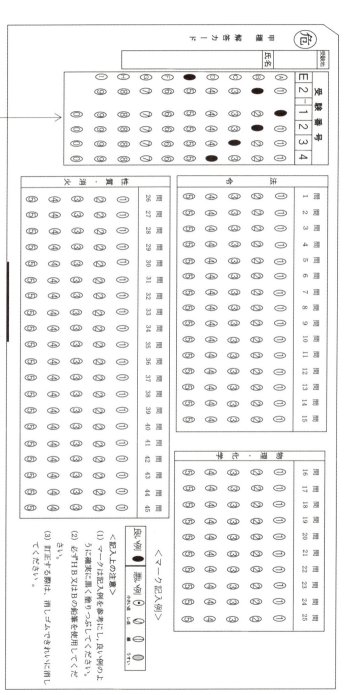

巻末資料

元素の周期表（1族, 2族, 12～18族：**典型**元素, 3族～11族：**遷移**元素⇒次頁下参照）

族\周期	1	2	3	4	5	6	7	8	9	10	11	12	13	14	15	16	17	18
1	1● H 1.008 水素																	2● He 4.003 ヘリウム
2	3 Li 6.941 リチウム	4 Be 9.012 ベリリウム											5 B 10.81 ホウ素	6 C 12.01 炭素	7● N 14.01 窒素	8● O 16.00 酸素	9● F 19.00 フッ素	10● Ne 20.18 ネオン
3	11 Na 22.99 ナトリウム	12 Mg 24.31 マグネシウム											13 Al 26.98 アルミニウム	14 Si 28.09 ケイ素	15 P 30.97 リン	16 S 32.07 硫黄	17● Cl 35.45 塩素	18● Ar 39.95 アルゴン
4	19 K 39.1 カリウム	20 Ca 40.08 カルシウム	21 Sc 44.96 スカンジウム	22 Ti 47.87 チタン	23 V 50.94 バナジウム	24 Cr 52.00 クロム	25 Mn 54.94 マンガン	26 Fe 55.85 鉄	27 Co 58.93 コバルト	28 Ni 58.69 ニッケル	29 Cu 63.55 銅	30 Zn 65.39 亜鉛	31 Ga 69.72 ガリウム	32 Ge 72.61 ゲルマニウム	33 As 74.92 ヒ素	34 Se 78.96 セレン	35○ Br 79.90 臭素	36● Kr 83.80 クリプトン
5	37 Rb 85.47 ルビジウム	38 Sr 87.62 ストロンチウム	39 Y 88.91 イットリウム	40 Zr 91.22 ジルコニウム	41 Nb 92.91 ニオブ	42 Mo 95.94 モリブデン	43 Tc [99] テクネチウム	44 Ru 101.1 ルテニウム	45 Rh 102.9 ロジウム	46 Pd 106.4 パラジウム	47 Ag 107.9 銀	48 Cd 112.4 カドミウム	49 In 114.8 インジウム	50 Sn 118.7 スズ	51 Sb 121.8 アンチモン	52 Te 127.6 テルル	53 I 126.9 ヨウ素	54● Xe 131.3 キセノン
6	55 Cs 132.9 セシウム	56 Ba 137.3 バリウム	57～71 ランタノイド	72 Hf 178.5 ハフニウム	73 Ta 180.9 タンタル	74 W 183.8 タングステン	75 Re 186.2 レニウム	76 Os 190.2 オスミウム	77 Ir 192.2 イリジウム	78 Pt 195.1 白金	79 Au 197.0 金	80○ Hg 200.6 水銀	81 Tl 204.4 タリウム	82 Pb 207.2 鉛	83 Bi 209.0 ビスマス	84 Po [210] ポロニウム	85 At [210] アスタチン	86● Rn [222] ラドン

〔 〕の数はもっとも長い半減期をもつ同位体の質量数。

単体が20℃, 1気圧で●は気体, ○は液体, 記号なしは固体

＜典型元素と遷移元素＞

- **典型元素**：K殻やL殻などの電子殻において, 内側から順番に（最大8個まで）電子が入っていく元素で, 族の番号により価電子数が異なるので, 性質が大きく異なります。周期表では, 1族, 2族と12～18族の元素が該当し, **金属元素**と非金属元素があります。
- **遷移元素**：典型元素とは異なり, 不規則な順番で電子が入っていく元素で, 族の番号により価電子数がほとんど変わらないので, 性質が大きく異なることはありません。周期表では3～11族の元素が該当し, 全て**金属元素**になります。

索引

あ

亜鉛粉	333
亜塩素酸塩類	304
亜塩素酸ナトリウム	304
アクリル酸	398
アジ化ナトリウム	435
アセチレン	209
アセトアルデヒド	390
アセトン	393
アゾビスイソブチロニトリル	434
アニリン	400
アボガドロの法則	186
アルカリ金属（カリウム，ナトリウ ム除く），アルカリ土類金属	360
アルカン	209
アルキルアルミニウム	358
アルキルリチウム	359
アルキン	209
アルケン	209
アルコールについて	211
アルコール類	394
アルミニウム粉	332
硫黄	329
イオン化傾向	204
イオン結合	202
異性体	181
イソプロピルアルコール	395
一酸化炭素	251
移動タンク貯蔵所	53
引火性固体	334
引火点	252
運搬と移送の基準	64
エタノール（エチルアルコール）	395
エタン	209
エチルメチルケトン	392
エチルメチルケトンパーオキサイド	429
エチレン	210
エチレングリコール	400
n-ブチルアルコール	397
n-プロピルアルコール	395
塩基	195
炎色反応	207
塩素酸アンモニウム	301
塩素酸塩類	300
塩素酸カリウム	301
塩素酸ナトリウム	301
黄リン	361
屋外タンク貯蔵所	52
屋外貯蔵所	51
屋内タンク貯蔵所	52

屋内貯蔵所	51

か

過塩素酸	458
過塩素酸アンモニウム	302
過塩素酸塩類	302
過塩素酸カリウム	302
過塩素酸ナトリウム	302
化学式	182
化学反応式	183
化学平衡	189
化合	176
化合物	180
過酢酸	429
過酸化カリウム	304
過酸化カルシウム	304
過酸化水素	459
過酸化ナトリウム	304
過酸化バリウム	304
過酸化ベンゾイル	429
過酸化マグネシウム	304
ガソリン	391
活性化エネルギー	188
過マンガン酸塩類	306
過マンガン酸カリウム	306
過マンガン酸ナトリウム	306
カリウム	358
仮使用及び仮貯蔵・仮取扱い	35
カルシウム	360
カルシウムとアルミニウムの炭化物	363
簡易タンク貯蔵所	54
還元	200
還元剤	203
官能基	208
気化と凝縮	148
危険等級	64
キシレン	397
危険物施設保安員	42
危険物取扱者	38
危険物保安監督者	41
危険物保安統括管理者	42
気体の状態方程式	153
気体の断熱変化	158
義務違反に対する措置	37
給油取扱所	55
凝固点降下	193
許可の取り消し	37
金属のアジ化物	435
金属の水素化物	362
金属の腐食	205
金属のリン化物	362

グ

グリセリン	400
クレオソート油	399
クロロベンゼン	397
掲示板	70
警報設備	72
軽油	396
原子の構造	178
原子番号	178
原子量と分子量	179
元素	178
構造式	183
固形アルコール	334
五フッ化臭素	461
ゴムのり	334
五硫化リン	329
コロイド溶液	194
コロジオン	431
混合危険	254
混合物	181

さ

酢酸	398
酢酸エチル	392
酸	195
酸化	200
酸化剤	203
酸化数	201
酸化プロピレン	390
酸素	249
三酸化クロム	308
三フッ化臭素	461
三硫化リン	329
次亜塩素酸カルシウム	308
ジアゾジニトロフェノール	433
ジエチル亜鉛	361
ジエチルエーテル	389
ジアゾ化合物	433
シクロアルカン	209
シクロヘキサン	209
示性式	182
自然発火	253
質量パーセント濃度	192
質量保存の法則	186
質量モル濃度	192
指定数量	30
ジニトロソペンタメチレンテトラミン	433
重クロム酸アンモニウム	307
重クロム酸塩類	307
重クロム酸カリウム	307
重合	177, 402
臭素酸塩類	305

索引 507

臭素酸カリウム	305
重油	399
主要構造部	49
昇華	149
消火剤	271
消火設備	68
消火の方法	268
蒸気圧降下	193
所要単位	69
硝酸	460
硝酸アンモニウム	305
硝酸エステル類	430
硝酸エチル	430
硝酸塩類	305
硝酸カリウム	305
硝酸グアニジン	435
硝酸ナトリウム	305
硝酸メチル	430
使用停止命令	37
浸透圧	193
水素イオン指数	197
水素化ナトリウム	362
水素化リチウム	362
静電気	159
赤リン	330
潜熱	149
組成式	182

た

第1石油類	391
第2石油類	396
第3石油類	399
第4石油類	401
対流	157
単体	180
炭化アルミニウム	363
炭化カルシウム	363
地下タンク貯蔵所	53
置換	177
中性子	178
中和	197
貯蔵・取扱いの基準	59
定期点検	45
鉄粉	331
電池	204
伝導	157
同位体	180
灯油	396
同時貯蔵	61
動植物油類	401
同素体	180
特殊引火物	389
トリクロロシラン	364
トリニトロトルエン	432

トルエン	392
ドルトンの法則	154

な

ナトリウム	358
七硫化リン	329
ニトロ化合物	432
ニトロソ化合物	433
二酸化鉛	308
二硫化炭素	389
ニトログリセリン	431
ニトロセルロース	431
ニトロベンゼン	400
熱化学方程式	187
熱膨張	158
熱容量	155
熱量の計算	156
熱量の単位と計算	155
燃焼	248
燃焼点	253
燃焼の難易	254
燃焼範囲	252
ノルマルブチルリチウム	359

は

発煙硝酸	460
発火点	253
バリウム	360
ハロゲン間化合物	461
反応速度	188
販売取扱所	54
ピクリン酸	432
比重	149
比熱	155
ヒドラジンの誘導体	434
ヒドロキシルアミン塩類	434
標識・掲示板	70
ピリジン	393
フェノール	210
沸点上昇	193
沸騰と沸点	150
物質の危険性	254
物質の種類	180
プロパノール	395
分解	176
分子式	182
粉じん爆発	336
ヘキサン	392
ヘスの法則	187
ベンゼン	209, 392
ヘンリーの法則	193
保安距離	47

保安空地	48
保安検査	44
保安講習	39
ボイル・シャルルの法則	152
放射	157
飽和蒸気圧	150

ま

マグネシウム	333
密度	149
未定係数法	183
無機過酸化物	303
メタノール（メチルアルコール）	394
メタン	209
メチルエチルケトンパーオキサイド	429
免状	38
モル濃度	192
漏れの点検	46

や

融解と凝固	148
有機化合物	208
有機化合物と無機化合物の比較	211
有機過酸化物	428
有機金属化合物	361
有機溶剤（有機溶媒）	334
溶液	191
溶解度	191
陽子	178
ヨウ素価	401
ヨウ素酸塩類（ヨウ素酸カリウム、ヨウ素酸ナトリウム）	306
予防規程	43

ら

ラッカーパテ	334
リチウム	360
硫化リン	329
硫酸ヒドラジン	434
硫酸ヒドロキシルアミン	434
理論酸素量	185
臨界温度と臨界圧力	151
リン化カルシウム	362
ル・シャトリエの原理	190

英名

pH	197

類別早見表（索引の物品から類を調べる方法）

ページナンバー	類別	ページナンバー	類別
292〜323	第1類	380〜419	第4類
326〜349	第2類	422〜450	第5類
352〜378	第3類	453〜473	第6類

たとえば，亜鉛粉は索引より333ページにあるので，上記の表で該当するページを探すと，第2類の欄の範囲内になります。従って，第2類危険物ということが分かります。

補足情報

(1) 主な物質1モル当たりの燃焼に必要な理論酸素量

理論酸素量	品名（太字は重要）
0.5モル	水素（H），一酸化炭素（CO），亜鉛（Zn）
0.75モル	アルミニウム（Al）
1	炭素（C）
1.5モル	**メタノール（CH_3OH）**
2モル	**メタン（CH_4），酢酸（CH_3COOH）**
2.5モル	**アセチレン（C_2H_2），アセトアルデヒド（CH_3CHO）**
3モル	**エタノール（C_2H_5OH），エチレン（C_2H_4）**
3.5モル	**エタン（C_2H_6）**
4モル	**アセトン（CH_3COCH_3），酸化プロピレン（CH_3CHOCH_2）**
4.5モル	**1−プロパノール（C_3H_8O），2−プロパノール（C_3H_8O）**
5モル	**プロパン（C_3H_8），酢酸エチル（$CH_3COOC_2H_5$）**
6モル	**ジエチルエーテル，イソーブチルアルコール，n−ブチルアルコール**（いずれも $C_4H_{10}O$ の異性体）
6.5モル	**イソブタン（C_4H_{10}）**
7.5モル	**ベンゼン（C_6H_6），1−ペンタノール（$C_5H_{12}O$）**
9モル	シクロヘキサン　（C_6H_{12}非水溶性第1石油類）

(2) 本試験で必要となる主な化学式

① 化学の分野

　過塩素酸（$HClO_4$），過塩素酸ナトリウム（$NaClO_4$），硝酸（HNO_3）

② 消火の分野（消火剤の成分）

　・炭酸水素ナトリウム：$NaHCO_3$

　・リン酸アンモニウム：$(NH_4)_3PO_4$

③ 性質の分野

　・ピクリン酸：$C_6H_2(NO_2)_3OH$

索 引　509

著者略歴 工藤政孝

　学生時代より，専門知識を得る手段として資格の取得に努め，その後，ビル
トータルメンテの（株）大和にて電気主任技術者としての業務に就き，その
後，土地家屋調査士事務所にて登記業務に就いた後，平成15年に資格教育研
究所「大望」を設立。（その後「KAZUNO」に名称を変更）。わかりやすい教
材の開発，資格指導に取り組んでいる。

【過去に取得した資格一覧（主なもの）】

　甲種危険物取扱者，第二種電気主任技術者，第一種電気工事士，一級電気工
事施工管理技士，一級ボイラー技士，ボイラー整備士，第一種冷凍機械責任
者，甲種第4類消防設備士，乙種第6類消防設備士，乙種第7類消防設備士，
第一種衛生管理者，建築物環境衛生管理技術者，二級管工事施工管理技士，下
水道管理技術認定，宅地建物取引主任者，土地家屋調査士，測量士，調理師な
ど多数。

【主な著書】

わかりやすい！第一種衛生管理者試験
わかりやすい！第二種衛生管理者試験
わかりやすい！第4類消防設備士試験
わかりやすい！第6類消防設備士試験
わかりやすい！第7類消防設備士試験
本試験によく出る！第4類消防設備士問題集
本試験によく出る！第6類消防設備士問題集
本試験によく出る！第7類消防設備士問題集
これだけはマスター！第4類消防設備士試験　筆記＋鑑別編
これだけはマスター！第4類消防設備士試験　製図編
わかりやすい！甲種危険物取扱者試験
わかりやすい！乙種第4類危険物取扱者試験
わかりやすい！乙種（科目免除者用）1・2・3・5・6類危険物取扱者試験
わかりやすい！丙種危険物取扱者試験
最速合格！乙種第4類危険物でるぞ～問題集
最速合格！丙種危険物でるぞ～問題集
直前対策！乙種第4類危険物20回テスト
本試験形式！乙種第4類危険物取扱者模擬テスト
本試験形式！丙種危険物取扱者模擬テスト

弊社ホームページでは，書籍に関する様々な情報（法改正や正誤表等）を随時更新
しております。ご利用できる方はどうぞご覧下さい。 http://www.kobunsha.org
正誤表がない場合，あるいはお気づきの箇所の掲載がない場合は，下記の要領にて
お問い合せ下さい。

―わかりやすい！―
甲種危険物取扱者試験

著　　　者	工　藤　政　孝
印刷・製本	亜細亜印刷株式会社

発 行 所	株式会社 **弘 文 社**	〒546-0012 大阪市東住吉区 　　　　　中野 2 丁目 1 番27号 ☎　　（06) 6797―7 4 4 1 FAX　（06) 6702―4 7 3 2 振替口座 00940―2―43630 東住吉郵便局私書箱 1 号
代 表 者	岡﨑　　靖	

ご注意
（1）本書は内容について万全を期して作成いたしましたが，万一ご不審な点や誤り，記載もれなどお気
　　づきのことがありましたら，当社編集部まで書面にてお問い合わせください。その際は，具体的な
　　お問い合わせ内容と，ご氏名，ご住所，お電話番号を明記の上，FAX，電子メール（henshu 1@
　　kobunsha.org）または郵送にてお送りください。
（2）本書の内容に関して適用した結果の影響については，上項にかかわらず責任を負いかねる場合があ
　　りますので予めご了承ください。
（3）落丁・乱丁本はお取り替えいたします。